普通高等教育“十四五”规划教材
应用型本科食品科学与工程类专业系列教材

# 果蔬贮运加工学

## Storage and Processing of Fruits and Vegetables

贡汉生　刘素稳　刘岩龙　主编
李　斌　主审

中国农业大学出版社
·北京·

## 内 容 简 介

本书内容主要包括两部分：第一部分含第 1 章到第 6 章，主要介绍果蔬贮运保鲜技术，包括果蔬原料及生理特性、果蔬采后商品化处理技术、果蔬保鲜贮运技术、果蔬冷链物流和质量安全溯源技术；第二部分含第 7 章到第 14 章，主要介绍果蔬加工技术，包括鲜切果蔬、果蔬速冻、果蔬罐藏、果蔬制汁、果蔬干制、果蔬腌制、果蔬发酵及果蔬综合利用。本书适应当代果蔬贮运和加工的发展趋势，力求体现国内外最新的果蔬贮运和加工技术。作为应用型本科院校专业教材，本教材不过分强调贮运和加工原理，更加注重生产实践，坚持问题导向、生产导向和流程导向。

**图书在版编目（CIP）数据**

果蔬贮运加工学 / 贡汉生，刘素稳，刘岩龙主编. —北京：中国农业大学出版社，2021.8
ISBN 978-7-5655-2568-1

Ⅰ. ①果… Ⅱ. ①贡…②刘…③刘… Ⅲ. ①水果—贮运—高等学校—教材②蔬菜—贮运—高等学校—教材③果蔬加工—高等学校—教材 Ⅳ. ①S609②TS255.3

中国版本图书馆 CIP 数据核字（2021）第 130687 号

书　名　果蔬贮运加工学
作　者　贡汉生　刘素稳　刘岩龙　主编　　李　斌　主审

策划编辑　梁爱荣　赵　中　　责任编辑　梁爱荣
封面设计　郑　川
出版发行　中国农业大学出版社
社　址　北京市海淀区圆明园西路 2 号　　邮政编码　100193
电　话　发行部 010-62818525，8625　　读者服务部 010-62732336
　　　　编辑部 010-62732617，2618　　出　版　部 010-62733440
网　址　http://www.caupress.cn　　E-mail cbsszs@cau.edu.cn
经　销　新华书店
印　刷　北京鑫丰华彩印有限公司
版　次　2021 年 9 月第 1 版　2021 年 9 月第 1 次印刷
规　格　889 mm×1194 mm　16 开本　14.25 印张　400 千字
定　价　50.00 元

# 应用型本科食品科学与工程类专业系列教材
# 编审指导委员会委员

（按姓氏拼音排序）

# 编 写 人 员


主　编　贡汉生　鲁东大学

刘素稳　河北科技师范学院

刘岩龙　鲁东大学

编　者　（按姓氏拼音排序）

范新光　鲁东大学

弓玉红　吕梁学院

贡汉生　鲁东大学

郭晓帆　湖北工程学院

李海芹　河北工程大学

李建新　郑州工程技术学院

刘　敏　内蒙古农业大学职业技术学院

刘素稳　河北科技师范学院

刘岩龙　鲁东大学

那广宁　沈阳工学院

邢少华　鲁东大学

杨艳青　鲁东大学

主　审　李　斌　沈阳农业大学

# 出版说明

随着世界人口增长、社会经济发展、生存环境改变，人类对食品供给、营养、健康、安全、美味、方便的关注不断加深。食品消费在现代社会早已成为经济发展、文明程度提高的主要标志。从全球看，食品工业已经超过了汽车、航空、信息等行业成为世界上的第一大产业。预计未来 20 年里，世界人口每年增加将超过 7300 万人，对食品的需求量势必剧增。食品产业已经成为民生产业、健康产业、国民经济支柱产业，在可预期的未来更是朝阳产业。

在我国，食品消费是人生存权的最根本保障，食品工业的发展直接关系到人民生活、社会稳定和国家安全，在国民经济中的地位和作用日益突出。食品工业在发展我国经济、保障人们健康、提高人民生活水平方面发挥了越来越重要的作用。随着新时代我国工业化、城镇化建设和发展特别是全面建成小康社会带来的巨大的消费市场需求，食品产业的发展潜力巨大。

展望未来食品科学技术和相关产业的发展，有专家指出，食品营养健康的突破，将成为食品发展的新引擎；食品物性科学的进展，将成为食品制造的新源泉；食品危害物发现与控制的成果，将成为安全主动保障的新支撑；绿色制造技术的突破，将成为食品工业可持续发展的新驱动；食品加工智能化装备的革命，将成为食品工业升级的新动能；食品全链条技术的融合，将成为食品产业的新模式。

随着工农业的快速发展，环境污染的加剧，食品中各种化学性、生物性、物理性危害的风险不同程度地存在或增大，影响着人民群众的身体健康与生命安全以及国家的经济发展与社会稳定；同时，各种与食物有关的慢性疾病不断增长，对食品的营养、品质和安全提出了更高的要求。

鉴于以上食品科学与行业的发展状况，我国对食品科学与工程类的人才需求量必将不断增加，对食品类人才素质、知识、能力结构的要求必将不断提高，对食品类人才培养的层次与类型必将发生相应变化。

2015 年教育部 国家发展改革委 财政部发布《关于引导部分地方普通本科高校向应用型转变的指导意见》（教育部 国家发展改革委 财政部 2015 年 10 月 21 日 教发〔2015〕7 号。以下简称《转型指导意见》)。《转型指导意见》提出，培养应用型人才，确立应用型的类型定位和培养应用型技术技能型人才的职责使命，根据所服务区域、行业的发展需求，找准切入点、创新点、增长点。抓住新产业、新业态和新技术发展机遇，以服务新产业、新业态、新技术为突破口，形成一批服务产业转型升级和先进技术转移应用特色鲜明的应用技术大学、学院。建立紧密对接产业链、创新链的专业体系。按需重组人才培养结构和流程，围绕产业链、创新链调整专业设置，形成特色专业集群。通过改造传统专业、设立复合型新专业、建立课程超市等方式，大幅度提高复合型技术技能人才培养比重。创新应用型技术技能型人才培养模式，建立以提高实践能力为引领的人才培养流程和产教融合、协同育人的人才培养模式，实现专业链与产业链、课程内容与职业标准、教学过程与生产过程对接。

为了贯彻落实《转型指导意见》精神，更好地推动应用型高校建设进程，充分发挥教材在教育教学中的基础性作用，近年来中国农业大学出版社就全国高等教育食品科学类专业教材出版和使用情况深入相关院校和教学一线调查研究，先后 3 次召开教学研讨会，总计有 400 余人次近 200 名食品院校专家和老师参加。在深入学习《转型指导意见》《普通高等学校本科专业类教学质量国家标准》（以下简称《教学质量国家标准》）和《工程教育认证标准》（包括《通用标准》和食品科学与工程类专业《补充标准》）的基础上，出版社和相关院校形成高度共识，决定建设一套服务于全国应用型本科院校教学的食品科学与工程类专业系列教材，并拟定了具体建设计划。

历时 4 年，“应用型本科食品科学与工程类专业系列教材”终于与大家见面了。本系列教材具有以下几个特点：

1. 充分体现《转型指导意见》精神。坚持应用型的准确类型定位和培养应用型技术技能型人才的职责使命。教材的编写坚持以“四个转变”为指导，即把办学思路真正转到服务地方经济社会发展上来，转到产教融合、校企合作上来，转到培养应用型技术技能型人才上来，转到增强学生就业创业能力上来。强化“一个认识”，即知识是基础、能力是根本、思维是关键。坚持“三个对接”，即专业链与产业链对接、课程内容与职业标准对接、教学过程与生产过程对接，实现教材内容由学科学术体系向生产实际需要的突破和从“重理论、轻实践”向以提高实践能力为主转变。教材出版创新，要做到“两个突破”，即编写队伍突破清一色院校教师的格局，教材形态突破清一色的文本形式。

2. 以《教学质量国家标准》为依据。2018 年 1 月《普通高等学校本科专业类教学质量国家标准》正式公布（以下简称《标准》）。此套教材编写团队认真对照《标准》，以教材内容和要求不少于和低于《标准》规定为基本要求，全面体现《标准》提出的“专业培养目标”和“知识体系”，教学学时数适当高于《标准》规定，并在教材中以“学习目的和要求”“学习重点”“学习难点”等专栏标注细化体现《标准》各项要求。

3. 充分体现《工程教育认证标准》有关精神和要求。整套教材编写融入以学生为中心的理念、教学反向设计的理念、教学质量持续改进的理念，体现以学生为中心，以培养目标和毕业要求为导向，以保证课程教学效果为目标，审核确定每一门课程在整个教学体系中的地位与作用，细化教材内容和教学要求。

4. 整套教材遵循专业教学与思政教学同向同行。坚持以立德树人贯穿教学全过程，结合食品专业特点和课程重点将思想政治教育功能有机融合，通过专业课程教学培养学生树立正确的人生观、世界观和价值观，达到合力培养社会主义事业建设者和接班人的目的。

5. 在新形态教材建设上努力做出探索。按课程内容教学需要，按有益于学生学习、有益于教师教学的要求，将纸质主教材、教学资源、教学形式、在线课程等统筹规划，制定新形态教材建设工作计划，有力推动信息技术与教育教学深度融合，实现从形式的改变转变为方法的变革，从技术辅助手段转变为交织交融，从简单结合物理变化转变为发生化学反应。

6. 系列教材编写体例坚持因课制宜的原则，不做统一要求。与生产实际关系比较密切的课程教材倡导以项目式、案例式为主，坚持问题导向、生产导向、流程导向；基础理论课程教材，提倡紧密联系生产实践并为后续应用型课程打基础。各类教材均在引导式、讨论式教学方面做出新的尝试。

希望“应用型本科食品科学与工程类专业系列教材”的推出对推进全国本科院校应用型转型工作起到积极作用。毕竟是“转型”实践的初次探索，此套系列教材一定会存在许多缺点和不足，恳请广大师生在教材使用过程中及时将有关意见和建议反馈给我们，以便及时修正，并在修订时进一步提高质量。

**中国农业大学出版社**

**2020 年 2 月**

# 前　言

我国是世界果蔬第一生产大国，2019 年我国水果产量为 2.7 亿 t，蔬菜产量 7.2 亿 t，均居世界第一位。果蔬产业已成为我国食品工业重要的组成部分。随着我国果蔬产量的增加、经济和科技的快速发展及人们消费理念的进步，我国果蔬的生产、贮运和加工也必将呈现高速发展的态势。

随着果蔬种植面积和供应量的增加，我国果蔬贮运加工产业也取得了巨大进步，但目前与果蔬输出大国相比仍有一些差距，果蔬产地预冷、商品化处理和冷链运输的规模及比例较低，果蔬加工转化率和产品附加值不高。为使我国果蔬产业由数量效益型向质量效益型转变，增大果蔬采后贮运和精深加工的力度及提高智能化水平成为果蔬产业发展的必由之路。

本书从培养果蔬贮运加工一线科技后备人才的要求出发，以果蔬贮运、产地溯源和果蔬加工为基础，参考果蔬贮运和加工的传统技术方法和最新的技术及装备，以增加新知识，开发新方法和新装备为思路进行编写。本书是应用型本科食品科学与工程类专业系列教材之一，是为食品科学与工程类本科生传授果蔬贮运、加工知识和提升专业技能的专业用书。

“果蔬贮运加工学”课程与生产实际关系密切，本书注重实践，以项目式、案例式为主；坚持问题导向、生产导向、流程导向，既注重加工原理的阐述，也针对应用型的定位，注重与生产实际的结合；教材中生产工艺和流程符合实际生产，多数章节是在生产一线技术人员的指导下编写完成的。

本书主要阐述果蔬原料及生理特性、果蔬采后商品化处理技术、果蔬保鲜贮运技术、果蔬质量安全溯源技术、果蔬加工技术和果蔬综合利用技术。全书共 14 章，杨艳青编写第 1 章，刘岩龙编写第 2 章，弓玉红、贡汉生编写第 3 章，弓玉红编写第 4 章，邢少华编写第 5 章，贡汉生编写第 6 章，李建新编写第 7 章，范新光编写第 8 章，那广宁编写第 9 章，郭晓帆编写第 10 章，李海芹编写第 11 章，刘敏编写第 12 章，刘素稳编写第 13 章和第 14 章，全书由李斌主审。

本书在编写过程中得到中国农业大学出版社的大力支持，在此表示衷心的感谢。向所引用参考文献的作者表示深深的谢意。限于编者的水平，书中难免有疏漏和不足之处，衷心期待广大师生、读者批评指正。

主　编

**2021 年 4 月**

# 目　录

第1章　果蔬原料及生理特性 ………………… 1
1.1　果蔬原料 ………………… 2
1.1.1　果蔬生产与消费 ………………… 2
1.1.2　果蔬品质特征 ………………… 3
1.2　果蔬生理特性 ………………… 6
1.2.1　果蔬呼吸代谢 ………………… 6
1.2.2　乙烯的调控作用 ………………… 9
1.2.3　蒸腾作用 ………………… 12
1.2.4　休眠 ………………… 13
1.3　果蔬采后生理失调及侵染性病害 ………………… 14
1.3.1　果蔬采后生理失调 ………………… 14
1.3.2　果蔬采后侵染性病害 ………………… 16
第2章　果蔬采后商品化处理 ………………… 20
2.1　果蔬采收 ………………… 21
2.1.1　采收期 ………………… 21
2.1.2　采收方法 ………………… 23
2.1.3　采收注意事项 ………………… 23
2.2　果蔬预冷 ………………… 23
2.2.1　预冷的作用 ………………… 23
2.2.2　预冷的方法 ………………… 24
2.2.3　预冷的注意事项 ………………… 25
2.3　果蔬分级 ………………… 25
2.3.1　分级标准 ………………… 26
2.3.2　分级方法 ………………… 26
2.4　果蔬涂膜 ………………… 27
2.4.1　涂膜剂的种类和要求 ………………… 28
2.4.2　涂膜方法 ………………… 28
2.5　果蔬包装 ………………… 28
2.5.1　包装的作用 ………………… 28
2.5.2　包装材料与容器 ………………… 29
2.5.3　包装方法与堆码方式 ………………… 30
2.6　果蔬催熟与脱涩 ………………… 30
2.6.1　催熟 ………………… 30
2.6.2　脱涩 ………………… 31
第3章　果蔬保鲜技术 ………………… 33
3.1　果蔬物理保鲜技术 ………………… 34
3.1.1　果蔬热处理保鲜 ………………… 34
3.1.2　果蔬短波紫外保鲜 ………………… 35
3.1.3　果蔬辐射处理保鲜 ………………… 36
3.1.4　果蔬高压电场处理保鲜 ………………… 37
3.2　果蔬化学保鲜技术 ………………… 38
3.2.1　化学杀菌剂 ………………… 38
3.2.2　乙烯抑制剂 ………………… 40
3.2.3　气体发生保鲜剂 ………………… 40
3.2.4　吸附性保鲜剂 ………………… 40
3.2.5　湿度调节保鲜剂 ………………… 41
3.3　果蔬生物保鲜技术 ………………… 41
3.3.1　生物拮抗保鲜 ………………… 41
3.3.2　生物保鲜剂保鲜 ………………… 43
3.4　果蔬涂膜保鲜技术 ………………… 47
3.4.1　果蔬涂膜保鲜作用机理 ………………… 47
3.4.2　果蔬涂膜保鲜剂中的成膜剂 ………………… 47
3.4.3　果蔬复合涂膜保鲜 ………………… 48
3.4.4　果蔬涂膜处理方法 ………………… 49
3.5　果蔬气调包装保鲜 ………………… 49
3.5.1　果蔬气调包装类型及保鲜原理 ………………… 49
3.5.2　果蔬气调包装气体 ………………… 49
3.5.3　果蔬气调包装材料 ………………… 50
第4章　果蔬贮藏技术 ………………… 52
4.1　果蔬简易贮藏 ………………… 53
4.1.1　堆藏 ………………… 53
4.1.2　沟藏 ………………… 54
4.1.3　窖藏 ………………… 54
4.1.4　假植贮藏 ………………… 55
4.1.5　冻藏 ………………… 56
4.1.6　通风库贮藏 ………………… 56

4.2 果蔬低温贮藏 …… 58
4.2.1 低温贮藏原理 …… 58
4.2.2 低温贮藏方法 …… 58
4.2.3 冷藏库的管理 …… 60
4.2.4 果蔬低温贮藏案例 …… 62
4.3 果蔬减压贮藏 …… 63
4.3.1 减压贮藏原理 …… 63
4.3.2 减压方式 …… 63
4.3.3 减压贮藏管理 …… 63
4.3.4 果蔬减压贮藏案例 …… 64
4.4 果蔬气调贮藏 …… 64
4.4.1 气调贮藏处理条件与气体组成 …… 64
4.4.2 气调贮藏方法和管理 …… 66
4.4.3 果蔬气调贮藏案例 …… 68
**第5章 果蔬冷链物流** …… 70
5.1 果蔬冷链物流基础 …… 71
5.1.1 果蔬冷链物流的概念 …… 71
5.1.2 果蔬冷链物流流程 …… 71
5.1.3 果蔬冷链服务模式 …… 75
5.2 果蔬冷链物流的主要设备 …… 76
5.2.1 冷库 …… 76
5.2.2 运输工具 …… 78
5.2.3 保鲜柜 …… 79
5.3 果蔬冷链物流管理系统 …… 79
5.3.1 冷链物流信息管理系统总体要求 …… 79
5.3.2 仓储管理系统 …… 79
5.3.3 温湿度监控系统 …… 80
5.3.4 冷藏车定位系统 …… 80
5.3.5 产品信息管理系统 …… 80
5.3.6 果蔬冷链物流系统评价指标体系 …… 80
5.4 我国果蔬冷链物流的发展状况及未来趋势 …… 80
5.4.1 我国冷链物流现状 …… 80
5.4.2 我国冷链物流发展趋势 …… 81
5.4.3 政府对果蔬冷链物流发展的支持 …… 82
5.4.4 我国果蔬冷链物流全链路发展建议 …… 82
**第6章 果蔬质量安全溯源** …… 84
6.1 食品质量安全溯源概述 …… 85
6.1.1 食品溯源及食品溯源系统 …… 85
6.1.2 食品质量安全溯源发展进程 …… 86
6.1.3 食品质量安全溯源方法 …… 87
6.2 果蔬信息溯源系统 …… 87
6.2.1 果蔬信息溯源系统构成 …… 87
6.2.2 常见的果蔬信息溯源系统 …… 92
6.3 果蔬溯源检测技术 …… 98
6.3.1 稳定同位素溯源技术 …… 98
6.3.2 矿物元素溯源技术 …… 100
6.3.3 有机成分溯源技术 …… 101
6.3.4 DNA溯源技术 …… 103
6.3.5 果蔬联合溯源技术 …… 104
**第7章 鲜切果蔬** …… 105
7.1 鲜切果蔬加工原理 …… 106
7.1.1 鲜切果蔬的生理生化变化 …… 106
7.1.2 鲜切果蔬的营养成分变化 …… 107
7.1.3 鲜切果蔬褐变 …… 107
7.1.4 微生物侵染 …… 108
7.2 鲜切果蔬加工工艺 …… 108
7.2.1 工艺流程 …… 108
7.2.2 工艺要点 …… 108
7.2.3 鲜切果蔬保鲜技术 …… 110
7.2.4 包装 …… 111
7.2.5 冷藏运销 …… 112
7.3 鲜切果蔬容易出现的质量问题及预防措施 …… 112
7.3.1 鲜切果蔬常见的质量问题 …… 112
7.3.2 防止鲜切果蔬出现质量问题的控制措施 …… 112
**第8章 果蔬速冻** …… 116
8.1 果蔬速冻原理 …… 117
8.1.1 果蔬速冻过程 …… 117
8.1.2 冷冻对果蔬的影响 …… 120
8.2 果蔬速冻工艺与方法 …… 122
8.2.1 工艺流程 …… 122
8.2.2 工艺要点 …… 122
8.2.3 速冻设备 …… 124

8.3 速冻果蔬在冻藏与解冻过程中的常见问题及控制 …… 125
8.3.1 速冻果蔬冻藏过程中的常见问题及控制 …… 125
8.3.2 速冻果蔬在解冻过程中的常见问题及控制 …… 127
**第9章 果蔬罐藏** …… 129
9.1 果蔬罐藏原理 …… 130
9.1.1 杀菌原理 …… 130
9.1.2 影响杀菌的因素 …… 131
9.2 果蔬罐藏工艺 …… 134
9.2.1 原料预处理 …… 134
9.2.2 装罐 …… 138
9.2.3 排气 …… 139
9.2.4 密封 …… 141
9.2.5 杀菌 …… 143
9.2.6 冷却 …… 145
9.2.7 贮藏 …… 145
9.3 果蔬罐藏常见问题及控制 …… 145
9.3.1 常见问题 …… 145
9.3.2 控制措施 …… 147
**第10章 果蔬制汁** …… 149
10.1 果蔬汁简介 …… 150
10.1.1 定义 …… 150
10.1.2 分类 …… 150
10.1.3 我国果蔬汁发展历程及现状 …… 150
10.2 果蔬汁加工工艺 …… 151
10.2.1 原料选择 …… 151
10.2.2 几种常见果蔬汁的制作工艺 …… 151
10.3 果蔬制汁常见问题及控制措施 …… 154
10.3.1 果汁褐变 …… 154
10.3.2 浑浊与沉淀 …… 155
10.3.3 微生物引起的败坏 …… 155
10.3.4 农药残留 …… 156
10.3.5 掺假问题 …… 156
10.3.6 我国果蔬汁发展存在的问题及前景展望 …… 156
**第11章 果蔬干制** …… 158
11.1 果蔬干制的基本原理 …… 159
11.1.1 果蔬中水分的状态与保存 …… 159
11.1.2 干制机理 …… 160
11.1.3 影响干燥速度的因素 …… 161
11.2 干制方式和设备 …… 162
11.2.1 自然干制 …… 162
11.2.2 人工干制 …… 162
11.2.3 干制新技术介绍 …… 165
11.3 干制品加工技术 …… 166
11.3.1 工艺流程 …… 166
11.3.2 原料处理 …… 166
11.3.3 干制过程中的管理 …… 166
11.3.4 干制品的包装 …… 167
11.3.5 干制品贮藏 …… 167
11.3.6 干制品复水 …… 168
11.4 常见干制品加工工艺 …… 168
11.4.1 红枣干制 …… 168
11.4.2 苹果干制 …… 168
11.4.3 葡萄干制 …… 169
11.4.4 柿果干制 …… 169
11.4.5 黄花菜干制 …… 170
11.4.6 南瓜干制 …… 170
11.4.7 脱水蒜片 …… 170
11.4.8 香菇干制 …… 170
11.4.9 胡萝卜脆片 …… 171
11.5 干制品加工中常见的问题分析及控制 …… 171
11.5.1 制品干缩 …… 171
11.5.2 表面硬化（结壳） …… 172
11.5.3 制品褐变 …… 172
11.5.4 营养损失 …… 172
11.5.5 风味变化 …… 172
11.5.6 干制品保质期缩短 …… 172
11.5.7 干燥率低 …… 173
**第12章 蔬菜腌制** …… 174
12.1 蔬菜腌制品的分类 …… 175
12.1.1 发酵性腌制品 …… 175
12.1.2 非发酵性腌制品 …… 175
12.2 蔬菜腌制的基本原理 …… 175
12.2.1 食盐的保藏作用 …… 175
12.2.2 微生物的发酵作用 …… 176

12.2.3 蛋白质的分解作用 …… 178
12.2.4 其他辅料的防腐作用 …… 179
12.2.5 蔬菜腌制与亚硝基化合物 …… 179
12.3 蔬菜腌制品的加工工艺 …… 179
12.3.1 泡菜的制作 …… 179
12.3.2 榨菜的制作 …… 181
12.3.3 酱菜的制作 …… 182
12.3.4 糖醋菜的制作 …… 183
12.4 蔬菜腌制品常见的问题及控制措施 …… 184
12.4.1 腌菜常见的劣变现象及其原因 …… 184
12.4.2 控制腌制品劣变的措施 …… 185
**第 13 章 果蔬发酵** …… 186
13.1 概述 …… 187
13.1.1 定义 …… 187
13.1.2 目前市场主要产品种类 …… 187
13.1.3 营养功能 …… 187
13.2 发酵果酒 …… 188
13.2.1 果酒的分类 …… 188
13.2.2 果酒酿造原理 …… 189
13.2.3 果酒酿造工艺 …… 190
13.2.4 常见质量问题及控制 …… 192
13.2.5 果酒发酵设备 …… 193
13.3 发酵果醋 …… 195
13.3.1 酿造工艺 …… 195
13.3.2 常见质量问题及控制 …… 196
**第 14 章 果蔬综合利用** …… 198
14.1 色素的提取 …… 199
14.1.1 概述 …… 199
14.1.2 山楂红色素的提取 …… 200
14.1.3 葡萄红色素的提取 …… 200
14.1.4 番茄红色素的提取 …… 201
14.2 果胶的提取 …… 201
14.2.1 概述 …… 201
14.2.2 从柑橘果皮渣中提取果胶 …… 201
14.2.3 从苹果皮渣中提取果胶 …… 201
14.2.4 从甜菜渣中提取果胶 …… 202
14.3 膳食纤维的提取 …… 202
14.3.1 概述 …… 202
14.3.2 苹果皮渣膳食纤维提取技术 …… 202
14.3.3 梨渣膳食纤维提取技术 …… 203
14.3.4 椰子渣中膳食纤维提取技术 …… 204
14.4 籽油的提取 …… 204
14.4.1 概述 …… 204
14.4.2 番茄种籽油的提取 …… 204
14.4.3 葡萄籽油的提取 …… 204
14.4.4 柑橘籽油的提取 …… 205
14.5 有机酸的提取 …… 206
14.5.1 概述 …… 206
14.5.2 柠檬酸的提取 …… 206
14.5.3 酒石酸的提取 …… 207
**参考文献** …… 209

HAPTER 1

# 第1章 果蔬原料及生理特性

教学目标：

1. 了解我国果蔬生产及消费现状；
2. 了解果蔬采后生理的基本理论；
3. 掌握果蔬品质及采后生理的相关概念；
4. 理解果蔬采后生理变化的相关代谢过程。

## 1.1 果蔬原料

### 1.1.1 果蔬生产与消费

1. 果蔬生产现状

果品和蔬菜是人类食物重要的组成部分，是人们日常生活中不可缺少的副食品，在我国，果蔬已经成为仅次于粮食的第二大农产品。我国地域辽阔，果品、蔬菜资源十分丰富，是许多果蔬的发源地。改革开放 40 年来，我国果蔬产业飞速发展，已经成为世界果蔬第一生产大国。据国家统计局公布的数据，水果和蔬菜的产量由 1978 年的 657 万 t 和 6 000 万 t 分别增加到 2017 年的 2.5 亿 t 和 7.1 亿 t。近 10 年来，水果和蔬菜产业持续稳定发展，水果种植面积超过 1 000 万 $hm^2$，产量稳定在 2 亿 t 以上，蔬菜种植面积超过 2 000 万 $hm^2$，产量稳定在 7 亿 t 以上，果蔬年销售量达到世界总量的 50%。

果品方面，产量和种植面积分别占世界总量的 15%和 20%，主栽品种有苹果、梨、柑橘、葡萄和香蕉等，其中苹果和梨产量稳居世界第一。从种植面积来看，陕西、广东、河北、新疆和广西的果园面积位列全国前 5 位。除上述常见水果外，近年大樱桃在国内发展势头迅猛，根据联合国粮农组织（FAO）统计数据，1996 年我国大樱桃种植面积约为 1 000 $hm^2$，产量为 3 800 t，而据 2018 年不完全统计，全国种植面积达到 18 万 $hm^2$，年产量 80 余万 t，主要以山东和辽宁大连为主栽区，中西部地区河南、陕西、甘肃、贵州、四川等地面积持续快速增长。蔬菜方面，我国蔬菜生产不仅满足国内消费，而且出口量已居世界第一位，主栽品种有番茄、茄子、黄瓜、芸豆、洋香瓜、辣椒、丝瓜、苦瓜、豆角等。从种植面积来看，山东、河南、江苏种植面积位列全国前 3 位。丰富的果蔬资源为我国果蔬加工业的发展提供了充足的原料。

2. 中国果蔬消费现状

果品和蔬菜含有人体所需的碳水化合物、维生素、矿物质和膳食纤维，不仅对人体健康具有十分重要的营养价值，而且对于丰富食物种类、满足食物喜好具有重要意义。改革开放以来，随着城镇化发展和生活水平的提高，人们对饮食健康愈发重视，虽然价格仍然是消费的主导因素，但消费者对果品的需求逐步由注重数量升级转变为注重品质，有机食品和绿色食品逐渐受到消费者的青睐。

目前我国消费量较大的水果（含瓜果）主要有苹果、葡萄、柑橘、香蕉、猕猴桃、梨、桃、菠萝、杧果和西瓜等。由于消费者购买力的提高、栽培管理技术及物流运输的发展，近年来西瓜、猕猴桃、火龙果、杧果、哈密瓜和樱桃这几类水果，在全国各个市场的销量增速都非常强劲。国内水果的强劲需求也促进了进口水果的引入，以樱桃为例，2018 年中国进口樱桃总量高达 18.6 万 t，同比增长 183%，价值超过 13 亿美元，成为我国进口货值最高的鲜果品项。

目前我国消费量较大的蔬菜主要为马铃薯、萝卜、白菜、番茄、黄瓜、洋葱、冬瓜、豆角、大葱、菜花。近年白菜、萝卜、番茄、马铃薯、西兰花消费量增长迅速。其中，白菜、萝卜、番茄、马铃薯为居民餐桌上最常见的菜品，而西兰花经过近些年的推广销售，也慢慢由高档蔬菜向大众日常消费的菜品转变。我国城市蔬菜人均年消费量基本稳定在 120 kg 左右，而农村人均年消费量在 100 kg 左右，之所以出现这种趋势，主要是因为其他农产品，如肉类、蛋类、奶类等产量的增加，替代了消费者对部分蔬菜的需求。不过，由于人口增长的作用，稳定蔬菜供给仍然存在较强的现实意义。

当前我国果品和蔬菜的刚性需求呈现不断增长的趋势，并且消费者对品质、品牌要求愈加严格，因此保障高质量稳定供给的任务依然艰巨，今后可以通过以下几个方面来确保果蔬产量：

（1）面积是产业基础，要满足国内外市场需求，稳定种植和产量是前提。可发展西部地区和城市郊区果蔬种植。

（2）加快选育一批高产、优质、多抗的新品种，特别是选育适宜设施栽培、耐贮运、加工和出口的专用品种。

（3）调整种植品种结构、避免结构失调。以苹果为例，主栽品种过于集中，红富士品种栽培面积几乎占全国苹果栽培面积的 70%。此外，品种结构也不合理，晚熟品种占 75%～80%，成熟期太集中，自然加大市场销售压力。

(4) 加强田间管理，提高产品产量和品质。

(5) 加快生产标准化或标准果（菜）园建设，加快示范带动生产标准化和质量效益的提升，实现产品安全性。

### 1.1.2　果蔬品质特征

果品、蔬菜等园艺产品品质的好坏是影响产品竞争力的主要因素。园艺产品的品质构成主要包括风味、外观、营养和质地。果蔬的化学组成是决定其品质最基本的成分，根据这些组分的化学性质和功能可以分为四大类：风味物质（如糖、酸等），色素物质（如叶绿素、类胡萝卜素等），营养物质（如维生素、矿物质等）和质地物质（如纤维素、果胶等）。这些反映果蔬品质的各种化学物质，在果蔬发育、成熟和贮运加工过程中不断发生着物理、化学及生化的变化，同时它们又参与生理代谢过程，从而直接影响产品质量、贮运性能及加工品质。因此了解这些化学成分的变化规律对保持果蔬品质具有重要的意义。

1. 香味物质

香味物质是果实风味重要特征之一，其组分一般由酯类、醛类、醇类、萜类和酮类组成。这些香味物质又被称为挥发性物质或芳香物质，也有人称其为精油。正是这些物质以一定的比例存在，赋予了不同品种果蔬独特的香气与味感。

果品的香味物质多在成熟时开始合成，进入完熟阶段时大量形成，产品香味也达到了最佳状态。但这些香气物质大多不稳定，在贮运、加工过程中很容易在高温、氧化或酶的作用下挥发或分解。果蔬的香味物质具有多样性，据分析，苹果含有100多种芳香物质，香蕉含有200多种，草莓中已分离出150多种，葡萄中现已检测到78种。但果蔬中香味物质的含量甚微，除柑橘类果实外，其含量通常只有百万分之几。水果的香味物质以酯类、醇类和酸类物质为主，而蔬菜则主要为含硫化合物和高级醇、醛等（表1-1）。

2. 甜味物质

可溶性固形物含量是衡量果蔬含糖量的重要指标。可溶性固形物的主要成分是糖分。糖及其衍生物糖醇类是构成果蔬甜味物质的主要组分，直接影响果蔬的风味、口感和营养水平。果蔬中碳水化合物的种类很多，包括单糖、低聚糖和多糖(表1-2)。蔗糖、果糖、葡萄糖是果蔬中主要的糖类物质，此外还含有甘露糖、半乳糖、木糖、核糖以及山梨醇、甘露醇和木糖醇等。

**表1-1　几种果蔬的主要香味物质**

| 品名 | 香味物质 | 品名 | 香味物质 |
|---|---|---|---|
| 苹果 | 乙酸异戊酯、乙酸戊酯、乙酸丁酯、乙酸已酯等、丁酸乙酯、已醛等 | 蒜 | 二烯丙基二硫化物、甲基烯丙基二硫化物、二丙烯基三硫化物 |
| 梨 | 甲酸异戊酯 | 叶菜 | 叶醇 |
| 香蕉 | 乙酸戊酯、异戊酸异戊酯 | 花椒 | 天竺葵醇、香茅醇 |
| 桃 | 乙酸乙酯、γ-葵内酯、甲酸、乙酸等 | 蘑菇 | 辛烯-1-醇 |
| 柑橘 | 柠檬酸、烯、葵醛、橙花醇 | 番茄 | 二硫化二丙烯酯 |
| 杏 | β-紫罗酮、芳樟醇、葵内酯、苯乙醛 | 萝卜 | 甲硫醇、异硫氰酸烯丙醇 |

**表1-2　果蔬中糖的分类**

| 种类 | 特点 | 常见组分 |
|---|---|---|
| 单糖 | 不能再水解的多羟基醛或多羟基酮，单糖在植物代谢中起着必不可少的作用 | 葡萄糖、果糖、甘露糖、半乳糖、木糖 |
| 低聚糖 | 水解时产生2～10个单糖分子，蔗糖是糖类运输、贮藏和积累的主要形式 | 蔗糖、麦芽糖 |
| 多聚糖 | 水解可产生成百上千个单糖分子 | 淀粉、纤维素和果胶 |

果蔬的甜味不仅与糖的含量有关，还与糖的种类相关，各种糖的相对甜味差异很大，若以蔗糖甜度为100，果糖则为173，葡萄糖为74，木糖为40，半乳糖和麦芽糖均为32。不同果蔬所含糖的种类及各种糖之间的比例各不相同，甜度与味感也不一样，仁果类果实果糖含量占优势，核果类、柑橘类果实蔗糖含量较多，而成熟浆果类如葡萄、柿果以葡萄糖为主。

果蔬甜味的强弱除了与糖的种类、含量有关外，还受含糖量与含酸量之比（糖酸比）的影响，糖酸比越高，甜味越浓，反之酸味越强。红星、红玉苹果的含糖量基本相同，红玉苹果含酸量约为0.9%，而红星苹果的酸含量约为0.3%，故红玉苹果酸味较强。果蔬的糖酸比值适宜，则甜酸适口（表1-3）。例如近年来市场上广受欢迎的“17.5°橙”，17.5指的是橙子的糖酸比平均值大致为17.5，并非糖度值。美国农业部有机认证（USDA）分级标准将A类橙汁的糖酸比范围界定在12.5～20.5，而17.5刚好在其范围之内，甜度可口，酸度怡人，是公认的“黄金甜酸比”。普通橙子糖酸比一般为10～13，而具有强烈酸味的柠檬的糖酸比为3～9。

3. **酸味物质**

果蔬的酸味主要来自一些有机酸，其中柠檬酸、苹果酸和酒石酸在水果中含量较高，故又称为果酸，另外还有少量草酸、水杨酸、琥珀酸、延胡索酸和醋酸等。蔬菜的含酸量相对较少，除番茄等少数蔬菜外，大多都感觉不到酸味的存在，但有些蔬菜如菠菜、茭白、苋菜、竹笋含有较多量的草酸。不同种类和品种的果蔬，有机酸种类和含量不同。常见果蔬中的主要有机酸种类见表1-4。

**表1-3　几种果蔬中糖的种类及含量**　　[g/100g（鲜重）]

| 品名 | 蔗糖 | 转化糖 | 总糖 | 品名 | 蔗糖 | 转化糖 | 总糖 |
|---|---|---|---|---|---|---|---|
| 苹果 | 1.29～2.99 | 7.35～11.61 | 8.62～14.61 | 葡萄 | — | 16.83～18.04 | — |
| 梨 | 1.85～2.00 | 6.52～8.00 | 8.37～10.00 | 橘子 | 4.53 | 2.14 | 6.67 |
| 香蕉 | 7.00 | 10.00 | 17.00 | 白菜 | — | — | 5.00～17.00 |
| 草莓 | 1.48～1.76 | 5.56～7.11 | 7.41～8.59 | 胡萝卜 | — | — | 3.30～12.00 |
| 桃 | 8.61～8.74 | 1.77～3.67 | 10.38～12.41 | 番茄 | — | — | 1.50～4.20 |
| 杏 | 5.45～8.45 | 3.00～3.45 | 8.45～11.90 | 南瓜 | — | — | 2.50～9.00 |
| 甜樱桃 | 0.17～0.43 | 13.18～16.57 | 13.35～17.01 | 甘蓝 | — | — | 1.50～4.50 |
| 酸樱桃 | 0.17～0.40 | 11.52～12.30 | 1.69～12.7 | 西瓜 | — | — | 5.50～11.00 |
| 甜橙 | 3.01 | 4.82 | 7.99 | | | | |

引自：华景清，2009.

**表1-4　几种果蔬中主要有机酸种类**

| 品名 | 有机酸种类 | 品名 | 有机酸种类 |
|---|---|---|---|
| 苹果 | 苹果酸 | 菠菜 | 草酸、苹果酸、柠檬酸 |
| 桃 | 苹果酸、柠檬酸、奎宁酸 | 甘蓝 | 柠檬酸、苹果酸、琥珀酸、草酸 |
| 梨 | 苹果酸，果心含柠檬酸 | 石刁柏 | 柠檬酸、苹果酸 |
| 葡萄 | 苹果酸、酒石酸 | 莴苣 | 苹果酸、柠檬酸、草酸 |
| 樱桃 | 苹果酸 | 甜菜叶 | 草酸、柠檬酸、苹果酸 |
| 柠檬 | 柠檬酸、苹果酸 | 番茄 | 柠檬酸、苹果酸 |
| 杏 | 柠檬酸、苹果酸 | 甜瓜 | 柠檬酸 |
| 菠萝 | 柠檬酸、苹果酸、酒石酸 | 甘薯 | 草酸 |

引自：华景清，2009.

通常幼嫩的果蔬含酸量较高，随着发育与成熟，酸的含量会因呼吸消耗而降低，使糖酸比提高，导致酸味下降。果实中柠檬酸、苹果酸、酒石酸、琥珀酸等有机酸参与三羧酸循环代谢途径，因此在采后贮运过程中，这些有机酸可直接用作呼吸底物而被消耗，使果蔬的含酸量下降。由于酸的含量降低，使糖酸比提高，果蔬风味变甜、变淡，食用品质与贮运性能也下降，故糖酸比是衡量果蔬品质的重要指标之一。另外，糖酸比也是判断某些果蔬成熟度、采收期的重要参考指标。

一些蔬菜中还含有一些酚酸类物质，如绿原酸、咖啡酸、阿魏酸、水杨酸等，在果蔬受到伤害时，这些物质会在伤口部位急速增加，其增加的程度与果蔬抗病能力的强弱有关，因为酚酸类物质可以抑制甚至杀死微生物。

4. 涩味物质

果蔬形成涩感主要是由于含有大量可溶性单宁，又称原花青素。当单宁含量达到0.25%左右时就可以感到明显的涩味，当含量达到1%～2%时就会产生强烈的涩味（如涩柿）。未成熟果蔬的单宁含量较高，食之酸涩，难以下咽，但一般成熟果中可食部分的单宁含量通常在0.03%～0.1%（表1-5），食之具有清凉口感。除了单宁类物质外，儿茶素、无色花青素以及一些羟基酚酸等也具涩味。

表 1-5 几种果实中单宁含量 %

| 品名 | 单宁含量 |
|---|---|
| 涩柿 | 0.800～1.940 |
| 苹果 | 0.025～0.270 |
| 梨 | 0.015～0.170 |
| 葡萄 | 0.064～0.950 |
| 桃 | 0.028～0.240 |
| 樱桃 | 0.053～0.151 |
| 西番莲 | 1.400 |
| 草莓 | 0.120～1.41 |

单宁是一种具有极高抗氧化作用的酚类低聚物，组成它的单体主要有邻苯二酚、邻苯三酚与间苯三酚。根据单体间的连接方式与其化学性质的不同，可将单宁物质分为两大类，即水解型单宁与缩合型单宁。水解型单宁，也称为焦性没食子酸类单宁，单体间通过酯键连接。缩合型单宁，又称为儿茶酚类单宁，单体芳香环上C—C键连接而成高分子聚合物，果蔬中的单宁属于缩合型单宁。

涩味是由于可溶性的单宁使口腔黏膜蛋白质凝固，使之发生收敛性作用而产生的一种味感。随着果蔬的成熟，可溶性单宁的含量降低，或人为采取措施使可溶性单宁转变为不溶性单宁时，涩味减弱，甚至完全消失。无氧呼吸产物乙醛可与单宁发生聚合反应，使可溶性单宁转变为不溶性酚醛树脂类物质，涩味消失，所以生产中人们往往通过温水浸泡、乙醇或高浓度二氧化碳等，诱导柿果产生无氧呼吸而达到脱涩的目的（张鹏等，2019）。

单宁与果蔬色泽也有密切联系，单宁物质在空气中易被氧化成黑褐色酮类聚合物，例如苹果、马铃薯、藕等在去皮或切片后，在空气中变黑就是这种现象，这是酶活性增强导致的酶促褐变。

5. 苦味物质

果蔬中的苦味主要来自一些糖苷类物质，由糖基与苷配基通过糖苷键连接而成。当苦味物质与甜、酸或其他味感恰当组合时，就会赋予果蔬特定的风味。果蔬中的苦味物质组成不同，性质也各异。常见的糖苷类苦味物质主要有苦杏仁苷、黑芥子苷、茄碱苷（龙葵苷）、柚皮苷和新橙皮。

进一步了解果蔬中主要苦味糖苷类物质请见二维码 1-1。

二维码 1-1 果蔬中主要苦味糖苷简介

6. 辣味物质

适度的辣味具有增进食欲、促进消化液分泌的功效。辣椒、生姜及葱蒜等蔬菜含有大量的辣味物质，它们的存在与这些蔬菜的食用品质密切相关。生姜中辣味的主要成分是姜酮、姜酚和姜醇，是由C、H、O组成的挥发性物质，其辣味有快感。辣椒中的辣椒素由C、H、O、N组成，属于无臭性的辣味物质。葱、蒜等蔬菜中辣味物质的分子中含有S，有强烈的刺鼻辣味和催泪作用，其辛辣成分是硫化物和异硫氰酸酯类。芥菜中的刺激性辣味成分是芥子油，为异硫氰酸酯类物质。

葱蒜和芥菜中的辣味物质在完整的蔬菜器官中以母体形式存在，气味不明显，只有当组织受到挤压或破碎时，才在酶的作用下转化成具有强烈刺激性气味的物质，如大蒜中的蒜氨酸和芥菜中的芥子苷，本身并无辣味，只有组织受到挤压或破坏后，才在酶的作用下分解生成具有强烈辛辣气味的辣味物质。

7. 色素类物质

园艺产品的色素主要有叶绿素、类胡萝卜素和花青素等。其中叶绿素使果蔬呈现绿色。而果蔬进入成熟阶段时，胡萝卜素、番茄红素、番茄黄素、辣椒黄素、辣椒红素、叶黄素等类胡萝卜类色素的含量增加，使其显示出特有的色彩。花青素多以花青苷的形式存在，常表现为紫、蓝、红等色。色素物质很不稳定，在贮运中会发生变化，从而影响产品的外观。

许多果实在成熟时都显示出固有的果皮颜色，因此，果皮的颜色可作为判断果实成熟度的重要标志之一。如苹果和番茄成熟时随着光周期的缩短，叶绿素逐渐分解转化，类胡萝卜素相对含量增加，花青苷逐渐形成，果实由绿变红。

8. 维生素

维生素在水果、蔬菜中含量极为丰富。据报道，人体所需维生素C的98%及维生素A的57%来自水果。果蔬贮藏加工时，维生素C极易受到破坏，在维生素酶的作用下被分解。

9. 纤维素及半纤维素

纤维素及半纤维素是植物骨架物质细胞壁的主要成分。纤维素及半纤维素的含量决定着细胞壁的弹性、伸缩强度和可塑性。幼嫩果蔬中纤维素多为水合纤维素，质地柔韧脆嫩，老熟时纤维素与半纤维素、木质素、角质、栓质等形成复合纤维素，组织变得粗糙坚硬，食用品质下降。

纤维素及半纤维素不仅是影响果蔬质地与食用品质的重要物质，同时它们也是维持人体健康不可缺少的辅助成分。纤维素、半纤维素、木质素等统称膳食纤维，虽然不具备营养功能，但是可以刺激肠胃蠕动，促进消化液分泌，从而提高营养物质的吸收效率。人体所需膳食纤维主要来自果蔬，随着生活水平提高，果蔬在人们日常生活中的作用也日趋重要。

10. 果胶物质

果胶属多糖类化合物，是构成细胞壁的重要成分，未成熟的产品中果胶物质主要以原果胶形式存在，使组织坚实脆硬。随着产品成熟度的增加，原果胶在原果胶酶的作用下，逐渐转化为可溶性果胶与纤维素，并与纤维素分离，引起细胞间结合力下降，硬度减小。果胶物质分解的结果，使产品变软，耐贮性也随之下降。

## 1.2 果蔬生理特性

### 1.2.1 果蔬呼吸代谢

呼吸作用是基本的生命现象，也是植物具有生命活动的标志。植物细胞的呼吸作用是指细胞中的呼吸底物（主要是糖类）在一系列酶的作用下逐步氧化分解，从复杂形态分解成简单形态，最终形成二氧化碳和水，同时释放出能量的过程。这些能量一部分被用来维持产品正常的生理功能，另一部分转化为热能（呼吸热）释放到环境中。园艺产品在贮藏中的质量变化、贮藏寿命、成熟和衰老的速度以及病害的发生等都与呼吸作用密切相关。呼吸作用为产品长期贮存提供能量，同时也不断消耗自身的营养物质。保持园艺产品尽可能低而又正常的呼吸代谢，是园艺产品贮运的基本原则和要求。

1. 呼吸作用

呼吸作用是指活细胞内的有机物在酶的参与下，逐步分解成二氧化碳和水，同时释放出能量的过程。园艺产品采收后，脱离了母体，但仍是一个活的有机体，在商品处理、运输、贮藏过程中继续进行着各种生理活动，其主要表现为呼吸作用。

1）有氧呼吸和无氧呼吸

（1）有氧呼吸　有氧呼吸是植物呼吸的主要方式，是在有氧气参与的情况下，将本身复杂的有机物（如糖、淀粉、有机酸及其他物质）彻底氧化形成$CO_2$和$H_2O$，并释放能量的过程。典型的反应式如下：

$$C_6H_{12}O_6+6O_2+38ADP+38H_3PO_4\rightarrow 6CO_2+38ATP\ (1\,276.8\ kJ)+6H_2O+1\,544\ kJ$$

上述反应式说明以葡萄糖作为呼吸底物时，共释放能量 2 820.8 kJ，其中的 1 276.8 kJ 以生物能形式（38ATP）贮存起来，剩余 1 544 kJ 以热能形式释放到外部环境中。

（2）无氧呼吸　无氧呼吸是指细胞在无氧条件下，把某些有机组分分解成为不彻底的氧化产物（如酒精、乙醛、乳酸等），同时释放少量能量的过程。果蔬在贮藏过程中产生的酒精味，就是无氧呼吸造成的。其典型反应式如下：

$$C_6H_{12}O_6 \rightarrow 2C_2H_5OH + 2CO_2 + 87.9\ kJ$$

相比采前，果蔬采后更容易发生无氧呼吸。在采后贮藏条件下，尤其是封闭、空气流通不畅的环境中，容易产生无氧呼吸。无氧呼吸对于产品贮藏是不利的，一方面无氧呼吸提供的能量少，以葡萄糖为底物，无氧呼吸产生的能量仅约为有氧呼吸的 1/32。因此，产生同样的能量，无氧呼吸消耗的底物更多，使产品更快失去生命力；另一方面无氧呼吸生成的有害物乙醛、酒精和其他有毒物质会在细胞内积累，造成细胞死亡或腐烂。因此，在贮藏期应防止产生无氧呼吸。但当产品体积较大时，内层组织气体交换差，部分无氧呼吸也是对环境的适应，即使在外界氧气充分的情况下，果实中进行一定程度的无氧呼吸也是正常的。

2）与呼吸有关的概念

（1）呼吸强度（呼吸速率）　呼吸强度是衡量呼吸作用快慢的指标，指一定温度下，一定质量的果蔬在单位时间内吸收氧气或释放二氧化碳的量，常用单位为 mg（mL）/（kg · h）。由于无氧呼吸耗氧量极低，一般用二氧化碳的生成量来表示更确切。呼吸强度高，说明呼吸旺盛，消耗呼吸底物（糖类、蛋白质、脂肪、有机酸）越快，贮藏寿命缩短。

（2）呼吸商（呼吸系数）　呼吸商是指产品一定时间内释放 $CO_2$ 和吸入 $O_2$ 的体积比，用 RQ 表示。RQ 的大小与呼吸底物和呼吸状态（有氧呼吸、无氧呼吸）有关。以葡萄糖为底物的有氧呼吸，RQ＝1，以脂肪为底物的有氧呼吸，RQ＜1，以有机酸为底物的有氧呼吸，RQ＞1。发生无氧呼吸时，RQ＞1，值越大，无氧呼吸比例越大。但在实践中很难用这一指标进行判断。

（3）呼吸热　呼吸过程中产生的能量，除一部分参与维持生命活动外，剩余的能量则是以热量的形式释放出来，这部分热量即为呼吸热。以葡萄糖为底物进行正常有氧呼吸时，每释放 1 mg $CO_2$ 相应释放约 10.68 J 的热量。由于测定呼吸热的方法极其复杂，园艺产品贮藏运输时，常采用测定呼吸速率的方法间接计算它们的呼吸热。

当大量产品采后堆积在一起或长途运输缺少通风散热装置时，由于呼吸热无法散出，造成产品自身温度升高，进而又刺激了呼吸，放出更多的呼吸热，加速产品腐败变质。因此，贮藏中通常要尽快排除呼吸热，降低产品温度。

（4）呼吸高峰　在果实的发育过程中，呼吸强度随发育阶段而不同。根据果实呼吸曲线的变化模式（图 1-1），可将果实分成跃变型和非跃变型两类（表 1-6）。跃变型果实，在其幼嫩阶段呼吸旺盛，随果实细胞的膨大，呼吸强度逐渐下降，开始成熟时，呼吸上升，达到呼吸高峰，随后呼吸速率下降，果实衰老死亡，这一现象被称为呼吸跃变。非跃变型果实在生命过程中没有呼吸高峰，呼吸强度在采后一直下降。

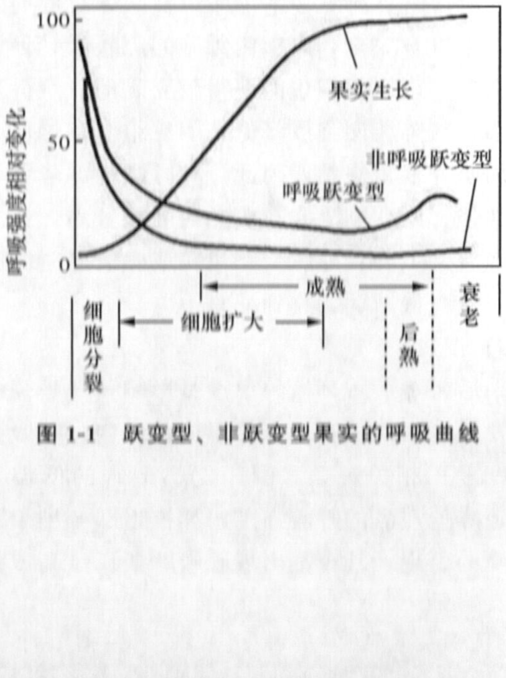


图 1-1　跃变型、非跃变型果实的呼吸曲线

表 1-6 果实呼吸类型

| 跃变型果实 | 非跃变型果实 |
|---|---|
| 苹果、杏、鳄梨、香蕉、面包果、柿、李、榴莲、无花果、猕猴桃、番木瓜、红毛丹、桃、梨、杧果、油桃、西番莲、番石榴、南美番荔枝、番茄、蓝莓、番荔枝 | 黑莓、杨桃、樱桃、茄子、葡萄、柠檬、枇杷、荔枝、秋葵、豌豆、辣椒、菠萝、红莓、草莓、葫芦、枣、龙眼、柑橘类、黄瓜、莱姆、石榴、橄榄、西瓜、刺梨 |

2. 影响果蔬呼吸作用的因素

控制采后园艺产品的呼吸强度，是延长贮藏期和货架期的有效途径。影响呼吸强度的因素很多，概括起来主要有以下几种。

1）种类和品种

不同种类和品种果蔬产品的呼吸强度相差很大，这是由遗传特性决定的。一般来说，热带、亚热带果实的呼吸强度比温带果实的呼吸强度大，高温季节采收的产品呼吸速率比低温季节采收的大。就种类而言，浆果的呼吸强度较大，柑橘类和仁果类果实的较小。草莓等浆果类表面保护组织不发达，故渗透到内部果肉的 $O_2$ 多，内部细胞呼吸强度也很大。而苹果、梨等仁果表皮有较为发达的角质膜，进入果实内部的 $O_2$ 少，呼吸相对较弱。蔬菜中叶菜类呼吸强度最大，果菜类次之，根菜类最小。

2）发育阶段与成熟度

一般而言，幼嫩蔬菜处于生长发育过程中，组织、器官的生理活动很旺盛，呼吸代谢也很强，随着发育的进行，呼吸强度逐渐降低。因此，不同发育阶段的果实、蔬菜和花卉的呼吸强度差异很大（图 1-1）。

幼嫩蔬菜的呼吸最强，是由于其正处于生长最旺盛的阶段，各种代谢活动十分活跃，且此时表皮组织尚未发育完全，组织内细胞间隙较大，便于气体的交换，内层组织也能获得较充足的氧气。老熟的瓜果，新陈代谢强度降低，表皮组织和蜡质、角质层加厚并变得完整，因此，其呼吸强度较低，耐贮性加强。跃变型果实在成熟时呼吸升高，达到呼吸高峰后又下降；非跃变型果实成熟衰老时则呼吸作用一直缓慢减弱，直到死亡。

3）温度

采后果蔬贮藏环境的温度是影响其呼吸强度的最主要环境因素。在一定的温度范围内，呼吸强度与温度呈正相关关系（图 1-2）。适宜的低温，可以显著降低产品的呼吸强度，并推迟跃变型果蔬呼吸高峰的出现，甚至不出现呼吸跃变。过高或过低的温度对产品的贮藏不利。超过正常温度范围时，初期的呼吸强度上升，其后下降为零。这是由于在过高温度下，$O_2$ 的供应不能满足需求，同时 $CO_2$ 过多地积累又抑制了呼吸作用的进行。温度低于产品的适宜贮藏温度时，会造成低温伤害或冷害。

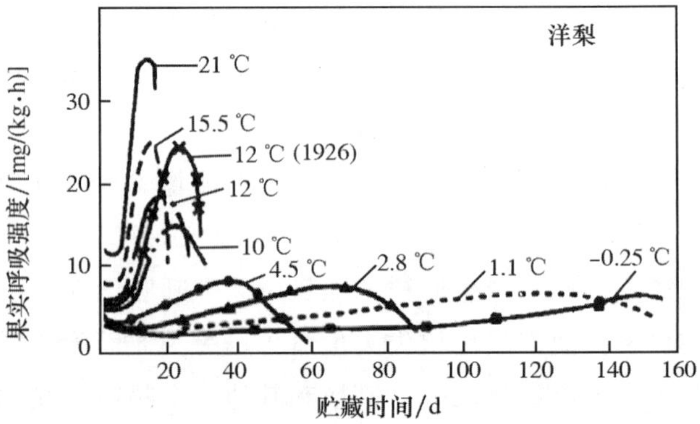


图 1-2 温度对呼吸作用的影响

引自：Kidd 和 West，1937

4）湿度

湿度对呼吸作用的影响没有温度强烈，但仍会对果蔬呼吸产生影响。一般来说，一定的湿度利于抑制呼吸作用。贮藏环境的相对湿度过低，会刺激果蔬内部水解酶活性的增强，使呼吸底物增加，从而刺激呼吸作用增强（图 1-3）。例如哈密瓜的呼吸强度在 50% 相对湿度处理下显著高于 70% 和 90% 处理。

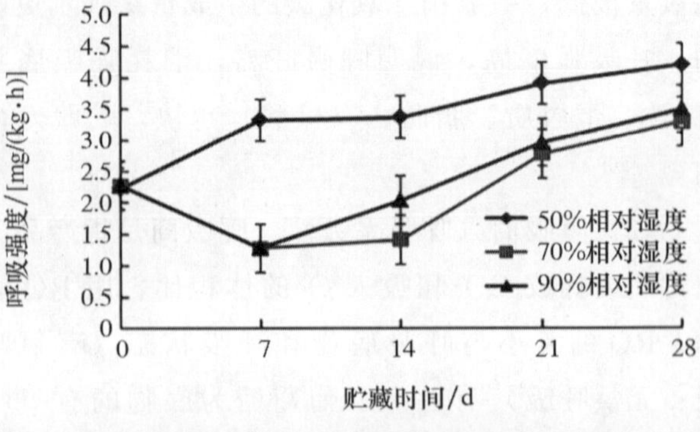


图 1-3 湿度对贮藏期间哈密瓜呼吸强度的影响

引自：董成虎，高聪聪，高元惠，等，2019.

5）环境气体组分

正常空气中，$O_2$所占的比例为20.9%，$CO_2$为0.03%～0.04%。从呼吸作用总反应式可知，环境$O_2$和$CO_2$的浓度变化，对呼吸作用有直接的影响。在不干扰组织正常呼吸代谢的前提下，适当降低环境$O_2$浓度，并提高$CO_2$浓度，可以有效抑制呼吸作用，减少呼吸消耗，更好地维持产品品质，这就是气调贮藏的理论依据。

乙烯（$C_2H_4$）是一种调控种植物成熟衰老的激素，它可以增强呼吸强度。园艺产品采后贮运过程中，由于组织自身代谢可以释放$C_2H_4$，并在贮运环境中积累，这对于一些对$C_2H_4$敏感产品的呼吸作用有较大的影响。乙烯对果实成熟衰老的影响将在下一节详细讲解。

6）化学物质

有些化学物质对呼吸有不同程度的抑制作用，因此化学合成保鲜剂是应用最早的保鲜手段，以苯甲酸钠、二氧化硫、山梨酸钾、1-甲基环丙烯（1-MCP）等为典型代表，其中1-MCP是近年来的研究热点，1-MCP是一种竞争性乙烯作用抑制剂，可以有效延迟呼吸高峰，并降低呼吸速率（图1-4）。

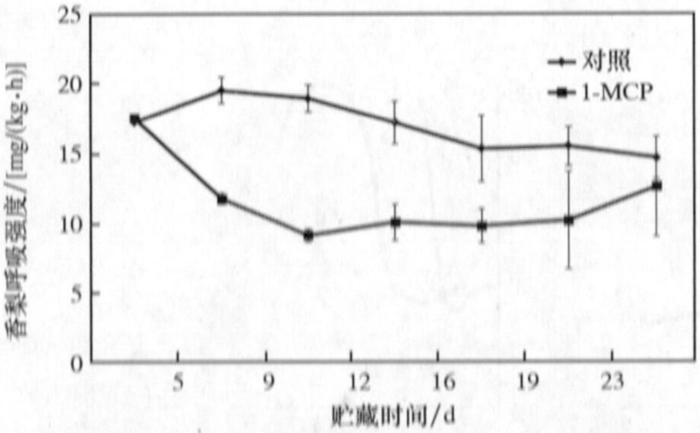

图1-4　1-MCP处理对贮藏期间库尔勒香梨呼吸强度的影响

3. 呼吸作用与果蔬耐贮性及抗病性的关系

呼吸作用是采后新陈代谢的主导，正常的呼吸作用能为一切生理活动提供必需的能量，还能通过许多呼吸的中间产物使糖代谢与脂肪、蛋白质及其他许多物质的代谢联系在一起，使各个反应环节及能量转移之间协调平衡，维持产品其他生命活动有序进行，保持耐贮性和抗病性。通过呼吸作用还可防止对组织有害中间产物的积累，将其氧化或水解为最终产物，进行自身平衡保护，防止代谢失调造成的生理障碍，这在逆境条件下表现得更为明显。

此外，当植物受到微生物侵袭、机械伤害或遇到不适环境时，能通过激活氧化系统，加强呼吸而起到自卫作用，这就是呼吸的保卫反应。该反应主要有以下几方面的作用：采后病原菌在产品有伤口时很容易侵入，呼吸作用为产品恢复和修补伤口提供合成新细胞所需要的能量和底物，加速愈伤，不利于病原菌感染；在抵抗寄生病原菌侵入和扩展的过程中，植物组织细胞壁的加厚、过敏反应中植保素类物质的生成都需要加强呼吸，以提供新物质合成所需的能量和底物，使物质代谢根据需要协调进行；腐生微生物侵害组织时，要分泌毒素危害寄主细胞。毒素主要是水解酶，植物的呼吸作用有利于分解、破坏、削弱微生物分泌的毒素，从而抑制或终止侵染过程。

呼吸虽然有上述的重要作用，但同时也是造成果蔬品质下降的主要原因，呼吸旺盛造成营养物质消耗加快，是贮藏中发生减重和变味的重要原因，表现在加速组织老化、风味下降、失水萎蔫，导致品质劣变，甚至失去食用价值。新陈代谢的加快将缩短产品寿命，造成耐贮性和抗病性下降，同时释放的大量呼吸热使产品温度较高，容易造成腐烂，对产品的保鲜不利。

因此，延长果蔬贮藏期首先应该保持产品正常的生命活动，不发生生理障碍，使其能够正常发挥耐贮性、抗病性的作用；在此基础上，维持缓慢的代谢，延长产品寿命，从而延缓耐贮性和抗病性的衰变，才能延长贮藏期。

### 1.2.2　乙烯的调控作用

乙烯（$C_2H_4$）是一种仅含两个碳原子的气态植物激素，它广泛参与植物的生长发育和衰老进程，在外源和内源水平上调节植物的生理反应，如种子萌发、幼苗生长、开花、结实、器官脱落、果实成熟和衰老等（Yang，2013）。

1. 乙烯对呼吸作用的影响

乙烯也是植物适应环境变化的信号，在植物应对生物和非生物胁迫过程中起着重要的作用。以苹果、猕猴桃为例，伴随果实内源乙烯的大量释放，果实软化的进程被加速；外源乙烯处理也可显著加速果实成熟软化的进程。这种生理效应是通过特定的乙烯生物合成和信号转导得以实现的。

果蔬依据呼吸类型和内源乙烯积累模式，分为呼吸跃变型果实和非呼吸跃变型果实。呼吸跃变型果实在成熟过程中出现乙烯高峰，而非跃变型果实没有乙烯高峰出现。乙烯可以提高果蔬的呼吸强度。呼吸跃变型和非跃变型两类果实对乙烯的反应不同。外源乙烯可以促进跃变型未成熟果实呼吸高峰的提早到来，但是乙烯浓度的大小对呼吸高峰的峰值没有显著影响（图 1-5），乙烯对跃变型果实呼吸作用的影响只有一次，而且外源乙烯处理必须在果实成熟以前，处理之后果实内源乙烯便有自动催化作用，加速果实的成熟。非跃变型果实的呼吸强度也受乙烯的影响，当施用外源乙烯处理时，在很大的浓度范围内乙烯浓度与呼吸强度成正比，而且在果实的整个发育过程中呼吸强度对外源乙烯都有反应，每施用一次，都会有一个呼吸高峰出现（图 1-6）。

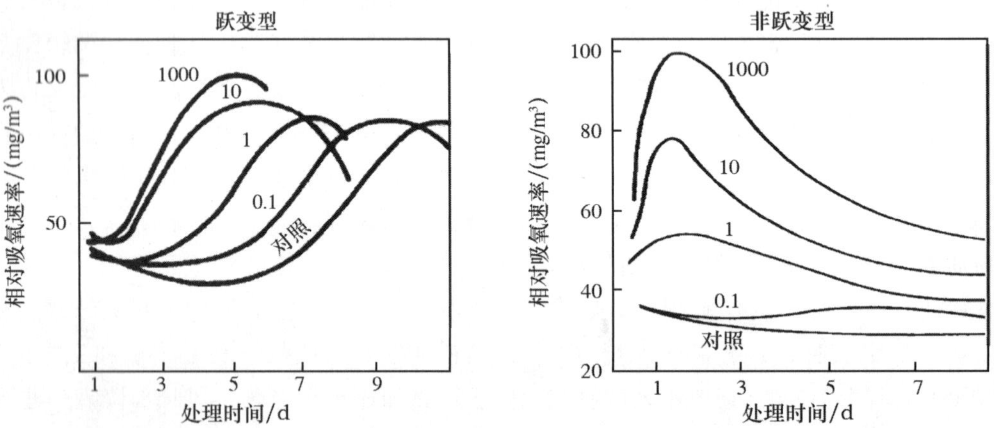


**图 1-5 跃变型和非跃变型果实在不同浓度外源乙烯下吸氧速率的变化**（引自：Biale，1964）

注：乙烯浓度单位为 μg/g

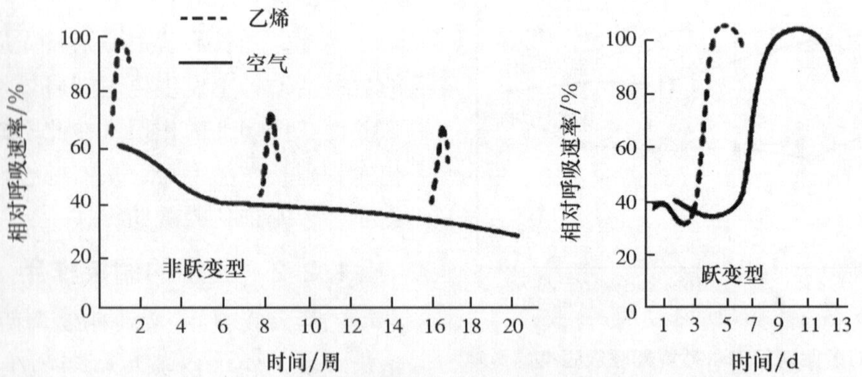


**图 1-6 外源乙烯对非跃变性和跃变型果实呼吸速率的影响**

引自：罗云波，2010.

### 2. 乙烯调控果蔬成熟衰老

1）乙烯促进果蔬衰老与脱落

植物衰老是细胞程序性死亡的结果。这一过程受内源激素水平的调节，其中乙烯是调控植物衰老的重要激素之一。在植物衰老的过程中由于乙烯调控的各种酶和酯类物质代谢加速，细胞质膜的完整性被破坏，细胞内的溶质流出，植物衰老进程被加速。除调控衰老，乙烯亦调节植物器官的脱落。施用外源乙烯能促进果实成熟，也加速了果实脱落。已有研究表明，不论叶片、花瓣、花还是果实脱落都是由于细胞壁水解酶活性增加引起中胶层和细胞壁降解所致。在苹果中，内源乙烯增加诱发果柄离层细胞壁溶解，从而促进幼果脱落（Brown，1997；Morgan，1992）。

2）乙烯促进果蔬成熟与软化

在影响果实成熟的众多因素中，乙烯作为一种植物内源激素，在调控果实成熟和软化中起着非常重要的作用。乙烯促进果蔬成熟与软化主要体现在呼吸跃变型果实上。呼吸跃变型果实在成熟软化阶段呼吸速率加快，内源乙烯大量积累，而且施用外源乙烯后果实成熟软化的进程显著被加速（Alba，2005）。跃变型果实中乙烯的形成由系统Ⅰ和系统Ⅱ调节，系统Ⅰ负责跃变前果实少量乙烯的合成；系统Ⅱ负责跃变时成熟果实内源乙烯的自我催化及大量积累，此系统促进了果实的成熟与衰老（Nakatsuka，1998；Barry，2000）。

非呼吸跃变型果实的呼吸强度和乙烯积累无显著变化。非跃变型果实中只有系统Ⅰ调控乙烯的合成，乙烯生成缓慢，变化平稳，没有乙烯释放高峰出现。但是乙烯在某些非呼吸跃变型果实成熟中也起到重要的调控作用。例如葡萄进入转色期后，果实内乙烯合成会出现一个瞬时高峰，与此同时果实花青素以及蔗糖、果糖等可溶性糖开始大量累积（Chervin，2004）。此外，外源乙烯处理能够导致多糖水解、组织老化等多种植物衰老生理反应。因此，外源乙烯处理也能够促进非跃变型果实成熟和衰老。

外源乙烯对跃变型果实和非跃变型果实的调控机理有本质的区别：对跃变型果实而言，外源乙烯调控是不可逆过程。在外源乙烯的触发下，跃变型果实系统Ⅱ被启动，并产生乙烯的自我催化作用，促使内源乙烯大量生成，果实的成熟和衰老速度被加快。非跃变型果实由于没有系统Ⅱ内源乙烯的自我催化功能，外源乙烯对非跃变型果实的调控是可逆反应，外源乙烯一旦消除，其作用也随即停止。通过抑制内源乙烯进而延迟果实成熟衰老，是果实保鲜研究的关键。

3. 乙烯生物合成

1）乙烯生物合路径

在所有高等植物中，乙烯均由杨氏循环路径合成而来。如图1-7所示，蛋氨酸为乙烯合成反应的初始底物。蛋氨酸首先转化为S-腺苷甲硫氨酸（SAM），SAM在1-氨基环丙烷-1-羧酸合成酶（ACS）催化下转变为1-氨基环丙烷-1-羧酸（ACC）。ACC再进一步被ACC氧化酶（ACO）氧化形成乙烯。而在ACS催化形成ACC的同时，还生成了5-甲硫基腺苷（MTA），MTA经过多步生化反应消耗一分子ATP后，再次合成SAM，整个循环反应被称作杨氏循环（Adams，1979）。通过杨氏循环，不断生成SAM和SAM前体甲硫氨酸，保证了植物组织内整个乙烯合成反应的高效性。

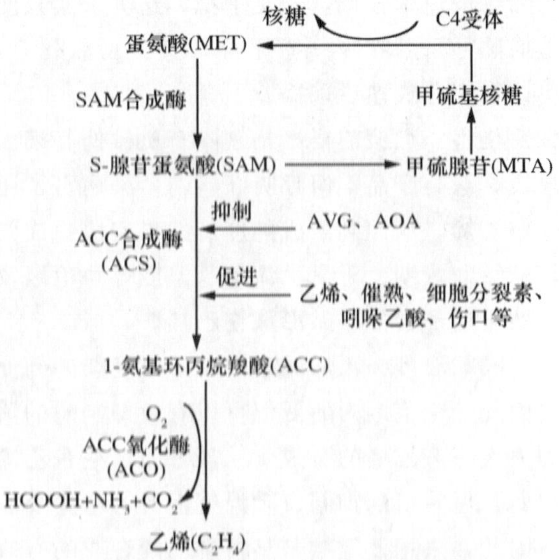


图1-7　高等植物体内乙烯合成途径

引自：Adams，1979.

一般认为，由ACS催化形成ACC是乙烯合成的限速步骤。细胞通过ACS活性和ACC含量的调节，最终决定了细胞内乙烯合成速度。ACC合成酶专一以SAM为底物，但是受到磷酸吡哆醛酶类抑制剂氨基乙氧基乙烯基甘氨酸（AVG）和氨基氧乙酸（AOA）的抑制。果实受到伤害、吲哚乙酸和乙烯本身都可以刺激ACC合成酶活性。非呼吸跃变型果实中乙烯水平明显低于呼吸跃变型果实。在甜瓜、梨、李等作物中存在呼吸跃变和非呼吸跃变两种不同类型材料，通过比较分析，人们发现，造成同种作物内两种乙烯合成类型果实的原因可能就在ACS催化合成反应这一节点上。

2）影响乙烯生物合成的因素

乙烯的合成能力及其作用受到自身种类和品种特性、发育阶段、外界贮藏条件的影响，了解这些因素才能从多途径对其进行控制。

(1) 果实的成熟度　对于跃变型果实，跃变前的果实对乙烯作用不敏感，系统Ⅰ生成的低水平乙烯不足以诱导成熟；随果实发育，组织对乙烯的敏感性不断上升，当组织对乙烯敏感性增加到能对内源乙烯作用起反应时，便启动了成熟和乙烯的自我催化（系统Ⅱ），产生大量乙烯，长期贮藏的产品一定要在此之前采收。采后果实随成熟度的提高，对乙烯越来越敏感。

非跃变型果实整个成熟过程中只有系统Ⅰ活动，乙烯生成速率较低，变化平稳，这类果实只能在树上成熟，采后呼吸一直下降，直至衰老死亡，所以应该在充分成熟后采摘。

(2) 伤害　贮藏前要严格剔除有机械伤和病虫害的果实，这类产品不但呼吸旺盛，传染病害，还会产生伤乙烯，从而刺激成熟度低的果实快速成熟衰老，缩短贮藏期。干旱、淹水、温度等胁迫以及运输中的震动都会使产品形成伤乙烯。

(3) 贮藏温度　乙烯的合成是一个复杂的酶促反应，因此一定范围内的低温可以有效抑制酶的活性从而大大降低乙烯的合成。一般在0℃左右乙烯生成很弱，后熟得到抑制，随温度上升，乙烯合成加速。因此，采用低温贮藏是控制乙烯合成的有效方式。但冷敏感果实于临界温度下贮藏时间较长时，如果受到不可逆伤害，细胞膜结构遭到破坏，酶活性就不能恢复，乙烯产量少，果实则不能正常成熟，使口感、风味或色泽受到影响，甚至失去食用价值。

此外热激处理也可以抑制乙烯的生成。对多数果实来说，35℃以上的温度可以抑制ACC向乙烯的转化，使得乙烯合成受阻，有些果实如番茄则不出现乙烯峰。研究表明用35～38℃热处理能抑制苹果、番茄、杏等果实的乙烯生成和后熟衰老。

(4) 乙烯　乙烯气体本身会诱导ACC合成酶活性，促进乙烯迅速合成，因此，贮藏中要及时排除已经生成的乙烯。生产实践过程中，常采用高锰酸钾作为乙烯吸收剂，方法简单、价格低廉。一般采用活性炭、珍珠岩、砖块和沸石等小碎块为载体以增加反应面积，将它们浸入饱和的高锰酸钾溶液中浸泡15～20 min，自然晾干。制成的高锰酸钾载体暴露于空气中会氧化失效，因此最好现用现配，晾干后应及时装入塑料袋中密封，使用时放到透气袋中。一般生产上采用碎砖块更为经济，用量约为果蔬的5%。此外还要适当通风，特别是贮藏后期要加大通风量，也可减弱乙烯的影响。

(5) 化学物质　一些药物处理可抑制内源乙烯的生成。乙烯抑制剂可分为乙烯合成抑制剂和乙烯受体抑制剂。氨基乙氧基乙烯基甘氨酸（AVG）和氨基氧乙酸（AOA）可以通过抑制ACC合成酶的活性来抑制乙烯合成。近年来，乙烯受体抑制剂1-MCP被广泛应用到果蔬保鲜中。1-MCP可以与乙烯竞争乙烯受体上的结合位点，它与乙烯受体的结合能力是乙烯本身的十倍。1-MCP作为果蔬保鲜剂，可以有效降低乙烯释放速率并延缓乙烯高峰的出现（Yang，2016）。目前1-MCP已经在中国、美国、阿根廷和澳大利亚等多个国家注册使用，并应用在多种果蔬上，包括苹果、杏、桃、猕猴桃、杧果、甜瓜、油桃、番木瓜、鳄梨、梨、辣椒、柿子、菠萝、芭蕉、李子、西葫芦和番茄等。1-MCP不仅可以作为一种有十分有效的保鲜方式，也为人们了解乙烯作用及机理提供了一种有效的研究手段。

### 1.2.3　蒸腾作用

在植物的生长发育过程中，蒸腾作用是维持生命活动不可缺少的一个过程。当果蔬脱离了母体，土壤供水渠道被切断，水分从果蔬表面向大气蒸腾已经失去原来积极的意义，反而使产品失水、失鲜。因此，蒸腾作用在采后是一个消极的生理过程，对产品品质和贮藏特性产生不利影响。

#### 1. 蒸腾作用与贮藏

1) 失重和失鲜

含水量是园艺产品重要的品质特征，园艺产品含水量多为65%～95%。充足的水分保持了产品的坚挺脆嫩状态，外观新鲜，商品价值高。贮运期间，蒸腾作用使水分从产品中不断向环境散失，因此蒸腾失水导致果蔬萎蔫，失去原有新鲜度和质量。

2) 正常生理活动遭到破坏

水是维持细胞膨压的重要组分，对细胞结构稳定以及正常的生理代谢具有重要意义。蒸腾失水时，原生质就会发生脱水，水解酶活性增强，贮藏物质大量水解。脱水严重时，原生质会发生质壁分离，细胞膜丧失选择透过性，同时积累脱落酸（ABA）以及其他有毒有害物质，从而加速器官和组织的衰老和脱落，果蔬品质败坏，失去商品性。

2. 影响蒸腾的因素

1）比表面积

单位质量（体积）产品所具有的表面积称比表面积，单位为 $cm^2/kg$。比表面积越大，蒸腾作用越强，越容易失水而萎蔫衰老，贮藏效果越差。

2）表面保护组织结构

水分蒸腾有两个途径，一是自然通道，即气孔、皮孔；二是角质层。正在生长的植株和刚采收未冷藏的产品，气孔蒸腾为主要蒸腾方式。采后贮藏产品，随着失水加剧和贮藏环境中 $CO_2$ 浓度的增加，气孔部分或全部关闭，气孔蒸腾逐渐减少，而皮孔没有开关结构，并且胶质层表面存在裂纹，因此，角质层蒸腾是水分散失的主要途径。角质层由角质和蜡质共同组成，其中角质呈网状结构覆在表皮细胞最外层，构成了角质层的基本框架。蜡质由镶嵌在角质内部的内蜡和覆盖在角质表面的外蜡组成。蜡质层作为植物最表层的保护层可以有效地阻止体内非气孔性水分散失、调节气体交换、维持细胞压力平衡、抵御微生物侵害和防止昆虫蚕食。

3）产品类型

不同种类和品种的园艺产品，由于组织结构、表面积以及保护组织发达程度不同，蒸腾速率和特性差别很大。绿叶菜的比表面积大，未预冷时，气孔蒸腾失水非常厉害，又由于保护组织不发达，角质层蒸腾也剧烈，贮运过程中容易失水萎蔫；茄果类、瓜类以及大部分水果，比表面积小，角质层和蜡质层发达，失水较慢；根菜类、薯芋类、结球叶菜类等，产品处于休眠状态，表面保护组织结构致密、完善，抗失水能力强。

4）空气湿度

空气湿度是影响园艺产品蒸腾失水的主要环境因素，可以用绝对湿度、相对湿度和水蒸气压表示。绝对湿度又称为水汽密度，是指单位体积空气中所含水汽的质量；相对湿度是指空气中实际水汽密度与同温度饱和水汽的百分比值。当产品中水蒸气压高于环境水汽压时，水分从产品向环境中扩散，产品失水，反之水分保持在产品中或从环境中吸水。因此，要保持园艺产品体内的水分，除维持正常的水分代谢外，就是要创造一个湿度合适的贮藏环境，根据不同产品对湿度的要求设定贮藏参数，并采取浸水、包装、控制温度和风速等措施，减少失水。

5）温度和空气流动

温度升高，水分子运动加快，产品失水增多。一般果蔬贮藏时，在绝对湿度不变的条件下，随着温度的升高，相对湿度减小，湿度饱和差增大，失水加剧，因此，要减少产品失水萎蔫就应增加贮藏室的空气相对湿度。空气流动会使产品周围的水分子不断地被带走，降低空气水汽压，增大产品与空气的水汽压差，产品水分散失就会加剧。因此，贮藏中，当产品温度降到库温后，湿度不是很高，且满足仓库内外通风的正常需求下，应尽量减少库内空气的流动。

3. 蒸腾失水的控制措施

1）库内加湿

采用加湿设备或在空气中增加水分，提高贮藏库相对湿度，降低湿度饱和差，减少产品的蒸腾失水。

2）薄膜包装

将产品放入聚乙烯袋、塑料薄膜大帐或包装纸中，减缓产品与周围的气体交换，有效降低产品水分散失。

3）打蜡涂膜

对果蔬采取涂膜处理，切断产品内外的气体交换，有效降低产品水分散失，同时增加产品的商品价值，延长货架期。

4）产品预冷

产品采后入库前，进行预冷处理，消除大量田间热，使产品温度尽快接近贮藏温度，可以有效减少蒸腾失水。

### 1.2.4 休眠

休眠是植物生长暂时停顿的现象，是应对不良外界环境条件的一种反应。休眠期间、生长趋于停止，新陈代谢强度很低，对外界环境的反应不敏感，一般要经过一定时间才能恢复生长状态。因此，在产品贮藏中，利用休眠特性，可以有效延长贮藏期，长时间地保持产品品质。

1. 休眠类型与贮藏

休眠分为自然休眠和强制休眠两种类型。

1）自然休眠

自然休眠由基因控制，并受栽培因素的影响，一般不会因环境因素的转变而打破休眠进入生长阶段。例如洋葱、马铃薯、大蒜、姜、板栗以及花卉球根、扦插条等在产品采收后进入自然休眠状态，即使给予适宜的条件，生长也不会恢复。

2）强制休眠

由外界不良因素如低温、短日照、干旱、高温等引起的生长暂时停止现象为强制休眠，当外界不良环境因素消失后，休眠自行打破，进入生长状态。属于这类休眠的产品有萝卜、胡萝卜、甘蓝、大白菜、大丽花等。对于具有强制休眠特性的产品，在贮藏前或田间生长期间，可以采取措施诱导果蔬进入休眠状态，延长产品的贮藏期，降低贮藏成本。

2. 休眠调控

休眠是果蔬采后的一种有利于品质保持和贮藏的生理现象，因此，对于具有休眠特性的产品，在未进入休眠时，采取适当的措施诱导采后产品进入休眠状态，以延长产品休眠期，防止产品品质败坏，提高贮藏效果。生产中常用的休眠诱导措施主要有以下几种。

1）温度湿度处理

果蔬采后愈伤组织的形成、表皮的增厚、角质层和膜质鳞片的形成等有利于进入休眠，而高温结合高湿促进愈伤组织的形成，因此，温度湿度是诱导休眠的重要因素。很多园艺产品属于高温休眠型，如马铃薯、大蒜、洋葱、花卉种球等为高温休眠型，在贮藏前创造高温的条件促使它们进入休眠状态。也有的园艺产品为低温休眠型，如板栗要经过一段低温才能进入休眠，采后就要创造低温环境促进休眠，延迟萌发。

2）药剂处理

很多果蔬的休眠可以被植物生长调节剂调控，这些植物生长调节剂的重要作用是抑制芽的萌发。生产上常用的抑芽剂主要有青鲜素（MH）、萘乙酸类两种。马铃薯用萘乙酸甲酯处理后，10℃下可贮藏12个月，15～21℃贮藏几个月。

3）射线处理

射线处理又称为辐照处理，主要作用是抑制芽的萌发。据研究，贮藏前用0.06～0.15 kGy的γ射线处理马铃薯、洋葱、姜，显著抑制芽的萌发。但射线处理要采用安全的辐照剂量，防止产品辐射污染。

## 1.3 果蔬采后生理失调及侵染性病害

### 1.3.1 果蔬采后生理失调

果蔬采后生理失调是指不良因素引起的不正常的生理代谢变化，比如褐变、黑心、干疤等。导致果蔬生理失调的因素主要包括温度失调、营养失调、呼吸失调等。常见有以下几种。

1. 低温伤害

果蔬采后贮藏在不适宜的低温下产生的生理病变叫低温伤害。低温伤害又分为冷害和冻害两种。

1）冷害

冷害是由高于组织冰点但低于最适贮温下限的低温所致。它本质上不同于冻害，冷害发病的温度在组织的冰点之上。果蔬冷害温度为0～15℃。一般说来，热带水果对低温特别敏感，亚热带的果蔬产品次之，温带水果相对较轻。对低温敏感的产品，在不适低温下存放的时间越长，冷害程度就越大，造成的经济损失也越大。

冷害发生的机理主要是由于果实处于临界低温时，其氧化磷酸化作用明显降低，引起以ATP为代表的高能量短缺，细胞组织因能量不足而分解，细胞膜透性增加，结构系统瓦解，功能被破坏，在角质层下积累了一些有毒的挥发性代谢产物，导致果实表面产生凹陷、干疤、异味和增加对病害腐烂的易感性。冷害的症状主要是导致局部组织坏死，表现为表皮凹陷，干疤，斑点，出现水浸状、内部褐变，黑心，不能正常后熟，加速衰老和增加腐烂（二维码1-2中图1）。果蔬冷害症状见表1-7。

二维码1-2 果蔬生理病害图片

表 1-7 果蔬发生低温病害的温度及症状

| 种类 | 温度/℃ | 症状 | 种类 | 温度/℃ | 症状 |
|---|---|---|---|---|---|
| 苹果(部分品种) | 2.2～3.3 | 橡皮病,烫伤,果肉(果心)褐变 | 扁豆 | 7.2～10.0 | 凹陷,变色 |
| 梨(部分品种) | 5.0～8.0 | 果肉(果心)褐变 | 黄瓜 | 7.2 | 凹陷,水浸状斑点,腐败 |
| 香蕉(绿、黄果) | 11.7～13.3 | 果皮变黑,后熟不良 | 茄子 | 7.2 | 烫伤病,腐烂 |
| 葡萄柚 | 10 | 果皮凹陷,水浸状腐烂 | 甜瓜 | 2.2～4.4 | 凹陷,表面腐烂 |
| 柠檬 | 10.0～15.4 | 果皮凹陷,红褐色斑点,囊瓣膜变红 | 西瓜 | 4.4 | 凹陷,异味 |
| 橙(品种各异) | 2.8～5.0 | 果皮凹陷,褐变 | 柿子椒 | 7.2 | 凹陷,种子褐变 |
| 柑橘(品种各异) | 3.9～9.0 | 果皮凹陷及腐烂,水肿 | 马铃薯 | 3.3～4.4 | 褐变,糖分增加 |
| 杧果 | 4.0～12.8 | 果皮变黑,后熟不良 | 南瓜 | 10.0 | 腐烂 |
| 菠萝 | 6.1～10.0 | 后熟异常,果肉变褐 | 甘薯 | 12.8 | 凹陷,内部变色 |
| 樱桃(部分品种) | 0.0～1.0 | 贮后升温发生烫伤病 | 成熟番茄 | 7.2～10.0 | 水浸状软化,腐烂 |
| 梅(部分品种) | 5.0～8.0 | 褐变,凹陷 | 未熟番茄 | 12.8～13.9 | 后熟不良,腐烂 |
| 荔枝 | 0.0～1.0 | 果皮变黑 | 秋葵 | 10.0以下 | 褐变,凹陷,维生素C迅速减少 |
| 番木瓜与木瓜 | 6.0～7.0 | 果皮凹陷,果肉水浸状,后熟不良 | 青豆角 | 10.0以下 | 褐变,凹陷 |
| 人心果 | 1.9～2.0 | 不能后熟 | 生姜 | 10.0以下 | 内部变色 |
| 桃与杏 | −1.0～0.0 | 果实异味 | 甘薯 | 10.0以下 | 内部变色 |
| 红毛丹 | 7.2 | 不能转红色,易感染病毒 | 芋头 | 1.0以下 | 贮藏后升温腐烂显著 |

2）冻害

果蔬冰点以下的低温引起的伤害叫冻害。冻害主要是细胞结冰破裂，组织损伤，出现萎蔫、变色和死亡（二维码1-2中图2）。蔬菜冻害后一般表现为水泡状，组织透明或半透明，有的组织产生褐变，解冻后有异味。园艺产品的冰点温度一般比水的冰点温度要低，这是由于细胞液中含有一些可溶性物质（主要是糖），所以越甜的果实其冰点温度就越低，而含水量越高的果蔬也越易发生冻害。根据果蔬对冻害的敏感性将它们分为以下三类（表1-8）。

2. 呼吸失调

1）低氧伤害

低氧伤害症状主要表现为表皮局部组织下陷和产生褐色斑点，有的果实不能正常成熟并有异味。如遇到低氧胁迫时，香蕉产生黑斑，马铃薯发生“黑心病”，苹果发生“乙醇积累中毒症”等。果蔬产品一般情况下氧浓度不能低于2%。在低氧条件下存放时间越长，伤害就越严重。

表 1-8 果蔬对冻害的敏感性分类

| 敏感性类型 | 果蔬种类 |
|---|---|
| 敏感品种 | 杏、鳄梨、香蕉、浆果、桃、李、柠檬、蚕豆、黄瓜、茄子、莴苣、甜椒、马铃薯、夏南瓜、番茄 |
| 中等敏感品种 | 苹果、梨、葡萄、花椰菜、嫩甘蓝、胡萝卜、花叶菜、芹菜、洋葱、豌豆、菠菜、萝卜、冬南瓜 |
| 最敏感品种 | 枣、椰子、甜菜、大白菜、甘蓝、大头菜 |

2）高二氧化碳伤害

高二氧化碳伤害也是贮藏期间常见的一种生理病害。$CO_2$在新鲜空气的含量只有0.03%。当环境中的二氧化碳浓度超过10%时，会抑制线粒体的琥珀酸脱氢酶系统，影响三羧酸循环的正常进行，导致丙酮酸向乙醛和乙醇转化，使乙醛和乙醇等挥发性物质积累，引起组织伤害和出现风味品质恶化。果蔬产品的高二氧化碳伤害最明显的特征是表皮凹陷和产生褐色斑点。如苹果在高二氧化碳浓度下出现褐心（二维码1-2中图3）。柑橘果实出现浮肿，果肉变苦；草莓表面出现水渍状，果色变褐；番茄表皮凹陷，出现白点并逐步变褐，果实变软，迅速坏死，并有浓厚的酒味。叶类出现生理萎蔫，细胞失去膨压，水分渗透到细胞间隙，呈现水浸状；蒜薹开始出现小黄斑，逐渐扩展下陷呈不规则的圆坑，进而软化和断薹。

3. 营养失调

营养物质缺乏会引起果蔬生理失调。因为营养元素直接参与细胞的结构和组织的功能，如钙是细胞壁和膜的重要组成成分，缺钙会导致生理失调、组织崩溃。如苹果“苦痘病”（二维码1-2中图4）、苹果“虎皮病”（二维码1-2中图5）、苹果“水心病”（二维码1-2中图6），以及番茄花后腐烂。另外，甜菜缺硼会产生黑心，番茄果实缺钾不能正常后熟。

营养组分过度积累也会导致果蔬生理失调。例如在采后贮藏过程中，苹果某些品种（乔纳金、嘎啦、澳洲青苹等）表皮蜡质容易变得油亮且触感油腻，这种现象被称为果皮油腻化。果皮油腻化严重损害了果实外观品质（二维码1-2中图7），从而降低其商品价值。但是相当长一段时间内，人们并不了解其发生原因。最新研究表明采后贮藏期间，随着果实衰老，表皮合成大量的液态不饱和脂肪酸（主要为亚油酸）酯，并在果皮蜡质中不断积累，导致蜡质流动性增强，从而引起果皮油腻化的发生（Yang，2017）。

### 1.3.2 果蔬采后侵染性病害

1. 病原种类

引起园艺产品采后腐烂的病原菌主要有真菌和细菌两大类。其中真菌是最主要和最流行的病原微生物，它侵染广，危害大，是造成水果在贮藏运输期间损失的重要原因。水果贮运期间的传染性病害大都由真菌引起，而叶用蔬菜和花卉的腐烂主要是由细菌引起。

1）真菌

真菌是生物中一类庞大的群体，园艺产品采后腐烂主要由病原真菌引起。真菌的生长发育过程可分为营养阶段和繁殖阶段，营养阶段为菌丝体，繁殖阶段为各种有性孢子和无性孢子。

有性孢子是通过性细胞或性器官结合而产生的，多数真菌的有性孢子是一年产生一次，多发生在田间寄主生长发育后期，具有较强环境适应能力，有性孢子可以安全越冬并在第二年再次侵染寄主。

无性孢子是直接从营养体上产生，一年产生多次，是真菌病害的主要传染源。引起园艺产品采后病害的病原真菌主要有鞭毛菌亚门（Mastigomycotina）、接合菌亚门（Zygomycotina）、子囊菌亚门（Ascomycotina）、半知菌亚门（Deuteromycotina）四大类（表1-9）。其中半知菌亚门是非专性寄生菌，与果蔬采后病害关系最为密切。

表1-9 果蔬采后病原真菌分类

| 病原真菌种类 | | 常见病原菌 | 危害 |
|---|---|---|---|
| 鞭毛菌亚门（Mastigomycotina） | 腐霉属（*Pythium ringsh*） | 瓜果腐霉（*P. aphanidermatun*）<br>巴特勒腐霉（*P. butler*）<br>终极腐霉（*P. ultimum*） | 通过伤口或直接侵染，引起瓜果腐烂霉变 |
| | 疫霉属（*Phytophthora de Bary*） | 橘生疫霉（*P. citricola*）<br>柑橘疫霉（*P. itrophthora*）<br>恶疫霉（*P. cactorum*）<br>辣椒疫霉（*P. capsici*） | 常见于柑橘果实褐腐病，还侵染苹果、梨、番木瓜、甜瓜和马铃薯，引起腐烂 |
| | 霜疫霉属（*Peronophythora*） | 霜疫霉（*Peronophythora litchi*） | 常见于荔枝腐烂霉变 |

续表 1-9

| 病原真菌种类 | | 常见病原菌 | 危害 |
|---|---|---|---|
| 接合菌亚门 (Zygomycotina) | 根霉属 (*Rhizopus* Ex. Corda) | 匍枝根霉 (*R. stolonifer*)<br>米根霉 (*R. oryzae*) | 主要侵染苹果、梨、葡萄、桃、樱桃、李、香蕉、菠萝蜜、草莓、番木瓜、甜瓜、南瓜、番茄和甘蓝等，引起软腐病 |
| | 毛霉属 (*Mucor* Mich. Ex. Fr.) | 梨形毛霉 (*Mucor iriformis*) | 主要侵染苹果、梨、葡萄、草莓和猕猴桃，引起毛霉病 |
| 子囊菌亚门 (Ascomycotina) | 核盘菌属 (*Sclerotinia* Fuck.) | 菌核软腐病 (*S. scleratiorum*)<br>小核盘菌 (*S. minor*) | 主要侵染柠檬、甘蓝、大白菜叶秋，引起腐烂 |
| | 链核盘菌属 (*Monilinia Honey*) | 果生链核盘菌 (*M. fructicola*)<br>仁果链核盘菌 (*M. fructigena*)<br>核果链核盘菌 (*M. laxa*) | 主要侵染油桃、樱桃、李、苹果、梨等，引起褐腐病 |
| 半知菌亚门 (Deuteromycotina) | 交链孢菌属 (*Alternaria* Nees ex Wallr.) | 链格孢 (*A. alternaria*)<br>柑橘链格孢 (*A. citri*)<br>苹果链格孢 (*A. mali*)<br>瓜链格孢 (*A. cucumis*) | 主要侵染梨、桃、油桃、杏、李、樱桃、葡萄、草葱、番茄、甜椒、茄子、黄瓜等果蔬引起黑腐病，柑橘黑心病，苹果心腐病，洋葱紫斑病 |
| | 葡萄孢霉属 (*Botrytis* Pers. ex Fr.) | 灰霉病菌 (*Botrytis* spp.)<br>盘长孢刺盘孢菌 (*Colletorichum gloeosporioides*) | 侵染绝大多数水果，引起灰霉病 |
| | 刺盘孢菌属 (*Colletotrichum* Corda) | 香蕉刺盘孢菌 (*Gloeosporium musarum*) | 分别引起苹果、杧果炭疽病和香蕉斑点病 |
| | 镰刀菌属 (*Fusarium* Link ex Fr.) | 木贼镰孢菌 (*F. equiseti*)<br>尖孢镰孢菌 (*F. oxysporum*)<br>黄色镰孢菌 (*F. culmorum*)<br>腐皮镰孢菌 (*F. solani*) | 引起马铃薯干腐，洋葱和大蒜蒂腐，生姜和甜瓜白霉病 |
| | 地酶属 (*Geotrichum* Link ex Sau.) | 白地霉 (*G. candidum*) | 引起柑橘、番茄、胡萝卜等果实酸腐病 |
| | 青霉属 (*Penicillium* Link ex Fr.) | 种类繁多 | 主要有指状青霉 (*P. digitatum*) 和意大利青霉 (*P. italicum*) 引起柑橘果实采后腐烂，扩展青霉 (*P. expansum*) 引起苹果、梨、葡萄和核果腐烂病 |
| | 拟茎点酶属 (*Phomopsis* W.) | 杧果拟茎点酶菌 (*P. mangiferae*)<br>柑橘拟茎点霉菌 (*P. cytosporella*) | 引起杧果和柑橘果实褐色蒂腐病 |

2) 细菌

细菌是原核生物，单细胞，不含叶绿素。细菌属于异养，绝大部分不能自己制造养料，必须从有机物或动、植物体上吸取营养来维持生命活动。细菌的结构比较简单，外面有一层具韧性和强度的细胞壁。大多数植物病原细菌都能游动，只有少数细菌不能游动。细菌的繁殖方式一般为裂殖，繁殖速度很快。生长最适温为 26～30℃，细菌能耐低温，在冷冻条件下仍能保持生活力，但对高温敏感，一般致死温度是 50℃左右。

细菌不能直接人侵完整的植物表皮，一般是通过自然开口和伤口侵人。植物细菌病害的症状可分为组织坏死、萎蔫和畸形。引起果蔬采后腐烂的细菌主要是欧氏杆菌 (*Erwinia*) 和假单胞杆菌

(*Pseudomonas*)。

(1) 欧氏杆菌 (*Erwinia* spp.) 菌体为短杆状，不产生芽孢，革兰反应为阴性，在有氧或无氧条件下均能生长。在欧氏杆菌属的 6 个种中有 2 个可引起果蔬采后软腐病：

①大白菜软腐病杆菌 (*Erwinia carotouora* subsp. *carotouora*) 引起各种蔬菜和果菜的软腐病，特别是大白菜软腐 (二维码 1-2 中图 8)。

②黑胫病杆菌 (*Erwinia carotouora* var. *atroseptica*) 引起大多数蔬菜和部分果菜黑腐病，特别是马铃薯的黑胫病和番茄的茎断腐。

由欧氏杆菌引起的病害症状基本相似，感病组织开始为水浸状斑点，在条件适宜时迅速扩大，引起组织全部软化腐烂，并产生不愉快的气味。

(2) 假单胞杆菌 (*Pseudomonas* spp.) 不产生芽孢，革兰染色阴性反应，是好气性病菌。其中的边缘假单胞杆菌 (*Pseudomonas marginalis*) 发病较普遍，可引起黄瓜、芹菜、莴苣、番茄和甘蓝软腐。假单胞杆菌引起的软腐症状与欧氏杆菌相似。

**2. 病原菌侵染过程**

病原菌通过一定的传播介质到果蔬感病点上，与之接触；然后侵入寄主体内取得营养，建立寄生关系；并在寄主体内进一步扩展使寄主组织破坏或死亡，最后出现症状。这种接触、侵入、扩展和出现症状的过程，称为侵染过程。园艺产品上病菌(或孢子)的滞生阶段称为潜伏侵染，潜伏期寄主并不表现出病状，随后病菌进入速生阶段，在寄主表面表现出病症。通常将传染性病害侵染过程划分为侵入期、潜育期和发病期三个阶段。

1) 侵入期

(1) 侵入途径 病菌或是被动地通过自然开孔和伤口，或是主动地借助于自身分泌的酶和机械力入侵植物的过程叫侵染，前者叫作被动侵染，后者称为主动侵染。

在被动侵染过程中，植物体表面的气孔、皮孔、叶缝、毛孔、水孔等自然孔口，是绝大多数细菌和真菌入侵的门户。如柑橘溃疡病细菌 (*Xanthomonas citri*) 通过气孔、水孔或皮孔侵入；梨火疫病细菌 (*Erwinia amylouora*) 可以由蜜腺、柱头侵入；葡萄霜霉病菌 (*Plasmopara uiticola*) 游动孢子，萌发后可以从气孔侵入。除自然孔口外，园艺产品表面的各种伤口，如虫伤、机械伤、磕碰伤及冻伤也是病原物入侵的主要途径。

主动侵染又叫直接入侵，是病原真菌借助于自身的力量，进入寄主细胞。许多植物病原菌通过产生一些特殊的酶来溶解或分泌毒素来破坏寄主细胞壁而入侵寄主，或者借助于包在囊内的游动孢子直接产生的吸附器或侵染栓来完成侵染，还有的病菌通过附着长出的菌丝进入寄主。如苹果黑星病菌 (*Fusicladium dendriticum*)、黑腐病菌 (*Phoma beata*)、梨锈病菌 (*Gymnosporangium haraeanum*)、草莓灰霉病菌 (*Botrytis cinerea*)、桃褐腐病菌 (*Monilinia* spp.) 都可以通过接触传染，在贮藏期间迅速蔓延。

(2) 入侵步骤 病原真菌大多是以孢子萌发后形成的芽管或菌丝侵入。典型的步骤是：孢子的芽管顶端与寄主表面接触时，膨大形成附着器，附着器分泌黏液将芽管固定在寄主表面，然后从附着器产生较韧的侵染丝入侵寄主体内。从伤口和自然孔口侵入的真菌也可以不形成附着器和侵染丝，直接以芽管侵入。从表皮直接侵入的病原真菌，其侵染丝先以机械压力穿过寄主表皮的角质层，然后通过酶的作用分解细胞壁而进入细胞内。

2) 潜育期

从病原物侵入与寄主建立寄生关系开始，直到出现明显症状的一段时间称为病害的潜育期。潜育期是病原菌在寄主体内吸取营养和扩展的时期，也是寄主对病原菌的扩展表现不同程度抵抗性的过程。

无论是专性寄生还是非专性寄生的病原菌，在寄主体内进行扩展时都要消耗寄主的养分和水分，并分泌酶、毒素、有机酸和生长刺激素，扰乱寄主正常的生理代谢活动，使寄主细胞和组织遭到破林，发生腐烂，最后导致症状出现。症状的出现就是潜育期的结束。有许多病原菌是在田间或在生长期间就侵入园艺产品，长期潜伏，并不表现任何症状，直到果实成熟采收或环境条件适合时才发病。例如板栗的黑霉病菌就是在树上或果实落地时入侵果实，贮藏前不表现症状，一两个月后开始发病，引起果实腐烂。

3）发病期

植物被病原菌侵染后，经过潜育期即出现症状，便进入发病期。此后，症状的严重性不断增加，真菌病害在果蔬的受害部位产生大量的无性孢子，成为新的侵染源，引起再度侵染，使病害迅速蔓延扩大。

3. 影响侵染性病害发生的环境因素

侵染性病害发展主要受病原菌、寄主抗性和环境条件影响或制约，当病原菌的致病力强，寄主的抵抗力弱，而环境条件又有利于病菌生长繁殖时，病害就严重，反之，病害受到抑制。园艺产品采后贮藏过程中，环境因素对控制侵染性病害的发生起着关键作用，本节重点讲述温度、湿度和气体成分对侵染性病害的影响。

1）温度

病菌孢子的萌发力、致病力与温度极为相关，病菌生长的最适温度为 20～25℃，过高、过低对病菌都有抑制作用。在病菌与寄主的对抗中，温度对病害的发生起着重要的调控作用。一方面温度要影响病菌的生长、繁殖和致病力；另一方面也影响寄主的生理、代谢和抗病性，从而制约病害的发生与发展。一般而言，较高的温度加速果实衰老，降低果实对病害的抵抗力，有利于病菌孢子的萌发和侵染，从而加重发病；相反较低的温度能延缓果实衰老，保持果实抗性，抑制病菌孢子的萌发与侵染。因此，贮藏温度的选择一般以不引起果实产生冷害的最低温度为宜，这样能最大限度地抑制病害发生。

2）湿度

湿度也是影响发病的重要环境因子，如果温度适宜，较高的湿度将有利于病菌孢子的萌发和侵染。尽管在贮藏库里的相对湿度达不到饱和，但贮藏的果品经常有结露，这是因为当果品的表面温度降低到库内露点温度以下时，果实表面形成自由水。在这种高湿度的情况下，许多病菌的孢子就能快速萌发，直接侵入果实引起发病。

3）气体成分

低氧和高二氧化碳对病菌的生长有明显的抑制作用。果实和病菌的正常呼吸都需要氧气，当空气中的氧气浓度降到 5％或以下时，对抑制果实呼吸，保持果实品质和抗性非常有用。空气中 2％的氧气浓度对灰霉病、褐腐病和青霉病等的病原的生长有明显的抑制作用。高二氧化碳浓度（10％～20％）对许多采后病菌的抑制作用非常明显。当浓度大于 25％时，病菌生长完全停止。由于果蔬产品在高二氧化碳浓度下存放时间过长产生毒害，因此一般采用高二氧化碳浓度短期处理以减少病害发生。

4. 综合防治

果蔬产品采后病害的有效防治是建立在综合防治措施的基础上的，它包括了采前的田间栽培管理和采后系列化配套技术处理。采前的田间管理包括合理的修剪、施肥、灌水、喷药，适时采收等措施，这对提高果实的抗病性，减少病原菌的田间侵染十分有效。采后的处理则包括及时预冷，病、虫、伤果的清除，防腐保鲜药剂的应用，包装材料的选择，冷链运输，选定适合于不同水果、蔬菜生理特性的贮藏温、湿度、氧和二氧化碳浓度，以及确立适宜的贮藏时期等系列配套技术，这对延缓果蔬产品衰老，减少病害和保持风味品质都非常重要。

**思考题**

1. 构成果蔬品质的化学成分有哪些？
2. 影响果蔬甜味的因素有哪些？
3. 试述采后果蔬呼吸作用与贮藏的关系。
4. 呼吸跃变型园艺产品与非呼吸跃变型园艺产品在呼吸代谢上有何差异，贮藏过程应如何分别对待？
5. 简述外源乙烯对跃变型与非跃变型果蔬呼吸作用调控的差异。
6. 简述乙烯对跃变型和非跃变型果蔬成熟衰老的调控作用。
7. 试述果实乙烯的生物合成途径及调控因素。
8. 试述采后园艺产品蒸腾作用的主要途径及其影响因素。
9. 何谓果蔬的冷害及其发生机理？
10. 简述侵染性病害的侵染过程及影响病害发生的环境因素。

HAPTER 2

# 第2章 果蔬采后商品化处理

**教学目标：**

1. 掌握果蔬采后商品化处理的主要流程；
2. 了解果蔬采收成熟度的确定方法，果蔬预冷、分级的方法；
3. 熟悉果蔬涂膜和催熟的方法、果蔬包装材料。

2018 年中国水果产量达 2.5 亿 t，蔬菜产量 7 亿 t，均占世界第一位。然而，我国目前果蔬损失非常严重，而且果蔬质量参差不齐，不利于果蔬产业的健康发展。通过采后科学的商品化处理，一方面可以减少果蔬产品采后腐烂损失、避免浪费，保持优良品质、提高商品性，从而保持其市场竞争力，另一方面能够提高果蔬的商品价值，提高生产者和经营者的经济效益，有助于推进乡村振兴、助力农民脱贫致富。

果蔬采后商品化处理，就是为保持和改进果蔬产品质量并使其从农产品转化为商品所采取的一系列措施的总称。果蔬的采后处理过程主要包括整理、分级、预贮愈伤、预冷、清洗、涂膜、防腐、包装、催熟、脱涩处理等环节。可根据产品种类，选用全部的措施或只选用其中的某几项措施。本章主要介绍采收、预冷、分级、涂膜、包装、催熟与脱涩。

## 2.1　果蔬采收

采收（harvest）是果蔬种植过程的最后一个环节，同时也是其商品化的第一个环节。采收的目标是使果蔬产品在适当的成熟度时转化为商品，提高其商品性并减少损失。

### 2.1.1　采收期

采收期对果蔬的品质具有重要影响。采收过早，果蔬产品还未达到成熟的标准，单果重最小，产量低、品质差，果蔬产品本身固有的色、香、味还未充分表现出来，耐贮性也差；采收过晚，果实已经成熟，接近衰老阶段，采后必然不耐贮藏和运输，在贮运中自然损耗大，腐烂率明显增高。

果蔬的采收期主要取决于果蔬种类、用途、成熟度、运输距离等。具有呼吸高峰的果实可以达到生理成熟度或跃变之前采收。用于制汁的果蔬需要达到食用成熟度时采收，以达到较好的色、香、味；需要制罐头的果蔬可以尽早采收，以便更高地保持果蔬的形状和口感。长距离运输果蔬的需尽早采收，如香蕉；需当地销售的产品，可适当晚采收。判断果蔬采收期的方法主要有以下几个方面。

#### 1. 果蔬产品表面色泽的变化

大部分果蔬在成熟时果皮都会出现其特有的色泽变化，该变化主要与果蔬中的色素变化有关。一般未成熟的果实含有较多的叶绿素，果蔬成熟过程中叶绿素逐渐降解，类胡萝卜素和花色苷等色素逐渐合成，显示出果实特有的色泽。因此，果蔬的色泽是判断果蔬成熟度和采收期的重要标志之一。如柑橘类水果通常由绿色变为黄色或橘黄色，樱桃、番茄等由绿色变为红色，茄子果皮变亮、有光泽。青苹果、西瓜等果皮颜色变化不明显的果蔬则不宜根据色泽判断采收期。

#### 2. 产品的形态和大小

果蔬成熟时，果实会表现出固有的形态和大小，可以根据经验判断成熟度和采收期。例如，香蕉未成熟时果实横截面呈多角形，成熟后果实饱满，横截面呈近圆形；甜瓜果实成熟时出现品种特有的条带、花纹，果脐膨大；樱桃成熟时果径为 20～30 cm。由于不同品种特性、栽培技术水平和气候的差异，根据果实形态和大小判断采收期也存在一定的局限性。

#### 3. 坚实度和硬度

坚实度通常用来表示蔬菜的发育状况。一般来说，许多蔬菜的坚实度大，表明其发育成熟充分或达到一定的采收标准。比如大白菜、结球甘蓝和花椰菜通常在叶球或花球坚硬时采收，其品质较好、耐贮藏。而有些蔬菜坚实度高则表明品质的下降，需要在叶或果实变坚硬前采收，比如芹菜、香菜、芸豆等。

硬度通常用来衡量水果的成熟度和采收期。果实的硬度是指果肉抵抗外界压力的强弱，对大部分水果来说，未成熟的果实硬度较大，达到一定成熟程度时硬度降低，变得柔软多汁，主要是成熟时细胞壁的原果胶分解成果胶所致。因此，实际生产中可使用水果硬度计（图 2-1）检测果实的

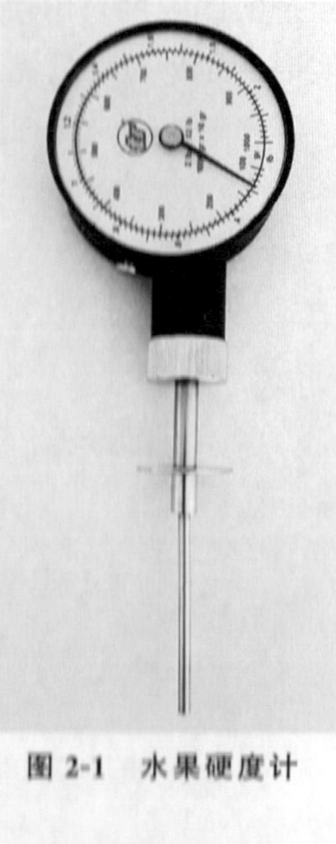

图 2-1　水果硬度计

硬度，从而判断水果的成熟度。红富士苹果采收时硬度为 15.2 kg/cm$^2$，美锦桃采收时硬度为 14 kg/cm$^2$，猕猴桃采收时硬度为 5 kg/cm$^2$。

4. 生长期和成熟特征

不同品种的果蔬从开花到成熟都有一定的生长期，不同地区可根据气候条件和多年经验得出适合当地采收的平均生长期。如烟台红富士苹果的生长期为 180d 左右，四川青苹果的生长期为 110 d 左右。

不同果蔬在成熟过程中表现出许多相应的特征，可以用来判断成熟度。杏核由白色转变为褐色并且果肉完全离核是其成熟的标志之一；板栗在壳斗开裂时采收为宜；黄瓜、丝瓜、豆角等应在种子膨大前采收品质较好；大蒜、洋葱、生姜、马铃薯等地下茎类蔬菜，在其地上茎叶部分枯黄时采收，品质和耐贮性较好。

5. 主要化学物质的含量

果蔬生长、成熟的过程中，化学物质含量不断发生变化，可溶性糖、淀粉、有机酸、可溶性固形物、酚类物质等的变化在一定程度上可以用来衡量其成熟度。可溶性固形物是指所有溶解于水的化合物的总称，包括糖、酸、维生素、矿物质等，在果蔬中主要是指可溶性糖类。大部分水果中的糖分与其成熟度成正相关，果实成熟时，可溶性糖分含量显著上升，有机酸和部分酚类物质含量降低，造成甜味增加，酸味和涩味减少。总含糖量与总酸的比值称为糖酸比，可用于衡量果实的风味及成熟度。生产实践中可采用便携式糖度计、酸度计（图 2-2）实时测定果蔬中的糖度、酸度以及糖酸比。

不同果蔬成熟时淀粉含量变化不尽相同。大部分水果成熟时淀粉转化为可溶性糖，含量降低，可将碘液滴于果肉上，根据变色程度和面积初步判断水果的成熟度，果肉变色面积越小，成熟度越高。然而像芋头、甘薯、马铃薯等含有地下茎的蔬菜成熟时淀粉含量较高，此时采收营养丰富、贮藏性好，用于加工淀粉、粉条时出粉率更高。

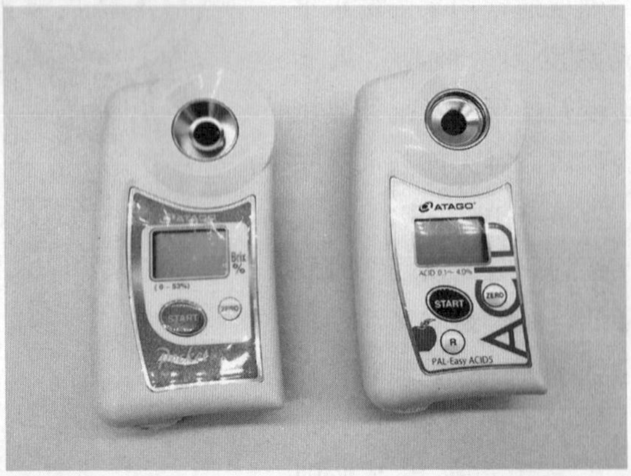


图 2-2 手持式水果糖度计（左）与酸度计（右）

6. 果柄脱离的难易程度

有些种类的果实在成熟时果柄与果枝常产生离层，稍微振动果实就会脱落；蓝莓、红树莓以及部分品种的甜瓜在成熟时则是果柄与果实间容易脱落，即所谓“瓜熟蒂落”。因此，可根据果柄脱离的难易程度判断果实的成熟度。离层形成时果实的成熟度较高，品质较好，应当及时采收，以免果实脱落造成经济损失。

7. 果实香味

部分水果在成熟时果实会释放香气物质，无须切开就能闻到该水果特有的香味。部分品种的甜瓜成熟后果实脐部具有本品种所特有的浓香味，香味越浓，成熟度越高。

果蔬产品的种类、品种繁多，生理和外观特性各异，比如不同品种的葡萄和苹果成熟时果实可能呈现不同的色泽，因此，实际生产中应根据不同果蔬产品的生理特点、气候条件、采后用途等多个方面的差异，结合多个判断指标确定果蔬的采收期（表 2-1），以得到用于长期贮藏、快速销售或加工的优质果蔬产品。

表 2-1 常见果蔬成熟的判断标准

| 采收指标 | 应用实例 |
| --- | --- |
| 开花至收获时间 | 苹果、梨等 |
| 颜色 | 大部分水果、蔬菜 |
| 大小 | 所有水果及大部分蔬菜 |
| 形状 | 香蕉、甜瓜 |
| 硬度 | 苹果、桃、梨等 |
| 坚实度 | 白菜、甘蓝、花菜 |
| 种子发育情况 | 黄瓜、丝瓜、豆角 |
| 糖含量 | 苹果、桃、葡萄 |
| 糖酸比 | 猕猴桃、柑橘类 |
| 淀粉含量 | 苹果 |
| 果实脱离程度 | 梨、甜瓜、蓝莓、树莓 |
| 香味 | 甜瓜 |

### 2.1.2 采收方法

果蔬的采收方法主要分为人工采收和机械采收两种。一些西方国家的人工成本较高，因此研发了较多的机械代替人工进行采摘，以提高效率和降低成本。但是目前为止，机械采收的果蔬主要是用于加工，用于鲜食的果蔬则以人工采收为主。

1. 人工采收

用于直接销售或长期贮藏的果蔬最好采用人工采收。主要原因如下：①人工采收可以减少果蔬的机械损伤，保证产品质量，避免因产品损失导致的耐贮性降低。②人工采收灵活性很强。许多果蔬成熟时大小、形状不一或者成熟度不一致，机械无法判断，因此，使用人工进行分批采收，可以准确地掌握成熟度，以提高产品质量和产量。③人工采收便于调节控制。当采收量大时，增加采收工人便能加快采收速度。

人工采收时具体的采收方法要根据不同种类的产品特性而定，一般采用徒手、剪刀、刀等方式进行采收。苹果和梨等仁果成熟时，果柄与果枝间产生离层，只需用手将果实向上托，果实便可从果枝上脱落下来。山楂、樱桃等水果采收时需要带柄采收，避免摘下果柄引起果实损伤、易腐败。蓝莓、树莓等浆果柔嫩多汁，容易损失，采收时应轻摘轻放。葡萄、柑橘等水果的果柄与果枝不易分离，需使用剪刀采收，并注意避免果柄过长，以免划伤周围的果实。采收香蕉时需切断果轴，整把采收，避免损伤，以利于长距离运输。

我国农村人口较多，大多数果蔬采收仍以人工采收为主。但是人工采收也存在一些问题，如采收操作粗放、效率较低、缺乏统一的采收标准等，因此，在采收前需要做好采收的组织和工人的技术培训工作，以提高采收效率。

2. 机械采收

机械采收的主要特点是采收效率高，适用于成熟时容易脱落的果实、部分小型水果以及地下茎类蔬菜。对于易脱落的水果，可采用产生强风或强力振动的机械迫使水果脱落，在树下铺柔软的帆布或收集帐来收集水果。胡萝卜、马铃薯、甘薯等地下根茎类蔬菜可采用犁耙机械采收。对于成熟度不一致的果蔬，可在采前几天喷洒乙烯利或萘乙酸等果实脱落剂，提高采收效率。机械采收的果蔬大多数用于加工，比如做番茄酱、橙汁、葡萄酒、蔓越莓干、腌制蔬菜等。

机械采收也存在比较明显的缺点，一是容易造成机械损伤，不适合用于贮藏的水果；二是采收机械通用性较差，需要针对不同果蔬研发相应的采收机械，研发和制造成本较高，机械适合大规模采收；三是不能选择性采收，只能一次性采收完全，当果蔬成熟度不一致时商品率较低。

### 2.1.3 采收注意事项

采收的时间对果蔬的品质、运输和贮藏性都有较大影响，需要合理安排采收时间。一般来说，应该在一天之中温度较低的时间采收，夏季选择早晨或傍晚采收，避免中午采收造成产品的温度过高，呼吸加速，不利于保持品质和长期贮藏。采后要放在阴凉处，避免阳光直射。

水分对果蔬的品质有较大影响。应该在雨水或露水干燥后再采收，避免果实湿度太大，采后霉菌快速繁殖而引起腐败。另外，部分水果在降雨后容易引起果实开裂，避免在雨天采摘，而且采前 3～5 d 避免灌溉。

采收时需要尽量减少机械损伤，注意以下几点：①戴手套采收，以减少采收过程中指甲对果实的划伤；②选用合适的采收工具，避免生拉硬拽，减少损失；③采用合理的采收袋、采收篮，布制或柔软有弹性的材料能有效减少损失；④选用大小合理的周转箱，一般 15～20 kg 为宜，周转箱内部光滑平整，防止对果实造成损伤。

## 2.2 果蔬预冷

### 2.2.1 预冷的作用

预冷（pre-cooling）是将新鲜采收的果蔬产品在运输、贮藏和加工之前迅速除去田间热，将产品降至适宜温度的过程。大多数果蔬产品都需要进行预冷，降低果蔬的呼吸速率，减少腐烂率，最大限度地保持产品的品质。

温度是影响果蔬品质最重要的环境因素之一，在一定范围内温度越高，果蔬的呼吸速率越高，不利于保持果蔬的品质。为了保持果蔬品质和货架期，最好在产地采收后进行预冷。预冷能够降低果蔬的酶活，降低呼吸速率，延缓后熟和衰老，同时抑制腐败微生物的生长和繁殖，保持产品的品质和贮藏性。

### 2.2.2 预冷的方法

预冷的方法主要有自然预冷和人工预冷，人工预冷包括冷水预冷、冷库空气预冷、强制通风预冷、包装加冰预冷和真空预冷等。

#### 1. 自然冷却

自然冷却（nature air cooling）是将果蔬采后放在阴凉通风处自然降温冷却。自然冷却不需要借助设备和消耗能耗，预冷成本较低，但是受环境影响较大，降温速度慢，冷却时间长，难以达到所需温度。当预冷条件有限或交通不便时，是一种普遍采用的预冷方法，为了起到较好的冷却效果，产品的堆积密度不能过大。

#### 2. 冷库空气冷却

冷库空气冷却（room cooling）是将产品放置在冷库中进行降温的方法。当制冷量较大且冷库内空气流速达 1～2 m/s 时冷却效果最好。产品在冷库需合理堆放，留出适当的空隙以利于空气流通。冷库冷却的速度较慢，通常要 18～24 h 才能达到所需温度，而长时间预冷容易使产品失水，一般保持冷库中 95%以上的相对湿度以减少产品水分蒸发。梨、苹果、柑橘、葡萄等水果均可以采用冷库预冷。

#### 3. 强制通风冷却

强制通风冷却（forced-air cooling）又称压差冷却（pressure cooling），是在冷库冷却基础上的一种改进，在果蔬包装箱两侧开通气孔或通过一定的码垛方式，在包装箱的两个侧面造成空气压力差而进行的冷却，当压差不同的空气经过货堆时将产品的热量带走（图 2-3）。送风速度、送风温度、空气流速、包装箱的开孔面积和开孔形状、箱内果蔬堆码方式等均影响冷却效果。制冷机制冷量越大、空气流速越快，冷却效果越好。强制通风冷却的冷却速度比冷库空气冷却快 4～10 倍，但是空气流速更快，大大增加了产品的水分散失，而且设备成本更高。大部分果蔬适合强制通风冷却，龙眼、草莓、杧果、葡萄等使用效果显著，龙眼使用强制通风预冷能够在 50 min 内使产品温度由 30℃降至 5℃。

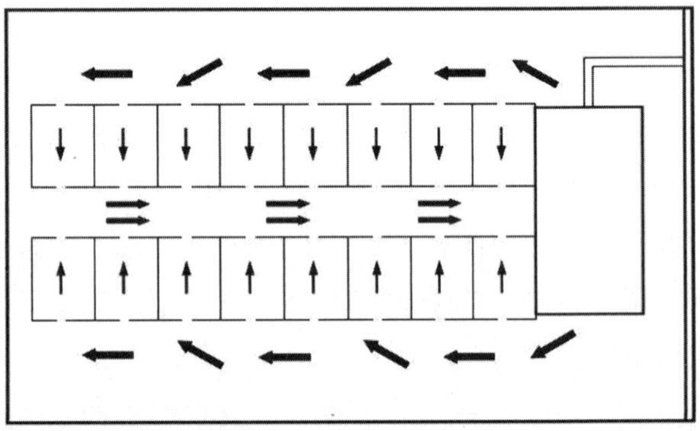

图 2-3 强制通风冷却示意图（箭头代表空气流向）

#### 4. 冷水冷却

冷水冷却（hydrocooling）是以冷水或冰水混合物为介质，采用浸泡、冲洗、喷淋等方式使产品降温的一种预冷方式。由于水的比热容较大，冷却速度比冷库空气冷却更快。实际生产中可采用自来水或者冷水冷却，水温越低，冷却效果越好，但应注意防止温度过低造成部分果蔬出现冷害。如果冷却水需循环使用，应在水中加入一些化学药剂（如氯气或次氯酸消毒），可以减少病原微生物的交叉感染，水冷却器也需经常清理。

冷水预冷不会造成果蔬的干耗，有利于保持产品的水分。采用水预冷后需要对产品进行适当干燥，以免表面水分过高加速产品的腐败，同时包装应该有一定的防水性。用于水冷却的果蔬种类有胡萝卜、甜玉米、甜瓜、桃和樱桃（图 2-4）等品种。樱桃采用 2℃左右的冷水冷却可在 10 min 内使果心温度降至 5℃；在 1.6℃水中，可使直径 5.1 cm 的桃子在 15 min 降至 4℃。

图 2-4 樱桃冷水预冷及光电分选系统

5. 真空冷却

真空冷却（vacuum cooling）是将产品放在真空容器内并抽出空气，使产品在负压条件下通过蒸发水分而降温的冷却方式。水的沸点随着气压的降低而降低，在标准大气压下水的沸点为 100℃，当压力降低到 610 Pa 时沸点为 0℃，因此，压力越低，水分蒸发越快，降温也就越快。真空冷却时温度每降低 5.6℃大约失水 1%，但由于各部分几乎等量失水，所以一般不会出现明显的萎蔫现象。主要优点是降温速度较快，冷却效果好。真空冷却使生菜从 21℃降至 2℃只需 25～30 min。生菜、菠菜、蘑菇等表面积较大、含水量较高的蔬菜适合使用真空冷却。但是真空冷却设备投资较高，设备体积较小，不适合大批量的果蔬应用。

6. 包装加冰冷却

包装加冰冷却（ice cooling）是一种古老的冷却方法，在产品包装中加冰，通过冰融化吸收热量而使产品冷却的方法。加冰冷却的方法简单、成本较低，但也存在一定的缺点，如冷却不均匀、效果有限，冰融化后产生的水容易加速产品腐败，冰块占用包装体积，因此，加冰冷却只能作为一种辅助冷却措施。加冰冷却适合需要在田间立即进行冷却的产品，如菠菜、花菜，也可选择冰袋代替冰块用于小包装快递运输的水果，如樱桃和荔枝等。

常见预冷方式的优缺点比较见表 2-2。

表 2-2 常见预冷方式的优缺点比较

| 预冷方式 | 优缺点 |
|---|---|
| 冷库冷却 | 成本低，冷却时间长，产品容易失水 |
| 强制通风冷却 | 冷却速度快，产品失水较多，设备成本高 |
| 冷水冷却 | 冷却速度快，有利于保持水分，但容易出现微生物交叉污染 |
| 真空冷却 | 降温速度快，设备投资高，适用范围有限 |
| 加冰冷却 | 成本低，冷却效果有限，不适合耐水性差的产品 |

### 2.2.3 预冷的注意事项

果蔬冷却效果受到多方面的影响，为了提高冷却效果，需注意以下几个方面的问题：①果蔬采后需要尽快预冷，在产地或邻近产地建设预冷设施。②根据产品的生物学特性选择合理的预冷方式，以冷却速度快、产品品质好、利于连续操作为宜。③注意冷却的速度和温度。冷却速度越快越好，产品和冷却介质的接触面积越大、温差越大，冷却速度越快。冷却的最终温度要高于果蔬产品发生冷害的温度，以免产品发生冷害而降低商品性。④预冷后的处理要跟上，进行分级或者冷藏，避免温度回升引起产品品质劣变。

## 2.3 果蔬分级

果蔬产品在栽培采收过程中受自然和人为因素

的影响，产品个体间存在较大差异，在大小、质量、形状、颜色、成熟度、病虫害和机械损伤等方面很难达到一致，采后需要进行分级处理解决这一问题。分级是提高果蔬商品品质和实现其商品化、标准化的重要手段，按照一定的分级标准进行分级，使产品等级分明，优质优价。

### 2.3.1 分级标准

果蔬分级的标准包括国际标准、国家标准、行业标准、地方标准和企业标准。水果的国际标准是1954年由欧共体（现欧盟）在日内瓦制定，这些标准要求在欧共体国家的果蔬产品进出口中强制执行。不同国家的分级标准并不完全相同。以甜樱桃（车厘子）为例，主要是按照果实直径大小分级，美国和加拿大是以“ROW”（行）为标准，即在标准托盘里一行可以摆几个樱桃，所以行数越小，说明樱桃越大。智利、阿根廷等使用的特别尺寸单位“J”，樱桃J越多，说明樱桃越大。

我国的标准以《中华人民共和国标准法》为依据，将标准分为国家标准、行业标准、地方标准和企业标准。由于果蔬有较明显的地域性和品种差异，许多种类没有国家标准，农业农村部和部分省、直辖市根据行业和当地情况分别制定了果蔬采后分级的行业标准或地方标准，如农业行业标准《苹果等级规格》（NY/T 1793—2009），《柑橘等级规格》（NY/T 1190—2006），山东省地方标准《茄果类蔬菜采后商品化处理技术规程》（DB 37/T 3574—2019），安徽省地方标准《砀山酥梨采收及商品化处理技术规程》（DB 34/T 1139—2010）等。

二维码 2-1 农业行业标准《苹果等级规格》（NY/T 1793—2009）

### 2.3.2 分级方法

果蔬分级方法按照操作方式可分为人工分级和机械分级，根据分级的标准可分为大小分级和光电分级等。人工分级可以采用分级板，在板上挖出不同直径的圆形洞口，根据产品的直径大小进行分级，分级操作简单、灵活性好；机械分级可采用滚筒式分级机、质量分级机、光电分级机等设备实现分级，准确度和效率更高。

#### 1. 大小分级

大小分级是根据果蔬产品的质量、直径、长度等指标差异进行分级（表2-3），适合于大多数种类。按质量分级可采用质量分级机，主要适合于形状不规则的产品，如梨、猕猴桃等。按直径分级可以使用手工分级板、带孔滚筒分级机和滚轴分级机等，主要适合于形状规则的产品，如苹果按直径每增加5 mm可分为一个等级，如最大直径超过80 mm不足85 mm的属于80果。按长度分级主要是指产品的最大长度，适合于长形产品，如红枣、黄瓜、辣椒等。此外，分级过程中也要考虑产品的机械损伤，像草莓等皮薄易损伤的种类最好采用人工分级。

表 2-3 不同果蔬种类按大小分级的依据

| 分级依据 | 适用果蔬种类 |
| --- | --- |
| 质量 | 猕猴桃、葡萄、柠檬、梨、桃、香蕉 |
| 最大直径 | 苹果，橙子，柠檬，樱桃、番茄 |
| 长度 | 红枣、香蕉、茄子、辣椒、黄瓜 |

二维码 2-2 樱桃机械分级视频

二维码 2-3 樱桃光电分级视频

#### 2. 光电分级

光电分级是采用光电分选机对每个果实进行照射并收集光反射信息，由电脑根据其色泽或糖度等指标实时判断等级，由不同的传送带输出，完成分级，可同时按照色泽和大小将产品进行分级，苹果、樱桃和红枣等水果均可采用光电分选机完成分级。

我国水果分选装备市场曾长期被国外企业垄断，水果采后的智能化检测率较低。经过科研人员的长期技术攻关，多款具有自主知识产权的水果智能化分选装备已经诞生，打破了国外产品的市场垄断。通过智能分选设备将水果进行高效率分级，提升产品价值，将有助于我国从水果生产大国转变为水果出口强国。

果蔬的分级并不是采用单一因素，通常是在成熟度、形状、色泽、病虫害和机械损伤符合要求的情况下按照大小进行分级。NY/T 1190—2006 规定的柑橘的外观分级标准如表 2-4 所示，大小分级标准如表 2-5 所示。

**表 2-4　柑橘外观等级指标**

| 项目 | 特等品 | 一等品 | 二等品 |
|---|---|---|---|
| 果形 | 具有该品种典型特征，果形一致，果蒂青绿、完整平齐 | 具有该品种形状特征，果形较一致，果蒂完整平齐 | 具有该品种形状特征，无明显畸形，果蒂完整 |
| 果面色泽 | 具该品种典型色泽，完全均匀着色 | 具该品种典型色泽，75%以上果面均匀着色 | 具该品种典型特征，35%以上果面较均匀着色 |
| 果面缺陷 | 果皮光滑；无雹伤、日灼、干疤；允许单果有极轻微油斑、菌迹、药迹等缺陷。单果斑点不超过 2 个，柚类每个斑点直径≤2.0 mm，金柑、南丰蜜橘等小果型品种每个斑点直径≤1.0 mm，其他柑橘每个斑点直径≤1.5 mm。无水肿、枯水、浮皮果 | 果皮较光滑；无雹伤；允许单果有轻微日灼、干疤、油斑、菌迹、药迹等缺陷，但单果斑点不超过 4 个，柚类每个斑点直径≤3.0 mm，金柑、南丰蜜橘等小果型品种每个斑点直径≤1.5 mm，其他柑橘单个斑点≤2.5 mm。无水肿、枯水果，允许有极轻微浮皮果 | 果皮较光洁；允许单果有轻微雹伤、日灼、干疤、油斑、菌迹、药迹等缺陷，单果斑点不超过 6 个，柚类每个斑点直径≤4.0 mm，金柑、南丰蜜橘等小果型品种每个斑点直径≤2.0 mm，其他柑橘单个斑点≤3.0 mm。无水肿果，允许有轻微枯水、浮皮果 |

**表 2-5　柑橘鲜果大小分级标准**

| 品种 | | 规格（果实横径/mm） | | | | | |
|---|---|---|---|---|---|---|---|
| | | 2L | L | M | S | 2S | 等外果 |
| 甜橙类 | 脐橙、锦橙 | 85～95 | 80～85 | 75～80 | 70～75 | 65～70 | ＜65 或＞95 |
| | 其他甜橙 | 80～85 | 75～80 | 70～75 | 65～70 | 55～65 | ＜55 或＞85 |
| 宽皮柑橘类和橘橙类 | 椪柑类、橘橙类等 | 75～85 | 70～75 | 65～70 | 60～65 | 55～60 | ＜55 或＞85 |
| | 温州蜜柑、红橘、蕉柑、早橘等 | 75～80 | 65～70 | 60～65 | 55～60 | 50～55 | ＜50 或＞80 |
| | 朱红橘、本地早、南丰蜜橘、砂糖橘等 | 65～70 | 60～65 | 50～60 | 40～50 | 25～40 | ＜25 或＞70 |
| 柠檬、来檬类 | | 70～80 | 63～70 | 56～66 | 50～56 | 45～50 | ＜45 或＞80 |
| 葡萄柚及橘柚类 | | 90～105 | 85～90 | 80～85 | 75～80 | 65～75 | ＜65 或＞105 |
| 柚 | | 155～185 | 145～155 | 135～145 | 120～135 | 100～120 | ＜100 或＞185 |
| 金柑类 | | 30～35 | 25～30 | 20～25 | 15～20 | 10～15 | ＜10 或＞35 |

## 2.4　果蔬涂膜

果蔬产品表面有一层天然蜡质保护层，称为果蜡。在果蔬采后处理或清洗过程中容易将产品的果蜡破坏，使其丧失保护层，果蔬涂膜则是人为在果蔬表面涂一层薄膜。果蔬涂膜研究早在 20 世纪 30 年代已经开展，目前已成为发达国家果蔬商品化处理的必要措施之一，主要用于高档水果和进出口水果，有效提高了商品品质。果蔬涂膜的主要作用：

①涂膜能减少水分蒸发，增加产品的光泽，有利于产品保藏并提高商品价值；②涂膜能适当堵塞果皮表面的气孔和皮孔，阻碍气体交换，在一定程度上调节果皮表面 $O_2$ 和 $CO_2$ 的浓度，抑制呼吸作用，延缓新陈代谢，从而延缓果实后熟和衰老；③涂膜可作为防腐剂的载体，抑制病原微生物的生长繁殖，减少果蔬腐败。

### 2.4.1 涂膜剂的种类和要求

商业上使用的果蔬涂膜剂主要以蜡质为主，如石蜡、巴西棕榈蜡、虫胶蜡等。石蜡可以有效控制水分蒸发，巴西棕榈蜡能更好地改善果蔬表面的光泽。吗啉脂肪酸盐果蜡（CFW）是一种水溶性果蜡，可作为涂膜剂用于果蔬采后的保鲜，特别适合在柑橘、苹果、杧果等果蔬中应用，已批准作为食品添加剂使用。不同的材质适合不同的果蔬种类。虫胶涂料用在柑橘上效果较好，但是在蔬菜中的使用效果不稳定。

近年来随着人们健康意识的增强，安全性更高的壳聚糖、海藻酸钠、淀粉、蛋白质等可食性涂膜剂受到越来越多的关注。壳聚糖有较好的成膜性、抑菌性，在水果涂膜中有较好的应用前景，已作为被膜剂列入国家食品添加剂使用标准。淀粉、蛋白质等可食性高分子溶液与植物油混合制成涂膜液喷在苹果和柑橘上，能够抑制呼吸作用，使果实的贮藏寿命延长 3～5 倍。此外，多糖类涂膜剂具有较高的黏度，溶于水后形成网状结构，可与防腐剂同时使用，干后防腐剂留在涂膜中起到防腐的作用。

### 2.4.2 涂膜方法

1. 浸涂法

浸涂法是将果蔬产品浸入一定浓度的涂膜剂中，一定时间后取出晾干。优点是操作方法简单，缺点是涂膜厚度不易掌握，涂膜剂浪费较多。

2. 刷涂法

刷涂法是使用毛刷或塑料泡沫蘸上涂膜剂在果蔬表面刷上一层均匀的薄膜。

3. 喷涂法

喷涂法是使用特制的喷嘴在果实表面喷涂一层涂膜剂，再使用转动的刷子将表面涂膜剂涂抹均匀。通过机械喷膜并经过涂抹后，果实表面的涂膜更加均匀，厚度易于控制。

不论采用何种涂膜方式，在涂膜完成后需要对产品进行适当干燥，以免涂膜被破坏或湿度过大引起果蔬产品腐败，干燥时需要根据产品的特点选择热风干燥或冷风干燥。

果蔬涂膜需注意以下几点：①涂膜剂必须安全无毒。②涂膜厚度均匀适量。涂膜过薄，效果不明显；涂膜过厚会引起一系列生理变化和外观异常。③涂膜成本低，材料易得。④涂膜只作为一种短期贮运的辅助手段，不适合长期使用。

## 2.5 果蔬包装

包装（packaging）是产品转化成商品的重要环节，是果蔬产品标准化、商品化、保护产品、保证安全贮运的重要措施。《中华人民共和国农产品质量安全法》第二十八条规定农产品生产企业、农民专业合作经济组织以及从事农产品收购的单位或者个人销售的农产品，按照规定应当包装或者附加标识的，须经包装或者附加标识后方可销售。包装物或者标识上应当按照规定标明产品的品名、产地、生产者、生产日期、保质期、产品质量等级等内容。

果蔬产品的形态、大小、质地各异，对包装的要求也不尽相同。目前我们国家已经针对果蔬包装制订了国家标准《新鲜水果、蔬菜包装和冷链运输通用操作规程》（GB/T 33129—2016），促进了果蔬包装的规范化。

二维码 2-4 《新鲜水果、蔬菜包装和冷链运输通用操作规程》（GB/T 33129—2016）

### 2.5.1 包装的作用

果蔬产品含水量较高，通常在 75%～95%，质地柔软多汁或者酥脆，在运输、销售等环节容易出现机械损伤和微生物侵袭，降低商品性，良好的包装有助于减少产品间因碰撞、挤压造成的机械损伤，并减少微生物侵袭，降低水分蒸发，缓冲外界温度变化，有利于保持果蔬的良好品质和卫生质量。

包装也是商品的一部分，通过包装为产品的市场流通提供了标准的规格，免去了交易环节的多次称重，同时有利于机械化操作，提高了作业效率，有利于提高产品的标准化。此外，部分产品包装时采用气调包装，调节果蔬产品的呼吸代谢，有利于保持品质。

### 2.5.2 包装材料与容器

果蔬产品的包装可分为外包装和内包装。最早的包装主要是竹筐、纸箱等材料，便于取材，但有局限性。随着科技的进步，高密度聚乙烯、聚苯乙烯及其他合成纤维开始用于果蔬包装。我国水果和蔬菜外包装的种类、材料和适用范围分别如表 2-6 和表 2-7 所示。不同的包装种类优缺点不同，适应不同果蔬包装的需要。塑料箱强度大，生产成本较高。纸箱加工简单，质量轻，便于运输，但是不防潮、不耐挤压，可通过上蜡或包膜增加防潮性，使用多层瓦楞纸起到缓冲作用。筐强度大，可反复使用，但是规格难以统一，而且容易刺伤产品。泡沫塑料箱质量轻、防震、防水，但是透气性差，常用于易受机械损伤的产品，如樱桃和草莓等。

表 2-6 新鲜水果包装容器的种类、材料及适用范围

| 包装种类 | 材料 | 适用范围 |
|---|---|---|
| 塑料箱 | 高密度聚乙烯 | 任何水果 |
| 纸箱 | 瓦楞纸板 | 任何水果 |
| 纸袋 | 具有一定强度的纸张 | 装果量通常不超过 2 kg |
| 纸盒 | 具有一定强度的纸张 | 易受机械伤的水果 |
| 板条箱 | 木板条 | 任何水果 |
| 筐 | 竹子、荆条 | 任何水果 |
| 网袋 | 天然纤维或合成纤维 | 不易受机械伤的水果 |
| 塑料托盘与塑料薄膜组成的包装 | 聚乙烯 | 蒸发失水率高的水果，装果量通常不超过 1 kg |
| 泡沫塑料箱 | 聚苯乙烯 | 任何水果 |

表 2-7 新鲜蔬菜包装容器的种类、材料及适用范围

| 包装种类 | 材料 | 适用范围 |
|---|---|---|
| 塑料箱 | 高密度聚乙烯 | 任何蔬菜 |
| 纸箱 | 瓦楞纸板 | 经修整后的蔬菜 |
| 钙塑瓦楞箱 | 高密度聚乙烯树脂 | 任何蔬菜 |
| 板条箱 | 木板条 | 果菜类 |
| 筐 | 竹子、荆条 | 任何蔬菜 |
| 加固竹筐 | 筐体竹皮、筐盖木板 | 任何蔬菜 |
| 网袋 | 天然纤维或合成纤维 | 不易擦伤、含水量少的蔬菜 |
| 泡沫塑料箱 | 可发性聚苯乙烯 | 附加值高，适用于对温度比较敏感，易损伤的蔬菜和水果 |

在外包装的基础上增加内包装，可以进一步防止产品因震荡、挤压而产生机械损伤，部分内包装还能起到减少失水、调节气体环境的作用。采用纸、塑料托盘、瓦楞插板、泡沫塑料网袋等内包装能够较好地起到防震作用。塑料薄膜或塑料薄膜袋能够有效地减少果蔬产品水分散失，防止产品萎蔫，但是塑料薄膜的透气性不好，对呼吸跃变型果实来说，容易造成乙烯浓度上升，加速果实后熟和衰老，通过在包装袋上适当打孔可解决透气性差的问题（表 2-8）。

表 2-8　新鲜水果包装内的支撑物和衬垫物

| 种类 | 作用 |
|---|---|
| 纸 | 衬垫，缓冲挤压，保洁，减少失水 |
| 纸托盘、塑料托盘、泡沫塑料盘 | 衬垫和分离水果，减少碰撞 |
| 瓦楞插板 | 分离水果，增大支撑强度 |
| 泡沫塑料网或网套 | 衬垫，减少碰撞，缓冲震动 |
| 塑料薄膜袋 | 控制失水和呼吸 |
| 塑料薄膜 | 保护水果，控制失水 |

### 2.5.3　包装方法与堆码方式

果蔬在包装前应进行修整，使产品清洁、无腐烂、无病虫害、无机械损伤，参照相应的标准进行分级。果蔬产品在包装内排列适当，有利于透气，包装不能过满或过少，防止产品相互挤压或因自由流动而碰撞。呼吸跃变型果实可在包装内放置乙烯吸附剂，减少乙烯积累而加速后熟或衰老；使用硫熏的产品可在包装中加入 $SO_2$ 吸附剂，降低产品的 $SO_2$ 含量。包装时应轻拿轻放，针对不同产品应选择合适深度的箱子，防止将产品压伤，如柑橘 35 cm，苹果 60 cm，马铃薯 100 cm。在销售包装上应标明产品的名称、质量、生产日期等。

装箱完成后应对产品的品质、等级、规格等进行检验，合格后进行密封、捆扎。纸箱、泡沫箱多采用黏合胶带封口，木箱则采用铁钉封口，封口之后还可以采用尼龙编带在箱外捆扎加固。堆码时多采用“品”字形堆码，以充分利用空间。堆垛应稳固，防止倒塌，垛间及垛与墙体间应留出一定空隙，便于通风散热和操作。堆码时根据产品的抗挤压特性确定最高堆码层数，防止产品被压伤。

## 2.6　果蔬催熟与脱涩

### 2.6.1　催熟

催熟是指在销售前用人工方法促使果实成熟的技术。果蔬采收时往往达不到采收成熟度或成熟度不一致，食用品质不佳或虽已达食用程度但色泽不好，为使这些产品在销售时达到最佳成熟度和风味，常需采取催熟措施促进其后熟，以获得最佳经济效益。因此，催熟可使产品提前上市或使未充分成熟的果实达到销售标准、最佳食用成熟度和商品外观。一般采后需进行后熟和人工催熟或脱涩的产品有香蕉、梨、番茄、菠萝、柑橘等产品中的部分品种和柿子等，一般在果实接近成熟时应用。

#### 1. 生理催熟剂

许多物质燃烧后释放的气体具有催熟的作用，例如，石油、煤炭等燃烧产生的气体，因气体中含有乙烯而能够催熟水果和蔬菜。一般来说，乙烯、丙烯等都具有催熟作用，尤其以乙烯的催熟作用最强，由于乙烯是一种气体而使用不便，人工合成的乙烯利（2-氯乙基磷酸）是一种液体，在微碱条件下，它即可释放出乙烯发挥作用。因此，生产上常采用乙烯利进行催熟。

#### 2. 催熟的条件

为了使催熟剂能充分发挥作用，催熟过程必须在一个气密性良好的环境中进行，且催熟剂应达到一定的浓度。大规模催熟时用专门的催熟室，小规模处理时可采用塑料密封帐。由于催熟室的气密程度达不到要求，不能保证催熟室完全不漏气，实际使用的催熟剂浓度一般要略高于理论值。待催熟的产品在堆码时需要留出通风道，使乙烯分布均匀。此外，催熟处理还需考虑微环境中的气体、温度和湿度等条件。因 $CO_2$ 对乙烯的催熟效果有抑制作用，所以催熟处理时要注意通风。为使催熟效果更好，可选用气流法，用混合好的浓度适当的乙烯不断通过待催熟的产品，保证 $O_2$ 的供应，减少 $CO_2$ 的积累。不同种类产品的最佳催熟温度不同，一般以 21～25℃的催熟效果较好。湿度过高容易腐烂，湿度过低容易失水萎蔫，催熟效果不佳，一般相对湿度 90%左右为宜。

#### 3. 各类果蔬的催熟方法

1）香蕉催熟

香蕉成熟后不耐贮运，为便于贮运，一般在绿熟坚硬期采收，此时的香蕉质地硬、味涩、品质差，不能食用，需在销售前进行催熟处理，使香蕉皮色转黄，果肉变软，脱涩变甜，产生其特有的风味。如在 20℃和相对湿度 80%～85%的条件下，向装有香蕉的密闭催熟室中加入 100 mg/L 乙烯利，处理 1～2 d，当果皮稍黄时即可取出；也可用乙烯利稀释液喷洒或浸泡香蕉后放入密闭室内，3～4 d 后果皮也可变黄。若上述条件不具备，也可将香蕉直接放入温度 22～25℃、相对湿度 90%左右的密闭环境，通过自身释放乙烯达到催熟的目的。

2）柑橘类果实的催熟

柑橘类果实，特别是柠檬，如果在黄熟期采收，果实的含酸量会下降，导致风味劣变。因此，柠檬多在果实成熟前果皮呈绿色时采收，但此时的柠檬商品性较差，需人工催熟处理使果皮由绿变黄。美国和日本等国家多采用 20～300 mg/L 乙烯利处理催熟。柑橘用 200～600 mg/L 乙烯利浸果，20℃室温下 2 周可褪绿。

3）杧果的催熟

杧果在成熟后柔软多汁，容易产生机械损伤和腐烂，因此，一般在其绿熟时期进行采收，可以延长其采后寿命和便于运输。绿熟期的杧果在常温下 5～8 d 可自然黄熟，但为了加快其转黄速度，并尽快达到最佳外观品质，可采用人工催熟处理。目前国内外多用电石加水稀释释放乙炔的方法催熟，1 kg 果实需 2 g 电石，密闭 24 h 后将杧果取出，可在自然温度下很快转黄。

4）菠萝的催熟

冬菠萝采用 1 000～2 000 mg/L 的乙烯利浸果，可使其提前 3～5 d 成熟。

5）菠萝蜜的催熟

菠萝蜜质量较大，完全成熟后进行长途运输容易发生机械损伤，一般在绿熟期采收。菠萝蜜的催熟比较简单，将菠萝蜜在阳光下晒 1～2 d，利用其自身释放的乙烯催熟，果皮颜色由绿转黄、果实由硬变软即可。

### 2.6.2 脱涩

涩味产生的主要原因是单宁物质与舌上的蛋白质结合，使蛋白质凝固，味觉下降。脱涩的原理：将可溶性单宁物质变为不溶性，涩味即可脱除。这种溶解性的改变是由于涩果进行无氧呼吸产生一些中间产物（如乙醛、丙酮等），它们可与单宁物质结合，使其溶解性发生变化，变为不溶性。常见的脱涩方法有温水脱涩、石灰水脱涩、乙醇脱涩、高二氧化碳脱涩、脱氧剂脱涩、混果脱涩、乙烯及乙烯利脱涩，这几种方法脱涩效果良好，经营者可根据自身资金状况选择适当的脱涩方式。

1．温水脱涩

利用较高的温度和缺氧条件，使果实产生无氧呼吸而脱涩的方法。一般将涩柿子在 40℃左右的温水中浸泡 20 h 即可。此法脱涩后的柿子肉质较硬，颜色美观，风味可口，但存放时间较短，易败坏。

2．石灰水脱涩

石灰水脱涩的原理与温水法相似，是利用石灰水放出的热量来达到高温的效果。一般将涩柿子浸入 7%的石灰水中，3～5 d 可脱去涩味。由于石灰水中存在钙离子，此法脱涩后，柿子质地脆硬，不易腐烂。

3．乙醇脱涩

此法是利用乙醇蒸气脱涩的方法。一般直接将 35%～75%的乙醇溶液或白酒直接喷洒于柿子表面，在室温下密闭 3～5 d 即可脱涩。此法多用于运输途中，将处理过的柿子用塑料袋等密封包装运输到达目的地后即可销售。

4．高二氧化碳脱涩

使用高二氧化碳浓度，降低氧气浓度，以造成柿子的无氧呼吸，促进脱涩。密闭环境下，70%～80% $CO_2$ 处理 4～5 d 即可。此法脱涩成本较低，柿子质地脆硬，贮藏时间也较长。

5．脱氧剂密封法

与高二氧化碳法类似，用脱氧剂除去密闭环境中的氧气，造成果实无氧呼吸进行脱涩。脱氧剂种类很多，可以用连二亚硫酸盐、亚硫酸盐、硫代硫酸盐和铁粉等还原性物质为主剂的混合物。

6．混果脱涩

利用其他品种的果实在贮藏期间所产生的乙烯，来达到催熟涩柿子的目的。一般是将苹果、梨、木瓜等果实或新鲜树叶如柏树叶、榕树叶等和涩柿子混装在密闭容器中，在 20℃条件下经 4～6 d 后可以脱涩，此法脱涩容易造成柿子变软，不耐贮运。

### 7. 乙烯及乙烯利脱涩

利用乙烯的催熟作用达到脱涩的目的。1 000 mg/L 乙烯利处理的柿子在 18～21℃和相对湿度 80%～85%下 2～3 d 可成熟脱涩。

## 思考题

1. 适时采收对果蔬贮运有何意义？
2. 如何确定果蔬的成熟度？
3. 果蔬采收后预冷的方法有哪些？分别适合哪些水果？
4. 果蔬分级的方法和依据有哪些？
5. 果蔬涂膜处理的作用是什么？
6. 果蔬催熟的方法有哪些？各有什么优缺点？

HAPTER 3

# 第3章 果蔬保鲜技术

**教学目标：**

1. 了解果蔬保鲜的分类和特点；
2. 理解果蔬的保鲜原理；
3. 掌握不同果蔬保鲜的操作流程以及各流程的操作要点；
4. 掌握不同果蔬保鲜过程中常见问题的分析与控制。

我国果蔬产品采后腐烂损失十分严重，每年有20%～40%的新鲜果蔬产品在采收后变质腐烂。加之果蔬采后商品化处理、保鲜技术、贮运设施仍比较落后，采后贮藏保鲜的果蔬产品不足产量的20%，而发达国家或地区已超过80%。贮藏保鲜技术的发展对延长果蔬采后贮藏寿命，减少果蔬采后腐烂损失起到决定性的作用。本章将从物理、化学、生物、涂膜和气调包装保鲜技术5个方面逐一介绍。

## 3.1 果蔬物理保鲜技术

### 3.1.1 果蔬热处理保鲜

热处理是采用35～60℃的热水、热空气或热蒸汽处理果蔬产品一段时间，通过杀灭或抑制病原菌生长，延缓产品成熟衰老进程，达到延长保鲜期目的的一种物理方法。早在20世纪20年代，热处理技术就用于控制甜橙的采后腐烂。但随着20世纪60年代化学杀菌剂的广泛使用，热处理技术已被取代。如今，随着消费者对食品安全、环境污染、化学残留等问题的日益关注，果蔬采后热处理技术又重新登上历史舞台，已广泛用于多种果蔬产品采后病虫害控制。采后热处理技术以其无化学残留、安全和简便易行等优点，在果蔬保鲜中显示了较好的应用前景，随着热处理方法的不断改进和完善，已在多种水果采后处理中实现商业应用。

**1. 果蔬采后热处理方法**

1）热空气处理

热空气处理是采用一定温度的高速热空气处理果蔬产品，热主要通过空气对流进行传递，要求热空气的温度具有精准的控制能力。热空气处理过程中，热首先由空气传导至果蔬表面，然后通过对流达到果蔬中心部位，初期热传导速度较慢，后期则逐渐加快。热空气处理操作简便，易于控制，但处理时间相对较长，处理效率偏低，生产上在38～46℃条件下处理需要12～96 h。此外，热空气湿度太低，长时间处理会导致产品失水、表面皱缩，因此需要在热空气处理的过程中对环境湿度进行控制。热空气处理对苹果、番茄、柑橘等多种果蔬的青霉病、灰霉病、软腐病等都具有很好的控制效果。

2）热蒸汽处理

热蒸汽处理是采用40～50℃的饱和蒸汽处理果蔬产品，达到杀灭果蔬表面病原微生物和寄生虫的目的。商业生产上主要采用换气扇强制循环热蒸汽的方法处理果蔬产品，在杧果、西葫芦、葡萄、番木瓜等果蔬上得到了较好的应用。热蒸汽处理包括3个温度控制阶段：第一，预热期温度控制阶段。该阶段主要控制热蒸汽处理的温度和时间，这两个因素与果蔬产品的耐热性密切相关，温度过高或时间过长都会导致果蔬产品受到热伤害。第二，恒温期温度控制阶段。该阶段要求果蔬产品的内部温度恒定至一定时间，以保证病原微生物的有效杀灭。第三，冷却期温度控制阶段。该阶段要求通过冷空气或者冷水使处理过的果蔬产品温度迅速下降，从而适应后期的贮藏过程。

3）热水处理

热水处理是采用一定温度的热水通过浸泡、喷淋、冲刷等方式处理果蔬产品的方法。与上述两种方法相比，热水处理效率高、时间短、成本低廉，在商业化生产中可与果蔬清洗相结合，更利于连续化作业。热水处理过程中，热首先从热水传递至果蔬表面，随后传到产品中心部位。热水处理的热传导速度更快，温度更容易精准控制。高压喷淋热水处理方式是近年来使用较为广泛的热水处理方法，通常采用40～55℃的高压热水喷淋处理，更好地提高了热水处理的效果，目前已在葡萄柚、杧果、胡萝卜等产品上取得较好的应用效果。

**2. 热处理对果蔬采后病害的控制**

热处理对苹果、柑橘、香蕉、葡萄、杧果、番茄等20多种果蔬采后腐烂病害有很好的控制，对扩展青霉、灰霉葡萄孢属、炭疽菌、交链孢属、镰刀菌属等多种病原微生物有很好的杀灭作用。

目前普遍认为热处理控制果蔬采后病害，主要是通过以下几种方式：①热处理对病原微生物具有直接杀灭作用，抑制病原微生物芽孢繁殖和菌丝生长，从而阻断病原微生物的扩展和传播。②热处理促进果蔬表皮木质素的合成，促进伤口的愈合，提高香豆素、柠檬醛等抗菌物质的合成，形成了抵御病原微生物入侵的天然屏障，从而控制病原微生物的侵染。③热处理可诱导提高果蔬抗病相关蛋白（如几丁质酶、β-1,3-葡聚糖酶、苯丙氨酸解氨酶等）的合成，增强果蔬自身的抗病能力。

3. 热处理对果蔬采后虫害的控制

热处理不仅对果蔬采后病原微生物有很好的杀灭作用，而且对于寄生在果蔬上的昆虫及其虫卵、幼虫也具有很好的控制效果。热处理作为一种无公害的处理方式，在热带和亚热带果蔬采后检疫中得到了很好的商业应用。热处理的杀虫效果受昆虫种类、虫龄和热处理方法等诸多因素的影响。成虫对高温的耐受能力要强于虫卵和幼虫，因此较难杀死。

4. 热处理对果蔬采后冷害的控制

热处理对诸多热带、亚热带果蔬采后冷害也具有很好的控制作用。经过适宜热处理后的果蔬产品，在低温贮藏过程中能很好地控制冷害的发生。热处理控制果蔬采后冷害，主要通过以下几种方式：①热处理可诱导提高果蔬中抗氧化酶活性，维持活性氧代谢平衡，从而抑制活性氧对组织和细胞膜的损伤，达到减轻冷害发生的目的。②热处理可诱导果蔬产品热激蛋白（HSP）的基因表达，提高 HSP 的合成与积累，对生物大分子（如核酸、蛋白质）和细胞器的保护起到积极作用。③热处理对果蔬内源激素的代谢有一定调控作用，如抑制乙烯的生物合成、提高内源多胺的含量等，这些植物激素对果蔬采后衰老，以及对低温胁迫的反应都起到了重要的调节作用，从而减轻了冷害的发生。

### 3.1.2 果蔬短波紫外保鲜

紫外线按其波长大小可分为短波紫外线、中波紫外线、长波紫外线。短波紫外线（UV-C）波长小于 280 nm，中波紫外线（UV-B）波长为 280～320 nm，长波紫外线（UV-A）波长为 320～390 nm。多年来人们将紫外线照射处理作为一种杀菌消毒的方法，应用于医院、餐厅、宾馆及食品厂生产车间。然而在 20 世纪 90 年代，研究人员发现低剂量的短波紫外线（UV-C）照射一段时间，可显著减少果蔬贮藏病害的发生，提高了贮藏寿命。随后，诸多科学家开始探索采后 UV-C 处理控制果蔬腐烂病害的方法。

UV-C 的辐照源通常采用普通低压汞蒸汽紫外线放电杀菌灯，灯管长 88 cm、直径 2.5 cm、输出功率 30 W、电流强度 0～36 A，灯管最大垂直照射强度为 2.66 mW/（$cm^2$·s），需要 95%的紫外光在 254 nm 波长处发射波能。生产过程中，可将 UV-C 辐照源安装在传动装置的暗箱中，果蔬产品果蒂向上摆放，根据一定辐照强度下处理时间的长短来确定对产品的辐射剂量。UV-C 的照射剂量因果蔬产品种类、品种、成熟度、照射后贮藏温度等因素而异，照射剂量大小与产品腐烂率的降低不呈线性关系。例如，葡萄柚果实采用 3.2 kJ/$m^2$ UV-C 照射 24 h 后损伤接种青霉菌，1 周后发病率为 13%，而采用 1.6 kJ/$m^2$ UV-C 处理后发病率高达 60%。采后 UV-C 处理对苹果、柑橘、桃、草莓、马铃薯等多种果蔬的腐烂病害均有较好的控制效果。UV-C 抑制果蔬采后病害的主要机制包括延缓成熟衰老和诱导提高抗病性，此外 UV-C 也具有直接抑菌的效果。UV-C 照射处理可抑制果蔬采后呼吸作用，减少乙烯释放，降低果实体内细胞壁代谢酶活性，能够保持果实较高的硬度。通过延缓果蔬采后的成熟与衰老维持产品自身的抗病能力、UV-C 处理可诱导果蔬合成植保素，提高多种抗病相关酶活性，从而提高产品的抗病能力。番茄果实经 UV-C 照射后，果皮中多酚氧化酶（PPO）、过氧化物酶（POD）、苯丙氨酸解氨酶（PAL）等酶活性显著提高。UV-C 处理后的桃果实几丁质酶和 β-1，3 葡聚糖酶活性也显著升高。UV-C 处理还可诱导果蔬细胞壁的区域化和木质化程度，形成物理屏障，阻止病原菌的入侵。UV-C 能穿透寄主表面 50～300 nm 厚的数层细胞，可破坏病原物 DNA 的结构，干扰细胞分裂，引起蛋白质变性。大部分病原微生物不能对 UV-C 造成的伤害进行修复，最终导致死亡的发生。因此 UV-C 对果蔬采后病原微生物具有直接杀菌的作用效果。虽然 UV-C 具有较好的抑菌作用，可提高果蔬产品的贮藏寿命，但其处理效果还远不及化学杀菌剂，并且对适宜的果蔬产品种类及其采后病害种类仍有一定局限性，对于个体较大的果蔬产品还存在照射剂量不均的问题。因此对于 UV-C 处理的广泛应用还需进一步探索并开发出适用于商业生产的设备。然而与其他采后处理方法相比，UV-C 处理具有操作简便、安全性高、无残留、生产成本低等优点，如与其他采后处理方法配合使用必将成为减少果蔬采后腐烂、延长贮藏寿命的有效新技术。

### 3.1.3 果蔬辐射处理保鲜

1. 辐射处理的起源和发展

辐射处理起源可以追溯到19世纪末。1895年，伦琴发现X射线，1896年，Minck提出了X射线对细菌有杀灭作用，并有望应用于食品生产中。随后逐渐证实了X射线对病原细菌有致死性效应，且对原生虫有致死作用。辐射处理很快应用于杀死食品中的病原微生物和昆虫，后来将其应用于粮食和其他农产品的贮藏保鲜，虽然早在19世纪末就发现了辐射处理具有杀菌作用，但用辐射处理延长果蔬贮藏寿命的研究和应用，也仅有40多年的历史。在一些国际组织，如联合国粮食及农业组织（FAO）、国际原子能机构（IAEA）、世界卫生组织（WHO）等的支持和组织下，很多研究机构进行了国际协作研究，尤其是WHO在1988年和1998年指出辐射食品无毒理学、营养学及微生物方面的安全问题，国际食品法典委员会（CAC）通过“辐射食品通用标准”“辐射食品推荐规程”等标准以后，引起了各国际组织和各国政府的广泛关注，目前许多国家和地区已经批准了包括马铃薯、洋葱、大蒜、花生、谷物、蘑菇等80多种辐射食品的上市，辐射处理技术得到迅速发展。

美国最早于20世纪40年代开始进行食品辐射处理的研究，当时主要用于军用产品供给。1965年，加拿大建成了世界上最早的马铃薯辐射工厂，用于马铃薯抑芽保鲜，1980年辐射食品卫生安全联合专家委员会得出如下结论：“用10 kGy以下的最大平均剂量照射的食品，在毒理学、营养学及微生物学上完全没有问题，并且今后在此剂量下的食品不再需要进行毒理实验。”1984年，食品法典委员会（CAC）向成员国建议辐射食品CAC标准及辐射食品设施推荐规程。20世纪90年代是辐射处理的商业化起步阶段。目前全球已公认辐射处理是一种安全的、无污染的物理处理过程。如今全球已超过40个国家和地区批准了几百种食品的辐射处理，尤其是美国、荷兰、法国等发达国家辐射处理的应用已越来越广泛，处理的量也呈逐年增加的趋势。

2. 辐射处理的定义、基本概念和特点

辐射处理是利用一定剂量的射线照射果蔬产品，起到灭菌、杀虫，抑制后熟等生理活动，从而达到防虫抑菌、延长果蔬贮藏寿命的一种保鲜处理方法。

（1）辐射处理的基本概念

①辐射类型。辐射是能量传递的一种方式，在电磁波谱中根据能量大小，可将电磁波分成无线电波、微波、红外线、可见光、紫外线、X射线和$\gamma$射线。通常根据辐射的频率和其作用形式可将辐射分为电离辐射和非电离辐射两种类型：a. 电离辐射，是高频辐射线（$>10^{15}$），频率较高，能量大。有激发和电离两种作用，当$\mu$在$10^{15}\sim10^{18}$ Hz（如紫外线的能量）时不仅能使被照射物质的原子受到激发（使电子从低能态到高能态），而且可以起到抑菌杀菌的作用。b. 非电离辐射，是低频辐射线（$<10^{15}$），频率较低，能量小，如微波、红外线的能量，仅能使物质分子产生转动或振动，从而产生热量。

②辐射源。用于果蔬产品辐射处理的辐射源主要有以下两种：a. 人工放射性同位素，通常采用放射性同位素$^{60}$Co（半衰期5.26年）和$^{137}$Cs（半衰期30.3年）作为辐射源。在果蔬产品辐射时电离辐射产生$\beta$射线和$\gamma$射线等放射线。b. 电子加速器，又称静电加速器或范德格拉夫加速器，主要利用电磁场作用，使电子获得较高能量，即将电能转变成辐射能，这种仪器设备装置有静电加速器、高频高压加速器、绝缘磁芯变压器等。

（2）辐射处理贮藏技术的优点

①处理效率高，杀菌效果好，可按处理目的调整剂量，辐射过程可以精确控制，实现整个工序的连续化、自动化、控制化。

②一定的剂量（<5 kGy）照射不会使果蔬产品发生感官上的明显变化，即使使用高剂量（>10 kGy）照射，果蔬产品中总的化学变化也极其微小。

③无化学残留，不污染环境，食用安全性高。

④处理方法简便，辐射过程不受温度、湿度、产品包装形式的影响。

（3）辐射处理贮藏技术的缺点

①对微生物、昆虫的致死剂量对人来说是相当

大的，因此，操作人员的防护必须采取万全之策，必须遮蔽放射源，并且必须经常对作业区域和作业人员进行连续监护。

②辐射处理并不适用于所有的果蔬产品，因此要有选择性地应用。

(4) 辐射处理的生物学效应　在果蔬产品中的辐射处理不会产生特殊毒素，但在辐射后某些机体组织中有时会发现带有毒性的不正常代谢产物。辐射处理对果蔬产品的损伤主要表现在代谢反应，其辐射效应取决于机体组织受辐射损伤后的恢复能力和辐射总剂量的大小。辐射的生物学效应主要表现在以下几方面。

①抑制根茎类蔬菜发芽。蔬菜中的马铃薯、洋葱等根茎类蔬菜，主要是通过控制其休眠过程延长贮藏期。在休眠期结束后，遇到适宜的温度和湿度，这些根茎类蔬菜便会发芽，继续生长。辐射处理抑制植物器官发芽是由于分生组织遭到破坏，生长点上的细胞不能发生分裂，组织中的核酸和植物激素代谢受到干扰等。

②抑制果实后熟作用。辐射处理可以抑制果实的后熟作用，达到延长贮藏寿命的效果。尤其在跃变型果实中，辐射处理可延迟呼吸高峰出现，减缓叶绿素降解，达到保绿的效果。在呼吸跃变前进行辐射处理，可以干扰果实体内乙烯的生物合成，延缓果实衰老。

③抑制病原微生物侵染。辐射处理对多种果蔬腐败菌有一定的杀灭作用，可用于控制采后病害的发生。昆虫细胞，尤其是幼虫，对辐射十分敏感。因此，采用辐射处理对杀灭果蔬上的果蝇、实蝇等效果明显。成虫细胞对辐射敏感性较差，但其性腺细胞对辐照很敏感，因此使用低剂量辐射会造成昆虫遗传紊乱（如雄性不育等），而用稍高的辐射剂量即可将成虫杀死。

(5) 影响辐射处理贮藏效果的因素　对果蔬产品进行辐射处理，其贮藏效果受到以下几个因素的影响。

①放射线种类。可用于果蔬采后辐射的离子化放射线有高速电子流、X 射线及 γ 射线。射线的种类不同，其作用效果也会发生相应的变化。一般认为 γ 射线与高速电子流照射虽然是两种不同的放射线，但其杀菌效果是一样的，其电离密度越大，杀菌效果越好。γ 射线是一种穿透力极强的电磁射线，当其透过生物时，会使机体中的水分子和其他物质发生电磁作用，产生游离基或离子，从而影响机体的新陈代谢，严重时则引起细胞死亡。

②辐射剂量。根据不同种类果蔬产品的自身特点及贮藏目的，选取不同的适宜辐射剂量。例如，采用$^{137}Cs$的射线处理草莓，1 kGy 可贮藏 5 d，当辐射剂量提高到 2 kGy 时可延长贮藏期至 9 d。由于选取照射剂量的不同，所起的作用也有差别，例如，1 kGy 以下的低剂量辐射，可抑制块茎、鳞茎类蔬菜的发芽，杀死寄生虫；1～10 kGy 的中剂量辐射，可抑制果蔬采后呼吸代谢，延缓后熟衰老，延长贮藏寿命，对病原真菌具有杀灭作用；10 kGy 以上的高剂量辐射，则具有彻底灭菌的效果。

③果蔬产品特性。果蔬产品自身特点（如品种、成熟度、呼吸类型）、采收后表面受病原菌的污染程度，以及寄生虫含量的多少等都对辐射处理后果蔬产品的贮藏效果有较大的影响。对于呼吸跃变型果实而言，辐射处理只有在呼吸跃变之前进行，才能有效抑制后熟作用，延长保鲜期。因此，对于辐射处理要选择适宜的果蔬品种才能达到预期的效果。

④贮藏环境因素。在果蔬贮藏过程中，贮藏温度、湿度、气体成分等因素也能影响辐射处理的效果。

温度效应：果蔬产品的辐射敏感性随辐射温度的提高而增强。在辐射生物效应发生过程中，温度主要影响自由基的产生、扩散和重组。

水分效应：在放射线辐射的作用下，水分子电离生成 $H^+$ 和 $OH^-$。如果没有水分子的存在，产生的放射线间接作用效果就会变小，生成的游离基也不能自由移动。已有研究表明果蔬含水量高低对辐射敏感性有较大影响。

氧气效应：在有氧气存在的情况下可提高果蔬产品的辐射敏感性，并且对于果蔬表面病原微生物的杀灭有增强的作用。

### 3.1.4 果蔬高压电场处理保鲜

高压电场处理是近年来备受科学研究人员关注的贮藏保鲜新技术，虽然它的商业应用程度及人们对它的认识还远不及前面所述的各类贮藏保鲜技术，但它特有的优势、潜在的应用前景，以及与其他保鲜方式的复合应用将影响果蔬贮藏保鲜领域。果蔬产品经高压电场处理后，受到带电离子的空气作用时，自身的电荷就会起到中和作用，对采后生理代谢产生一定影响，引起呼吸强度减慢，有机物消耗相对减少，从而达到贮藏保鲜的目的。高压电场处理的作用形式主要包括以下 4 个方面。

1. 高压电场下产生的空气离子对果蔬产品的作用

空气离子是气体分子形成的带电颗粒，在外界提供的能量作用下，空气分子失去电子成为空气正离子，或者得到电子成为空气负离子。一般采用高压电晕的方式使空气电离。由于空气中各种气体的电离能不同，在电场作用下被电离的程度也不同。

经高压电场产生的空气离子具有较强活性，能与生物细胞膜及生物大分子（如蛋白质、核酸等）发生反应，使蛋白质变性、DNA 和 RNA 的结构及性质发生变化，从而导致对外界环境敏感的酶失活，导致一系列的机体代谢受阻。果蔬产品采收后发生的一系列生理生化变化及衰老过程，其实质是电荷不断积累和作用的过程，空气离子通过对产品表面电荷平衡的干扰，进而影响整个代谢过程并延缓其衰老。此外，经高压电场离子化的气体具有良好的保湿性能，能维持细胞的渗透压，可防止果蔬产品采后失水，保持其良好的新鲜度。空气离子作用于果蔬产品上的微生物，具有一定的抑菌效果。因此，高压电场产生的空气离子可用于果蔬产品采后的防腐处理，以减少腐烂损失。

2. 高压电场下产生 $O_3$ 对果蔬产品的作用

在高压电场电晕放电过程中，产生空气离子的同时也形成 $O_3$。此外，利用无声放电和紫外线照射也可产生 $O_3$，前者更为常用。其原理是，当两个电极间外加交流高压时，就会在间隙内稳定地部分放电，若在放电间隙中通过空气，这些气体中的一部分 $O_2$ 便臭氧化。$O_3$ 是一种强氧化剂，也是一种良好的杀菌剂，能杀灭果蔬产品上的微生物及其分泌的毒素，能有效地抑制代谢产物 ACC 和乙烯的形成，降低乙烯释放，并且可对贮藏环境中释放的乙烯进行氧化，达到脱除乙烯的作用，从而延缓果蔬产品的采后衰老，延长贮藏寿命。

3. 高压电场下产生的离子水对果蔬产品的作用

在高压电场作用下，由于电离作用使水成为具有化学活性的离子水，离子水的表面张力和渗透压力增大，不易蒸发，能抑制霉菌孢子的生长。与电离辐射的水解产物类似，离子水可作用于生物体，产生大量的自由基，与生物大分子作用形成原初损伤，通过新陈代谢使损伤扩大，从而导致呼吸减弱，机体代谢减缓，达到保鲜的效果。

4. 高压电场对果蔬产品的直接作用

在高压电场作用下，果蔬内部的细胞结构特别是细胞膜结构易发生变化，使膜上的电性物质发生重排、激发、电离等作用。高压电场产生一些活性离子作用于膜上的酶系统，并可使酶钝化。此外，高压电场也能使细胞内的自由水发生电离、激发等作用，产生具有化学活性的自由基，作用于生物大分子，引起损伤，进而干扰其代谢过程。

高压电场处理的效果受许多因素的影响，如果蔬产品的种类，有效处理剂量与时间，贮藏温度、湿度及气体成分等。因此，在进行大规模的商业性应用之前，对高压电场处理对果蔬保鲜效果的影响还有待于进一步深入研究。

## 3.2 果蔬化学保鲜技术

果蔬化学保鲜是减少采后腐烂病害的重要方法，由于化学药剂对诸多采后病原微生物有直接的毒杀作用，因此其保鲜效果更为显著。化学保鲜可以弥补低温贮藏的不足，对不耐低温贮运的果蔬更有明显的优势。常见的化学保鲜剂包括化学杀菌剂、乙烯抑制剂、吸附剂、气体发生剂和湿度调节剂等。

### 3.2.1 化学杀菌剂

化学杀菌剂由于其生产成本低、价格便宜、保鲜效果好、使用方便等特点，在果蔬化学保鲜方法中占有主导地位。化学杀菌剂的使用主要通过喷洒、浸果、浸纸垫、熏蒸等方式直接杀死果蔬上的病原菌。以下为几种生产上常用的化学杀菌剂。

1. 咯菌腈

咯菌腈又名氟咯菌腈、适乐时、4-(2,2-二氟-

1,3-苯并二氧-4-基)吡咯-3-腈。咯菌腈通过抑制葡萄糖磷酰化有关的转移，并抑制真菌菌丝体的生长，最终导致病菌死亡。咯菌腈作用机理独特，与现有杀菌剂无交互抗性。国际上杀菌剂抗性行动小组 FRAC 认为咯菌腈的作用机理是影响渗透压调节信号相关的组氨酸激酶的活性。咯菌腈可用来防治如下疾病：小麦腥黑穗病、雪腐病、雪霉病、纹枯病、根腐病、全蚀病、颖枯病、秆黑粉病；大麦条纹病、网斑病、坚黑穗病；玉米青枯病、茎基腐病、猝倒病；棉花立枯病、红腐病、炭疽病、黑根病、种子腐烂病；大豆、花生立枯病、根腐病（镰刀菌引起）；水稻恶苗病、胡麻叶斑病、早期叶瘟病、立枯病；油菜黑斑病、黑胫病；马铃薯立枯病、疮痂病；蔬菜枯萎病、炭疽病、褐斑病、蔓枯病。咯菌腈适用于小麦、大麦、玉米、棉花、大豆、花生、水稻、油菜和马铃薯等作物。

2. 苯来特

苯来特是一种高效、广谱内吸性杀菌剂，并兼具有保护、铲除及杀螨卵的作用，最初由美国杜邦公司研制，它在植物体内代谢为多菌灵及具挥发性的异氰酸丁酯，其杀菌作用方式与多菌灵相同，能抑制病菌细胞分裂中纺锤体的形成，但产生的异氰丁酯易与叶果表皮的角质层、蜡质层结合，所以药效常比多菌灵好。该品可用于喷洒、拌种和土壤处理。用 50% 苯来特可湿性粉剂 500～800 倍液喷雾，主要用于防治蔬菜、果树、油料作物病害，防治多种真菌性叶部病害，如炭疽病、霜霉病、锈病、疮痂病、褐斑病等，同时也能防治花卉的茎腐病、根腐病等。

3. 脂肪胺类

脂肪胺类中常用的有仲丁胺（橘腐净）。仲丁胺既可作为熏蒸剂，又可作为喷淋和浸果剂，在柑橘类水果生产上还常与打蜡制剂混合使用。仲丁胺对青霉属病原菌（如橘青霉、扩展青霉、点青霉等）有强烈的抑制作用，一般使用浓度为 0.5%～2%，有效浓度在空气中达到 100 μL/L 时、对柑橘果实的青霉病害有较好的抑制效果。

4. 苯并咪唑类及其衍生物

苯并咪唑及其衍生物的化学杀菌剂有多种产品，主要包括多菌灵、托布津、噻苯唑等，这类杀菌剂具有内吸性，一般使用浓度为 500～1 500 mg/L，对青霉菌、拟茎点霉、刺盘孢、链核盘菌都有很强的杀菌作用，可广泛用于苹果、梨、柑橘、桃、李等水果采后病害的防治。

5. 抑菌唑

抑菌唑是第一个麦角甾醇（$C_{28}H_{40}$）的生物合成抑制剂。自 20 世纪 80 年代以来，抑菌唑是在世界许多柑橘产区被广泛使用的化学杀菌剂，其防腐效果优于苯并咪唑类，特别对苯来特、特克多（TBZ）及仲丁胺产生抗性的青霉菌株和链格孢菌有很强的抑制作用。抑菌唑的使用方法有喷淋、浸果、洗果等，其使用浓度一般为 1 000～2 000 mg/L。

6. 抑菌脲

抑菌脲商品名为扑海因，化学名称为 3-（3，5-二氯苯基）-N-异丙基-2，4-二氧咪唑烷-1-羧酰胺。抑菌脲可有效抑制根霉和链格孢等苯并咪唑类药剂所不能抑制的病原菌，此外还可抑制灰霉葡萄孢和链核盘菌，而对青霉菌的抑制效果与抑菌唑相似。

7. 瑞毒霉

瑞毒霉又称甲霜安，化学名称为甲基-N-（2-甲氧乙酰）-N-（2-甲氧乙酰）-N-（2，6-二甲基苯基）-*DL*-丙氨酸甲酯。瑞毒霉有较强的内吸性能，对鞭毛菌亚门有较强的抑制效果，可控制由疫霉引起的柑橘褐腐病。此外瑞毒霉可与三唑化合物混合使用，能有效控制青霉病、酸腐病和褐腐病等多种采后病害，其使用浓度一般为 1～2 g/L。

8. 乙膦铝

乙膦铝商品名为霜霉净，化学名称为三乙膦基磷酸铝。乙膦铝是良好的内吸药剂，对人畜基本安全无毒。生产上采用 2～4 g/L 的 40%～90% 可湿性粉剂对疫霉及抗瑞毒霉菌株均有抑制作用。

长期使用同一种化学杀菌剂，往往会出现药效降低的现象，即抗药性。病原菌的抗药性存在“交叉抗性”的现象，即病原菌如果对某一杀菌剂产生抗性，那么对作用机制相同的其他药剂也会产生抗性。例如，病原菌对多菌灵产生抗性，也就对硫菌灵、苯菌灵、噻菌灵等产生抗性，因为它们同属苯并咪唑类化合物。为了克服抗药性的产生，生产上可以选择作用机制不同的杀菌剂交替使用，或者采用混配的方法，将单方改为复方。此外，化学杀菌剂的残留也越来越受到消费者、政府机构及世界贸易组织的广泛关注，已经成为制约果蔬商品流通、出口贸易和市场竞争的关键因素。在果蔬化学保鲜的商业使用中，应尽量控制化学杀菌剂的使用浓度。此外，配合其他保鲜方法综合使用，尤其是使用低毒安全的天然化学防腐剂将是今后的发展方向。

### 3.2.2 乙烯抑制剂

这类保鲜剂主要通过与果蔬发生生理生化反应，从而阻止内源乙烯的生物合成或抑制其生理作用，因此分为乙烯生物合成抑制剂和乙烯作用抑制剂两类。

1. 乙烯生物合成抑制剂

这类抑制剂主要通过抑制乙烯生物合成中的两个关键酶：ACC 合成酶（ACS）和 ACC 氧化酶（ACO），而达到抑制乙烯产生的目的。具有这种作用效果的保鲜剂有氨基酸乙基乙烯基甘氨酸（AVG）、氨基氧乙酸（AOA）、$Co^{2+}$、$Ni^{2+}$、自由基清除剂、多胺和解偶联剂等。

2. 乙烯作用抑制剂

此类抑制剂主要通过自身作用于乙烯受体而阻断乙烯的正常结合，从而抑制乙烯所诱导的一系列成熟衰老过程。目前该类保鲜剂具有很好的保鲜效果，并在多种果蔬产品中得到广泛应用。其中以丙烯类物质最为常见，主要包括环丙烯（CP）、1-甲基环丙烯（1-MCP）和 3，3-二甲基环丙烯（3，3-DMCP）等。它们都是乙烯反应的有效抑制剂，是阻断乙烯信号的有机分子，均具有抑制活性，并且在常温下都为气体，无色、无味、无毒。其中，CP、1-MCP 是 3，3-DMCP 活性的 1 000 倍，但由于 1-MCP 稳定性高于 CP，目前绝大多数商品化产品主要有效成分均为 1-MCP。1-MCP 在我国已商业化生产，在红富士苹果和库尔勒香梨上都有很好的保鲜效果，并得到产业化应用。

### 3.2.3 气体发生保鲜剂

这类保鲜剂通过自身挥发或化学反应产生气体，具有杀灭病原菌或脱除乙烯的效果，从而达到延长保鲜期的目的。常用的气体发生保鲜剂包括二氧化硫发生剂、乙醇蒸汽发生剂、一氧化氮发生剂等，其中以二氧化硫发生剂最为常见。生产应用中大多数葡萄保鲜剂主要是利用亚硫酸盐（如亚硫酸氢钠、亚硫酸氢钾或焦亚硫酸钠等）缓慢释放的二氧化硫气体杀灭潜伏侵染在果实上的病原菌。这类保鲜剂是将亚硫酸氢钠或焦亚硫酸钠加入一定量的黏合剂制成药片，使用时按葡萄鲜重 0.2%～0.3%将药剂放在包装箱内，不直接与葡萄接触，用纸张隔开，亚硫酸氢钠吸水后会释放出二氧化硫，起到防腐作用。但必须控制贮藏期间的温度（为 −0.5～0℃）和湿度（相对湿度为 85%～95%），防止二氧化硫浓度过高。

### 3.2.4 吸附性保鲜剂

这类保鲜剂主要通过吸附清除贮藏环境中的乙烯，降低氧气含量，脱除过多的二氧化碳，从而达到较好的气调效果，抑制果蔬后熟，延长贮藏寿命。常用的吸附性保鲜剂主要包括乙烯吸收剂、吸氧剂和二氧化碳吸附剂。

1. 乙烯吸收剂

乙烯吸收剂主要有物理吸附型、氧化吸收型和触媒型 3 种。

1）物理吸附型

此型乙烯脱除剂主要采用活性炭、天然或人造沸石、硅藻土、活性白土、$Al_2O_3$ 等多孔结构的吸附体。这类乙烯脱除剂具有价格便宜、使用方便等特点，但其吸附量有限，受环境影响较大，达到饱和后有解析的可能。

2）氧化吸收型

此型乙烯脱除剂的作用原理是以强氧化剂与乙烯发生化学反应，从而清除乙烯。由于氧化剂自身表面积较小，且没有吸附能力，脱除乙烯速度缓慢，因此一般不单独使用，而是将氧化剂涂膜于表面积较大的多孔质吸附体表面，利用吸附体的吸附作用与表面积大的特点及氧化剂的氧化作用，集吸附、氧化、中和 3 种作用于一体，显著地提高了吸附效率，适用于脱除低浓度的乙烯，通常采用的氧化剂为高锰酸钾。

3）触媒型

触媒型乙烯脱除剂是用特定的有选择性的金属、金属氧化物［如 AlO、$Ca(ClO)_2$、ZnO、$BaCO_3$］或无机盐等催化乙烯氧化分解。这类乙烯脱除剂的特点是用量少、速率快，作用时间持久，适用于低浓度乙烯的脱除，具有良好的发展前景。

2. 吸氧剂

吸氧剂主要是以氧化还原反应为基础，与贮藏环境中的氧气发生反应，生成新的化合物，从而消耗掉体系中的氧气，达到脱氧的目的。按其吸氧速度分为速效型、一般型和缓效型，按原料成分可分为无机类和有机类，其中无机类包括铁系脱氧剂、亚硫酸盐脱氧剂、加氢催化性脱氧剂等；有机类包括抗坏血酸类、维生素 E 类、儿茶酚类等。目前商业使用的大部分脱氧剂为铁系脱氧剂。

3. 二氧化碳吸附剂

二氧化碳吸附剂主要是利用物理吸附和化学反应两种作用模式，脱除、消耗贮藏环境中的二氧化碳，以达到保鲜的目的。常用的二氧化碳吸附剂有活性炭、焦炭分子筛、消石灰和氯化镁等，其中焦炭分子筛既可吸收乙烯又可吸收二氧化碳。

### 3.2.5 湿度调节保鲜剂

果蔬产品在贮藏过程中，需要保持一定的湿度，当贮藏环境中湿度过大（尤其在自发气调包装中）时会产生薄膜袋结露等现象。通常采取在塑料薄膜包装内施用水分蒸发抑制剂和防结露剂的方法来调节湿度，以达到延长贮藏期的目的。商业生产中最常用的方法是将聚丙乙烯酸钠包装在透气性的小袋内，与果蔬一起封入塑料薄膜内，当袋内湿度过高时，可以吸附环境中的水分；当袋内湿度降低时，它能放出已捕集的水分，从而达到调节湿度的目的，其使用量一般为果蔬质量的 0.06%～2%。这类保鲜剂适用于苹果、梨、柑橘、桃、李、葡萄等水果，此外在番茄、青椒、菜花、菠菜、蘑菇、蒜薹等蔬菜上同样能有较好的保鲜效果。

## 3.3 果蔬生物保鲜技术

### 3.3.1 生物拮抗保鲜

1. 生物拮抗保鲜机理

生物拮抗保鲜方法是利用生防微生物与病原微生物之间的拮抗作用，选择对果蔬产品本身没有伤害、安全的微生物来抑制由病原微生物引起的腐烂、败坏、变质等生物保鲜方法。生物拮抗保鲜主要是利用微生物之间的拮抗作用，通过改变果实表面微生态环境，促进病原微生物拮抗菌的繁殖，达到抑制病原微生物生长，减少腐败的目的。拮抗微生物对病原菌的作用机理主要有营养与空间竞争、产生抑菌物质、直接寄生和抗病性诱导。部分拮抗菌及其拮抗机理见表 3-1。

1）营养与空间竞争

竞争作用指拮抗微生物与病原微生物在物理位点、生态位点的抢占以及营养物质和氧气的竞争。在果蔬生物拮抗保鲜中，营养和空间竞争尤为重要。引起果蔬采后病害的病原菌一般以非营养状态的孢子或芽孢通过机械伤等形成的伤口侵入，其孢子或芽孢萌发及致病活动需要大量的外源养分，拮抗微生物通过与病原微生物竞争果蔬表面的营养物质及侵染位点，短时间内利用伤口营养大量繁殖，尽可能快地消耗伤口营养，并占领全部空间，使得病原菌得不到适合的营养与空间条件，从而降低果蔬表面病原微生物数量，抑制病害的发生。

**表 3-1 部分拮抗菌及其拮抗机理**

| 拮抗菌种属 | 作用机理 |
| --- | --- |
| 植物乳杆菌（*Lactobacillus plantarum*） | 产生抑菌物质/营养竞争 |
| 枯草芽孢杆菌（*Bacillus subtilis*） | 产生抑菌物质 |
| 阴沟肠杆菌（*Enterobacter cloacae*） | 营养竞争/直接寄生 |
| 解淀粉芽孢杆菌（*B. amyloliquefaciens*） | 产生抑菌物质 |
| 柠檬形克勒克酵母菌（*Kloeckera apiculata*） | 营养竞争 |
| 罗伦隐球酵母（*Cryptococcus laurentii*） | 营养竞争 |
| 绿色木霉（*Trichoderma viride*） | 产生抑菌物质/直接寄生 |
| 哈茨木霉（*T. harzianum Rifai*） | 产生抑菌物质/直接寄生 |

2）产生抑菌物质

拮抗微生物在代谢过程中能够通过产生细菌素、抗菌肽和有机酸等抗菌物质。例如，乳酸菌产生细菌素、苯乳酸和其他有机酸，枯草芽孢杆菌分泌枯草杆菌素，木霉菌能分泌吡喃酮等，这些抗菌物质一般在低浓度下即能对病原微生物的生长和代谢产生抑制。

3）直接寄生

直接寄生是指拮抗微生物以吸附生长、缠绕、侵入、消解等形式抑制病原菌的生长。一些拮抗微生物会产生葡聚糖酶、几丁质酶、脂酶等一系列水解酶类并分泌到病原微生物体内，分解病原微生物的细胞壁或菌丝体，完成抑菌作用。某些酵母菌还可以附着在病原真菌上，形成对病原微生物的直接寄生作用。

4）抗病性诱导

诱导采后果蔬产生抗病性是拮抗微生物保鲜的一种作用。植物在诱导因子的作用下，会产生对病原微生物的抗性。常常通过木质素生成、胼胝体积累、羟脯氨酸糖沉积、植保素合成等方式提高对病原微生物的抵抗作用。此外，通过提高抗病相关酶活性，如几丁质酶、脱乙酰几丁质酶、PAL、POD、PPO与超氧化物歧化酶（SOD）等来达到对病原微生物入侵的抑制作用。

一般而言，筛选出的拮抗菌需能在产品表面和伤口快速繁殖成主导菌，在产品表面伤口上快速生长，能够充分利用伤口部位的低水平养分，能适应比较广泛的温度、湿度和pH的生存环境，在病原菌的侵染部位比病原菌更快地繁殖和生长。

生物拮抗保鲜原料天然、绿色环保，具有安全、高效、无毒、无公害的优点；此外，微生物增殖生长快，易于规模化生产。目前，利用拮抗微生物进行果蔬采后病害防治是国内外农产品保鲜领域的研究热点，并且取得了显著的成效，在果蔬采后病害防治领域具有广阔的应用前景。

**2. 拮抗微生物在果蔬保鲜领域的应用**

1）拮抗细菌保鲜

应用较多的拮抗细菌主要有芽孢杆菌属（*Bacillus* spp.）、假单胞杆菌属（*Pseudomonas* spp.）的细菌和一些乳酸菌。枯草芽孢杆菌（*Bacillus subtilis*）是最早使用的生物拮抗微生物，1953年首次发现了一株枯草芽孢杆菌对青霉病具有拮抗作用。枯草芽孢杆菌的一些菌株能有效防治柑橘绿霉病、酸腐病和蒂腐病、荔枝霜疫霉病、梨果实轮纹病、草莓灰霉病和甜菜叶斑病等果蔬病害；解淀粉芽孢杆菌（*B. amyloliquefaciens*）能够防治柑橘青绿霉病和酸腐病、番木瓜炭疽病和褐色蒂腐病；短小芽孢杆菌（*B. pumilus*）和苏云金芽孢杆菌（*B. thuringiensis*）可抑制杧果炭疽病的发生；地衣芽孢杆菌（*B. licheniformis*）也能有效抑制杧果炭疽病和蒂腐病。从香蕉上分离到的洋葱伯克霍尔德菌（*Burkholderia cepacia*）能够防治香蕉炭疽病和冠腐病；从苹果果实和叶片分离到的水生拉恩氏菌（*Rahnella aquatilis*）能够完全抑制苹果扩展青霉和灰葡萄孢（*Botrytis cinerea*）孢子的萌发。此外，植物乳杆菌能够降低荔枝果皮的微生物含量，同时保持花色素苷含量和降低果皮褐变程度。

2）拮抗酵母保鲜

酵母菌由于具有拮抗效果好、不产生毒素、可以和化学杀菌剂共同使用等优点而成为果蔬采后生物防治研究的热点。拮抗酵母在果蔬采后病害防治的应用上具有较高的安全性和优势，一方面拮抗酵母菌主要是从果实表面或者机械伤口处分离到，也是果实等寄主本身机体的一部分。另一方面拮抗酵母的拮抗机理主要是与病原微生物进行营养与生存空间竞争来防治果蔬采后病害，或者拮抗菌与果实直接的作用（如提高机体抗性、提高相关抗性酶活性）来防治果实病害。此外，拮抗酵母对低温、低氧、高二氧化碳这样的对果蔬贮藏有利的环境具有一定的耐受度，能够有效提高拮抗酵母的生防效果。

目前已报道的对果蔬采后病害具有明显抑菌作用的酵母菌约有20种，主要有假丝酵母、隐球酵母、毕赤酵母、酿酒酵母、黏红酵母、克勒克酵母和丝孢酵母等。酵母菌主要用于防治果蔬采后贮藏期间的青霉病、灰霉病、根霉病、毛霉病等病症。柠檬形克勒克酵母菌（*Kloeckera apiculata*）对柑橘青、绿霉病菌有强烈拮抗作用。丝孢酵母（*Thichosporon pullulans*）和罗伦隐球酵母（*Cryptococcus laurentii*）直接浸泡桃果实，均可显著地抑制桃果实采后软腐病和青霉病的发生。罗伦隐球酵母还能有效控制桃果实贮藏期青霉病和灰霉病的发生。黏红酵母（*Rhodotorula glutinis*）能够有效地抑制苹果灰霉病和青霉病的发生，其中对灰霉病的抑制效果更好。季也蒙假丝酵母（*Candida guilliermondii*）对灰葡萄孢及黑曲霉引起的葡萄腐烂有抑制作用，该菌对桃果实软腐病也有较好的防治作用。季也蒙毕赤酵母菌（*Pichia guilliermondii*）可以增强番茄果实对黑根霉（*Rhizopus nigricans*）的抵抗力，有效控制番茄果实贮藏病害的发生和发展。目前，有的国家已将拮抗酵母菌进行了商业化应用，如美国的主要用于控制柑橘类和仁果类果实采后腐烂的"Aspire""Biosave™ 100""Biosave™ 110"等，并且还有更多拮抗酵母菌处于商业应用研究阶段。

3）丝状真菌保鲜

部分小型丝状真菌也可用于果蔬采后腐烂的生物防治，如绿色木霉（*Trichoderma viride*）可防治杧果蒂腐病；哈茨木霉（*T. harzianum Rifai*）可防治香蕉和红毛丹的炭疽病，梨、葡萄和猕猴桃的灰霉病等。

**3. 生物拮抗保鲜的局限性**

微生物保鲜技术作为具有广阔应用前景的新型果蔬采后防腐保鲜手段，已逐渐成为学术热点，但是利用拮抗微生物防治采后病害在发展过程中也面临着各种问题和挑战。

生物拮抗微生物生防作用的发挥与其制备工艺、使用时间、使用环境等因素密切相关。研究表明，拮抗微生物必须在致病菌到达伤口之前存在才能够起到生防作用，否则将失去对病害的防治作用。另一个重要的影响因素是伤口位点的湿度，在果蔬有新鲜伤口的条件下，拮抗酵母菌才能起到生防作用，而在伤口干燥的情况下，反而不利于拮抗酵母菌的生长及其生防作用的发挥。因此，在微生物制剂商业化过程中，要继续加大对拮抗微生物活性物质发酵工艺、提取与纯化方法等的研究，同时要加强其最佳作用条件的优化研究。目前筛选的拮抗微生物通常只对某类或某几类病原菌有拮抗作用，抗菌谱较窄，限制了其在果蔬保鲜中的应用，因此应继续筛选具有更广抗菌谱的拮抗微生物或运用分子生物学手段改造拮抗微生物，使之具备更广的抗菌谱，或者通过多种拮抗微生物协同作用和与其他保鲜剂协同使用以增加其抑菌作用。

### 3.3.2 生物保鲜剂保鲜

生物保鲜剂按其提取来源可分为植物源、动物源和微生物源保鲜剂。生物保鲜剂以其安全无毒、抗菌性强、溶解性好、稳定性好、作用范围广等优点越来越受到果蔬采后保鲜领域的青睐，当然生物防腐剂也存在一些不足，如用量大、成本高等，也限制了其在果蔬保鲜中的应用，表 3-2 列出了 3 类保鲜剂的优缺点。

表 3-2 生物保鲜剂类型及优缺点

| 类型 | 保鲜剂举例 | 优点 | 缺点 |
|---|---|---|---|
| 植物源保鲜剂 | 植物精油、茶多酚等 | 来源广、活性高、安全、营养、无毒，被认为是新型、高效的果蔬涂膜保鲜剂 | 主要用于常温下、用量大、抗菌时效短、成本高、大多数保鲜剂还在科研阶段 |
| 动物源保鲜剂 | 壳聚糖、鱼精蛋白、抗菌肽、蜂胶等 | 无毒、无害、无残留、抗菌谱广、活性稳定、安全性高、良好的生物相容性、成膜性和很强的抗菌保鲜防腐能力 | 目前各种功能改良剂相互协同作用机理未明确科学解释、保鲜食用后的代谢过程和毒理实验的研究颇少 |
| 微生物类保鲜剂 | 细菌素、纳他霉素和 ε-聚赖氨酸等 | 生产工艺简单、成本低廉、天然、安全、无毒 | 保鲜效果不稳定、技术转化商业应用慢、推广性差、保鲜成分不够明确、研究开发成本较高 |

1. 植物源生物保鲜剂

我国植物种类丰富，植物中的多种提取物对病原微生物有抑制作用，可利用植物中的物质进行果蔬采后保鲜。

1）植物精油

植物精油（essential oils，EOs）是植物体内产生的具有挥发性芳香气味的次生代谢物，大多具有一定的抗菌性，可从植物的花、叶、枝、根、皮、树胶、全草和果实中获得。大多数植物精油主要含醇类、醛酮类、酸类、酚类、萜类及某些芳香族化合物。按其母核可分为萜烯族、芳香族、脂肪族及含硫含氮化合物四类，其中萜烯类是精油的主要成分。

目前国内外大量研究已证实很多植物精油对细菌、酵母菌等有抗菌作用，组成精油的化合物通常具有特殊的官能团，这些官能团在决定化合物的抗菌性时起到了重要的作用。其中，具有酚类官能团的化合物抗菌性最强。常用的抑菌效果比较好的精油主要有百里香、丁香、牛至、肉桂、大茴香、小茴香、辣椒、大蒜等，例如丁香精油对革兰阴性菌、阳性菌都有很强的抑制作用；牛至精油对细菌、真菌具有强的广谱抗菌活性；肉桂和当归精油对血液中的炭疽杆菌具有致死作用；百里香精油对大肠杆菌、金黄色葡萄球菌、黑曲霉菌、啤酒酵母菌具有很强的抑制作用。研究表明，在大量的精油成分中，小分子的酚类物质、萜烯类物质和醛酮类物质是主要的抑菌有效成分。此外，醇类、醚类和烃类物质也具有一定的抑菌活性。

目前植物精油等天然植物中存在的抗菌物质并不能大规模商业化使用，原因之一是杀菌有效性和大剂量使用时有特殊气味的矛盾，即必须做到在有效的前提下，产生的气味最小。

2）茶多酚

茶多酚（tea polyphenols）是茶叶中多酚类物质及其衍生物的总称，主要包含的物质类型有黄烷醇类、花色苷类、黄酮类、黄酮醇类等，其中含量最多的是黄烷醇类多酚，又被称为儿茶素，在茶多酚中的占比可达60%～80%。儿茶素，由儿茶酸、表儿茶素、没食子儿茶素、表没食子儿茶素、表儿茶素没食子酸酯和没食子儿茶素没食子酸酯组成。

目前对茶多酚的抑菌机理研究主要集中在以下几个方面：①对微生物细胞膜的影响，茶多酚与细菌内遗传因子结合使其膜结构破损，再逐步溶解完整的细胞壁，从而达到抑菌目的。②对微生物蛋白质和酶的影响，茶多酚可使细菌蛋白质凝固，从而抑制细菌的生长。③茶多酚对微生物金属离子的影响。茶多酚在果蔬保鲜中的应用实际是利用其良好的抗氧化活性和抑菌功能。目前，茶多酚在果蔬保鲜中往往和其他保鲜剂一起混合使用，用以延长果蔬的保鲜期。

2. 动物源生物保鲜剂

动物源保鲜剂是从动物体内提取的天然抗菌活性成分，具有抗菌性强、水溶性强、安全无毒、抑菌谱广等优点。研究较多的动物源性果蔬天然保鲜剂主要包括壳聚糖、鱼精蛋白、蜂胶、抗菌肽和溶菌酶等。

1）壳聚糖

壳聚糖（chitosan），化学名为聚(1,4)-2-氨基-脱氧-$\beta$-$D$-葡聚糖，是氨基葡萄糖和N-乙酰氨基葡萄糖残基以$\beta$-1,4糖苷键缩合而成的聚合物，分子结构如图3-1所示。壳聚糖主要来源于甲壳素，是甲壳素部分脱乙酰化后的产物。虽然壳聚糖自然来源丰富，但由于壳聚糖分子内存在N、O原子，很容易形成分子内或分子间氢键，故不溶于水和大多数有机溶剂，只溶于较稀的乙酸或稀盐酸溶液。通过化学改性方法，改善壳聚糖的水溶性，可以有效提高其抗菌性能。目前，壳聚糖改性方法主要有酰化反应、酯化反应、羧基化反应、季铵化反应和烷基化反应等。

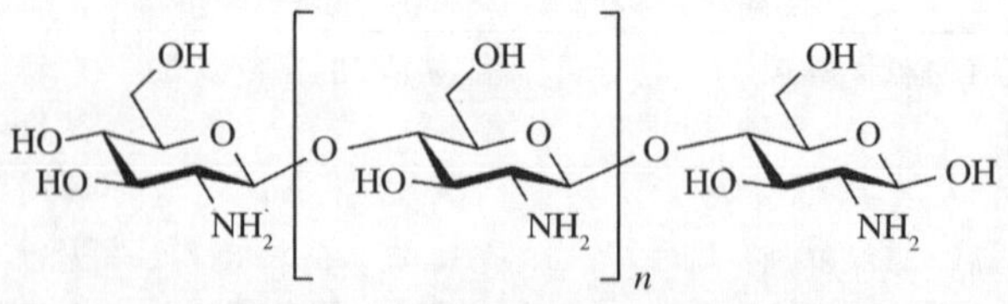


图3-1 壳聚糖的分子结构

壳聚糖的抑菌活性与其带正电荷的氨基有关，带正电荷的氨基与带负电的微生物细胞膜相互作用致使微生物细胞膜通透性增加，破坏了细胞膜内外的渗透平衡导致细胞死亡。壳聚糖可抑制许多腐败菌、致病菌、酵母和霉菌生长。壳聚糖作为果蔬保鲜剂也可以诱导果蔬结构抗病性，如可使植物细胞壁加厚或木质化程度加强，调节植物体内与抗病有关酶的活性变化，产生植保素、酚类化合物等抗菌物质以及诱导病程相关蛋白，产生新的激发子诱导植物一系列防御反应等。

2）鱼精蛋白

鱼精蛋白（protamine）是一种存在于海产动物的成熟精巢组织中的多聚阳离子肽，与核酸紧密结合在一起，以核精蛋白的形式存在。鱼精蛋白是一种球形碱性蛋白质，分子质量在 10 ku 以下，由 30 个左右的氨基酸组成，其中 2/3 以上是精氨酸，加热不凝固，等电点在 10～12，带正电荷。鱼精蛋白具有较高的热稳定性，在 210℃条件下加热 1 h 仍具有活性，对革兰阳性细菌和霉菌均有较强的抑菌作用，对革兰阴性菌抑制效果较差，另外在酸性介质中抑菌活性较低。

鱼精蛋白抑菌机理主要有以下几种：①鱼精蛋白分子中存在着大量精氨酸，精氨酸中带正电荷的胍基能与细胞壁肽聚糖的负电荷产生静电作用，从而破坏细菌的细胞壁；②可以使细胞质膜形成通道或较大的孔洞，引起细胞内关键化合物的外泄，从而破坏与能量代谢相关的电子传递系统和物质转运系统，摧毁细菌跨膜的物质运动，使整个细胞处于代谢瘫痪状态；③鱼精蛋白可与细胞膜中某些涉及营养运输或生物合成系统的蛋白质作用，使这些蛋白质的功能受损，从而抑制细胞的新陈代谢而使细胞死亡。鱼精蛋白具有广谱抑菌活性、安全性高、热稳定性好、无臭无味等优点，使其成为一种非常有前景的果蔬保鲜剂。

3）抗菌肽

抗菌肽（antimicrobial peptides）是生物体内经诱导产生的一类具有抑菌生物活性的小分子多肽，普遍存在于各类生物体中。抗菌肽具有分子质量小、热稳定性强、水溶性好、无免疫原性、对人无毒副作用、广谱抗菌性等特点。抗菌肽对革兰阳性菌、革兰阴性菌、某些真菌、原生动物和一些耐药性细菌具有杀灭作用。

抗菌肽的抑菌作用机制尚未完全明确，不同类别抗菌肽的抗菌机理可能不同。一般认为抗菌肽主要是通过作用于细菌的细胞膜，破坏其完整性来发挥抗菌效应。抗菌肽可通过其正电荷与细菌细胞膜磷脂分子上的负电荷形成静电吸附而结合到质膜上，然后通过多个抗菌肽分子间相互位移、聚合形成跨膜离子通道，造成细菌细胞内离子大量流失，使细菌不能保持正常渗透压而死亡；也有一些抗菌肽是通过影响膜的能量转运和代谢，损害呼吸链的功能而杀死细菌。抗菌肽由于其分子质量较小、热稳定性强、水溶性好、无免疫原性、对人无毒副作用、广谱抗菌性等特点，在果蔬保鲜领域逐渐显示出广阔的应用前景。目前，抗菌肽作为保鲜剂单独在果蔬保鲜应用较少，但可与其他物质协同使用提高保鲜性能。

4）蜂胶

蜂胶（propolis）是蜜蜂从众多植物（特别是花、幼芽及树干上面）采集的树脂混入上颚的分泌物、蜂蜡等加工而成的一种具有芳香气味的天然不透明胶状固体。蜂胶呈褐色或灰褐色，味苦，不溶于水而溶于乙醇、乙醚等有机溶剂，成分中含有树脂、蜡、黄酮和类黄酮、萜烯类化合物和氨基酸等生物活性物质，可用作果蔬保鲜剂。

蜂胶中的高良姜素、山奈菌、对香豆苯甲酸酯、蜂胶树脂和蜂胶浸出物等均有抗菌活性，同时蜂胶还含有多种黄酮化合物及挥发性物质，这些物质也可抑制和杀灭果品、蔬菜表面的微生物。另外，蜂胶是良好的成膜剂，喷洒在果蔬表面可形成一层薄膜，减少微生物的侵染，抑制呼吸，降低新陈代谢，减少果蔬表面的水分蒸发，起到防腐保鲜的作用。

5）溶菌酶

溶菌酶（lysozyme）又称胞壁质酶或 N-乙酰胞壁质聚糖水解酶，是一种碱性蛋白，广泛存在于哺乳动物的汁液、乳液、禽类的蛋清和部分植物、微生物体内。溶菌酶易溶于水，不溶于丙酮、乙醚，等电点为 10.7～11.0，在 25～52℃起作用，最佳温度为 45～50℃。

溶菌酶按作用微生物的不同可分为 3 大类：细菌细胞壁溶菌酶、酵母细胞壁溶菌酶和霉菌细胞壁溶菌酶。溶菌酶能选择性地分解微生物细胞壁，主要是分解细胞壁中的肽聚糖。溶菌酶水解球菌细胞壁的作用点是 N-乙酰胞壁酸和 N-乙酰葡萄糖胺之

间的 β-1,4 糖苷键。经过溶菌酶作用后，微生物细胞因渗透压不平衡而引起破裂，从而使得微生物细胞的内溶物渗出导致细胞死亡。溶菌酶作为果蔬保鲜剂，除表现出抑菌作用外，还能够抑制果蔬呼吸作用，减轻果肉褐变，起到较好的保鲜效果。

### 3. 微生物源生物保鲜剂

1）细菌素

细菌素（bactericin）是细菌代谢过程中产生的抑菌物质，一般是多肽或蛋白质，具有耐高温、不会产生抗药性、广谱杀菌等作用。乳酸链球菌素（nisin）是目前唯一可以在食品中使用的细菌素产品，乳酸链球菌素又名乳链菌素、尼生素、乳酸菌素，是某些乳酸乳球菌产生的一种多肽物质，由 34 个氨基酸组成。肽链中含有 5 个硫醚键形成的分子内环。氨基末端为异亮氨酸，羧基末端为赖氨酸（图 3-2）。活性分子常为二聚体、四聚体等，相对分子质量 3348。乳酸链球菌素能有效抑制革兰阳性菌的生长繁殖，尤其对产生孢子的革兰阳性菌和枯草芽孢杆菌及嗜热脂肪芽孢杆菌等有很强的抑制作用。但乳酸链球菌素对革兰阴性菌、霉菌和酵母的影响则很弱。近年来发现，乳酸链球菌素与乙二胺四乙酸二钠及柠檬酸等络合剂共同使用时，对革兰阴性细菌也有抑制效果，促进了其在果蔬保鲜中的应用。

除乳酸乳球菌产生的乳酸链球菌素外，其他许多乳酸菌也可以产生细菌素，如植物乳杆菌素、片球菌素和罗伊菌素等，另外枯草芽孢杆菌也可产生枯草杆菌素。这些细菌素对果蔬中的致病菌都有较好的抑制作用，同时这些细菌素在消化道中可被蛋白酶完全破坏，对人体无害。目前这些细菌素都处在研究阶段，尚未列入我国食品添加剂使用标准（GB 2760—2019）中。

2）纳他霉素

纳他霉素（natamycin）是纳塔尔链霉菌（*Streptomyces natalensis*）发酵后产生的一种多烯大环内酯类化合物，分子式为 $C_{33}H_{47}NO_{13}$，分子结构见图 3-3。纳他霉素是一种广谱抑菌化合物，能有效地抑制和杀死霉菌、酵母菌、某些原生动物和藻类。纳他霉素是一种安全的生物防腐剂，1982 年和 1996 年，美国 FDA 和中国食品添加剂标准化学技术委员会分别批准其可用作食品防腐剂。

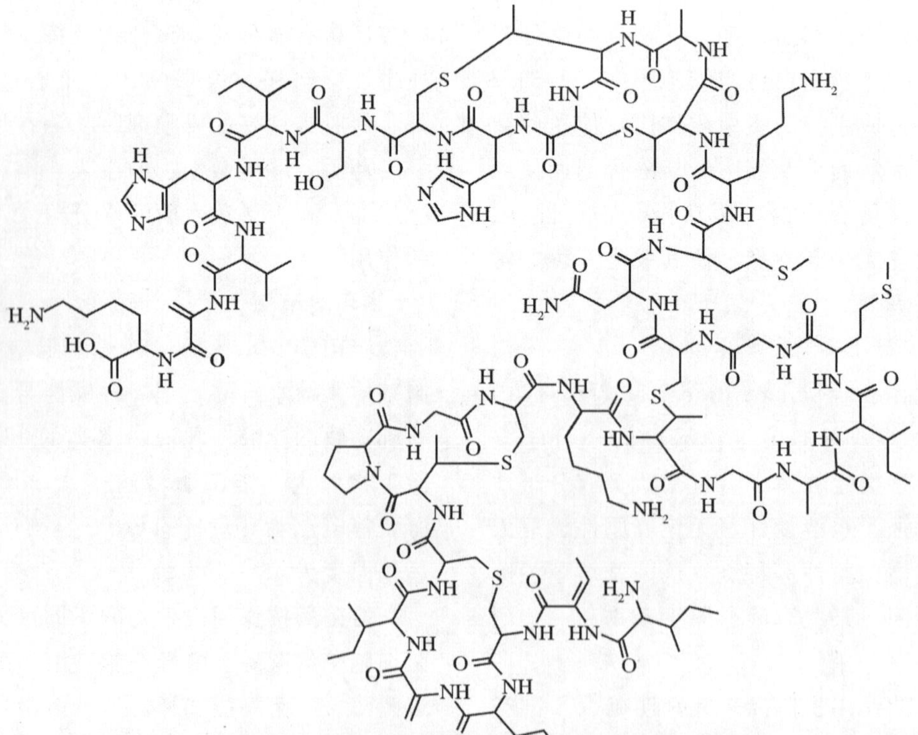

图 3-2　乳酸链球菌素的结构

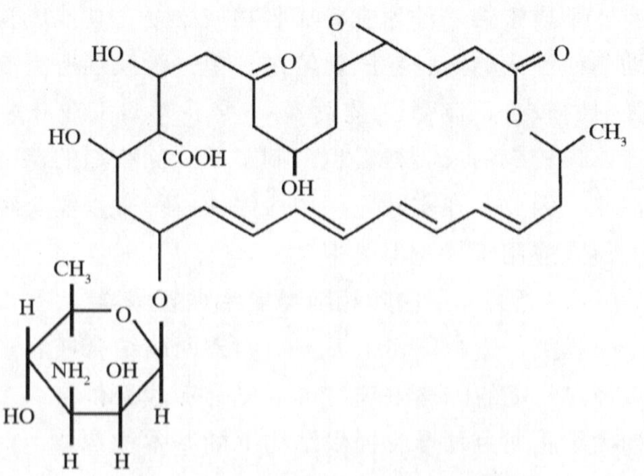


图 3-3　纳他霉素的分子结构

纳他霉素抑菌机理在于其分子的疏水部分（即大环内酯的双键部分）以范德华力和真菌细胞质膜上的甾醇分子结合，形成抗生素-甾醇复合物，破坏细胞质膜的渗透性；分子的亲水部分（即大环内酯的多醇部分）则在膜上形成水孔，损伤膜的通透性，从而引起菌内氨基酸、电解质等重要物质渗出而死亡。麦角甾醇是所有酵母和霉菌细胞膜的重要成分，在细菌、病毒中不存在。所以纳他霉素能有效抑制和杀死霉菌、酵母、丝状真菌，但对细菌、病毒以及其他微生物没有活性。目前，纳他霉素主要通过与其他生物保鲜剂协同作用进行果蔬的保鲜。

3）ε-聚赖氨酸

ε-聚赖氨酸（ε-poly-L-lysine，ε-PL）是由微生物发酵合成的一种由赖氨酸单体通过 ε-酰胺键形成的多肽。ε-PL 通常由 25～35 个 L-赖氨酸通过 ε-氨基和 α-羧基脱水缩合形成酰胺键聚合而成，是一种同型单体多肽聚合物。ε-PL 的结构如图 3-4 所示。ε-PL 的水溶性和热稳定性良好，其水溶液在 120℃高压灭菌处理 20 min 不会发生分解作用。ε-PL 分子质量 2.5～4.5 ku，为白色或淡黄色粉末，吸湿性较强，略带苦味，微溶于乙醇，不溶于乙酸乙酯、乙醚等有机溶剂。由于 ε-PL 是混合物，所以没有固定的熔点，250℃开始软化分解。

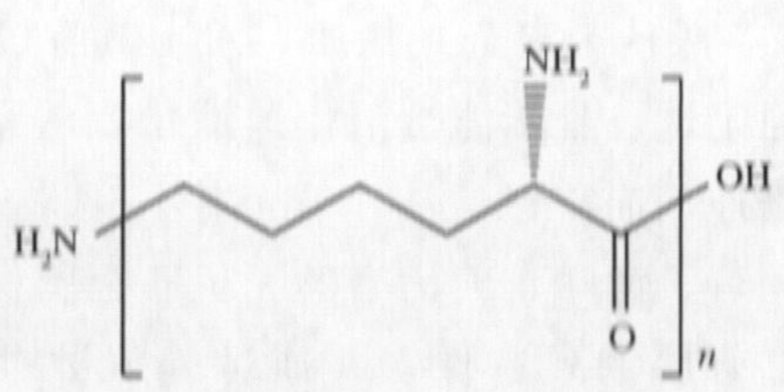


图 3-4　ε-PL 的结构

ε-PL 对革兰阳性菌、革兰阴性菌、酵母菌和一些病毒均有抑制作用，其抑菌机制主要是抑制微生物的呼吸，导致能量物质腺嘌呤核苷三磷酸和还原物质烟酰胺腺嘌呤二核苷酸缺乏，合成代谢受阻，使其不能维持活性的动态膜结构，代谢方向趋于水解，产生细胞自溶而致死。同时，ε-PL 还可作用于生物膜系统和蛋白合成系统，与核糖体结合，抑制蛋白质和酶等生物大分子的合成。ε-PL 能在人体内分解为赖氨酸，而赖氨酸是人体必需的 8 种氨基酸之一，也是世界各国允许在食品中强化的氨基酸种类，可见 ε-PL 是一种营养型果蔬保鲜剂。

## 3.4　果蔬涂膜保鲜技术

涂膜保鲜是果蔬保鲜的主要辅助技术，根据微气调理论，将具有成膜性的物质通过浸渍、涂刷、喷洒等方法涂敷在果蔬的表面，风干后形成一种无色透明的半透膜，起到延长果蔬货架期的作用。

### 3.4.1　果蔬涂膜保鲜作用机理

涂膜保鲜剂在果蔬表面形成半透膜覆盖在果蔬表面的微孔上，并部分渗入中果皮，通过减小外表皮的孔隙减少果蔬水分的散失和外部氧气的进入，抑制果蔬的呼吸、蒸腾作用，并有效抑制多酚氧化酶的活性，减缓果蔬褐变，从而起到改善果蔬贮藏品质，有效延长果蔬保鲜期的作用。如在涂膜中添加一些抑菌物质，还能对果蔬病原微生物起到良好的抑制和灭杀效果，借此获得抗菌保鲜的效果。

### 3.4.2　果蔬涂膜保鲜剂中的成膜剂

用于果蔬的涂膜保鲜剂要求稳定、无毒、无明显异味，且具有良好的附着力和一定的机械强度。果蔬涂膜保鲜剂中理想的成膜剂需要有一定的黏度，易于成膜；形成的膜均匀、连续，具有良好的保质保鲜作用，并能提高果蔬的外观水平；无毒、无异味，与食品接触不产生对人体有害的物质。果蔬涂膜保鲜中用到的主要有多糖类、蛋白类和脂类这三类成膜剂。

1. 多糖类成膜剂

多糖也称聚糖，是由很多个单糖单位构成的糖类物质。用于可食性涂膜的多糖类物质主要有壳聚糖和甲壳素及其衍生物、淀粉及其衍生物、纤维素及其衍生物、植物胶类（树胶、海藻酸钠、卡拉胶、瓜尔胶、长角豆胶、半乳甘露聚糖、芦荟胶、果胶、葡甘聚糖、魔芋胶等）、茁霉多糖、NPS多糖、黄原胶、蜂胶等。多糖分子因相互作用形成致密的网状结构而对果蔬起到隔绝环境的作用，使果实内部$CO_2/O_2$增加，避免受外界微生物侵染，减少果蔬之间的机械损伤及腐烂，防止果蔬水分及营养成分流失。多糖类涂膜剂属于亲水聚合物，阻湿性一般较差。但某些透湿性强的多糖涂层往往具有良好的成膜性及一定的黏度，其阻氧性较强。并且有一部分多糖类涂膜剂还具有较强的抑菌、杀菌功能，能够有效防止果蔬的腐烂变质。

2. 蛋白类成膜物质

可用作涂膜保鲜剂成膜物质的蛋白质按来源分为动物蛋白和植物蛋白，主要有玉米醇溶蛋白膜、大豆分离蛋白膜、小麦面筋蛋白膜、乳清蛋白膜、谷蛋白膜、肌原蛋白膜、酪蛋白膜、卵白蛋白和骨有机质等。蛋白质膜保鲜机制表现在其阻湿性、阻气性、阻止油脂迁移等阻隔性能，又因为蛋白膜有特殊的结构，赋予其功能性，如含巯基的蛋白质变性时形成双硫键使涂膜具有更好的机械性能。用蛋白质制成的保鲜膜营养价值高、阻气性和口感好、透性小，是果蔬保鲜的理想材料。

3. 脂类成膜物质

脂类作为果蔬保鲜剂的成膜物质应用较早，常用的主要有：脂肪酸及其单甘脂、天然蜡类、表面活性剂以及微生物共聚物等。脂类相对低的极性和易于形成致密分子网状结构的特点，使其能更好地阻止果蔬产品水分的蒸发，防止果蔬在运输过程中的机械伤害，控制产品在贮藏过程中褐斑病的产生。缺点是脂类涂膜剂形成的膜不能很好地与果蔬产品结合；透气性较差，可能造成果蔬无氧呼吸；膜的厚度与均匀性难以控制；易于产生蜡质口感；力学性能较低，易产生裂纹或孔洞等。应用脂类涂膜剂时，应通过与其他涂膜相结合的方法来避免上述问题的出现。

### 3.4.3 果蔬复合涂膜保鲜

根据涂膜剂的组成，大致可以分为单一涂膜剂和复合涂膜剂两种。单一涂膜剂是指用多糖、蛋白质、脂质中的一种为主要成膜物质，复合其他成膜助剂而制成的一种涂膜保鲜剂。单一涂膜剂所需成膜材料较少，制备工艺简单，便于大型工业化生产，但较少的成膜材料也限制了单一涂膜剂的保鲜性能。因此，在实际应用中涂膜保鲜剂常以复合物的形式应用于果蔬保鲜中。

1. 糖类、蛋白质和脂类复合涂膜保鲜

糖类、蛋白质和脂类三种物质两两结合或者三者经过一定的配比处理可形成复合涂膜保鲜剂。多糖类物质能为复合膜提供结构上的基本构造，蛋白质能通过分子间的交叠使结构致密，而脂类则是一个良好的阻水剂。因此，这种复合膜由于三者性质不同和功能上的互补性，所形成的膜性能将更理想。

2. 有机-无机复合纳米涂膜保鲜剂

有机-无机复合纳米涂膜剂源于化工领域，由高分子聚合物和无机纳米粒子复合而成。聚合物的密度小、强度高，而且耐腐蚀、易加工，而纳米粒子具有表面、界面、小尺寸及量子尺寸效应，这使得二者复合而成的有机-无机复合纳米涂膜剂呈现出了不同于常规聚合物复合材料的特性，具有特异的光、电、热、声、力、化学和生物学性能。

常用于果蔬涂膜保鲜的纳米粒子有纳米Ag、Si、$TiO_2$和ZnO等，并且纳米粒子常与其他具有良好成膜性的物质复合使用；添加纳米粒子能够明显地提高复合膜的抗拉强度、抑菌性，降低$O_2$和水蒸气透过率，当对果蔬进行涂膜保鲜时，可以显著改善果蔬的贮藏品质。纳米粒子的保鲜机理主要分为2个方面：①应用纳米粒子本身的特性进行保鲜。如Ag具有较强的光敏性、抗菌性以及半导体光催化杀菌作用。$TiO_2$稳定性高、无毒、成本低且便于制备，一直以来是紫外线照射下的主要光催化剂。研究表明，纳米Ag和纳米$TiO_2$能够催化乙烯的氧化分解，从而达到良好的保鲜效果。ZnO具有极强的广谱抑菌性，并且已被FDA列为GRAS（一般认为安全）物质。$SiO_2$具有较高的安全性、稳定性，且不能被消化道消化，已经作为一种食品添加剂而广泛应用于食品中；纳米SiOx作为一种无毒、无味、无污染的无机非金属材料，能够增加复合膜的致密性，并通过硅氧键对$CO_2$和$O_2$的吸附、溶解、扩散以及过滤等作用来调节膜

内外 $CO_2$ 和 $O_2$ 的交换量，从而抑制果蔬呼吸作用。②改善复合膜的特性。纳米粒子能起到应力集中点作用，当受到外力作用时，纳米粒子周围的剪切应力转移，使与之相连的部分产生局部形变，增强耗散冲击能，从而提高膜的纵向伸长率和断裂强度，增强膜的低温韧性，减少破损率。另外，无机纳米粒子对天然成膜剂进行了改性和固定化，使涂膜的透气性可根据需要进行调整，从而增强了涂膜的气调保鲜功能，当 $O_2$ 透过时，增加了非极性分子 $O_2$ 的扩散途径；金属纳米粒子为亲水性物质，可增加聚合物材料的亲水性，因此复合膜的水蒸气透过性增大。

### 3.4.4　果蔬涂膜处理方法

在水分含量极高的水果和蔬菜表面涂上一层膜，存在着诸多需要考虑的因素。首先，要保证果蔬在涂膜过程中不受到任何的机械损伤，同时还要考虑到涂层的附着力和耐久性。其次，涂布后在不使果蔬自身水分损失的情况下进行涂层的表面烘干。因此，通常采用浸涂与喷涂两种工艺。

1．浸涂工艺

浸涂是将果蔬浸渍入一个装有涂膜溶液容器中的一种涂布工艺。通过这种工艺，可以让涂布溶液均匀全面地附着在凹凸不平的果蔬表面，再借助其他烘干设备进行表面的脱水干燥，起到后续的保鲜功能。浸涂工艺方法简单、初投资成本低，却可能出现诸多问题，包括膜溶液的存放密闭条件，容器的定期清洁、更换、消毒等。另外，涂膜层过厚也会带来产品呼吸作用和贮藏特性等问题。

2．喷涂工艺

喷涂是一种适用于较大工作表面的涂膜技术，易在食品表面形成薄厚均匀的涂层。不同于浸涂技术的是其不存在污染涂料溶液的问题，可以连续使用，不浪费原材料。

## 3.5　果蔬气调包装保鲜

果蔬气调包装保鲜技术是通过改变包装内的气氛，使新鲜果蔬处于有别于空气组分的气氛环境中而延长其贮藏期的保鲜包装技术。

### 3.5.1　果蔬气调包装类型及保鲜原理

依据初始气调环境建立方式的不同，气调包装分为自发气调包装和主动气调包装两大类型。自发气调包装主要依靠果蔬与包装薄膜的相互作用，自发地建立气调环境，即在具有良好气体渗透性的包装中，将果蔬密封保存，通过果蔬的呼吸作用和塑料膜的气体渗透作用共同控制包装内气体组成比例。果蔬的呼吸作用是消耗 $O_2$ 的过程，内部 $O_2$ 浓度下降，同时产生 $CO_2$，使 $CO_2$ 浓度不断升高，一段时间后，包装内气体成分在呼吸率和透气率间达到某种平衡。平衡状态下，果蔬呼吸消耗 $O_2$，产生与通过渗透膜交换 $O_2$ 相同数量的 $CO_2$。呼吸作用、渗透作用和环境因素共同决定了达到平衡状态时包装内气体成分的比例。

主动气调包装保鲜的原理是先将包装内的空气抽走，再充入特定比例的混合气体，改变包装内各气体成分的比例，形成目标气调环境。果蔬主动气调包装一般是用透气性薄膜包装果蔬，充入低 $O_2$ 与高 $CO_2$ 的混合气体置换空气后密封，果蔬的呼吸活动消耗 $O_2$ 并放出 $CO_2$，再通过薄膜进行气体交换，达到一个有利于果蔬保持微弱需氧呼吸的气调平衡而起到保鲜效果。一般来说，$N_2$ 作为补充其他气体达到所需体积的辅助气体，避免包装薄膜破裂。由于主动气调初始状态便会对气体环境产生影响，所以更利于调节果蔬的呼吸和代谢。合理协调环境温度和气体浓度比是决定气调贮藏技术成败的关键。

### 3.5.2　果蔬气调包装气体

气体成分对果蔬包装效果的影响程度很大，合理调配气体的种类和比例是气调包装的关键。

1．气调包装传统气体

（1）氧气　从果蔬贮藏的角度来看，进行一定程度的呼吸活动是正常的生理作用。果蔬采用气调包装保鲜时，一般通过降低 $O_2$ 浓度抑制果蔬的呼吸作用延缓果蔬的衰老和好氧微生物的生长。果蔬气调包装保鲜时 $O_2$ 浓度也不能太低，$O_2$ 浓度过低会使果蔬产生无氧呼吸，果蔬的无氧呼吸消耗大量有机物质，且乙醇的含量增大，导致细胞中毒，微生物感染和生理病害也由此产生，影响了果蔬的口感和新鲜感，降低果蔬品质，降低果蔬的贮藏期限。

(2) 二氧化碳　高浓度$CO_2$可以起到抑制果蔬呼吸作用和延缓衰老的作用，通过延缓果蔬成熟和衰老速度可以延长果蔬保鲜时间。另外，$CO_2$可以抑制病原微生物的生长繁殖，降低由微生物引起的果蔬腐烂。但是如果$CO_2$浓度过高，对果蔬的口感影响较大，改变果蔬的pH，浓度高到一定程度时甚至会导致果蔬组织病变，二氧化碳保鲜并不适合所有的果蔬，一些菌类遇到二氧化碳会导致颜色发生变化，所以二氧化碳的含量控制是非常重要的。

(3) 氮气　氮气的理化性质比较稳定，很少进行气体交换，在气调包装中主要起填充的作用。氮气还可以通过抑制氧气的作用适当减缓果蔬呼吸造成的氧化衰老，同时$N_2$还可以与$CO_2$共同作用以加强对霉菌、真菌等微生物的抑制作用，促使气调包装技术的保鲜作用充分发挥。

2. 新型气调包装气体

除$O_2$、$CO_2$和$N_2$外，一些其他气体或可产生挥发性气体的成分也逐渐应用到果蔬气调包装保鲜中，如1-MCP、NO、$O_3$、$ClO_2$和$SO_2$等。

(1) 1-MCP和NO　1-MCP和NO都是常用的气调保鲜剂，能有效地抑制乙烯对果蔬的作用，延缓果蔬衰老，且两种保鲜剂处理后对果实无残留毒性。1-MCP可以和乙烯受体结合，结合能力要优于乙烯，且可长期稳定牢固地封锁受体，进而阻断乙烯信号传导，抑制乙烯对果蔬的作用；NO则通过抑制乙烯的产生来实现保鲜目的。

(2) $O_3$和$ClO_2$　$O_3$和$ClO_2$具有强氧化性，在杀菌消毒和食品保鲜方面具有重要作用。$O_3$处理不但能够去除有害微生物，还可在一定程度上降解果实表面的农药残留，抑制果蔬的生理代谢，并延缓其衰老进程。近年的研究发现，使用$ClO_2$处理果蔬会破坏微生物细胞形态，影响其正常分裂和生理代谢，有效地杀灭微生物，抑制果蔬采后腐烂，并且可以快速有效地抑制果蔬中乙烯合成，破坏生成的乙烯，进而延缓果实的衰老，达到持久保鲜的目的。

(3) $SO_2$　$SO_2$是一种气调贮藏中常用的杀菌剂，一方面，$SO_2$能生成亚硫酸分子，改变微生物细胞原生质的pH，破坏原生质与核酸，达到杀菌的目的；另一方面，亚硫酸可以被氧化，从而消耗氧气，破坏了好氧微生物的生长繁殖。

### 3.5.3 果蔬气调包装材料

在气调包装技术应用的过程中，对气调包装材料的选择需要考虑其气体透过性及安全无毒性等因素。

1. 传统气调包装材料

随着高分子材料的发展，高聚物薄膜越来越多地应用于气调包装材料中。目前，聚乙烯（PE）、聚丙烯（PP）、聚氯乙烯（PVC）、聚对苯二甲酸乙二醇酯（PET）、双向拉伸聚苯乙烯（BOPS）、聚苯乙烯（PS）收缩膜、聚丁二烯（PB）拉伸膜、乙烯－醋酸乙烯共聚膜（EVA）等都是气调包装常用的聚合膜材料。在生产薄膜的过程中，可采用不同的工艺技术和填充配料制造合适的包装材料。表3-3列举了常见的各项食品包装材料的性能。

表3-3　常见食品气调包装材料性能

| 材料 | 水蒸气透过率/[g/(m²·d)] | $O_2$渗透率/[cm³/(m²·d·atm)] | $CO_2$渗透率/[cm³/(m²·d·atm)] | 应用范围 | 熔解温度$T_m$/℃ |
|---|---|---|---|---|---|
| LDPE | 6～23.2 | 3900～13000 | 7700～77000 | 容器、保鲜膜和塑料袋 | 105～115 |
| LLDPE | 16～31 | 7000～9300 | 15105～43165 | 购物袋、垃圾袋 | 122～124 |
| HDPE | 4～10 | 520～4000 | 3900～10000 | 容器、塑料袋、奶瓶等吹塑产品 | 128～138 |
| PVC | 30～40(硬质)，15～40(增塑) | 150～350 | 450～1000(硬质)，1500～46000(增塑) | 建材、塑料瓶 | 212 |
| PVDC | 1.5～5 | 8～26 | 50～150 | 透明、拉伸好、不透水的食品包装 | 160～172 |
| PS | 100～125 | 5000 | 18000 | 托盘、盒子、盖子 | 无 |
| PET | | 50～100(非定向)<br>45(定向) | 255～510(非定向)<br>221(定向) | 液体的塑料包装、食品托盘 | 245～265 |

2. 新型气调包装材料

氧化反应是食品变质的一个主要原因，因此使用具有抗氧化活性的薄膜材料对新鲜果蔬进行包装逐渐成为近些年来的趋势。抗氧化活性膜是通过将抗氧化剂添入包装材料或涂覆在包装材料上，在一定时间或空间内包装材料内部的活性抗氧化剂可以以较缓慢的速度释放到包装内部，以此来对食品起到抗氧化作用的一种新型包装材料。

纳米技术为果蔬保鲜领域提供了一些新方法。在对果蔬包装的研究中，纳米粒子的加入会使薄膜的机械性能和生物降解性能等得到提高。传统薄膜对 $CO_2$ 和 $O_2$ 渗透调控不足，纳米保鲜膜可以解决这个问题，而且纳米材料具有抗菌杀毒、低透湿率、吸收紫外线以及自洁功效等优良特点。

## 思考题

1. 果蔬热处理保鲜技术的原理是什么？
2. 简述果蔬辐照保鲜的生物学效应。
3. 简述高压电场保鲜技术的主要原理。
4. 果蔬化学保鲜剂有哪几个种类？各自的优缺点有哪些？
5. 常用于果蔬保鲜的拮抗微生物有哪些？这些微生物的拮抗机理是什么？
6. 可用于果蔬的生物保鲜剂有哪些？为什么目前生物保鲜剂在果蔬中应用较少？
7. 涂膜保鲜剂中的成膜物质有哪些？果蔬为何要采用复合涂膜保鲜？
8. 果蔬气调包装保鲜的原理是什么？可用于保鲜的新型气体有哪些？

HAPTER 4

# 第4章 果蔬贮藏技术

**教学目标：**

1. 了解果蔬贮藏的分类和特点；
2. 理解果蔬的贮藏原理；
3. 掌握不同果蔬贮藏的操作流程以及各流程的操作要点；
4. 掌握不同果蔬贮藏过程中常见问题的分析与控制。

根据果蔬采后的生物学特性，可以选择不同的贮藏方法和设施。各种贮藏方法都是通过采取综合的措施，创造适宜的环境条件，使果蔬的呼吸、后熟和衰老过程延缓并防止微生物造成的腐烂，从而达到长期贮藏的目的，本章主要介绍果蔬简易贮藏、低温贮藏、气调贮藏及其他贮藏的方法及原理。

## 4.1 果蔬简易贮藏

自然降温贮藏是利用自然界的低温来调节并维持贮藏场所内的贮藏适温进行果蔬贮藏的方法。自然降温贮藏是一种简易的、传统的贮藏方式，包括各种简易贮藏，如堆藏、沟藏、窖藏、假植贮藏、冻藏和通风库贮藏等，该方法受自然气温限制，贮藏效果受影响，也因成本低廉、简单易行而普遍应用。将现代保鲜手段与我国传统的自然降温贮藏相结合，将气调贮藏和土窑洞贮藏结合，可以达到目前最先进保鲜手段的贮藏效果，因而在我国北方一些农村自然降温贮藏仍普遍应用。

自然降温贮藏的原理是利用自然低温来降低库内温度，当外界温度过高或过低时，通过保温材料来抑制库内外的热量交换，从而维持适宜的贮藏温度和湿度。

### 4.1.1 堆藏

堆藏又称垛藏，是将采收后的果蔬在果园、菜地或场院荫棚下的空地上进行堆放的一种利用气温调节贮藏温度的简易贮藏方法，一般只适用于价格低廉或自身较耐贮藏的果蔬产品，如大白菜、洋葱、甘蓝、冬瓜、南瓜等，也可用于苹果、梨和柑橘的临时贮藏。

#### 1. 堆藏的特点

选择地势较高的地方，将果蔬直接堆放在田间浅沟或浅坑里，也可将部分产品先装袋（筐），做成围墙，然后将其余部分散堆在里面。前者适用于个体较大的产品，如大白菜、冬瓜、南瓜等；后者适用于个体较小的产品，如马铃薯等。一般堆宽1.5～2 m、高 0.25～1 m。堆码过高，堆易倒塌，造成大量机械伤；过宽则堆太大，中部温度过高，容易引起腐烂。堆的长度不限，一般根据贮藏量来定。贮藏环境的温度高时，堆要小，以利于散热；环境温度低时，堆可适当加大，但过大则中部和外层温差大，温度不易调节。产品个体小时，空隙度也小，不利于散热，堆要小；质地比较脆嫩或柔软的，堆要小，以防受压面产生机械伤。

堆的方向，在我国东北地区一般为南北延长，以减少冬季的迎风面，使堆两侧接收的直射阳光较一致，堆内温度比较均匀。而在冬季不太冷的华北地区，堆的方向多为东西延长，以增大北面的迎风面，加强产品入贮初期的降温效果。堆藏产品全部或大部分在地面上，主要受气温的影响，秋季容易降温而冬季保温较困难，不宜在气温高的地区采用，但可用于温暖地区的晚秋和越冬贮藏，而寒冷地区，一般只在秋冬之际作短期贮藏时采用。

#### 2. 堆藏的管理

果蔬入贮前必须经过严格的挑选，剔除病、伤、烂的产品。品种不同及成熟度不同的产品最好分开堆藏。

适时入贮是堆藏的重要环节，其具体入贮期应根据当地气候情况和产品对温度的要求来决定。果菜类和其他喜温蔬菜一般在霜前采收入贮，叶球类和根菜类蔬菜可在田间经受几次轻霜延迟到上冻前采收。已经采收的果蔬，如气温尚高，可将产品在阴凉处稍加覆盖，预贮藏一段时间待气温下降后再行入贮。

堆藏的管理的要点是通风和覆盖。堆藏初期，气温和果蔬自身温度均较高，产品呼吸代谢旺盛，此时堆要小；为防日晒，应在白天盖席遮阴，夜间揭席通风。大堆贮藏时，应设若干通气装置，最简单的是用高粱杆捆成小捆，插入堆中，便于空气流通、散发热量。必要时，还要进行翻倒（如大白菜），及时通风散热，并除去已开始腐烂的个体。深秋季节，随着气温的降低，果蔬自身温度下降，代谢减缓，此时可将堆加大，利用呼吸保持自身温度；同时，应分次加厚覆盖以进行保温防寒，由于堆内温度不均一，中央温度一般较高，覆盖物在周缘部位应厚一些，中央顶部应薄一些。如遇恶劣天气，应注意防雨防雪，根据需要，堆的北侧可设置风障，以阻风吹，利于保温；也可在堆的南侧设置阴障，以遮挡阳光直射，利于降温和保温，阴障主要在入贮初期设置，在严冬可拆除或移至北面改为风障。风障和阴障均应有一定的高度和厚度，以便起到遮挡作用。

### 4.1.2 沟藏

沟藏又称埋藏，是我国北方常用的一种简易贮藏方法，我国北方地区秋季气温下降很快，而土温下降较慢，在冬季气温很低时，土温高于气温，而且土壤越深温度越高，冻土层以下的土温可达到0℃以上，因此，冬天在地面堆藏时产品会受冻的冷凉地区，采用沟藏可使果蔬产品能够越冬贮藏而不会受冻，到第二年春天，气温和土温逐渐回升时，土温上升速度比气温缓慢，土壤还能保持一段时间的低温，这对果蔬的贮藏是有利的。沟藏除了利用土温维持贮藏温度外，土壤的保水性还能减轻产品失水萎蔫。由于土层的阻隔作用，果蔬呼吸释放的$CO_2$会有一定积累，形成了一个自发的气调环境，起到降低呼吸和抑制微生物活动的作用，这种方法特别适合根茎类蔬菜的产地贮藏，板栗、核桃、山楂等也常采用沟藏，有些地区苹果、梨、柑橘等水果也可沟藏，若管理恰当，产品可由秋季贮藏到第二年2～3月份。

1. 沟藏的特点

沟藏可在晚秋和早春充分利用土温，在不同地区通过调整沟深、沟宽和覆盖来创造适宜果蔬贮藏的温湿度条件。

选择地势高燥、土质较黏重、排水良好、地下水位低的地方，从地面挖沟，将果蔬产品堆放其中，上面用土壤覆盖，利用沟的深度和覆土的厚度调节贮藏环境的温度。气候较冷的地区，或要进行沟藏的产品所需温度较高时，沟应深些；反之，则浅些。由于产品要贮藏于0～2℃以上，沟深应根据当地冻土层的厚度而定。适合于0～2℃贮藏的产品，一般为当地冻土层厚度与埋藏产品的堆高之和，例如，某地冻土层为1 m深，埋藏产品的堆高0.25 m，则沟深应在1.5 m左右，以使埋藏的产品不受冻，同时又可得到较低的贮藏温度。如果适贮温度在3～5℃，沟需要再深些，沟的宽度一般为1～1.5 m，不宜过大。

沟的方向，在较寒冷地区，为减少冬季寒风的直接侵袭，以南北方向为宜；在较温暖地区，以东西方向为宜，并将沟土堆放在沟的南面，以增大迎风面和减少阳光对沟内的照射，增加初期沟内的降温速度。

2. 沟藏的管理

果蔬采收时，一般气温、土温都比最适贮藏温度高，且产品本身的温度高、呼吸较强。此时进行沟藏，则沟内温度高，田间热和呼吸热散发不出去，容易造成腐烂。入沟时间过晚，气温下降又会使产品受冻，因此，产品采后要在沟边或其他地方临时预贮藏，使其充分散除田间热；土温和产品体温都降低到接近适宜贮藏的温度时，再入沟贮藏，一天当中，应在早、晚冷凉时入沟埋土。

沟藏主要是利用分层覆盖、通风换气和设置风障、阴障等措施控制贮藏温度的。产品入沟后，随温度的下降要逐渐分层加厚覆盖，以防产品受冻。覆盖物一般是土壤和就地取材的禾秸类，沟的北侧设置风障，以阻风挡寒风，防止沟内产品受冻并保持适宜稳定的低温。沟的南侧设置阴障，以减少阳光照射沟面，降低地温和减缓春季沟中地温的上升速度，开春以后可以继续保持沟内稳定的低温，延长贮藏期。

为了解沟内贮藏温度的变化，入沟贮藏时，可在堆内倾斜插入数支空心的测温管，内径以能插入普通的玻璃棒温度计为宜，这可用细竹竿打通竹节或模板条做成。测温管的上端要露出覆盖层，下端埋入堆的中部偏下一些（此处可作为沟内温度的代表点）。用绳子系住温度计放入测温管的底部，上端管口塞住以防寒风侵入。放置温度计前，在温度计球部套一小段胶皮管或几层布，如用石蜡封住更好。这样，温度计在抽出观察时，可以避免外界气温导致读数的迅速变化，使结果更加准确。

### 4.1.3 窖藏

1. 棚窖

棚窖是一种临时性的贮藏场所，根据入土的深浅可有地下式和半地下式两种。棚窖应选址在地势高燥、地下水位低、空气流畅的地方，窖的方向通常以东西为宜。

较温暖的地区或地下水位较高处，多采用半地下式，一般入土1～1.5 m，地上堆土墙1～1.5 m，为加强窖内通风换气。可在墙两侧靠近地面处，每隔2～3 m设一通风孔，天冷时将气孔堵住。在寒冷地区多采用地下式棚，一般入土2.5～3 m，窖顶露出地面。棚窖的宽度在2.5～6 m，长度视贮藏量而定，一般为20 m左右，太长不便于管理。

棚窖顶部的棚盖用木料、竹竿等作横梁，有的在横梁下立支柱，上面铺15～30 cm厚的成捆秸杆，再覆以15～30 cm厚的土踩实。顶上开设几个窖口，供出入和通风用，窖口的数量和大小依气候而定。大型的棚窖在两端或一侧开设窖门，便于将果蔬装入和运出，还可以加强贮藏初期的通风降温。为了降温，在窖的南侧可设1.7～1.8 m高的篱障，以侧影遮阴。

2. 井窖

井窖是一种封闭式深入地下的土窖。建造时，先由地面垂直向下挖直径约1 m的井筒，深达3～4 m后，再向周围扩展，也可以向周围挖若干个高约15 m、长4～8 m、宽1～2 m的窖洞，窖顶呈拱形，底面水平。井口用土、石板或水泥板封盖，四周设排水沟，以防积水。井窖适合于我国西北地区地下水位低，土质黏重、坚实的地方，可修建在山坡上。

井窖是一个地下封闭的环境，窖温受气温影响小，可维持在一个相对较低而稳定的温度；同时空气流通很慢，几乎处于静止状态，因而窖内环境中空气湿度大而稳定，果蔬水分蒸发很小；呼吸过程可形成低$O_2$高$CO_2$的自发气调环境，所以井窖的贮藏效果较好。同时井窖贮藏时要注意防止因密闭时间过长，导致窖内乙醇、$CO_2$、乙烯等物质过多，给贮藏带来不利，需适时通风换气，减少有害物质积累。人员人窖操作之前，应充分通风，换入新鲜空气，防止高浓度$CO_2$引起人员伤害。

3. 窑窖贮藏

在陕西、山西等黄土高原地区，常在土质坚实的山坡或土丘上向内挖窑洞进行果蔬贮藏。窑身多是坐南朝北或坐东朝西，以免阳光直射、保持窑内稳定的温度，窑一般高2～2.5 m，宽1～2 m，窑顶呈拱形，窑上土层5 m以上，以保证结构稳定。窑长多为6～8 m，窑门比窑身稍缩小。窑窖的管理与井窖相似，通过控制门窗的开闭调节温度，冬季寒冷时可用草帘或棉帘进行保温。

4. 窖藏管理

果蔬入窖前，要彻底地进行消毒杀菌，杀菌方法可用硫黄熏蒸，也可用1%甲醛溶液喷洒消毒后封窖，2 d后打开，通风换气后使用，贮藏时所用的篓筐、箱篮和垫木等工具，使用前要用漂白粉溶液浸泡0.5 h，然后用毛刷刷洗干净，晾干后使用。

果蔬入窖时要仔细操作，防止因窖内空间太小而造成碰撞、挤压，贮量较大时应先在底部垫衬垫木，然后堆码，同时注意果与窖壁、果与果、果与窖顶之间留有一定空隙，以便翻果和空气流动，筐装果蔬可采用骑缝堆码，箱装果蔬可纵横交错堆码。

窖藏期间注意温度的调节控制。入窖初期，由于土温较高，同时果蔬呼吸旺盛，产生呼吸热较高，窖内温度很快升高，要充分利用昼夜温差，夜间全部打开通气孔，加大通风量引入冷空气、达到迅速降温的目的。贮藏中期，外界气温很低，主要是防热防冻，一方面适当通风，保证窖内合适的温湿度和气体成分；另一方面要选择中午进行短时间通风，防止过冷空气进入导致冻害。贮藏后期，外界气温回升，应选择在温度较低的早晚进行通风换气。果实出窖后，应立即将窖内打扫干净，同时封闭窖门和通风孔，保持窖内较低的温度。

### 4.1.4 假植贮藏

假植贮藏是我国北方秋冬季节贮藏蔬菜的一种方法，即在蔬菜充分长成之后连根收获，密集假植于田间沟或窖中，利用外界自然低温，使其处于极其微弱的生长状态，根还能从土中吸收少量水分和营养物质，甚至进行微弱的光合作用，能较长时间保持蔬菜的生命力和新鲜的品质。

假植贮藏最普遍用于绿叶菜和幼嫩蔬菜，如油菜、芹菜、大葱等，它们用一般方法贮藏时，易失水萎蔫，贮藏期短。花椰菜、小萝卜等也可以采用这种方法贮藏。

假植贮藏的管理原则是使假植沟内或窖内维持冷凉又不会发生冻害的低温环境，一般在0℃左右，以蔬菜的冰点以上最好，还可适当浇水。假植贮藏时，要在露地气温明显下降时收获带根蔬菜，单根或成簇栽植于沟内，只植一层，不能堆积，株行间应留有通风空隙，一般菜上有木条或竹条制成的顶架，覆盖物不接触蔬菜，留有一定的空隙层。贮藏初期，要避免气温过高或栽植过密引起的叶片黄化、脱帮等现象，一般在夜间通风降温，白天用草席覆盖保温，遮挡阳光，防止温度回升。夜间降温时要注意观测，以防受冻，可将温度计放在沟内，温度不低于 0℃，或看到蔬菜叶上出现白霜时，盖上草席。气温下降后，露天的假植沟内的蔬菜用多层草席或其他物品覆盖，还可以在北面设置风障保护，避免蔬菜受冻。

### 4.1.5 冻藏

冻藏是在入冬上冻时，将收获后的果蔬产品放在背阴处的浅沟内，稍加覆盖，利用自然气温下降使其迅速冻结，并保持冻结状态的一种贮藏方法。上市前几天，再将产品解冻恢复新鲜状态，由于温度在冰点以下，比 0℃以上的低温贮藏能更好地抑制产品的新陈代谢和微生物活动，可以贮藏更长的时间，品质能得到更好的保持。

冻藏主要应用于我国北方的耐寒果蔬，如菠菜、芹菜、柿子等，这些果蔬能够经受一定的低温冻结而不产生冻害，到出售前取出置于 0℃左右的环境或就地缓慢解冻即可恢复新鲜状态，冻藏蔬菜的收获时间、覆土厚度等应结合当地气候条件灵活掌握。菠菜等忍受的冻结低温也有一定限度，温度过低也会产生伤害，温度以－6～－5℃为宜。不耐寒的果蔬不能采用冻藏，否则，解冻后会软烂、变色、变味，失去食用和商品价值。

冻藏的冻结速度越快越好，且要始终保持冻结状态，切忌忽冻忽化，沟宜浅一些，超过蔬菜高度即可，宽度为 0.3～0.5 m，超过 1 m 时，要在沟底设置通风道，以便散热降温。在沟边还要设置阴障，以遮挡光，避免直射。这样冬季冻结快，春季开化慢，贮藏期长。

### 4.1.6 通风库贮藏

通风库贮藏是利用自然低温通过通风换气控制贮藏温度的贮藏形式。通风库是棚窖的发展形式，整个建筑结构设置了完善的通风系统和绝缘系统，因此比棚窖有更好的降温保温效果。由于通风库贮藏仍然是依靠自然温度来调节库温，不附加其他辅助设施，所以很难维持理想的贮藏温度。但由于通风库投资小、能耗小、操作简便、贮藏量大、可长期使用，所以在一些自然冷源比较丰富的北方地区，该贮藏形式依然存在。

**1. 通风库的建筑设计**

1）类型及库址选择

通风库分为地上式、地下式和半地下式三种类型。各地区可根据当地的气候条件和地下水位高低选择适合的类型。地上式通风库体全部建筑在地面上，受气温影响最大。其进气口设置在基部，在库顶设置排气口，两者有最大高度差，有利于空气的自然对流，通风降温效果较好。地下式通风库的库体全部建筑在地面以下，仅库顶露出地面，受气温影响最小，而受土温的影响较大。由于其进出气口的高度差较小，空气对流速度最慢，通风降温效果较差。半地下式通风库的库体一部分在地面以上，一部分在地面以下，库温既受气温影响，又受土温影响。在冬季严寒地区，多采用地下式，以利于防寒保温；在冬季温暖地区，多采用地上式，以利于通风降温；介于两者之间的地区，可采用半地下式。

通风贮藏库要求建筑在地势高燥、最高地下水位要低于库底 1 m 以上、四周开阔、通风良好，空气清新、交通便利、近产销地、便于安全保卫、水电畅通的地方。通风库方位对能否很好利用自然气流极其重要。在我国北方通风库以南北向为宜，可以减少冬季寒风的直接袭击面，避免库温过低；在南方则以东西向为宜，这样可以减少阳光直射对库温的影响，也有利于冬季的北风进入库内而降温。在实际操作中，一定要结合地形地势灵活掌握。

2）库房结构设计

通风贮藏库的平面多为长方形，库房宽为 9～12 m，长为 30～40 m，库内高度在 4 m 以上。农产品贮藏量大的地方可按一定的排列方式，建成一个通风库群。在寒冷地区，大都将全部库房分成两排，中间设走廊，库房的方向与走廊相垂直，库门开向中央，走廊有顶及气窗，宽度为 6～8 m，两端设门。中央走廊起缓冲作用，以防冬季寒风直接吹入库房，同时可兼作分级、包装及临时存放贮藏产品的场所。库群各库房也可单独向外开门而不设共同走廊，这样每个库门处需设缓冲间，在高温地区，库群各库房以单设库门为好，可更好地利用库门通风，以增大通风量，提高通风效果。

库群中库房间的排列有两种形式。一种是分列式，各库房是自发独立的贮藏单位，库房间有一定的距离；另一种是连接式，库群相邻库房间共用一道侧墙，一排库房侧墙的总数是分列式的 1/2 再多一道，该形式库房可节约建筑费用，缩小占地面积，但各房不能在墙上开通风口，需采用其他通风形式来保证适宜的通风量。小型库群可安排成单列连接式，各库房的一头设共用走廊，或把中间的一个库房兼作进出通道，在其侧墙上开门通入各库房。

2. 通风系统

通风库是以导入冷空气，使之吸收库内的热量再排到库外，同时带走果蔬所释放的 $CO_2$、乙烯、醇类等气体，来达到贮藏效果，该过程要靠通风来进行。单位时间内进出库的通风量决定着库房通风换气和降温的效果，通风量首先决定于通风口的截面积，还决定于空气的流动速度和通风时间。空气的流速又决定于进出气口的构造和配置。

1）通风量和通风面积

根据单位时间应从贮藏库排除的总热量以及单位体积空气所能携带的热量，就可以算出要求的总通风量，然后根据空气流速计算出通风面积。

通风量和通风面积的确定，涉及很多变化因素，除进行理论计算外，还应该参考实际经验作出最后决定。我国北方地区的菜用通风库，贮藏容量在50 000 kg 以下的贮藏库，通常是每 50 kg 产品应配有通风面积 0.5 $m^2$ 以上，大白菜专用库需达到 1～2 $m^2$，因地区和通风系统的性能面异。风速大的地方比风速小的地方所需的通风面积小；出气筒高的库比出气筒低的库所需的通风面积小；装有排风的比未装排风的库通风面积小。

据测定，当外界风速为 0.53 m/s 时，面积为 0.1 $m^2$ 的进气口风速为 0.18 m/s；当风速为 1.52 m/s 时，进气口风速为 0.35 m/s；当风速为 3.4 m/s 时，进气口风速为 0.57 m/s；当进气口风速为 0.46 m/s 时，则每平方米进风量为 0.45 m/s。据此可以算出通风量以及通风面积。

在通风贮藏库的基础上增加风机等强制通风设施，可将贮藏空间纳入通风系统，并通过强制通风，极大地提高通风效果，更有效地利用外界温度变化，提高贮藏效果，操作简单、省工、省时，只需依据外界温度和农产品温度的变化，选择适宜的外界温度打开风机通风，调节库内适宜的温度及气体条件，较普通通风库贮藏的质量好，贮藏时间长，但仍受自然温度的限制。强制通风时排风方式优于送风方式；风机每小时的排风量应该是库容积的 15～20 倍，风机安装的位置在进风口对面的 2/3 高度处。

2）进排气口的设置

通风库的通风降温效果与进气口、排气口的结构和配置密切相关。空气流经贮藏库借助自然对流的作用，带走热量，实现换气。库内空气对流速度除受外界风速影响外，还受是否分别设置进出气口、进出气口的高度差及大小等因素影响。分别设置进出气口气流畅通，互不干扰，利于通风换气。要使空气自然形成一定的对流方向和路线，不致发生倒流，就要增加进出气口之间的高度差以建立进出气口二者间的压力差。通风库的进气口最好设在库墙的底部，排气口设于库顶，同时可在排气烟囱的顶端安装风罩，当外风吹过风罩时，会对排气烟囱造成抽吸力，进一步增大气流速度。地下式和半地下式的分列式库群，可在各库房两侧墙外建造地面进气塔，由地下进气道引入库内，库顶设排气口，该通风系统进出气口间高度差较小。连接式库群无法在墙外建进气塔，只能将全部通风口都设在库顶，可在秋季用库门和气窗通气，同时库顶的通风口要有高度差，可将大约一半数量的通风口建成烟囱式，高 1 m 以上，另一半通风口与库顶齐平，还可在通风口上设风罩，根据风向在风罩的不同方向开门，就可分别形成进出气口。

当通风总面积确定后，气口小而数量多的通风系统具有较好的通风效果，可使全库气流均匀，温度也较均匀。一般通气口大小为（25 cm×25 cm）～（40 cm×40 cm），气口的间隔距离为 5～6 m。通风口应衬绝缘层（保温材料），以防结霜阻碍空气流动。通气口要设活门，以调节通风面积。

3. 绝缘材料

绝缘材料是通风库的重要组成部分。绝缘层可维持库内的温度，不受或减少外界温度变动对贮藏温度的影响。通风库的库顶、四壁以及库底都要求性能良好的绝缘隔热材料。常用绝缘材料的热性能不同。在建设贮藏库时，根据所用的材料确定相应的厚度。软木板、聚氨酯泡沫塑料等材料的性能很好，但价格较高；锯木屑、稻壳等材料作绝缘层，其造价较低，但流动性强，不易固定，易吸湿生霉。绝缘材料一经吸湿，其隔热能力会大大降低，因此，必须有良好的防潮措施。

## 4.2 果蔬低温贮藏

果蔬采后仍然是一个活的有机体，进行着旺盛的生命活动，随着呼吸代谢的进行，体内的养分和水分逐渐耗尽，品质劣变，最后走向衰老和死亡，新鲜果蔬采后品质劣变受诸多因素的影响，但病害是最主要的原因。据报道，发达国家新鲜果蔬产品损失率小于5%～10%，而在发展中国家，损失率高达30%～50%。因此，要保持果蔬原有的品质风味，就必须尽量地降低呼吸作用，抑制生理代谢过程，延缓衰老，减少微生物的侵染。

目前，低温贮藏是果蔬采后应用最有效和最广泛的一种贮藏方法，所有的果蔬产品，只要在适合其生理特性、不产生冷害成冻害的低温环境下，都能较好地保持品质。

### 4.2.1 低温贮藏原理

温度是果藏采后贮藏环境中最为重要的因素。低温贮藏能明显地降低果蔬的呼吸强度，延缓生理代谢过程，减少营养物质的消耗，保持果蔬品质；能有效地抑制乙烯的生成，降低果蔬产品对乙烯的敏感性；能延缓果蔬的成熟和衰老，保持果实对病菌侵染的抵抗力，对病菌孢子的萌发、生长和致病力也有明显的抑制作用。

### 4.2.2 低温贮藏方法

#### 1. 果蔬冰藏

冰藏是利用天然冰来维持贮藏库低温的贮藏方法。冰的熔解热为334.46 kJ/kg，熔化时可吸收大量的热量，从而保持环境处于低温状态，我国北方高纬度地区有着丰富的天然冰、雪等冷资源，冰藏的应用较普遍，如大白菜、胡萝卜与马铃薯等果蔬的冰窖贮藏。在特殊情况下，也有采用人工冰藏的。贮藏的温度可根据加冰量的多少及库体总热量平衡进行计算来确定，在贮量等条件一定的情况下，常以加冰量多少来控制温度，使用天然冰只能达到2～3℃，若要使贮藏库维持在更低的温度下，需要采取一些措施，如向冰中加入食盐、氯化钙等冰点调节剂，以降低冰点；或者与制冷机组结合使用以达到低温的要求。

1）采冰和制冰

在严寒季节，可以利用人工凿取河流、湖泊、水库等处的天然冰，运往贮冰所贮存备用。自然采冰受诸多气候因素的影响，操作较繁琐，工作量较大。因此，可以利用冬季自然冷源进行低能耗人工蓄冷制冰，这种方式需要在建设冷库时预留出蓄冰的设施和空间。

2）冰藏方法

有直接冷却和间接冷却两种冰藏方法。直接冷却是将冰块直接装于库内，利用冰融化潜热使环境降温。冰块放置的位置有上方、下方、侧面及四周等，冷空气密度较大且自然下行，上方及侧上方放置的库内温度分布较合理，冷却效果好，但建筑结构较复杂，造价高。直接冷却法的制冷效率较高，贮藏成本低，可实现无值守管理，但环境湿度不易控制，间接冷法以盐水等为中间冷却介质，温度调节较为方便，但热效率低、投资高，维持费用较高，现已很少采用。

3）发展前景

我国气温为0～10℃的地域广阔，延续时间较长，拥有相当丰富的自然冷源，且纬度越高，蕴含量越大。加之自然冷源蓄冷设施投资和管理费用不高，节能减排，绿色环保，更容易被人接受。随着自然冷源利用和开发技术的进一步发展，冷能利用的领域会越来越广，也必将得到更加广泛和深入的研究与应用，自然冷资源是十分廉价的能源，潜力巨大，一旦运用现代科学技术，高效地将冬季的冷源贮存起来，必将为人类创造巨大的经济效益和社会效益，其应用前景十分可观。

#### 2. 机械冷藏

机械冷藏起源于19世纪后期，是世界上应用最广泛的果蔬贮藏方法。近年来，为了适应农业产业的发展，我国兴建了不少大中型的商业冷藏库，个人投资者和果蔬生产者也建立了众多的中小型冷库和微型库（冷藏量<100 t），新鲜果蔬的冷藏技术得到了快速发展和普及。机械冷藏现已成为我国果蔬贮藏的主要方法。目前，世界范围内机械冷藏库正向操作机械化、规范化、控制精细化、自动化的方向发展。

建冷藏库应选择交通方便、通风良好和地下水位低、排水条件好的地方。目前，多建于果蔬产地，产品采收后即可入库贮藏，减少由运输和销售不及时造成的经济损失。

1）机械冷藏库的类型

机械冷藏库是在利用良好隔热材料建筑的仓库中，通过机械制冷系统的作用将库内热量传送到库外，使库内温度降低并保持在利于延长产品贮藏寿命水平的一种贮藏方法。机械冷藏率根据对温度的要求不同可分为高温库和低温库两类，高温库的库内温度通常为0～10℃，相对湿度为85%～90%，用于贮藏新鲜果蔬的冷库为0℃左右的高温。低温库的库内温度通常为－25～－18℃，机械冷库按规模大小可分为大型冷库（贮藏容量>10 000 t）、大中型冷库（贮藏容量5 000～10 000 t，相对湿度为95%～100%，多用于存放冻结的农产品）、中小型冷库（贮藏容量1 000～5 000 t）、小型冷库（贮藏容量<1 000 t）等。我国果蔬贮藏冷藏库中，大型、大中型冷库所占比例较小，中小型和小型冷库较多。

2）机械冷藏库的特点

（1）具有坚固耐用的库房构架和性能良好的隔热层及防潮层，为永久性建筑。

（2）安装了完整的制冷设备和通风系统，能提供稳定的低温条件。

（3）易于操作管理和温湿度的调控，保证温度的贮藏条件，适宜贮藏的产品种类和使用的地域范围扩大。

（4）利用率高，可以周年使用，贮藏效果好。

（5）建造投资较高，有一定的运行成本。

3）机械制冷的原理

机械制冷是通过压缩机组循环运动的作用，使制冷剂发生相变而吸收热量，从而降低周围环境温度的过程。热总是从温暖的物体上转移到冷凉的物体上，从而使热的物体降温，冷就是创造一个冷面或能够吸收热的物体，以传导、对流或辐射的方式，将热传给这个冷面或物体。在制冷系统中，这个接受热的冷面或物体正是系统中热的传递者——制冷剂。液态的制冷剂在一定压力和温度下汽化而吸收周围环境中的热量，使之降温。通过压缩机的作用，将汽化的制冷剂加压，并降低其温度，使之液化后再进入下一个汽化过程。如此周而复始，使库温降低，并维持适宜的贮藏温度。

3. 果蔬冰温贮藏

20世纪70年代初，日本的山根昭美发现了冰温技术。在一次拟采用人工气调法贮藏的课题中，因为操作失误，原本设定的0℃贮藏温度被降为－4℃，但温度恢复到0℃后发现梨并未冻伤反而恢复到贮藏前的状态。随后，他对爱斯基摩人采用低于0℃的海水保藏肉食的方法和动物冬眠机制的研究发现，生物组织的冰点均低于0℃，当温度高于冰点时，细胞始终处于活体状态。在食品的冰点较高时，加入盐、糖等冰点调节剂可使冰点降低，山根博士把0℃以下至食品结冰点以上的温度区域定义为冰温带，此温度带下贮藏的食品称冰温食品。

1985年，日本在美国、欧洲等地申请了“冰温技术”的专利，标志着冰温技术基本成熟。它的应用发展大致经历了冰温技术的产生，冰温在食品贮藏、后熟、干燥和流通等领域内的应用，最终形成较为完整的冰温技术体系。冰温技术的出现为最大限度地保持果蔬原有风味和质地等难题开辟了新的途径，现已成为继冷藏、冻藏之后广泛应用的第三种保鲜新技术。

1）冰温贮藏机制

温度是影响果蔬贮藏期间所有热化学反应的根本因素，也是生物系统中最主要的动力学参数。果蔬细胞中溶解了糖、酸、盐类、多糖、氨基酸、肽类、可溶性蛋白等多种成分，其冰点处在－3.5～－0.5℃，此冰点温度低于纯水，这就是冰温贮藏。

果蔬细胞中各种天然高分子物质及其复合物以空间网状结构存在，使水分子的移动和接近受到一定阻碍而产生冻结回避。在0℃与冻结点之间的狭小温度带内，果蔬仍然保持细胞活性，且呼吸代谢被抑制、衰老速度也减慢。相对于机械冷藏，0℃以下的冰能更有效地抑制果蔬贮藏期间有害微生物的生长。因此，冰温贮藏的机制主要有两个方面：①将果蔬的贮藏温度控制在冰温带内，以维持细胞的活体状态；②当果蔬的冰点较高时，可加入一些有机或无机物质，使其冰点降低，扩大冰温带。冰温保鲜技术即在0℃以下至组织冰点以上这个温度范围内来贮藏保鲜包括果蔬在内的各种生鲜食品。

2）冰温贮藏设备

温度能长期保持在－4～0℃，相对湿度大于90％范围内的传统冷库、冰箱都可以作为冰温贮藏设备使用，冰温贮藏设备主要有湿空气保鲜冷库和冰蓄冷库。

（1）湿空气保鲜冷库　湿空气保鲜冷库是通过空气冷却器产生湿空气保持温度和湿度的冷库，传统的湿空气保鲜冷库，冷库里的果蔬产品需放在敞开的周转箱内，周转箱叠放成集装箱以便于运输，湿空气冷却器靠墙布置在天花板下面，向对面墙方向吹冷的湿空气，流过周转箱，最后再回到空气冷却器进行降温和增湿处理。各库房可以设计安装1台或数台空气冷却器，湿空气的换气次数一般为40次/h，空气冷却器以接近0℃的冷水为冷却介质，由水泵打到空气冷却器上进行，从空气冷却器吹出的空气温度为15℃，相对湿度为98％，如果湿空气中带有水滴，落在果蔬产品上就会引起腐烂。因此，要用水分离器把水从气流中除去。湿空气保鲜冷库的最大优点是流经产品的空气是湿空气，果蔬产品水分损失少，不干缩、变形、变色。另外，入库果蔬产品冷却速度快，能在较短时间内达到所需贮藏的温度。

（2）冰蓄冷库　冰蓄冷库是一种用冰降温和蓄冷的湿空气保鲜冷库，先用制冷设备将水冻结，然后采用冰融化的潜热使循环冷却水保持在0℃。采用冰蓄冷库的库房温度比较恒定，即使制冷机短时间停机，也不会像传统冷库那样快引起库温升高。空气冷却器温度始终处于0℃，无须化霜，产品不易发生冻伤。在新型冷库内循环空气能保持98％左右的相对湿度，即使产品长期冷藏，也不会像传统冷库那样由于结露、结霜而使产品含水量下降。冰蓄冷库中无须设制冷剂盘管，因此可以减少基建投资。另外，冰蓄冷库中不会因制冷剂泄露而造成产品受害。采用冰蓄冷技术，制冷设备的容量比传统冷库小30％左右，果蔬产品入库冷却的初始阶段，可以利用冰蓄冷器的冷量，制冷设备容量可按平均负荷确定，而传统冷库制冷设备容量是按最高负荷确定的。

### 4.2.3　冷藏库的管理

**1. 消毒**

冷藏库被有害菌类污染是引起果蔬腐烂的重要原因，因此，冷藏库在使用前需要进行全面的消毒。库内所有用具可用0.5％的漂白粉溶液或2％～5％硫酸铜溶液浸泡、刷洗，干燥后备用。常用的冷藏库消毒方法有以下几种。

（1）乳酸消毒　将浓度为80％～90％的乳酸和水等量混合，按每立方米库容用1 mL乳酸的比例，将混合液放于瓷盆内在电炉上加热，待溶液蒸发完后，关闭电炉。闭门熏蒸6～24 h，然后开库使用。

（2）过氧乙酸消毒　将20％过氧乙酸按每立方米库容5～10 mL的比例，放于容器内在电炉上加热挥发熏蒸；或配成1％的溶液喷雾消毒。过氧乙酸有腐蚀性，应注意对器械、冷风机和人体的防护。

（3）漂白粉消毒　将含有效氯25％～30％的漂白粉配成10％的溶液，上清液按每立方米库容40 mL的用量喷雾。使用时注意防护，用后库房必须通风换气除味。

（4）甲醛消毒　按每立方米库容15 mL甲醛的比例，向甲醛中放入适量高锰酸钾或生石灰，稍加些水，待发生气体时，将库门密闭熏蒸6～12 h。开库通风换气后方可使用库房。

（5）硫黄熏蒸消毒　按每立方米库容用硫黄5～10 g，加入适量锯末，置于陶瓷器皿中点燃，密闭熏蒸24～48 h后，彻底通风换气。

**2. 预冷**

产品的品温与库温的差别越小越有利于将产品快速冷却到最适贮藏温度。延迟入库时间，或者冷库温度下降缓慢，不能及时达到贮藏适温，会明显地缩短果蔬产品的贮藏寿命。

果蔬产品入库前需要经过预冷，特别是在高温季节采收时，直接入库热量散发不出来，不但库体和果蔬产品降温缓慢，而且会增加库内湿度，引发结露现象，最终导致产品腐烂。此外，果蔬直接入库还会加重制冷机的负荷缩短机器使用寿命。

3. 温度

库内温度要保持稳定，库温的较大幅度和频繁波动对果蔬贮藏不利，会加速产品品质的败坏。一般温度波动不要超过1℃，有的产品贮藏期间要求温度范围更小。防止库温波动，首先要求库体有良好的隔热性能，以减少外界气温的影响；同时制冷机的工作效能应与库容相适应，若贮藏量超过制冷机的制冷负荷，则降温效果差，易引起库温的波动。

冷藏库对每天的入库量是有限制的，通常按每天的入库量占库容量的10%设计，超过这个限量，就会明显影响降温速度。入库时，最好把每天入贮的果蔬分散堆放，以便迅速降温。当入贮产品降到某一要求低温时再将产品堆垛到需要高度。

冷藏库的温度分布也要均匀，不应有过冷或过热死角，以避免局部产品受害。通风不好时，果蔬产品堆的呼吸热积累，局部温度上升，远离蒸发器处的空气会因外界传入的热量而温度升高，而蒸发器附近则有可能温度过低。库内安装鼓风机械，或采用鼓风冷却系统的冷藏库，可加强库内空气的流通，利于入贮产品的降温。对于包装的产品，如果堆集过大过密，会严重阻碍降温速度，堆垛中心的产品长时间处于高温下，会缩短产品的贮藏寿命。

为了解库内温度的变化情况，要在库内不同的位置点放置温度表或温度传感器，以便观察和记录贮藏期间冷藏库内各部分温度的变化情况，并采取措施进行管理。

冷藏库运行期间，湿空气与蒸发管接触时，由于蒸发器管道温度远低于库温，水分在蒸发管上结霜，形成隔热层而阻碍热交换，影响冷却效应，应注意除霜问题。

4. 湿度

通常所说的环境湿度是指相对湿度，相对湿度是在某一温度下空气中水蒸气的饱和程度。空气的温度越高则其容纳水蒸气的能力越强，此条件下贮藏的产品失重加快。冷藏库的相对湿度一般维持在80%～90%时，才能使贮藏产品不致失水萎蔫。

要维持冷藏库的高湿环境，最简单的方法是使蒸发器温度尽可能地接近库内空气的温度。这就要求蒸发器有足够大的蒸发面积。结构严密、隔热良好的冷藏库，外界的湿热空气很少能渗漏到库内，易使蒸发器温度维持在接近库温的水平，减少蒸发器的结霜和除霜次数。

冷藏库的湿度应根据贮藏产品和贮藏阶段而调整。若贮藏初期入贮果蔬的温度较高，则呼吸旺盛，水分蒸散较快，易出现湿度过大的情况（特别是贮藏叶菜类产品时）；同时，产品的频繁出入，会带入外界绝对湿度较大的热空气，导致库内湿度增加。贮藏期间温度波动过大，也会使湿度过大而结露。因此，要通过预冷快速入库、避免温度波动等措施防止库内湿度过大，必要时可用无水氯化钙吸湿。多数情况下，蒸发器的结霜会使库内湿度过低，可采用洒水、包装、安装加湿器等方式提高环境湿度，最简单的是在库中将水以雾状微粒的形式喷到空气中，也可直接喷于库房地面或产品上，但这些增湿方法会增加蒸发器的结霜。

如果产品的包装干燥且易吸湿，则会使库内湿度降低。产品入贮前若用一些药液处理（如用氯化钙、防腐剂及防褐烫病药物等处理苹果等），也会带入一定的水汽，增加库内湿度。

5. 通风换气

果蔬产品在贮藏期间仍进行着各种生理活动，需要消耗$O_2$，产生$CO_2$等气体。其中，有些气体对于果蔬贮藏是不利的，如生理代谢产生的乙烯和高浓度$CO_2$，当这些物质积累到一定浓度后，就会使贮藏产品受到伤害。为了保证果蔬产品的贮藏质量，需要定期将这些不良气体排出库外。排气主要靠通风窗或排风扇进行，理想的条件是在库内外温度一致时进行。排气时既要注意防冻，又要尽量少将库外的热空气引入库内，雨天、雾天等外界湿度过大时不宜通风，以免库内温湿度剧烈变化。通风换气一般在温暖季节的夜间或清晨进行，而在严冬季节应在气温较高时进行。在果蔬产品贮藏开始时，即使是经过预冷的产品，一般也比冷藏库的温度稍高，贮藏中会释放一定的呼吸热。为使冷藏库内各部分的温湿度均匀一致，增加蒸发器的热交换效率，可以依靠风机进行库内循环通风。具体通风方法，一般是把通风道装置装在冷藏库的中部产品堆叠的上方，向两面墙壁方向吹出，转向下方通过产品行列，再回到中部上升，如此循环往复。通常在冷库中安装有冷却柜，库内空气由下部进入此柜上升，通过蒸发管将空气冷却，再经上部鼓风机将其吹出，沿天花板分散到产品堆的上面。

6. 入贮与码垛

果蔬入库时如果已经预冷，可一次性入库贮藏。若未经预冷处理，则应分次、分批入库。除第一批外，以后每次的入贮量不宜过大，以免引起库温的剧烈波动及影响降温速度。首次入贮量以不超过库总容量的20%为宜，以后每次以10%左右为好。产品入贮前，应对库房预先制冷并保持在适宜的贮藏温度，以利于果蔬入库后迅速降低品温。

库内产品的堆放对贮藏效果有明显影响，总体要求是“三离一隙”。“三离”指的是离墙、离地、离天花板。一般产品堆垛距墙20～30 cm。离地指的是产品不能直接堆放在地面上，要用垫仓板架空，以使空气能在垛下循环，利于产品各部位散热，保持库房各部位温度均匀。另外，控制堆的高度不要离天花板太近，一般以顶部产品离天花板50～80 cm为宜，或者低于冷风管道送风口30～40 cm。“一隙”是指垛与垛之间及垛内要留有一定的空隙。“三离一隙”的目的是使库房内的空气循环畅通，避免死角，及时排除田间热和呼吸热。产品堆放要避开通风口，冷风口或蒸发器附近的果蔬应加以保护以防受冻。

产品堆放时要防止货架倒塌，可通过堆码到一定高度时（如1.5 m）用垫仓板衬一层再堆放的方式解决。果蔬堆放要做到分等、分级、分批次存放，尽量避免混贮。不同种类的果蔬贮藏条件是有差异的，即使同一种类或品种的果蔬，其不同等级、成熟度、栽培措施等，均可能对贮藏条件选择和管理产生影响。因此，混贮对于产品，尤其对于长期贮藏或相互间有明显影响（如串味等）的产品、对乙烯敏感性强的产品等，是不利的。

7. 检查

果蔬贮藏期间，要进行温度、相对湿度的检查和控制，并根据实际需要进行记录和调整；同时，还要对贮藏产品进行定期检查，以了解产品的质量变化，做到心中有数，发现问题及时采取相应的措施。对于不耐贮的果蔬，每隔3～5 d检查1次，耐贮的可15 d甚至更长时间检查1次。此外，要注意库房设备的日常维护，及时排除设备故障，保证冷库的正常运行。

8. 出库

当外界气温高于库温10℃以上时，从0℃冷库中取出的产品，与库外温度较高的空气接触，会在果蔬表面凝结水珠，即通常所称的“出汗”现象。“出汗”现象既影响果蔬的外观，又容易使果蔬受微生物的感染而发生腐烂。因此，经冷藏的果蔬在出库后及销售前，最好预先进行适当的升温处理，再送往批发或零售点。升温最好在专用升温间、周转仓库或库房穿堂中进行。升温不宜太快，一般控制气温比品温高35℃，直至品温比外界气温低4～5℃。出库前需催熟的产品可结合催熟进行升温处理。升温的程度与库外空气湿度有关，一定温度的果蔬在不同相对湿度的空气中露点不同，即形成水珠的温度不同。例如，品温为7℃，空气相对湿度为82%，在空气温度为4.4℃时就会结露。如果品温升至18℃，空气相对湿度为57%，空气温度升至10℃以上，结露现象就可避免。

### 4.2.4 果蔬低温贮藏案例

冷库贮藏芹菜，库温应控制在0℃左右，相对湿度控制为98%～100%。芹菜可装入有孔的聚乙烯膜衬垫的板条箱或纸箱内，也可以装入开口的塑料袋内。这些包装既可保持高湿，减少失水，又没有$CO_2$积累或缺氧的危险。

近年来我国哈尔滨、沈阳等地采用在冷库内将芹菜装入塑料袋中简易气调的方法贮藏，其方法是用0.8 mm厚的聚乙烯薄膜制成100 cm×75 cm的袋子，每袋装10～15 kg经挑选带短根的芹菜，扎紧口，分层摆在冷库的菜架上，库温控制在0～2℃。当自然降氧使袋内氧含量降到5%左右时，打开袋口通风换气，再扎紧。也可以松扎袋口，即扎口时先插直径1 520 mm的圆棒，扎后拔除使扎口处留有孔隙，贮藏中则不需人工调气。这种方法可以将芹菜从10月贮藏到春节，商品率达85%以上。

## 4.3　果蔬减压贮藏

减压贮藏（hypobaric storage）又称低压贮藏（low pressure storage）、半气压贮藏、真空贮藏等，是在传统冷藏和气调贮藏的基础上发展而来的一种特殊的气调贮藏方法。早在 1957 年，Workman 和 Hummel 等发现，一些果蔬在冷藏的基础上再降低气压，可进一步降低呼吸水平和乙烯的生成，从而明显延长贮藏寿命。

1966 年，Burg 夫妇提出了完整的减压贮藏理论和技术。此后，国际上相继开展了广泛的研究，最先用于苹果，随后应用范围迅速扩大到其他水果、蔬菜、花卉、切花、苗木，以及鱼、肉、蛋等动物性食品。减压技术也由初期的一次式或间歇式轻度降压（绝对压力为 $8.553\times10^4$ Pa）发展为高度降压的气流减压。1975 年起美国开始有可供商业用的减压系统设备。我国科技人员通过多年的研究，于 1991 年获得了关键性的减压贮藏罐壁生产的突破，并于 1997 年在包头建成世界首座千吨级的 JBXK-2000 减压贮藏库；国家农产品保鲜工程技术研究中心（天津）又根据我国国情，研制成功了与微型冷库配套的、低投入的减压贮藏装置，并应用于生产，取得了很好的贮藏保鲜效果和显著的经济效益。

### 4.3.1　减压贮藏原理

将产品放置于密闭的贮藏室内，抽气减压，使其在低于大气压力的环境条件下维持低温的贮藏方法即减压贮藏。减压贮藏降低了空气的压力，同时也降低了空气中的 $O_2$ 含量，进而降低了果蔬的呼吸强度，抑制乙烯的生物合成，另外，低压可推迟叶绿素的分解，降低冷害和一些生理病害，抑制类胡萝卜素和番茄红素的合成，减缓淀粉的水解、糖酸的消耗等过程，从而延缓果蔬的成熟和衰老。由于容器内气体交换及时，减压室内的有害气体（如乙烯、乙醇、乙醛、乙酸乙酯等）被迅速地排除，因而能防止和减少生理病害（如乙醇中毒、虎皮病等）的发生。减压贮藏还可以抑制微生物的生长和孢子的形成，降低某些侵染性病害的发病率。经过减压贮藏的产品，在低压解除后，其后熟衰老依然缓慢，产品货架期较长。可见，减压贮藏有利于果蔬新鲜品质、硬度、色泽的保持，在相同贮藏环境下，减压贮藏的效果明显好于冷藏。

### 4.3.2　减压方式

减压贮藏系统所包含的功能可概括为减压、增湿、通风、低温。减压处理有定期抽气式（静止式）和连续抽气式（气流式）两种。前者是将贮藏室抽气，达到要求的真空度后便停止抽气，以后适时补充 $O_2$ 及抽气以维持稳定的低压。这种方式虽可使果蔬组织内的挥发性成分（如乙烯等）向外扩散，却不能使这些物质不间断地排到减压室外，环境中的乙烯等浓度仍较高。气流式减压贮藏较好地解决了这一问题，它是在减压室的一端用抽气泵连续抽气，另一端不断输入加湿的新空气，通过控制进出气流即可维持一个稳定的真空度。

产品在减压室内，抽空到要求的低压［一般压力为（$53.31\sim5.263\times10^4$）Pa］，同时经压力调节输入新鲜空气。加混器内装有电热丝能使水加热而略高于空气温度，这样使进入库房的气体较容易达到 95%的相对湿度。整个系统不间断地连续运转，即等量地不断抽气和输入空气，保持压力恒定，气流速度约为每小时更换减压室容积的 1～4 倍。因此，产品始终处于恒定低压、低温和高湿的环境中。

### 4.3.3　减压贮藏管理

减压贮藏库主要由贮藏库体、冷却装置、加湿装置、真空泵和压力控制装置及其附属装置等组成。减压贮藏库体基本与气调冷藏库相似，但其库体结构能经受住低于 6.7 kPa 的真空压力，因此，横卧的圆柱形库体较好。在负压条件下，水蒸气分压较低，果蔬极易失水萎蔫。为保证果蔬不萎蔫，需要对进入贮藏室的空气做加湿处理。空气的加湿常采用喷淋式加湿装置来进行，喷淋式加湿装置中水温最好控制在贮藏库内温以上 5～10℃，这样才能保证进入贮藏室的空气具有较高的湿度。

减压贮藏是一种特殊的气调贮藏方法，也有其缺陷和可能发生的问题。首先，低压条件下的果蔬易失水萎蔫，因此贮藏室必须保持高相对湿度，一般为 95%以上。然而，高湿度又给微生物的活动提供了有利条件，因此需要用高效杀菌剂进行消毒防腐，如在加湿时加入挥发性的杀菌剂（如仲丁胺等）。其次，就果蔬而言，减压是一种逆境条件，可能会引起新的生理障碍或病害。例如，产品对环境压力的急剧改变可能产生反应，如青椒随急剧减压而开裂；有的果蔬在减压贮藏后风味和香气较差，有的后熟不好，但在常温下放置一段时间后有所好转。减压贮藏只有低氧效应，无气调贮藏的高$CO_2$效应。最后，还有减压室的安全、机械设备及经济上的可行性等问题。

减压贮藏所存在的上述问题，有经济原因，也有技术原因。随着经济的发展，人民生活水平的提高及对果蔬品质的高要求，经济问题可以得到解决。目前，筛选适宜减压库库体的材料，确定减压贮藏设施的技术参数、建造工艺，在保证耐压的前提下降低减压库的建筑费用等，是将减压贮藏推向大规模商业性运行过程中亟待解决的问题。如果能够取得突破性进展，必将对果蔬贮藏产生深远的影响，有可能彻底解决特殊果蔬季产年销、长期供应中存在的问题。相信在不久的将来，这些难题会被逐一解决，减压贮藏也将在果蔬保鲜领域有更广的应用前景。

### 4.3.4 果蔬减压贮藏案例

在国内，减压贮藏技术还处于启蒙阶段，在理论和技术上、研发和推广中尚存在许多问题，需要进一步探讨，许多试验需要实实在在地去做，尤其需要将该技术产业化、商业化，需要更多的科研单位、学术单位、产业单位的不同学科的研究人员，生产单位、物流单位的有识之士的参与，需要政府官员的关注与支持，还需要结合其他保鲜技术进行研究，结合其他安全技术进行食品安全应用研究，有条件时最好能将产学研相结合研究。如果能充分利用其优点，解决该技术在发展中存在的问题，将带来巨大的价值。

## 4.4 果蔬气调贮藏

气调贮藏是在冷藏的基础上进一步提高贮藏效果的措施，有着冷藏和气调的双重作用，其贮藏效果很好，是当前国际上果蔬保鲜广为应用的现代化贮藏手段。自发气调贮藏是指利用包装、覆盖、薄膜等方法，使产品在改变了气体成分的条件下贮藏，环境中的气体成分比例取决于薄膜的厚度和性质、产品呼吸和贮藏温度等因素，故而也有人称之为自动改变气体成分贮藏。因自发气调操作简便，设备简单，且易与其他贮藏手段结合，贮藏效果优于低温冷藏，所以其应用广泛。

### 4.4.1 气调贮藏处理条件与气体组成

气调贮藏即调节气体贮藏，是根据不同果蔬的生理特点，通过人为调节控制贮藏环境中的$O_2$浓度、$CO_2$浓度、温度、湿度和乙烯浓度等条件，降低果蔬的呼吸强度，延缓养分的分解过程，使其保持原有的形态、色泽、风味、质地和营养，延长贮藏寿命。气调贮藏的条件如下。

**1. 严格挑选产品，适时入贮**

气调贮藏法多用于果蔬的长期贮藏，所以要挑选健康、成熟度一致、无病虫害和机械损伤、适时采收的高质量果蔬产品进行气调贮藏，才能获得良好的贮藏效果。

**2. $O_2$、$CO_2$和温度合理配合**

气调贮藏是在一定的温度条件下进行的，温度可影响空气中的$O_2$和$CO_2$对果蔬的影响，只有将三者合理配合才能得到理想的贮藏效果。

1）温度

气调贮藏可显著抑制果蔬的新陈代谢，尤其是抑制呼吸代谢过程。抑制新陈代谢的主要手段是降低温度、提高$CO_2$浓度和降低$O_2$浓度等，这些条件均属于果蔬正常生命活动的逆境。任一种逆境都有上述抑制作用，在较高温度下采用气调贮藏法贮藏果蔬，也能获得较好的贮藏效果。任一种果蔬的抗逆性都有各自的限度。如一些品种的苹果在常规冷藏的适宜温度是0℃，如果进行气调贮藏，在0℃下再加以高$CO_2$和低氧气的环境条件，则苹果会承受不住这三方面的抑制而出现$CO_2$伤害等病症。这些苹果在气调贮藏时，其贮藏温度可提高到3℃左右，这样就可以避免$CO_2$伤害。气调贮藏对热带亚热带果蔬来说有着非常重要的意义，因它可采用较高的贮藏温度从而避免产品发生冷害。而较高温度也是有限的，气调贮藏必须有适宜的低温配合，才能获得良好的效果。

2）$O_2$、$CO_2$和温度的互作效应

气调贮藏中的气体成分和温度等诸条件，对贮藏产品起着综合的影响，即互作效应，而贮藏效果的好坏正是这种互作效应是否被正确运用的反映。$O_2$、$CO_2$和温度必须最佳配合，才能取得良好的贮藏效果。不同产品都有各自最佳的贮藏条件组合，且最佳组合不是一成不变的，当某一条件因素发生改变时，可以通过调整别的因素来弥补由这一因素的改变所造成的不良影响。如气调贮藏中，低$O_2$有延缓叶绿素分解的作用，配合适量的高$CO_2$则保绿效果更好，这就是$O_2$与$CO_2$二因素的正互作效应。当贮藏温度升高时，就会加速产品叶绿素的分解，也就是高温的不良影响抵消了低$O_2$及适量$CO_2$对保绿的作用。

3）贮藏前高$CO_2$处理

采摘的苹果大多对高$CO_2$和低氧气的耐受性较强，气调贮藏前给以高浓度$CO_2$处理，有助于加强气调贮藏的效果。美国华盛顿州贮藏的金冠苹果在1977年已经有16%经过高$CO_2$处理，其中90%用气调贮藏。另外，将采后的果实放在12～20℃下，$CO_2$浓度维持90%，经1～2 d可杀死所有的介壳虫，而对苹果没有损伤。经高$CO_2$处理的金冠苹果贮藏到2月份，比不处理的硬度要高，风味也更好些。

4）贮藏前低$O_2$处理

澳洲青苹（Greny Smith）苹果在贮藏之前放在$O_2$浓度为0%～0.25%的条件下处理9 d后，贮藏在$O_2$∶$CO_2$（体积比）为1∶15的条件下，结果表明，贮藏前低$O_2$处理可保持斯密斯苹果的硬度和绿色，并可预防褐病和红心病，与Fder（1971）在桔苹苹果上的试验结果相同。由此可见，低$O_2$处理或贮藏、可能加强气调贮藏中果实的耐藏力。

5）动态气调贮藏

果实从健壮向衰老不断发生变化，其对气体成分的适应性也在不断变化，所以在不同的贮藏时期控制不同的气调指标，得到有效延缓代谢过程、保持更好食用品质的效果，此法称为动态气调贮藏。西班牙Alique（1982）在气调金冠苹果的过程中，第一个月维持$O_2$∶$CO_2$（体积比）为3∶0，第二个月为3∶2，以后为3∶5，温度为2℃，湿度为98%，贮藏6个月比一直贮藏于3∶5条件下更能使果实保持较高的硬度，果实含酸量也较高，呼吸强度较低，各种消耗也较少。

**3. 气体组成及指标**

1）双指标，总和约为21%

植物器官在正常生活中主要以糖为底物进行有氧呼吸，呼吸商约为1，所以贮藏产品在密封容器内，呼吸消耗掉的$O_2$与释放出的$CO_2$体积相等。空气中含$O_2$约21%，$CO_2$仅为0.03%，二者之和接近21%。气调贮藏时如果把气体组成定为两种气体之和为21%，那么只要把果蔬封闭后经一定时间，当浓度降至要求指标时$CO_2$也就上升达到了要求的指标，然后定期或连续从封闭贮藏环境中排出一定体积的气体，同时充入等量新鲜空气，这就可较稳定地维持这个气体配比，它的优点是管理方便，对设备要求简单。它的缺点是如果$O_2$较高（>25%），$CO_2$就会偏低，不能充分发挥气调贮藏的优越性；如果$O_2$较低（<10%），又可能因$CO_2$过高而发生生理伤害。将$O_2$和$CO_2$控制于相接近的指标（二者各约10%），简称高$O_2$高$CO_2$指标，可用于一些果蔬的贮藏，但其效果多数情况下不如低$O_2$低$CO_2$好。

2）双指标，总和低于21%

这种指标的$O_2$和$CO_2$的含量都比较低，二者之和小于21%。这是国内外广泛应用的气调指标。在我国，习惯上把气体含量在2%～5%称为低指标，5%～8%称为中指标。低$O_2$低$CO_2$指标的贮藏效果较好，但这种指标所要求的设备比较复杂，管理技术要求较高。

3）$O_2$单指标

为了简化管理，或者贮藏产品对$CO_2$很敏感，则可只控制$O_2$含量，$CO_2$用吸收剂全部吸收。

$O_2$单指标必然是一个低指标，$O_2$单指标必须低于7%，才能有效地抑制呼吸强度。对于多数果蔬来说，单指标的效果不如前述第二种指标，但比第一种方式可能要优越些，也比较容易推广。

**4. $O_2$和$CO_2$的调节管理**

气调贮藏容器内的气体成分，从刚封闭时的正常气体成分转变到要求的气体指标，是一个降$O_2$和升$CO_2$的过渡期，可称为降$O_2$期。降$O_2$以后，则是使$O_2$和$CO_2$稳定在规定指标的稳定期。降$O_2$

期的长短以及稳定期的管理，关系到果蔬贮藏效果的好与坏。

1）自然降 $O_2$ 法（缓慢降 $O_2$ 法）

封闭后依靠产品自身的呼吸作用使 $O_2$ 浓度逐步减小，同时积累 $CO_2$。

（1）放风法　当 $O_2$ 降至指标的低限或 $CO_2$ 升高至指标的高限时，开启贮藏容器，部分或全部换入新鲜空气，而后再进行封闭。放风法是简便的气调贮藏法。应用此法时，在整个贮藏期间，$O_2$ 和 $CO_2$ 含量总在不断变动，实际不存在稳定期。每次临放风前，$O_2$ 降到最低点，$CO_2$ 升至最高点，放风后，$O_2$ 升至最高点，$CO_2$ 降至最低点。这首尾两个时期对贮藏产品可能会带来很不利的影响。然而，整个周期内两种气体的平均含量还是比较接近，对于一些抗性较强的果蔬（如蒜薹等），采用这种气调法的效果远优于常规冷藏法。

（2）调气法　双指标综合小于 21% 和单指标的气体调节，是在降 $O_2$ 期用吸收剂吸除超过指标的 $CO_2$，当 $O_2$ 降至指标后，定期或连续输入适量的新鲜空气，同时继续吸除多余的 $CO_2$，使两种气体稳定在要求的指标。

（3）充 $CO_2$ 自然降 $O_2$ 法　密闭后立即人工充入适量 $CO_2$，$O_2$ 则自然下降。在降 $O_2$ 期不断用吸收剂吸除部分 $CO_2$，使其含量大致与 $O_2$ 接近。这样 $O_2$ 和 $CO_2$ 同时平行下降，直到两者都达到要求的指标。稳定期管理同前述调气法。这种方法是借 $O_2$ 和 $CO_2$ 的拮抗作用，用高 $CO_2$ 来克服高 $O_2$ 的不良影响，同时又不使 $CO_2$ 过高造成毒害。据试验，此法的贮藏效果接近人工降 $O_2$ 法。

2）人工降 $O_2$ 法（快速降 $O_2$ 法）

利用人为的方法使密封后容器内的 $O_2$ 迅速下降，$CO_2$ 迅速上升。

（1）充氮法　封闭后抽出容器内大部分空气，然后充入氮气，由氮气稀释剩余空气中的 $O_2$，使其浓度达到要求的指标，也可充入适量的 $CO_2$，使之立即达到要求的浓度。尔后的管理同前述调气法。

（2）气流法　把预先配制好的气体输入封闭容器内、代替其中的全部空气。在以后的整个贮藏期间，连续不断地排出部分气体并充入人工配制的气体，控制气流的流速使内部气体稳定在要求的指标。

人工降 $O_2$ 法由于避免了降 $O_2$ 过程的高 $O_2$ 期，所以，能比自然降法进一步提高贮藏效果。然而，此法要求的技术和设备较复杂，同时消耗较多的氮气和电力。

### 4.4.2　气调贮藏方法和管理

气调贮藏的操作管理主要是封闭和调气两部分。调气是创造并维持产品所要求的气体组成；封闭是杜绝外界空气对所要求环境的干扰破坏。目前国内外气调贮藏，按其封闭的设施来看可分为两类，一类是气调冷藏库法，另一类是塑料薄膜封闭气调法。

**1. 气调冷藏库法**

气调冷库要有机械冷库的保温、隔热、防潮性能，还需有气密性和耐压能力，因为气调库内要达到所需的特定气体成分，并长时间维持，避免气调库内外气体交换；库内气体压力会随着气体变化而变化，形成内外气压差。

中间隔热材料是苯乙烯泡沫塑料，采用合成的热固性黏合剂将金属薄板牢固地黏结在苯乙烯泡沫塑料板上，嵌板用铝制工字形的构件从内外两面连接，在构件内表面涂满可塑性的砖，使接口完全、永久地密封。这种预制隔热嵌板，既可隔热防潮，又可作为隔气层地板，即在加固的钢水泥底板上，用一层塑料薄膜（多聚苯乙烯等）作为隔气层（0.25 mm）预制隔热底板（地坪专用），再加一层加固的 10 cm 厚的钢筋混凝土为地面。为了防止地板由于承受荷载而使密封破裂，在地板和墙交接处的地板上留一平缓的槽，在槽内也灌满不会硬化的可塑酯（黏合剂）。

建成库房后在内部现场喷涂泡沫氨酯（聚氨基甲酸），可获得性能非常优异的气密结构，并兼有良好的保温性能，5～7.6 cm 厚的泡沫聚氨可相当于 10 cm 厚的苯乙烯的保温效果。喷涂泡沫氨酯之前，应先在墙面上涂一层沥青，然后分层喷涂，每层厚度约为 1.2 cm，直到达到所要求的总厚度。

气调库的库门要做到完全密封，通常有两种做法。①只设一道门，门在门框顶上的铁轨上滑动，出滑轮连挂。门的每一边有两个插锁，共 8 个，把门拴在门框上，把门栓拴紧，在四周门缝处涂上不会硬化的黏合剂密封。②设两道门，第一道是保温门，第二道是密封门。通常第二道门的结构很轻巧，用螺钉铆接在门框上，门缝处再涂上玛碲脂加强密封。另外，各种管道穿过墙壁进入库内的部位都需加用密封材料，不能漏气。通常要在门上设观察窗和手洞，方便观察和检验取样。

气调库运行过程中，由于库内温度波动或者气体调节会引起压力的波动。当库内外压力差达到极限时，必须采取措施释放压力，否则会损坏库体结构。具体办法是安装水封装置，当库内正压超过58.8 Pa时，库内空气通过水封溢出；当库内负压超过58.8 Pa时，库外的空气通过水封进入库内，自动调节库内外压力差不超过58.8 Pa。

气调库的主要设备介绍如下。

（1）气体发生器　其基本装置是一个催化反应器。在反应器内，将$O_2$和燃料气体（如丙烷和天然气）进行化学反应，形成$CO_2$和水蒸气。由于库内空气不断地循环通过反应器用于反应，因而库内$O_2$不断地减少而达到所要求的浓度。

（2）$CO_2$吸附　其作用是除去贮藏过程中产品呼吸释放的以及气体发生器在工作时所放出的$CO_2$。当$CO_2$积累超过一定限度时，将库内空气引入$CO_2$吸附器中的喷淋水、碱液或石灰水中，或者引入堆放消石灰包的吸收室中，吸收部分$CO_2$，使库内$CO_2$维持适宜的浓度。

气体发生器和$CO_2$吸附器配套使用，可随意调节和快速达到所要求的气体成分。

气调库内的制冷负荷要比一般的冷库大，因为装货集中，要求在很短时间内将库温降到适宜冷藏的温度，气调贮藏库还有湿度调节系统、气体循环系统以及气体、温度和湿度的分析测试记录系统等。这些都是气调贮藏库的常规设施。

### 2. 塑料薄膜封闭气调法

20世纪60年代以来，国内外对塑料薄膜封闭气调法开展了广泛的研究，并在生产中广泛应用。薄膜封闭容器可安装在普通冷库内或通风贮藏库内，以及窖洞等简易的贮藏场所内，还可在运输中使用。塑料薄膜除使用方便、成本低外，还具有一定的透气性，所以能够广泛应用，通过果蔬的呼吸作用，会使塑料袋内维持一定的二氧化碳和氧气比例，加上人为的调节，会形成有利于延长果蔬贮藏寿命的气体成分。

1963年以来，人们开展了对硅橡胶在果蔬上应用的研究。硅橡胶是一种有机高分子聚合物，它由有取代基的硅氧烷单体聚合而成，以氧键相连形成柔软易曲的长链，长链之间以弱电性松散地交联在一起。这种结构使硅橡胶具有特殊的透气性。①硅橡胶薄膜的$CO_2$透过率是同厚度聚乙烯膜的200～300倍，是聚氯乙烯膜的两万倍；②硅橡胶对气体具有选择性透性，其对$N_2$、$O_2$和$CO_2$的透性比为1∶2∶12，同时对乙烯和一些芳香物质也有较大的适应性。

在用较厚的望料薄膜（如0.23 mm聚乙烯）做成的袋（帐）上嵌上一定面积的硅橡胶，就做成一个有气窗的包装袋（或硅窗气调帐），袋内的果蔬进行呼吸作用释放出的$CO_2$通过气窗透出袋外，而所消耗掉的$O_2$则由大气透过气窗进入袋内而得到补充。贮藏一定时间后，袋内的二氧化碳和氧气进出达到动态平衡，其含量就会自然调节到一定的范围。

有硅胶气窗的包装袋（帐）与普通塑料薄膜袋（帐）一样，是利用薄膜本身的透性自然调节袋中的气体成分。因此，袋内的气体成分必然是与气窗的特性、厚薄、大小，袋子容量、装载量，果实的种类、品种、成熟度，以及贮藏温度等因素有关。实践中需要通过试验研究，最后确定袋（帐）子的大小、装置和硅橡胶窗的大小。

1）封闭方法和管理

（1）垛封法　贮藏产品用通气的容器盛装，码成垛。垛底先铺垫底薄膜，在其上摆放整齐，将盛装产品的容器垫空。码好的垛子用塑料帐罩住，帐子和垫底薄膜的四边互相重叠卷起并埋入四周的小沟中，或用其他重物压紧，使帐子密闭。也可用活动贮藏架在装果后整架封闭。帐子选用的塑料薄膜一般为聚乙烯或聚氯乙烯。在塑料帐的两端设置抽口（用塑料薄膜制成），供充气及垛内气体循环时插入管道之用，也可从抽口取样检查。活动硅橡胶窗也是通过袖口与帐子相连接。帐子还要设取气口，以便测定气体成分的变化，也可从此充入气体消毒剂，平时不用时把气口塞闭。为避免器壁的凝结水侵蚀贮藏产品，应设法使封闭帐悬空，不使之紧贴产品。帐顶部分凝结水的排除，可加吸水层，还可将帐顶做成屋脊形，以免凝结水滴到产品上。

塑料薄膜帐的气体调节可使用气调库调气的各种方法。帐子上设硅胶窗可以实现自动调气。

(2) 袋封法　将产品装在塑料薄膜袋内，扎口封闭后放置于库房内。调节气体的方法如下：①定期调气或放风。用 0.26～0.28 mm 厚的聚乙烯薄膜做成袋子，将产品装袋后入库，当袋内的 $O_2$ 减少到低限或 $CO_2$ 增加到高限时，将全部袋子打开放风，换入新鲜空气后再进行封口贮藏。②自动气调，采用 0.23～0.25 mm 的塑料薄膜做成小包装。因为塑料膜很薄，透气性很好，在较短的时间内，可以形成并维持适当的低 $O_2$ 高 $CO_2$ 气体成分而不致造成高 $CO_2$ 伤害。该方法适用于短期贮藏、远途运输或零售的包装。在袋子上，依据产品的种类、品种和成熟度及用途等确定并粘贴一定面积的硅橡胶膜后，也可以实现自动调气。③气调包装，运用现代的气调包装设备将塑料薄膜小包装中的气体部分或全部抽出，再将预先混好的气体充入其中，然后密封，通过果蔬呼吸和薄膜的透气性，最后使小包装内部的气体成分稳定。该方法省去了小包装内部的自动降氧期，对多数产品具有更好的贮藏效果，但是需要设备和气体消耗。

2) 温湿度管理

塑料薄膜封闭贮藏时，袋内部因有产品释放呼吸热，所以内部温度总会比库温高一些，一般有1℃的温差。另外，塑料袋（帐）内部的湿度较高，接近饱和。塑料还于冷热交界处，在其内侧常有一些凝结水珠。如果库温波动，则帐（袋）内外的温差会变得更大、更频繁，薄膜上的凝结水珠也就更多。封闭帐（袋）内的水珠还溶有 $CO_2$，pH 约为 5，这种酸性溶液滴到果蔬表面上，既有利于病菌的活动，对果蔬也会造成不同程度的伤害。封闭容器内四周的温度因受库温的影响而较低，中部的温度则较高，这就会发生内部气流的对流，较暖的气体流至冷处，降温至露点以下部分水汽形成凝结水；这种气体再流至暖处，温度升高，饱和差增大，因而又会加强产品的蒸腾作用，不断地把产品中的水抽出来变成凝结水。所以薄膜封闭贮藏时，一方面是帐（袋）内部温度高；另一方面是产品仍然有较明显的脱水现象。解决这一问题的关键在于力求库温保持稳定，尽量减小封闭帐（袋）内外的温差。

### 4.4.3　果蔬气调贮藏案例

目前，国内外气调贮藏主要用于苹果。对于不宜采用普通冷藏温度，要求较高贮温的品种，如红玉等，气调贮藏可避免贮温高促使果实成熟和微生物活动。我国各地不同形式的气调法贮藏元帅、金冠、国光、秦冠及近年栽培的许多新品种，都有延长贮藏期的效果。气调贮藏的苹果移到空气中时，呼吸作用仍较低，可保持气调贮藏的后效，因而变质缓慢。常用的气调贮藏方式有塑料薄膜袋贮藏、塑料薄膜帐贮藏和气调库贮藏。

**1. 塑料薄膜袋贮藏**

苹果采收后就地预冷、分级后，在果箱或筐中衬以塑料薄膜袋，装入苹果，扎紧袋口，每袋构成一个密封的贮藏单位。目前应用的是聚乙烯或无毒聚氯乙烯薄膜，厚度多为 0.04～0.06 mm。

苹果采收后正处在较高温度下，后熟变化很快。利用薄膜袋包装造成的气调贮藏环境，可有效地延缓后熟过程。如用薄膜包装运输红星苹果，经由产地烟台运至上海时的硬度为 22 $kg/cm^2$，冷藏 6 个月后硬度为 5.6 $kg/cm^2$，对照为 4.6 $kg/cm^2$。

**2. 塑料薄膜帐贮藏**

在冷藏库、土窑洞和通风库内，用塑料薄膜帐将果垛封闭起来进行贮藏。薄膜大帐一般选用 0.1～0.2 mm 厚的高压聚氯乙烯薄膜，黏合成长方形的罩子，可以贮藏数百到数千千克。帐封好后，按苹果要求的 $O_2$ 和 $CO_2$ 水平，采用快速降氧、自然降氧方法进行调节。近年来国内外都在广泛应用硅橡胶薄膜扩散窗，按一定面积黏合在聚乙烯或聚氯乙烯塑料薄膜帐或袋上，自发调整苹果气调帐（袋）的气体。由于膜型号和苹果贮量不同，使用时需经过试验和计算确定硅橡胶膜的具体面积。

**3. 气调库贮藏**

库内的气体成分、贮藏温度和湿度能够根据设计水平自动精确控制，是理想的贮藏手段。采收后的苹果最好在 24 h 内入库冷却并开始贮藏。苹果气调贮藏的温度，可以比一般冷藏温度提高0.5～1℃。对$CO_2$敏感的品种，贮温还可高些，因为在一般贮藏温度（0～4℃）下，提高温度可减轻$CO_2$伤害。容易感受低温伤害的品种贮温稍高，对减轻伤害有利。

苹果气调贮藏只降低$O_2$浓度即可获得较好的效果。但对多数品种来说，同时再增加一定浓度的$CO_2$，则贮藏效果更好，不同苹果品种对$CO_2$的忍耐程度不同，有的对$CO_2$很敏感，一般不超过2%～3%，大多数品种能忍耐5%，还有一些品种（如金冠）在8%～10%也无伤害。苹果气调贮藏开始时用较高浓度的$CO_2$做短期预处理，例如，金冠用15%～18%的$CO_2$经10 d预处理，再转入一般气调贮藏条件，可有效地保持果实的硬度。苹果贮藏初期用高浓度$CO_2$处理的技术，我国也在研究应用，同时把变动温度和气体成分几种措施组合起来。由中国农业科学院果树研究所、中国科学院上海植物生理研究所、山东省农业科学院果树研究所、山西省农业科学院果树研究所四个单位（1989）共同研究的苹果双向变动气调贮藏，取得了良好的效果。具体做法是：苹果贮藏150～180 d，入贮时温度在10～15℃维持30 d，然后在30～60 d内降低到0℃，以后一直维持0℃；气体成分在最初30 d高温期$CO_2$在12%～15%，以后60 d内随温度降低相应降至6%～8%，并一直维持到结束，$O_2$控制在3%±1%。这种处理获得很好的效果，优于低温贮藏，与标准气调（0℃，$O_2$ 3%、$CO_2$ 2%～3%）结果相近似。这种做法简称双变气调（TDCA）。该方法由于在贮藏初期利用自然气温，温度较高，可克服$CO_2$的伤害作用，保留了对乙烯生成和发挥作用的抑制，大大延缓了果实成熟衰老，有效地保持了果实硬度，从而达到了较好的贮藏效果。

苹果气调贮藏中，有乙烯积累，可以用活性炭或溴饱和的活性炭吸收除去。如小塑料袋包装贮藏红星苹果，放入占果重0.05%的活性炭，即可保持果实较高的硬度。乙烯还可用$KMnO_4$除去，如用洗气器将$KMnO_4$液喷淋，或用吸收饱和$KMnO_4$溶液的多孔性载体物质吸收。

**思考题**

1. 自然降温贮藏的原理是什么？有哪些常用的贮藏方式？
2. 人工降温贮藏的原理是什么？
3. 气调贮藏的原理是什么？
4. 苹果气调贮藏的原理是什么？如何操作？

HAPTER 5

# 第5章 果蔬冷链物流

**教学目标：**

1. 掌握果蔬冷链物流的基本概念、基本流程以及主要设备；
2. 熟悉果蔬冷链物流的服务模式以及果蔬冷链物流管理系统；
3. 了解我国果蔬冷链物流的发展状况及未来趋势。

## 5.1　果蔬冷链物流基础

### 5.1.1　果蔬冷链物流的概念

果蔬冷链物流是指为了保障果蔬的质量安全，在整个供应链物流过程中保证果蔬始终处于规定的低温环境下，以确保质量、减少果蔬损耗的一项复杂物流系统工程。果蔬冷链物流比一般常温物流系统的要求更高、更复杂，投资也要大很多，并且要求冷链各环节具有更高的组织协调性。

果蔬冷链物流相对于一般物流具有以下五个特点。

（1）投资大　冷链物流系统的建设投资非常高，一般是普通物流系统投资的两倍，为了保证冷链物流系统所需特殊温度环境，冷库建设和冷藏车的购置都需要大量资金的投入。

（2）运作成本大　在运营冷链物流的过程中，需要制冷设备的维护费、折旧费、电费、运输车辆所耗的油费等设备运作成本，以及人员管理、培训和信息成本等维持冷链运行的必要投入。

（3）技术含量高　冷链是以制冷技术与工艺为基础的，冷链物流过程需要保温技术、制冷技术、产品质量变化机理、温控技术以及供应链物流技术为支撑，技术含量高。

（4）更加强调整体性　冷链物流作为一个复杂的供应链系统，它传承了供应链的“链条”性质，即冷链物流是从生产商直至最终消费者的一个整体功能链状结构，每一个环节，每一个节点都必须高度协调控制，才能使整个链条的效益与效率最大化。一旦冷链物流的某个环节失控，而不能及时协调排除故障，那么冷链物流过程中的各方都将面临着巨大损失。

（5）显著增加果蔬附加值　虽然冷链物流过程中能耗会增加，但是冷链物流过程中，可根据客户需求或市场导向提供更好的温控产品品质，从而增加果蔬附加值，实现整个冷链物流的增值。

### 5.1.2　果蔬冷链物流流程

果蔬冷链物流流程见图5-1。

1）生产地采购

新鲜果蔬采收尽可能避免在高温（高于27℃）和高光照下采收，防止过多田间热和呼吸热的产生。采收时及采收后应避免将产品直接暴露于太阳下。因为太阳直射下，产品会吸收热量，温度升高，伤口的呼吸加强，会加速产品的失水和衰老。采收时还要注意要在露水、雨水或其他水分干燥后再进行采收，尤其是采后失水快和用于长期贮藏的果蔬要特别注意。因为刚下雨后的果皮较薄，果面水分高，极易被病菌侵染，如果在此时进行采收，表皮细胞易开裂，果实腐败的概率增大。采收前3～7 d不要灌溉。因此，采收最好在无露的清早进行，使果蔬保持较低的温度，利于贮运。

2）预冷加工

果蔬产品采收后，高温对品质的保持十分不利，特别是在热天或烈日下采收，会造成果蔬采后

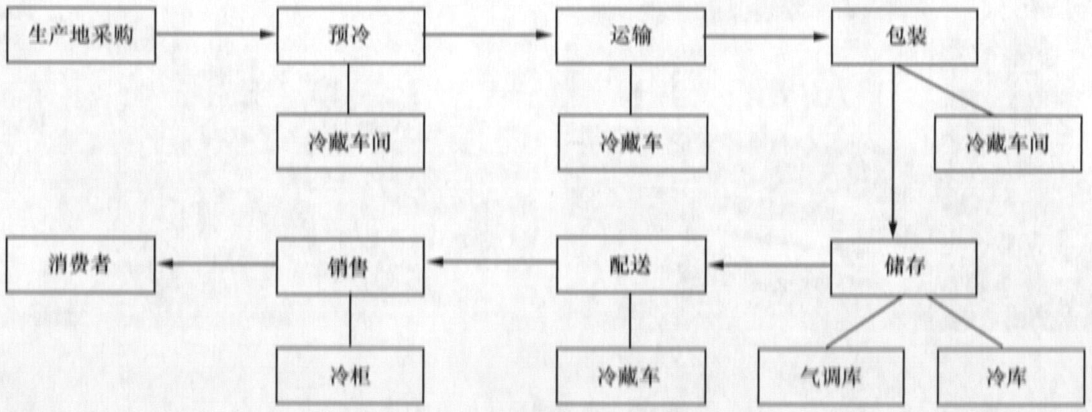


图5-1　果蔬冷链物流流程示意

贮运过程中损失率的显著增加。为保持果蔬产品的新鲜度，最好在产地采收后立即进行预冷。尤其是一些组织娇嫩、营养价值高、采后寿命短或有呼吸高峰的果蔬，若不能及时降温预冷，贮运过程中很快就会达到成熟状态，甚至腐烂变质，大大缩短贮藏寿命。另外，未经预冷的产品在运输贮藏过程中要降低其温度就要加大制冷剂的热负荷，这在设备能耗和动力上都会遭受更大的损失。采后的及时预冷，会减少产品的采后损失，同时抑制腐败微生物的生长，抑制酶活性和呼吸强度，有效保持产品的品质和商品性。因此，预冷是果蔬产品低温冷链保藏运输中必不可少的环节。

目前果蔬预冷的方式一般分为自然预冷和人工预冷（图 5-2），人工预冷主要包括水冷、冰接触预冷、风冷和真空预冷方法。

A　　　　　　B

**图 5-2　不同预冷方式**

A. 风冷；B. 水冷

3）运输

运输过程中应尽可能保持适合果蔬保鲜的环境条件，特别是温度的控制尤为重要。温度过高引起果蔬呼吸加强，促使果蔬的衰败，温度过低果蔬则容易遭受冷伤和冻害，因此运输过程中要精准控温。目前，许多现代运输工具具备了降温和防冻的功能，如冷藏卡车（图 5-3A）、铁路冷藏车、冷藏轮船等，近年还发展有控温调气的大集装箱。但我国目前这类的运输工具满足不了生产的需要，还只能大量地利用普通卡车（图 5-3B）等不能控温的运输工具，其中遮盖是防日晒、雨淋的一般处理方法，但在气温较高时，果蔬往往处于较高的温度环境中，因此必须注意通风散热。

A　　　　　　B

**图 5-3　不同果蔬运输方式**

A. 果蔬冷链运输模式；B. 果蔬普通运输模式

4）包装

包装是果蔬的标准化和商品化，它是保证果蔬安全贮运和销售的重要措施。良好的包装，能使果蔬产品在运输途中保持良好的状态，减少产品间因相互摩擦、碰撞、挤压而造成的机械损伤，并防止微生物的侵染，减少病害蔓延和水分蒸发，缓冲外界温度剧烈变化引起的产品损失。因此，包装可以使果蔬产品在流通中保持良好的稳定性，提高商品率和卫生质量。包装是商品的一部分，也是贸易的辅助手段，为市场交易提供标准的规格单位，免去销售过程中的产品过秤或计数，便于流通过程中的标准化，也有利于机械化操作和充分利用仓储空间。适宜的包装不仅对于提高商品质量和信誉十分有益，而且对于流通也十分重要。

作为果蔬包装容器应具备的基本条件有以下几点：①保护性。在装饰、运输堆码过程中，包装容器要具有足够的机械强度，防止果蔬产品受挤压、碰撞而影响品质。②通透性。利于氧、二氧化碳和乙烯等气体的交换，以及产品呼吸热的排出。③防潮性。避免容器的吸水变形而导致包装内产品的腐烂。包装要在冷藏车间内完成，以防止操作时温度过高，影响其品质。常见的外包装材料（图 5-4）有塑料箱、纸箱、钙塑箱、板条箱、筐、网袋等，常见的内包装材料（图 5-5）有纸、塑料托盘、瓦楞插板、泡沫塑料、塑料薄膜袋等。

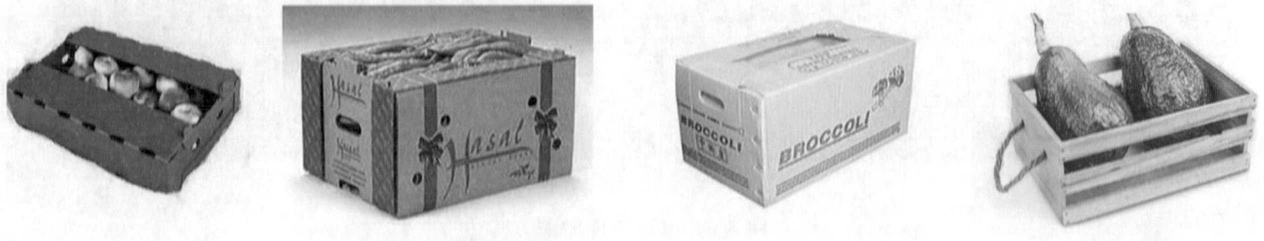


A　B　C　D

**图 5-4　不同外包装样式**

A. 塑料箱；B. 纸箱；C. 钙塑箱；D. 板条箱

A　B　C　D

**图 5-5　不同内包装样式**

A. 纸包装；B. 塑料托盘；C. 瓦楞插板；D. 泡沫塑料

5）贮藏

主要有两种贮藏方式，低温贮藏和气调贮藏（图 5-6）。

温度是果蔬采后贮藏环境中最为重要的因素。低温贮藏能明显地降低果蔬的呼吸强度，延缓生理代谢过程，减少营养物质的消耗，保持果蔬品质；能有效地抑制乙烯的生成，降低果蔬产品对乙烯的敏感性；能延迟果蔬的成熟和衰老，保持果实对病菌侵染的抵抗力；对病菌孢子的萌发、生长和致病力也有明显的抑制作用。果蔬的生长发育不同，生理特性也不同，对低温的反应和忍耐力也有差异。温带水果一般对低温的忍耐性较好，贮藏温度较低，贮藏时间较长；热带和亚热带的水果对低温较敏感，贮藏的温度相对较高，贮藏时间较短。即使是相同的果实品种，其可溶性固形物含量高的水果对低温的忍耐力强，贮藏的温度也较低。

气调贮藏是将产品置于一个相对密闭的环境中，同时调节贮藏环境中 $O_2$、$CO_2$ 和 $N_2$ 等气体的比例，并使它们稳定在一定浓度范围内的一种贮藏方法。气调贮藏是在保持适宜低温的条件下进行的，具有比普通冷藏更好的贮藏效果。这是因为果蔬采后仍进行着正常的以呼吸作用为主导的新陈代谢活动，主要表现为吸收环境中的 $O_2$，同时释放等量的 $CO_2$，并释放出一定的热量。适当降低 $O_2$ 浓度和增加 $CO_2$ 浓度，就可以改变环境中的气体组成，从而抑制果蔬的呼吸作用，降低呼吸强度，延缓新陈代谢速度，减少产品体内营养物质和其他物质的消耗，从而延缓了果蔬的成熟与衰老，为保持采后果蔬的质量奠定了生理基础。与此同时，较低浓度的 $O_2$ 和较高浓度的 $CO_2$ 能够抑制乙烯的生物合成，削弱乙烯对果蔬采后的生理刺激作用，有利于延长果蔬的贮藏寿命。此外，适宜的低浓度 $O_2$ 和高浓度 $CO_2$ 具有抑制某些生理病害和侵染性病害，减少产品的腐烂损失。

A　　B

**图 5-6　果蔬不同贮藏方式**

A. 低温贮藏；B. 气调贮藏

6）配送

果蔬的品种繁多，性质各异，所要求的环境条件各不相同。为确保运输质量，发货人、运输部门、收货人应紧密配合，严格按运输条件执行运输。配送过程中要求快装快运，绝不能堆积、积压。果蔬属于鲜嫩易腐货物，在搬运、装卸过程中稍有碰压，就会发生破损而加速果蔬腐烂变质。装卸时要严格做到轻装轻卸，避免撞压、挤压、跌落、野蛮装卸的现象。各种果蔬都有其适宜的温度贮藏要求和产生冻害的临界温度，温度过高引起果蔬呼吸加强，促进果蔬的衰败，温度过低果蔬则容易遭受冷伤和冻害。同时，运输途中温度波动太大是非常不利的，配送过程中要选择适当的运输工具、运输方法，按照果蔬所要求的温湿度等条件做好运输途中的温湿度控制及其他服务工作等。

7）销售

目前，超市和批发市场果蔬销售面临的主要问题是果蔬鲜度控制不好。新鲜度是鲜销果蔬的生命和价值所在，消费者在购买蔬菜时，质量判断主要还停留在形状、色泽和新鲜程度等为主的感官判断上。在同样的采购成本条件下，鲜度最终可以影响到销售的价格。但由于果蔬的含水量高，保鲜期短，怕磕碰，难贮存，极易腐烂变质，因此，在销售过程中会有不同程度的水分散失与产品损失。目前，超市果蔬最好的保鲜方法就是自建备货冷库或者使用保鲜展示柜。冷库和保鲜展示柜为果蔬提供较适宜的环境温度，同时较低的温度也防止了蚊虫及细菌的生长繁殖。使用冷库将水果蔬菜批量上架，分时销售，不仅蔬菜水果保质期延长，而且较为新鲜。对于销售比较缓慢但当天能够销售完的水果蔬菜（或者高档进口水果）可以放置在保鲜展示柜中。保鲜展示柜有较好的展示效果，放在展示柜冷藏室的果蔬不仅提升了档次，还提高了高档果蔬本身的价值。

8）消费者

一般果蔬放到冰箱保鲜层，其保鲜期为 4～5 d，但是目前许多冰箱为风冷，会造成果蔬大量失水。用保鲜袋加装以后，不同的蔬菜水果，保鲜时间一般会延长至 6～8 d。一方面是因为保鲜袋包裹后，水果蔬菜的氧分压会越来越低，会达到理想气调保鲜状态，另一方面是因为保鲜袋能防止果蔬水分进一步丢失，并避免细菌侵蚀果蔬。

### 5.1.3　果蔬冷链服务模式

#### 1. 我国主要的冷链物流模式

1）直销型物流模式

这种模式是最原始和最初级的物流形式，由农户或果蔬基地自营配送，对采摘后的果蔬进行简单降温处理后（加冰、遮阳、洒水等）将果蔬送到批发市场或用户手中（图 5-7）。这种形式的物流适用于物流范围较小、物流数量较少的状况。目前在大物流的格局下，直销型物流模式已经不适应经济、社会发展的需要。

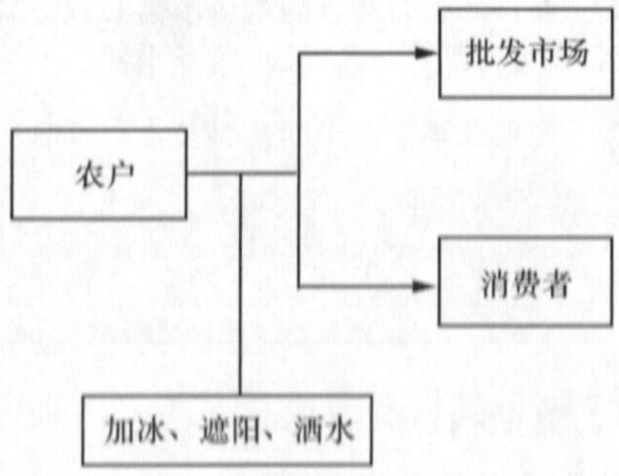


图 5-7　直销型物流模式

2）契约型物流模式

这是指公司与农户或合作社之间通过契约形式加以联结，农户提供果蔬，由合作社或加工企业利用冷库存储和加工后进入市场（图 5-8）。公司既可能是运销企业，也可能是加工企业。事实上，加工型公司大多数属于农业产业化的龙头企业，这种专业化的公司与农户之间通过建立利益联结机制，依托农户提供原料，只生产单一或几个产品，加工后由企业或公司负责销售。

3）联盟型物流模式

这种模式的主导者是果蔬批发市场，它是在农村集市贸易基础上建立和发展起来的。果蔬到达批发市场后先用冷库贮存，然后进行加工或冷链运输作业（图 5-9）。参与者有果蔬生产者、批发商、零售商、运输商、加工保鲜企业等，通过利益联结和优势互补形成战略联盟。

4）第三方物流模式

随着市场化程度的提高，渐渐出现了专门从事果蔬贮运和物流加工的中间组织，它们不从事任何直接的果蔬的生产和销售活动，而是专门承担连接果蔬从生产到物流的系统服务，这就是第三方物流。在果蔬物流过程中果蔬的冷链环节都是由第三方企业完成的（图 5-10）。

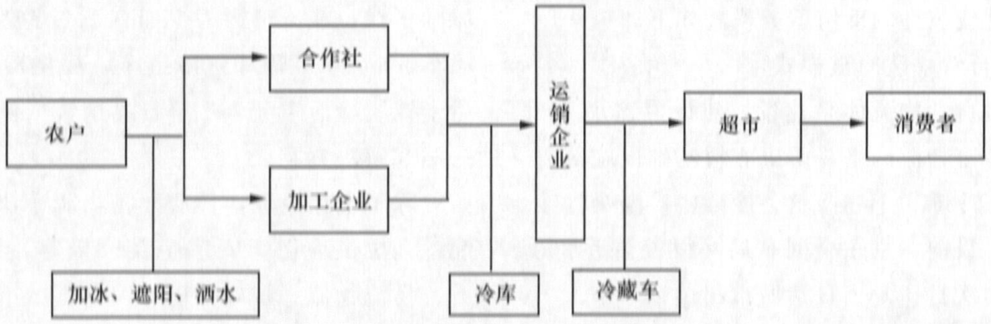


图 5-8　契约型冷链物流模式

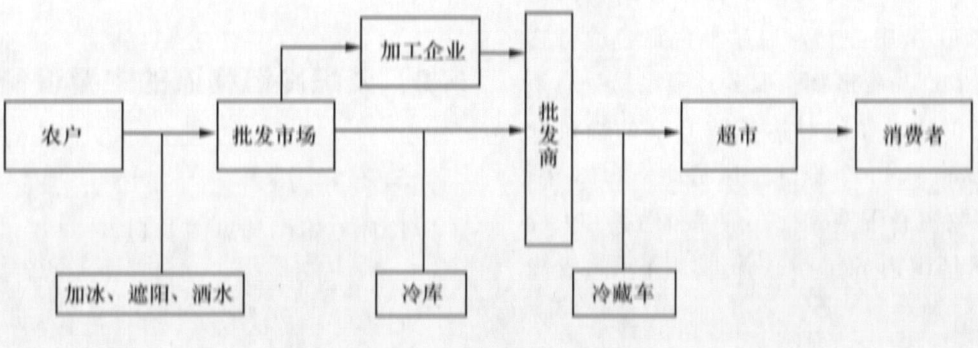


图 5-9　联盟型冷链物流模式

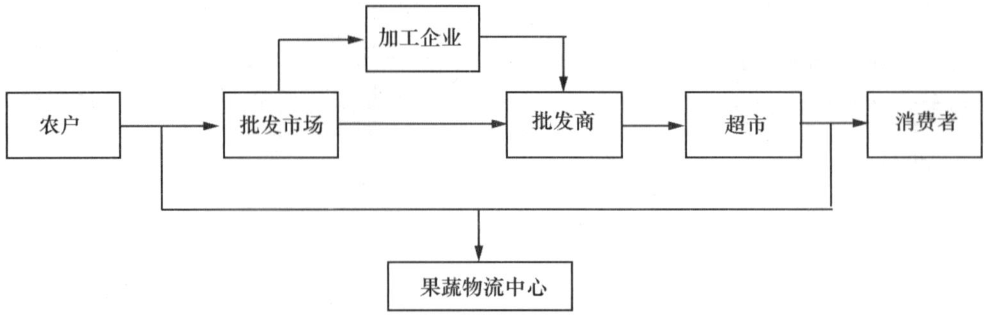


图 5-10　第三方物流模式

不同冷链物流模式的优缺点比较如表 5-1 所示。

表 5-1　不同冷链物流模式优缺点比较

| 类型 | 优点 | 缺点 |
| --- | --- | --- |
| 直销型 | 适用于物流范围小、物流数量少的状况 | 产品质量难以控制 |
| 契约型 | 克服了原料来源不稳的问题，为农户销售产品找到了稳定渠道，提高了产品控制力度 | 农户处于弱势，配送成本高，双方容易违约 |
| 联盟型 | 提高冷链各方的积极性，节省交易成本，交易双方有更多选择性 | 管理效率低，中间商容易进行消息封锁 |
| 第三方 | 促进了物流和生产的合作分工，降低物流成本，可实现物流的标准化 | 对人员要求高 |

2. 果蔬冷链物流新服务模式

近年来，相关电商、商超、农贸、第三方物流企业积极探索农产品冷链物流新模式，并取得较大突破，其中有代表性的冷链服务模式如下。

1）京东自营果蔬冷链模式

京东通过自营物流体系建设，建设覆盖了 300 多个城市的冷链物流网络，解决农村基础设施薄弱问题。深冷、冷冻、干线冷链、冷藏、控温全程冷链发展迅猛。目前，京东全网布局网络覆盖近 300 个城市，其中次日达及当日达城市超过 220 个。

2）菜鸟社会化冷链物流模式

菜鸟是以大数据为驱动的社会化协同物流平台，在全国有 11 个中心仓，通过平台整合冷链物流资源，提供农产品冷链物流服务。阿里易果旗下的冷链物流安鲜达，专门对接各种 B 端的冷链配送，在 10 大城市有 11 个冷链物流基地。2018 年，菜鸟国家智能物流骨干网首批在全球布局了 6 大冷链节点，分别是国内的杭州、香港，国外的吉隆坡、迪拜、莫斯科、列日。

3）顺丰全业态冷链物流

顺丰在冷链干线上，拥有 4 条省际干线，6 条城际干线；在冷链运力上拥有 100 多辆自有冷链运输车、8 000 多辆外包冷链车，提供冷运仓储、冷运干线、冷运宅配、生鲜食品销售、供应链金融等一站式解决方案。

除了上述企业，还有黑狗物流、快行线、码上配、九曳供应链、安家宅配、极客冷链、冷联天下、易流物流、越好冷链、闪电狗城市智能配送平台等，在以多种模式积极探索农产品冷链物流新方式。

## 5.2　果蔬冷链物流的主要设备

### 5.2.1　冷库

冷库基本结构见图 5-11。

**图 5-11　冷库基本结构**

A. 冷库整体构造；B. 保温层；C. 制冷机；D. 外机

1）冷库整体构造

食品冷库是用人工制冷的方法，让固定的空间达到规定的温度便于贮藏食品的建筑物。冷库是一个以主库为中心的建筑群，主要由建筑主体（主库）、其他生产设施和附属建筑组成。主库是冷库的主体建筑，主要有冷却间、冻结间、冷却物冷藏间、冻结物冷藏间、冰库等，具体组合由贮藏品种和加工工艺决定，贮藏品种不同，工艺不同，主体建筑的组合也不一样。

2）保温层

食品冷库是最常见的冷库建造类型。在设计和建造时，保障非常良好的冷库隔热性能很重要，不然就容易造成所贮存的食品变质，或者增加冷库制冷系统的运行负荷，减少使用寿命。食品冷库安装设计和建造时，会根据冷库维护结构内外传热方程式、热惰性指标方程式、隔热材料厚度计算公式等，结合食品冷库建造好的实际使用需求，选用最适宜的保温材料和有效的保温材料安装方式。为了减少外界热量的传入，冷库的地坪、墙壁和屋顶都敷设一定厚度的隔热层，以达到非常良好的隔热性能。

3）制冷设备

制冷压缩机是冷库主要的动力设备。目前国内大多将制冷压缩机房设置在主库邻近单独建造，一般采用单层建筑，也可把制冷压缩机房布置在楼层，以提高底层利用率。对于单层冷库，也有在每个房外分设制冷机组，采用分散供液方法，而不设置集中供冷的压缩机房。设备间与机房相连，与设备间以墙分隔，主要安装有卧式壳管式冷凝器储氨器、气液分离器、低压循环储液桶、氨泵等制冷设备，小型冷库为了操作方便，可两者合二为一。

在冷藏过程中，制冷系统应能够提供恒定的制冷量，可以保持食品储藏的适宜温度，并且不能有较大的温度波动，这是保证储藏过程中食品品质的关键。食品加工过程中快速冷却与快速冻结是十分常见的环节，它是决定食品初加工品质的关键。快速冷却的食品，应注意快速降温时由于热胀冷缩对食品外形带来的影响。快速冻结过程中，应迅速使食品通过最大冰晶生成带，保证食品的组织不被冰晶所破坏，使食品的口感和营养成分尽量保持在最新鲜的程度。

### 5.2.2 运输工具

冷链运输主要分为航空运输与地面运输（图 5-12）。航空运输效率高、可靠性高，但成本也较高，适合运送高附加值产品。地面运输可分为铁路运输和公路运输。铁路运输调度较复杂，公路运输以其方便快捷、灵活性高、成本低占据了大部分市场。根据制冷方式（图 5-13）的不同，冷藏车可分为：①机械压缩制冷方式，采用独立或独立的蓄冷单元提供制冷量；②冷板型，采用相变材料储存冷能；③液氮源型或者干冰型，利用液氮源型或者干冰的汽化作用对食品进行冷却。目前市场主要的冷藏车运输方式为机械压缩式制冷，但存在机组维护复杂、制冷剂污染等缺点。而蓄冷式冷藏运输主要是利用相变材料充冷放冷对食品、药品进行保温，该方式方便灵活、精确控温，运输中无须制冷机组。机械压缩式制冷运输、蓄冷式冷链运输与干冰式冷链运输的性能对比见表 5-2。

A　　　　B

**图 5-12　不同冷链运输方式**

A. 陆运；B. 空运

A　　　　B　　　　C

**图 5-13　不同制冷方式**

A. 机械式；B. 蓄冷式；C. 干冰式

表 5-2 不同制冷方式特点比较

| 性能 | 汽车类型 | | |
|---|---|---|---|
| | 机械式 | 蓄冷式 | 干冰式 |
| 制冷能力 | 最低温度约为－20℃，制冷能力依车体大小而定，一般为1～12 kW | 制冷温度依相变蓄冷材料融解温度而定 | 温度5℃以上冷却能力按冰量而定。干冰式使用温度可达－20℃ |
| 温度调节 | 可用温度控制器在－20～－15℃进行调节 | 使用不同性质的相变蓄冷材料来变换温度 | 无温控装置 |
| 承载效率 | 承载效率低 | 承载效率比机械式高 | 冷却剂占据承载空间时承载效率降低 |
| 预冷时间 | 以机械式预冷时间作为比较的基准 | 蓄冷器冻结时同时预冷，冻结时间比机械式冻结时间长，但多利用夜间运行，故其影响较少 | 冷却剂在库内上部与下部混合不均，预冷不全，预冷时间长 |
| 设备费 | 通常设备费较高 | 比机械式便宜 | 设备费较便宜 |
| 使用费 | 燃料费、修理费较高 | 利用夜间低谷电力，使用费较低 | 冷却剂（冰或干冰）的费用较高 |
| 其他 | 使用时噪声较大 | 无噪声或噪声很小（有通风机时） | 无噪声 |

### 5.2.3 保鲜柜

保鲜柜（图 5-14）适用于商场、超市、便利店、KTV、酒店、水果蔬菜专卖店等综合大型场所，用于冷藏食品（水果、蔬菜、啤酒、牛奶饮品、熟食肉制品、寿司甜点）等。保鲜柜多功能搁板可自由组合，根据展示物品可任意调整，呈现最佳展示效果。柜内采用不锈钢材料，耐腐蚀，易清洁，使用方便，且不污染食品。制冷系统采用微电脑全自动温控技术，全自动化霜，误差小，操作简便，温度控制精确，出风均匀且食品不易风干。

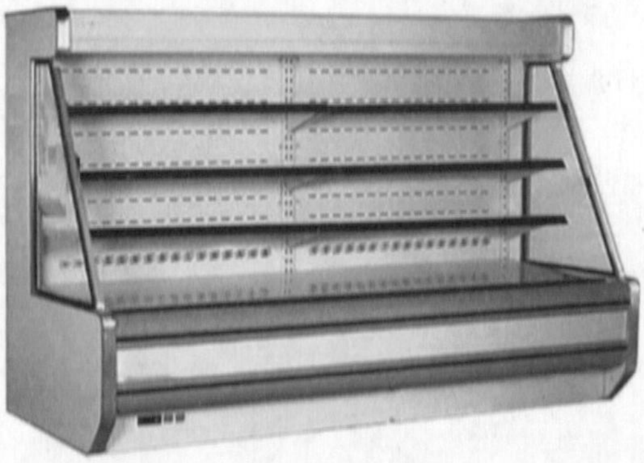

图 5-14 保鲜柜

## 5.3 果蔬冷链物流管理系统

### 5.3.1 冷链物流信息管理系统总体要求

（1）应及时记录各冷链物流环节的关键信息。每个冷链物流环节完成以后将信息及时上传。

（2）应准确记录各物流环节的关键信息。各冷链物流环节信息记录应自动进行，减少人为干预，力求准确。

（3）应完整记录冷链物流信息，管理信息系统应包含但不限于：基本信息管理系统，仓储管理系统，温湿度监控系统，运输车辆定位系统等，确保物品在冷链物流过程中信息的可追溯性。

（4）环境异常时系统应及时预警并记录异常情况。

（5）可根据产品条码、RFID或某种编码查询到水产品的仓储运输、销售等环节的信息数据。

### 5.3.2 仓储管理系统

仓储管理系统主要包含仓库基本信息，如名称、地址、联系方式等相关信息；产品入库信息，内容应包括但不限于：货物名称、规格、保质期、入库时间、存储位置、数量、入库人员等信息；产品出库信息，内容应包括但不限于：货物名称、规格、保质期、出库时间、数量、出库人员等信息。

### 5.3.3 温湿度监控系统

温湿度监控系统主要包含传感器基本信息，如编号、型号、位置等相关信息；冷库、冷藏车的温湿度信息，包含数据显示和图形显示。

### 5.3.4 冷藏车定位系统

冷藏车定位系统主要包含车辆基本信息，如车辆编号、车牌号、司机、车型、制冷方式等相关信息；运输产品信息，包括名称、数量、交货日期、地点、收货期限等；运输车位置和路径信息，如车辆坐标、车速、油耗及运行车辆已经过路径和将要经过路径信息，利用地图显示。

### 5.3.5 产品信息管理系统

产品信息管理系统主要包含产品通用信息，如产品名称、品种、等级、产地、规格、重量、质量状况、存储条件、安全标识等信息；产品加工信息，如生产厂家、生产时间、加工车间等信息。

### 5.3.6 果蔬冷链物流系统评价指标体系

果蔬冷链物流评价指标体系的构建应参考以下三个标准。

（1）质量安全标准　果蔬品质量安全关系重大，所以在对其进行低温运输与配送过程中，要始终处于规定的环境下，以保证其质量。

（2）冷链物流的完整性　冷链物流是从生产商直至最终消费者的一个整体的功能链状结构，每一个环节，每一个节点都必须高度协调控制，才能使整个链条的效益与效率最大化。

（3）配送时效性标准　果蔬冷链物流非常讲究时效性，要求要在合适的时间、将合适的货物以合适的条件送到指定的地点。

指标体系的构建是为了能以指标数字化的形式分析现状，更清晰明朗地衡量质量发展水平，有利于发现问题，找出真因。在指标体系构建中，充分考虑了指标构建参考标准，对企业项目运作过程中的关键要素进行提炼，并结合企业考核的关键绩效指标，对果蔬冷链物流建立指标体系，如表5-3所示。

表 5-3　冷链物流评价指标体系

| 指标 | 指标点 | 指标 | 指标点 |
|---|---|---|---|
| 果蔬质量 | 腐烂率<br>品质完好率<br>新鲜度 | 及时率 | 工作日<br>节假日<br>加急 |
| 信息完整性 | 各环节记录<br>记录内容的完整性<br>内容的准确性 | 信息流 | 温湿度监控<br>准确率<br>配货准确率 |

## 5.4 我国果蔬冷链物流的发展状况及未来趋势

### 5.4.1 我国冷链物流现状

我国是水果和蔬菜生产、贸易和消费大国。2017年我国生产的生鲜农产品超过13亿t，其中水果有2.78亿t，蔬菜有8.21亿t，连续10多年呈增长态势，呈现总量“供大于求”、特色品种“供小于求”并存的局面。并且果蔬的冷链物流比例增长迅速。到2019年，我国果蔬冷链的流通率达到35%，冷藏运输率为55%，较好地完成“十三五”冷链物流规划目标。但是，目前我国的冷链物流发展也存在一些问题，主要集中在以下几个方面。

（1）冷链物流基础设施薄弱　据统计，2017年全国冷库总容量为4 775万t，基本与美国持平，但人均拥有量却只占美国的1/4，日本的1/3。冷藏车合规数量依然不多，“假”冷藏车在市面上仍然存在，很多二手货柜改装的冷藏车还在运行，这对于农产品冷链物流健康发展有很大的限制作用。

(2) 我国农产品冷链物流成本仍然较高　我国冷链物流除了专业化程度不高，还存在路桥费、燃油费、人工费等逐年走高的问题，三者加起来占到冷链企业总收入的80%以上，运行成本高在一定程度上加剧企业心态的浮躁，在支出方面精打细算，很少有企业主动在信息系统、设备升级、人才培养、服务提升等方面加大投入。

(3) 物流信息化程度低，与市场不对称　目前，我国果蔬的生产和销售大部分还是采用传统的方式，由农户自己通过传统的方式获取这些信息，由外来传入的信息比较少，对市场价格无法更好地把握。对于果蔬的运输地点更是不能及时掌握。这对农户的利益产生很大的影响。

(4) 缺乏第三方冷链物流企业　随着电商销售的兴起，各类销售产品通过互联网技术实现了质的变化，这也让物流行业兴盛起来。一些物流企业（如顺丰、申通等快递）迅速发展起来，在运输上比较有保障，一是时间短；二是方便。但是在冷链物流方面的发展还是相对滞后，不能满足客户需求，对于一些真正具有高要求的果蔬产品仍然做不到很好的保鲜，所以第三方物流产业有市场，但缺乏一定的专业性。

### 5.4.2 我国冷链物流发展趋势

目前，我国的冷链行业已经初步形成布局合理、覆盖广泛、衔接顺畅的冷链基础设施网络，基本建立全程温控、标准健全、绿色安全、应用广泛的冷链物流服务体系，培育了一批具有核心竞争力、综合服务能力强的冷链物流企业，冷链物流的信息化、标准化水平大幅提升，普遍实现了冷链服务全程可视、可追溯，生鲜农产品和易腐食品冷链流通率、冷藏运输率显著提高，腐损率明显降低，食品质量安全得到有效保障。未来，我国冷链物流的发展主要集中在以下几个方面。

(1) 融合化趋势　果蔬电商网上网下融合化发展，多种冷链物流模式网上网下、平台前平台后、“最前一公里”和“最后一公里”等融合发展。

(2) 标准化趋势　果蔬冷链物流发展标准化，国际标准、国家标准、行业标准、团体标准、企业标准等多种标准体系的发展（图5-15）。

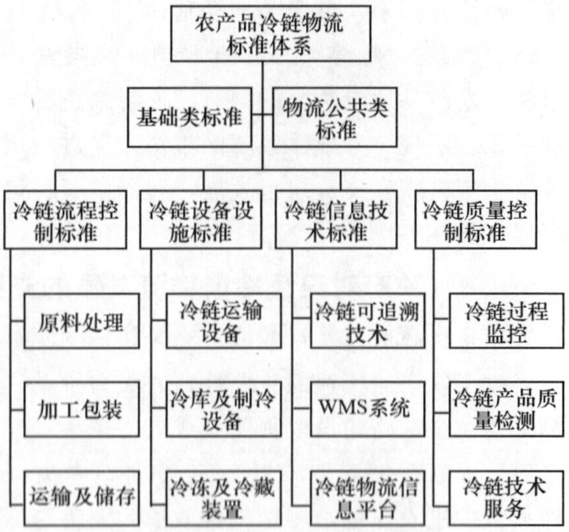


图5-15　冷链物流标准体系

(3) 功能化趋势　果蔬冷链物流的交易、信息、物配、展示、销售、体验等实现多功能发展。

(4) 品牌化趋势　果蔬冷链物流以品质、安全、健康、营养等为内容向品牌化发展，产品品牌、企业品牌、区域公共品牌以及网络品牌将获得较大的发展。

(5) 全渠道趋势　采取尽可能多的零售渠道类型进行组合和整合（跨渠道）销售的行为，以满足顾客购物体验需求。全渠道是果蔬冷链物流的重要方向。

(6) 国际化趋势　目前，“一带一路”建设项目已经形成了“六廊六路多国多港”主骨架，推动一批合作项目取得实质性进展。这些对于我国果蔬冷链物流发展都是重大利好。如2017年9月，齐齐哈尔国际冷链物流专列开通成为一个新亮点——“龙海号”冷链专列满载着齐齐哈尔的圆葱，经历10 d后运抵俄罗斯莫斯科，专列在抵达莫斯科后运载俄罗斯食品、酒类、肉制品等优质商品返回齐齐哈尔。

(7) 智能化趋势　果蔬冷链物流智能化发展，即在高度信息化条件下，果蔬冷链各个环节的无缝连接。

(8) 绿色化趋势　绿色冷链包装盒在不同的果蔬品类中推广，形成一个完整的体系框架。

(9) 社区化趋势　果蔬冷链物流社区化发展，大力推进网上交易模式创新，使城乡社区与基地、农户紧密结合起来，融合为一个整体。

（10）法制化趋势　2018 年《电子商务法》的出台和《农产品质量法》的修订，使得果蔬冷链物流的法律、法规、标准体系不断规范，促进中国果蔬冷链物流创新发展、规范发展、智能发展、可持续发展。

### 5.4.3　政府对果蔬冷链物流发展的支持

近年来，政府以及行业协会充分认识到冷链物流发展对于农产品流通的重要性，并大力推动，果蔬冷链物流全链路建设取得明显成效。

（1）国家政策支持　2016 年 2 月，中央一号文件大力推进农业供给侧结构性改革，完善跨区域农产品冷链物流体系，开展冷链标准化示范，实施特色农产品产区预冷工程。2017 年，《国务院办公厅关于加快发展冷链物流保障食品安全促进消费升级的意见》（图 5-16），聚焦农产品产地“最先一公里”和城市配送“最后一公里”等突出问题，形成贯通一、二、三产业的冷链物流产业体系；国务院《关于积极推进供应链创新与应用的指导意见》，对我国供应链创新发展作出全面部署，其中包括农产品冷链的发展；《交通运输部关于加快发展冷链物流保障食品安全促进消费升级的实施意见》，部署推动冷链物流行业健康发展，保障生鲜农产品和食品消费安全；商务部等 5 部委联合发布《城乡高效配送专项行动计划（2017—2020）》，指出到 2020 年初步建立起高效集约、协同共享、融合开放、绿色环保的城乡高效配送体系。

2018 年初，中央一号文件高度重视农产品冷链物流，提出重点解决农产品销售中的突出问题，加强农产品产后分级、包装、营销，建设现代化农产品冷链仓储物流体系，打造农产品销售公共服务平台，支持供销、邮政及各类企业把服务网点延伸到乡村，健全农产品产销稳定衔接机制；商务部开展“农产品冷链流通标准化示范城市（企业）”建设（示范城市 4 个，示范企业 9 家），公布第一、二批全国公益性农产品示范市场 49 家。商务部《关于开展 2018 年流通领域现代供应链体系建设通知》提出积极推广标准化冷链，推动建设产地公用型预冷库和推广使用冷藏集装箱；农业农村部开展“农产品质量年”活动，建设 100 个果菜茶全程绿色标准化生产示范基地，质量监测覆盖全国 150 个大中城市基地和市场的 5 大类产品 110 个品种。

（2）地方政府、行业协会大力推动　近年来，地方政府、行业协会大力推动农产品冷链物流发展，加快农产品冷链物流的标准化建设。如 2018 年 3 月，北京市发布地方标准《食品冷链宅配服务规范》征求意见，该“规范”对冷链宅配的易腐食品贮藏温湿度要求进行了明确的规定。

### 5.4.4　我国果蔬冷链物流全链路发展建议

（1）加强协调　果蔬冷链物流体系建设环节多、产业链长，是一个跨部门、跨区域的系统工程，需要多方面的配合与支持。中央政府和各级地方政府应由一个部门牵头，与有关部门加强协调配合，形成合力统一组织规划实施，协调解决蔬菜、水果冷链物流发展中的突出矛盾和问题。政府主管部门应加强统筹协调，防止政出多门、重复建设，

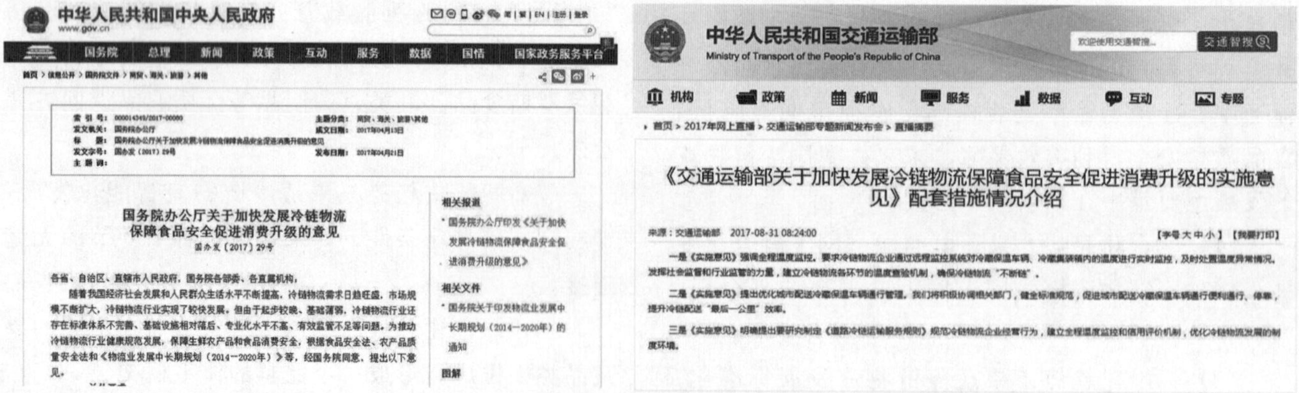


图 5-16　国家政策支持

成立由海关、商检、标准、协会、科研院所等相关部门组成的果蔬冷链物流管理协调体系，建立高效联动的信息发布和预警机制，帮助企业、个体工商户及时获得果蔬冷链物流信息，增强果蔬产业的竞争应变能力。发展生产、加工、销售“一条龙”服务，建立专业化果蔬物流配送中心，以及信息共享管理体制和运行机制，实现产、供、销各环节的密切合作。

（2）调整政策　国家应随着经济和社会发展的变化，适时调整果蔬冷链物流的相应政策，切实解决“买难买贵”的问题，兼顾蔬菜、水果第三方冷链物流企业的特点，完善企业营业税差额纳税试点办法，扩大政策享受范围。对冷库建设新增用地，要在提高土地集约利用的基础上，合理安排用地。简化冷链物流企业设立时的前置审批手续，放宽对冷链运输车辆的城市交通管制；充分考虑冷链运输车辆因增加保温车厢和制冷机组使自重增加的特殊情况，合理确定运输车辆的载重量；支持冷藏运输车辆跨区域加盟，在车辆审验、车辆管理等方面提供支持。

（3）整合资源　针对果蔬冷链物流“不缺资源缺整合”的现状，通过企业兼并重组、参股控股、合资合作等方式，整合现有生鲜农产品生产加工企业、批发市场、冷链物流企业以及港口、码头、航空航运交通枢纽的冷链物流资源，加快升级改造步伐和配套协作，建立全国性和区域性的大型低温物流中心，并采用现代经营理念、管理手段和运作模式，提高冷链物流整体质量与效率。

（4）加大资金投入　果蔬冷链物流设施建设要充分发挥市场机制的作用，鼓励企业加大投入，多渠道筹集建设资金。特别是加大果蔬冷藏基础设施设备的建设。包括物流过程动态品质检测、跟踪技术、冷链流通与营销信息化技术、机械制冷贮藏、气调贮藏、保鲜剂涂膜、低温高湿保鲜、臭氧气调保鲜、辐照保鲜、高压保鲜等技术，以及库房建设、冷藏运输车辆的生产、无损检测和光电分级技术等。中央和地方政府可对大型冷藏保鲜设施、冷藏运输工具、产品质量认证及追溯、企业信息化等重要项目给予必要的引导和扶持。

（5）鼓励技术和设备创新　应加强计算机管理系统、自动识别和条码技术、全球定位系统等先进的信息技术在果蔬冷链物流中的应用，提高对冷链物流信息的获取、处理、应用能力，加强对物流全程信息的调控。也应加强对蔬菜、水果预冷、冷藏、常温和信息化管理等冷链物流技术和设备的创新与研发，对农产品冷链物流新工艺新技术、新型高效节能的大容量冷却冷冻机械、移动式冷却装置、大型冷藏运输设备、冷藏运输车辆专用保温厢和质量安全追溯装置等进行集中攻关与研发。

（6）注重人才培养　目前大部分的物流企业，由于资金紧张且重视程度不够，往往忽视人才的教育和培训，从而影响了企业整体管理水平和流通服务质量的提高；同时国内食品冷藏链几乎每一个环节都存在全局观念和整体意识认识不足的员工和管理人员。要维持食品冷藏链的正常发展，适应国际冷藏链市场竞争的需要，必须重视培养高素质的物流管理人才。基于中国目前的物流发展水平，一方面要让前沿的物流理论指导中国的冷链实践，另一方面要建设与物流管理相关的学科，通过各有关科研院所、大专院校有针对性地培养和训练，为物流业输送更多合格人才。

**思考题**

1. 试述果蔬物流的概念及特点。
2. 试述果蔬冷链物流的组成。
3. 试述果蔬物流近期发展的新模式及其特点。
4. 试述果蔬冷链物流管理系统的组成。
5. 试述果蔬冷链物流未来的发展趋势。

HAPTER 6

# 第6章 果蔬质量安全溯源

**教学目标：**

1. 掌握食品溯源和果蔬溯源的有关概念；
2. 了解基于物联网的果蔬质量安全溯源系统；
3. 熟悉稳定同位素、矿物元素、有机成分、DNA 分析等果蔬溯源技术。

民以食为天，食以安为先。随着物质生活条件的不断提升，人们对于食品安全问题越来越重视。党的十九大报告明确提出实施食品安全战略，让人民吃得放心。习近平总书记在 2019 年 3 月 8 日参加十三届全国人大二次会议河南代表团审议时指示："完善农产品原产地可追溯制度和质量标识制度，严厉打击食品安全犯罪，保证让老百姓吃上安全放心的农产品。"果蔬类农产品由于源头管控能力弱、冷链运输率低、末端销售环节的冷藏条件和卫生状况容易不达标、中间环节流转信息不明确等问题让消费者感到不安。如何有效管控果蔬类农产品的流通全过程、实现全程信息透明化、保障温度敏感型果蔬类农产品的品质及口感的一致性、保护消费者的权益显得尤为重要。

另外，近些年果蔬类特色农产品、地方名优特产品、地理标志农产品备受关注，农产品品牌已经成为其进入国内及国际市场的"流通名片"，在农业转型增效、农民增收、农产品质量安全保障等方面发挥着巨大作用。建立有效的果蔬质量安全溯源技术和体系，有利于实施产地保护、保护地区品牌，加强"从农田到餐桌"的质量保证系统，而且能够迅速追溯到果蔬产地，方便果蔬产品质量安全监管。

## 6.1　食品质量安全溯源概述

### 6.1.1　食品溯源及食品溯源系统

随着经济社会的快速发展和人民生活水平的提高，人们对食品的关注由过去的温饱问题转变为食品健康问题，食品安全得到越来越多的重视。食品质量安全溯源是解决食品安全问题的一个有效方法。

溯源最早的定义来自《质量管理和质量保证术语》(ISO 8402：1994)(已被 ISO 9000：2015 替代)中，其中描述"Traceability（可追溯性)"："Traceability is the ability to trace the history, application or location of an entity by means of recorded information"，是指通过标识的方法追溯和跟踪某个实物的来历、应用和位置的能力。《质量管理体系　基础和术语》(GB/T 19000—2016/ISO 9000：2015)将可追溯性定义为：追溯客体的历史、应用情况或所处位置的能力。

二维码 6-1　《质量管理体系　基础和术语》(GB/T 19000—2016/ ISO 9000：2015)

食品溯源的定义在不同法规中有不同的描述，国际食品法典委员会（Codex Alimentarius Commission，CAC）将食品溯源定义为：鉴别/识别食品如何变化、来自何处、送往何地以及产品之间的关系和信息能力；欧盟委员会（EC178/2002）将食品溯源定义为：在整个食品链全过程中发现和追踪食品生产、加工、配送以及用于食品生产的动物的饲料或其他原料的可能性。

参考食品溯源或追溯的定义，总结"食品溯源"的内涵实质：在食品供应链的原料生产、加工、流通与销售等环节中，相关的产品和服务信息均能够被完整地记录和查询，使食品的整个生产经营活动处于有效监控之中，从而实现对食品供应链全程的监督和管理。在这条供应链上，物流和信息流可以双向流动，使得食品信息向上可以追溯到农产品的产地以及农产品在生产、加工、流通过程中的相关信息，以便查找食品质量安全问题的原因；向下可以追溯到农产品的流向，在出现问题后可以实现召回和责任追究。

食品溯源的构成要素大都包括以下几个方面：产品溯源、过程溯源、基因溯源、投入溯源、病虫害溯源和测定溯源等。这几个构成要素涵盖了食品生产、加工、流通和应用等一系列过程，对于全程掌控食品安全信息，及时发现食品安全问题，快速形成应急策略都具有重要作用。

食品溯源系统（food traceability system, FTS）可以理解为是利用相关溯源技术，对供应链上的各个产品和服务进行标识管理，结合与供应链管理相适应的溯源模式，能够完善食品在供应链全过程中相关物流与数据信息流的综合体系。FTS 最重要的功能是作为整个供应链的沟通工具和提供信息的工具。FTS 可以帮助企业实时跟踪检查食品质量情况从而降低食品安全风险，并且能够使企业快速定位食品安全问题的源头、锁定问题产品的流动位置从而降低问题食品的危害及召回成本。FTS能够协助第三方监督检查机构对食品质量进行鉴定，从而降低食品安全检查的成本、提高食品质量的可靠性。此外，传统食品标签上的图文信息是消费者直观感受食品品质的唯一信息来源，而FTS则可以成为另一个更加强大的信息源，它能够向消费者提供更为全面的食品信息，减少消费者被故意误导购买、食用的情况或者不法商家回收过期食品重包装上架的情况，并且增加消费者对食品质量的信任度。

食品质量与安全溯源系统能够快速、准确地确定问题食品的身份和食品质量问题的源头，是从根本上预防食品安全风险的主要工具之一，是食品质量与安全控制体系不可缺少的组成部分。

### 6.1.2 食品质量安全溯源发展进程

#### 1. 国外果蔬食品质量安全溯源发展进程

1）欧盟

20世纪90年代，英国的疯牛病事件、丹麦的猪肉沙门菌污染事件和苏格兰大肠杆菌事件等多起食品安全事件导致消费者对政府的食品安全监管体制缺乏信心。1997年，为了解决暴发的“疯牛病”问题，欧盟提出要能够追溯农牧业产品流通供应涉及的各环节中所使用的添加剂、饲料等信息。2002年欧盟为了保证人们的利益，将农产品质量安全溯源系统纳入到了法律的保护之下，颁布了178/2002号法规，该法规强制性要求欧盟国家的全部农产品企业从2004年开始都要记录并存储农产品在生产过程、加工过程以及销售过程中使用的所有关联信息资料，以确保其可追溯性和安全性。2005年，欧盟规定，在欧盟国家内销售的食品必须标有溯源信息，否则不允许流通销售。同时，欧盟规定对于不具备溯源信息的食品不予进口。在2013年欧盟施行了食品标签新规草案以及实施实行三年过渡期的政策来更进一步保障食品安全。

2）美国

为保障农产品溯源信息的可追溯性和安全性，美国于2002年通过《公共安全和生物恐怖主义防备和反应法案》建立了食品从原料、加工、成品、运输、流通、销售整个供应链的食品安全信息电子备案制度。美国于2004年5月公布了《食品安全跟踪条例》，要求所有涉及食品运输配送和进口的企业要建立并保全相关食品流通的全过程记录。自2006年9月30日起，美国在全国范围内推行食品安全可追溯制度。2009年，美国通过相关法案公布其食品和药物管理局构建食品追溯系统的决定，公开研制和开发食品追溯相关的技术和方法，前后衔接从生产到分销的多个环节，通过这种环环相扣的溯源信息记载，建立起比较完善的食品质量安全系统。

3）加拿大

在加拿大农业政策框架（APF）的指导下，2004年在加拿大开始建立由政府启动，企业推动的国家食品溯源体系。加拿大政府承诺在该体系下，将保证80%的国产食品从农产品原料到零售均可得到溯源。目前在25个食品行业和贸易协会以及加拿大政府的共同参与下，对食品溯源展开了实质性的研究，以EAN-UCC为基础制定了《食品溯源数据标准第一版》和《食品溯源良好规范》两个重要的标准和导则。在《食品溯源数据标准第一版》和《食品溯源良好规范》的指导下，制定了牛肉、新鲜农产品和水产品的溯源操作指南。

4）日本

日本在2000年开始实施生鲜食品质量标识标准，规定企业必须注明“原产地”“名称”等标识。2003年，日本全国农业联合会推广农产品追溯制度，并通过该制度来完成生产、加工、流通各环节的信息管理、检查认证和信息公开工作。2005年，日本政府又规定在粮食等农产品的溯源信息上必须具有所使用的农药化肥等信息。在2007年经过对相关法规进行修订后，日本规定生鲜产品必须注明所采用的栽培方式。

#### 2. 国内食品质量安全溯源发展进程

我国在2000年后开始逐步探索建立可追溯系统，在研究和实施过程中，逐步制定了一些相关的标准指南，获得了一些研究成果。在2003年，我国启动了“中国条码推进工程”，国内部分蔬菜、牛肉产品开始拥有属于自己的“身份证”。2004年，中国物品编码中心应用物品编码和无线射频识别技术RFID等构建了农产品质量安全追溯系统，随后又出台了具有规范性的《水果、蔬菜跟踪与追溯指南》。2007年中国标准化研究院启动了“国家863”研究课题《农产品溯源质量快速溯源系统设计与运行规范研究及技术实现》。2008年，我国农业部专门成立了农产品质量安全监管局和相关职责部门加强构建质量安全系统。2010年，我国商务部出台《蔬菜流通追溯体系基本要求》文件，极大地促进了我国地方蔬果流通追溯系统的构建。2013年，国务院办公厅针对食品安全保障问题明确提出了“建设食品安全电子追溯体系，统一追溯编码”等要求。2015年10月1日新修订实施的《食品安全法》中明确规定要建立食品安全全程追溯制度。2016年6月农业部《关于加快推进农产品质量安全追溯体系建设的意见》发布，围绕建立追溯管理运行制度，搭建信息化追溯平台，制定追溯管理技术标准，开展追溯管理试点应用等展开工作。2017年是我国食品追溯推进年，中央一号文件再次强调食品安全追溯体系建设是我国“十三五”的一项战略工程，要求2020年建成互通共享的全国食品追溯体系，让“可溯源”食品走上百姓餐桌。2019年5月，中共中央 国务院《关于深化改革加强食品安全工作的意见》发布，提出到2020年，基于风险分析和供应链管理的食品安全监管体系初步建立，到2035年基本实现食品安全领域国家治理体系和治理能力现代化。

### 6.1.3 食品质量安全溯源方法

食品溯源方法分为两大类，一类是建立食品信息溯源系统，另一类是开发综合性溯源检测技术。

食品信息溯源系统，是一套利用自动识别技术与信息通信技术来监控和记录食品供应链中关键环节的信息，并把这些信息通过互联网、电话、短信等途径呈现给消费者或者监管者的信息化服务系统。该系统由不同的网络支撑，根据果蔬种植、商品化处理、贮藏到销售的流通特点，采用可非接触式物品自动识别技术进行食品信息的感知，以电子标签为溯源信息载体，实时记录食品生产的相关信息，分别在食品加工各个环节进行标识，并记载输入数据库，应用无线网络传输技术进行生产环境控制指令和数据信息的传输，运用计算机网络和数据库技术进行数据的处理与查询，对果蔬产品进行全程监管。

食品信息溯源系统要求记录信息必须准确无误，但在实际生产过程中，食品要经过复杂的加工、运输、贮藏、销售等程序，很难实现产品的每一过程都记录在案，基于信息技术的食品质量安全溯源系统实施时存在一定的困难和问题。同时需要建立一种科学的、独立的溯源检测技术来追溯产品的产地、来源、真伪等相关的信息，并且这种技术在减少欺诈、以假乱真的行为中也能起到鉴别作用。用于食品的溯源检测技术主要有稳定同位素溯源技术、矿物元素指纹分析技术、有机成分溯源技术和DNA溯源技术等。这些技术将在接下来的章节中详细介绍。

## 6.2 果蔬信息溯源系统

果蔬是人类最重要的食品原料之一。许多果蔬存在极易腐烂和品质劣变等问题，且果蔬从农田采摘到餐桌需经过较长时间的流通运输，所以在生产、保鲜和运输等各个环节的监控和溯源尤为重要。

果蔬信息溯源系统是利用物联网技术、云计算以及各种终端设备，将各种信息传感（感应）设备装置与互联网结合起来而形成的一个巨大跨地域、跨行业的信息网络系统。围绕果蔬质量安全溯源，采用自动、手动基础信息采集设备、移动网络传输设备等，利用Zigbee/4G/5G/ADSL/数据专线等多种组网方式将数据实时传输到云端数据中心，再按标准食品追溯规范体系编码、传递、整编进入追溯信息数据库，形成业务应用和多应用交互的“监、控、管”一体化平台，提供果蔬市场供应、价格分析监控决策的基础数据，并可以确保在发生果蔬产品安全事故时责任追究准确、及时，预警、召回措施有效、到位。

### 6.2.1 果蔬信息溯源系统构成

果蔬信息溯源系统是与物联网紧密结合的产物。物联网被称为继计算机、互联网之后，世界信息产业的第三次浪潮。物联网技术应用在果蔬质量安全溯源中，可以实现果蔬产业链各个环节的信息采集、传输和分析处理，建立果蔬信息溯源数据库，实现果蔬质量安全溯源。

果蔬物联网溯源系统是指在一定区域内，运用物联网为代表的信息技术手段，将果蔬种植、商品化处理或加工及流通的信息相关联，形成完整的信息追溯链。通过建立果蔬种植、商品化处理、道路运输、果蔬加工、果蔬零售、市场监管、追溯查询等子系统并建立市级食品质量安全信息追溯数据中心，实现从种植、加工到零售终端相关信息的正向跟踪；果蔬零售到种植等相关信息的逆向溯源；果蔬流通的监管与综合分析。

物联网应用在果蔬质量安全溯源中具有一定的优势：①可以对生产、存储、销售等食品加工及运输过程中各个关键节点的信息作实时的全程记录，达到有据可查的效果，相比手工输入数据，具有实时和存储数据量巨大的优势。②使各环节实现自动数据录入和读取，避免数据丢失或人为干预，保证果蔬安全信息的可靠性。③可以及时查询网络数据库中果蔬生产的过程控制信息，并能够加强果蔬生产过程监管，区别于以往的管理方式。④对出现安全问题的果蔬产品进行溯源分析，加强安全监管的时效性，并可以有选择性地回收有问题的果蔬产品。⑤果蔬安全监管可以细化到具体的一个产品或者一个控制点，提高了监管效率和效果，减少了监管的耗费。⑥使用果蔬溯源的预警功能，监管部门可以把有限的人力和物力使用在特定时间、地域内或集中在容易发生状况的特定果蔬生产环节。

**1. 物联网基本架构**

物联网架构（图 6-1）可分为三层：一是感知层，即前端数据采集网络，通过传感器感知信息，以电子标签技术（radio frequency identification，RFID）、二维码、数据采集传感器为主，实现传感器数据采集和物品识别；二是网络层，即传递各类数据、信息，利用信道（比如通信网、广电网等传输通道）传输信息和控制信号；三是应用层，即实现各种现实应用中的具体功能。

**2. 果蔬物联网技术溯源系统常用技术**

1）溯源信息采集技术

应用于果蔬质量安全溯源系统中的信息采集技术主要有条码技术（含一维条码和二维码）、RFID、无线传感网络（wireless sensor networks，WSN）、IC 卡商户身份标识技术和移动式溯源交易终端等。

（1）条码技术　主要包括一维条码和二维码。通过条形码扫描器可以将数据自动传输到计算机，由于速度快、效率高，在计算机信息处理过程中得到广泛应用。

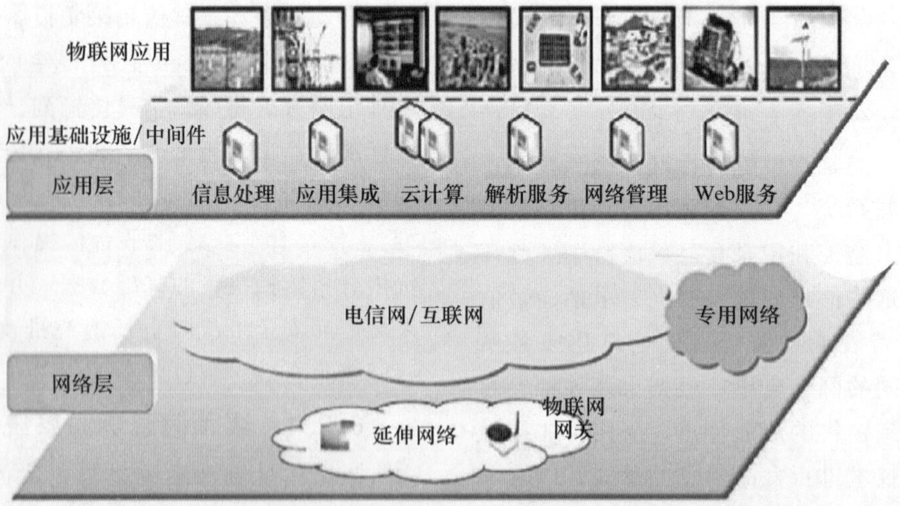


图 6-1　物联网架构

①一维条码。一维条码是由按一定规律排列的条、空以及字符组成的符号。一维条码是一种经济实用的自动识别技术，具有以下四大特点：数据输入速度快，能实现“即时数据输入”；准确性高，出错率低于千万分之一；易于制作、成本较低，一维条码易于制作且识读设备成本低、识读操作简单、有一定的抗污损能力；一维条码的识别算法中包含纠错与自校验机制，即使条码符号部分污损或者条码标签有部分缺陷，仍然可以被正确识读。

目前为止有220多种一维条码，常见的一维条码码制包括：EAN（国际物品条码）、UPC（通用产品条码）、Code 25（交叉二五码）、Code 93（九三码）、Code 128（128码）、ISBN（国际标准书号）等。常见一维条码符号见图6-2。上述条码已被广泛用于各种行业领域，如EAN、UPC被用于商业零售系统，交叉二五码被用于仓储物流管理，九三码被用于工业应用领域，ISBN码被用于图书管理，128码在国内被用于食品药品电子监管。上述几种码制中，只有Code 128码能够承载同时包含数字、字母及符号的内容，因此最合适被用做食品溯源标识的数据载体。

GS1-128条码（旧称UCC-EAN 128）是Code 128的子集。经国际编码协会、美国统一代码委员会和国际自动识别制造商协会（AIM）同意，把起始符后面的第一个字符是Code 128码中的“功能1”（FNC1）字符的符号结构给EAN-UCC系统专门使用。GS1-128条码在全世界范围内具有唯一性、通用性、标准性，成为全球贸易中信息交换的“关键字”和“全球通用的商业语言”，在食品安全追溯系统中逐步得到应用。

②二维码。二维码是按一定规律在二维方向上分布的黑白（点空）相间的图形来记录数据的符号。在代码编制上利用黑、白像素来表示计算机逻辑中的“0”“1”，从而达到记录信息的目的。二维码技术是在一维条码基础上发展起来的编码技术，它将条码符号的信息空间从一维扩展到二维。二维码除了具有一维码的所有优点之外，还具有以下优势：a. 数据容量大，二维码可以容纳一千多个字节，是一维码容量的几十倍；b. 存储的信息形式多样，二维码能够存储文字与图形，因而表达形式更加全面；c. 具有较强的纠错与抗污损能力，对于等级最高的二维码，即使二维码被污染30%，也能够读取其存储的数据。

二维码具有许多不同的编码方法，通常分为两种类型：一是线性堆叠式二维码。它是将若干个一维条码在纵向堆叠而形成的，如PDF 417、Code 16K、Code 49等；二是矩阵式二维码。它是通过黑、白像素在二维矩阵空间的不同分布来编码的，如QR Code（快速响应码或QR码）、Data Matrix（DM码）、汉信码等，常见二维码符号见图6-3。

a. EAN-13　b. UPC-12　c. Code 25

d. Code 93　e. Code 128　f. ISBN

图6-2　常见一维条码符号

a. PDF417　　b. Code16K　　c. Code 49

d. QR Code　　e. Data Matrix　　f. 汉信码

图 6-3　常见二维码符号

其中，QR 码起源于日本，现已成为国内自动支付的首选码型，许多食品包装上都印有 QR 二维码，用于活动推广、广告宣传和产品推荐等，并且大部分移动应用都支持 QR 码的解码。消费者应用手持终端（如智能手机）对二维码进行扫描，即可获得二维码中包含的果蔬信息，可对果蔬生产环节及运输流程进行查询。监管机构也可通过二维码扫描获取相关的追溯信息，实现对果蔬企业的有效监管。

（2）RFID 技术　RFID 技术属于无线通信技术，主要运用射频讯号通过空间耦合的方式来识别特定目标并进行相关数据的读写操作，优点是识别系统和特定目标两者之间不需要建立任何光学或机械的接触。RFID 技术主要通过阅读器、射频天线和标签三个物理部件来实现，基本构成见图 6-4。阅读器发送射频讯号，当标签处于射频读写范围之内时，标签中内置的天线将获取讯号，并将相应的数据信息写入标签内置芯片进行存储保留。当阅读器发送查询讯号时，标签当中内置的微芯片电路将被激活，标签将之前存储保留在内置芯片中的数据信息发送给阅读器，阅读器获取数据信息之后将进行数据解码，并及时通过网络将数据上传到相应数据库进行存储保留，以备下一步的加工处理。

随着物联网技术的发展，RFID 技术由于其独特的识别特性被应用于食品安全领域。RFID 电子标签具有不耗电、寿命长、可修改、能加密、防磨、防水、防腐、防磁等特点。RFID 的识别需用专用设备和软件，识别过程无须人工干预，保密性好，可以远距离识别。

根据操作频率不同，RFID 标签可被分为低频（LF）标签、高频（HF）标签、特高频（VHF）标签及超高频（SHF）标签。其中，VHF 标签被广泛用于冷链食品监控、食品追溯控制等，另外国际标准中规定了不同国家使用的 VHF 标签频率，比如欧盟采用 860 MHz、美国采用 915 MHz、我

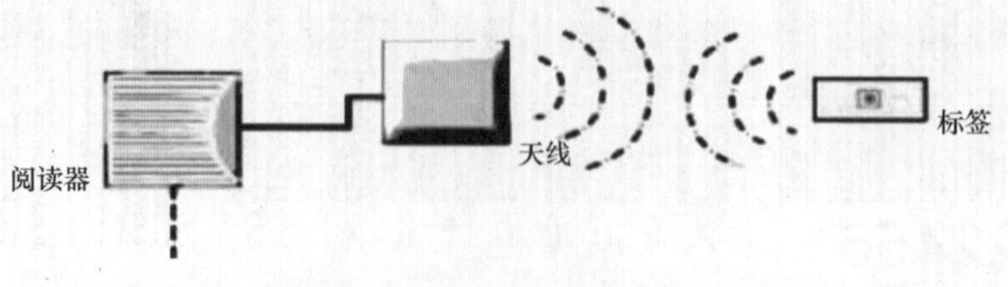


图 6-4　RFID 系统的基本构成

国采用 925 MHz，而且不允许使用其他国家的频段。HF 标签，也称作 NFC 标签，公交卡、校园卡等都属于 HF 标签，许多智能手机也支持该类标签的读写操作。

(3) WSN 技术　伴随着消费者需求的日益提高和技术的日益进步，果蔬质量安全溯源已不满足于仅采集供应链结构信息，还要求能通过传感器采集供应链环境信息，提高可追溯信息采集的准确度，并动态反映果蔬品质及其变化趋势。WSN（无线传感网）技术的最大特点是无线，即利用无线传输方式实现传感器信号的测量与传递，一般作为前端的信号来源应用在监测系统与控制系统中，目的是自动感知被测控对象的信息，并将传感器数据传输到处理机构或者相应的计算机信息设备。

(4) IC 卡商户身份标识技术　IC 卡与读写器之间的通讯方式可以是接触式，也可以是非接触式。一般常见的 IC 卡采用射频技术与支持 IC 卡的读卡器进行通信。IC 卡具有以下优点：①存储容量大。IC 卡的存储容量根据型号不同，小的几百个字符，大的上百万个字符；②安全保密性好，不容易被复制，IC 卡上的信息能够随意读取、修改、擦除，但都需要密码；③CPU 卡具有数据处理能力，在与读卡器进行数据交换时，可对数据进行加密、解密，以确保交换数据的准确可靠；使用寿命长，可重复充值；④IC 卡具有防磁、防静电、防机械损坏和防化学破坏等能力，信息保存年限长，读写次数在数万次上；⑤能够记录信息 IC 卡作为经营者身份的标识，在各个环节能够有效记录经营者的行为信息，在应急事件发生时做到有据可查。

(5) 移动式溯源交易终端　在批发和零售环节、在常规的智能电子秤方案基础上，引入移动式溯源交易终端，能够实现溯源信息的有效采集。移动式溯源交易终端作为电子秤的配套设备，能够在充分利用原有电子秤功能的基础上，扩充满足溯源要求的溯源信息关联、IC 卡读写、打印追溯小票等功能，能够充分保护市场已有资源的投入，符合轻触式的设计原则。同时，移动式溯源交易终端具备良好的移动特性，能够充分适应市场环节恶劣的现状，在无须铺设网线的情况下即可通过 WIFI、4G、5G 等多种无线通信方式将追溯数据上传至数据中心。在批发环节采用与激光码配套使用的移动式溯源交易终端，可舍弃传统基于 RFID 实现数据关联的方案，将激光码与 IC 卡信息关联，实现从批发到零售的闭环管理。

2) EPC 全球产品电子代码体系

产品电子代码（electronic product code，EPC）的载体是 RFID 电子标签，能够借助互联网来实现信息的传递。EPC 旨在为每一件单品建立全球的、开放的标识标准，实现全球范围内对单件产品的跟踪与追溯，从而有效提高供应链管理水平、降低物流成本。EPC 是一个完整的、复杂的综合系统。果蔬溯源系统利用产品电子代码技术，把所有流通环节，包括生产、运输、零售等统一起来，组成一个开放的、可查询的 EPC 物联网，实现对果蔬产品的溯源。

3) 物流跟踪定位技术

果蔬产品具有易腐烂、易变质等特点，且果蔬从农田采摘到餐桌需经过较长时间的流通运输，因此，物流运输环节的把控对于果蔬产品的安全来说就显得异常重要。地理信息系统（geographic information system，GIS）和全球卫星定位系统（global positioning system，GPS）技术的运用，正好解决了物流运输过程中的准确跟踪和实时定位的难题。GIS 是以地理空间数据为基础，采用地理模型分析方法，适时地提供多种空间和动态的地理信息，是一种为地理研究和地理决策服务的计算机技术系统。尤其是近些年，GIS 更以其强大的地理信息空间分析功能，在 GPS 及路径优化中发挥着越来越重要的作用。GPS 是一种利用地球同步卫星与地面接收装置组成的、可以实时计算当前目标装置（接收装置）的经纬度坐标来实现定位功能的系统。现在越来越多的物流系统采用 GIS 与 GPS 结合，以确定运输车辆的运行状况。溯源系统通过组建一张运输定位系统，可以有效地对果蔬产品进行监控与定位。

**3. 基于物联网的果蔬溯源系统架构**

果蔬溯源系统采用基于物联网的三层基本技术架构，在具体的信息处理上可以分为数据采集、融合网络层、数据库层、业务应用层。果蔬溯源系统总体结构见表 6-1。

表 6-1　果蔬溯源系统总体结构

| 三层架构 | 系统目标任务 | 系统功能 |
| --- | --- | --- |
| 感知层 | RFID 物品识别、传感器检测生产现场信息、现场执行设备受控：ZigBee 模块的使用，ZigBee 模块终端与协调器间的数据传输，二维码、一维码、RFID、传感器、溯源秤等应用 | 传感器检测环境参数信息，通过 ZigBee 自组网络传输到协调器，协调器转发给嵌入式监控主机，协调器通过 ZigBee 网络转发控制命令到控制节点，从而实现对现场设备的控制。所有现场环境采集数据和控制信息都通过 WiFi 网络调用 Web Service 实现数据上传到数据库，最终实现果蔬安全溯源功能 |
| 传输层 | 设计网络拓扑图，规划组建局域网，WSN 的组网实现，数据信息传输 | |
| 应用层 | PC 机客户端、Web 应用程序、嵌入式终端客户端（WinCE，Android）应用，实现果蔬溯源 | |

1）果蔬溯源信息组成

果蔬可溯源信息中包含商户信息与果蔬本身信息。其中有关于果蔬质量安全的信息应该面向消费者公开，果蔬从种植至销售的各个环节都应记录其中，包括各项日期以及运输过程信息，这样消费者能够通过果蔬溯源系统了解商品信息，即使商品中存在质量安全隐患，消费者也能通过信息来维权。为了实现果蔬溯源系统构建，生产现场的监控信息是不可缺少的内容，需要建立起全面网络联系体系将生产现场的视频信息，通过数据传输整合到食品安全溯源系统中。

2）果蔬溯源系统中的网络传输层

网络传输层是实现省市、企业间数据互通的有效途径，将企业采集数据传输至上层应用系统中进行统计分析、实现对果蔬流通过程的监管、对流通过程进行指挥调度。硬件设备采集数据信息与软件系统的信息互通也是通过传输层实现。果蔬质量安全溯源系统需要通过数据采集中间件，将各个环节的信息上报至上级数据中的管理系统，管理系统将各环节信息传输至果蔬流通追溯体系管理平台，形成果蔬流通追溯信息库。同时，需要预留与横向业务系统与纵向系统的通信接口，便于后期的系统整合。

3）果蔬溯源系统中的人机界面

人机界面设计主要是针对操作功能进行的。在人机界面设计中，应该体现出系统的人性化理念，考虑操作时是否方便查找数据信息以及操作所用时间。人性化理念的体现也可以从功能优化层面来进行，最大程度提升信息存储与传输的效率，并对不同信息类型作出明确的数据库划分，确保信息可以平行传输。客户以及商家所面对的数据库系统始终保持一致，在信息更新传输上也能达到统一标准。

## 6.2.2　常见的果蔬信息溯源系统

### 1. 基于一维码技术的果蔬溯源系统

条码技术作为一项信息自动采集技术，可以对果蔬的生产、加工、储藏及零售等供应链环节的管理对象进行标识，并借助计算机信息系统进行管理。一旦出现质量安全问题，可以通过这些标识进行追溯，准确地缩小果蔬安全问题的查找范围，查出问题出现的环节，追溯到源头。

1）一维码标识系统的实现

国际物品编码组织（GSI）是国际上负责条码技术研发推广的组织。该组织负责管理和维护以商品条码为核心的全球统一标识系统——EAN-UCC 系统。EAN-UCC 系统作为全球的标准体系，具有系统性、科学性、全球统一性、可维护性、可扩展性的特点。这套系统由国际物品编码协会制定并统一管理，被世界 100 多个国家和地区广泛使用。

在果蔬溯源系统中，可以运用条码作为相关信息的载体，通过扫描条码可以获取各个节点的有关数据编码信息，包括给每一个产品均赋予一个全球唯一的 EAN-UCC 代码，即全球贸易项目代码（GTIN），GTIN 是通过应用标识符（AI）对产品属性进行标识的代码，如批次、有效期、保质期等，以及通过全球位置码（GLN）对食品供应链中各个环节及参与方进行标识的代码。

（1）对果蔬种植者的标识　供应链中各个环节跟踪与追溯的实现，要求各个环节采用上游参与提供的信息对产品进行标签标注。种植者是每个生产或收获果蔬产品的作业者，也是在水果蔬菜供应链中应用 EAN-UCC 进行标签标注的第一个作业者。种植者为其产品分配一个批号，这样结合批号和种植者标识就能确保追溯。为了识读方便，果蔬种植者在标识标签上除了标出 EAN-UCC 条码之外，还应该标出人工可识读的产品信息，标签内容应包括种植者（生产者）代码、产品名称、品种或贸易类型、等级（分类）、尺寸、原产国、净重、批号、收获日期（可选项）、农田代码（可选项）、包装日期（可选项）等。对于可选项的选用，由种植者与进货商或包装商商议决定。如果种植者需要更多有关产品质量的信息，或日后需要召回其产品，那么标出收获日期就非常有用，另外标出农田代码也可以提供有关产品原产地的信息。

(2) 对商品化处理、包装环节的标识　种植者记录的所有生鲜农产品的相关信息必须提供给供应链的下一个参与方，分别为分级者、加工者、包装者或进货商。在这个环节中将根据生鲜农产品的质量、尺寸、色彩对其进行分级，并包装成物流单元。如果种植者具备了分级和包装的能力，这项工作也可以由种植者完成。EAN-UCC 系统可以用于水果蔬菜供应链中各个环节的编码。如果存在多个分类和包装阶段，所有与原产地相关的数据以及水果蔬菜的属性信息必须在各个阶段都可利用，至少要以人工可识读的方式出现。此外，还可根据供应链中前一个环节参与方提供的数据生成所需信息的产品标签。

(3) 对分销、零售的标识　对于所有零售单元，必须要有一个用 EAN-13 条码表示的 GTIN，以便用于 POS 扫描；对于质量不变的产品（每个包装的质量相同）采用 EAN-13 即可；对于变量的零售单元产品（每个包装的质量不同），为了 POS 扫描可以采用店内码，另外，条码中应包含质量、数量或价格信息，店内码的编码方式可参见 GB/T 18283《店内条码》。对于零售单元产品，其产品名称、分级、原产国、质量、种植者许可号码和包装者许可号码、蔬菜水果分级者的批准号码、批号或 SSCC、包装日期（可选项）信息应在标签上以人工识读的方式表示出来。

2）基于一维条码果蔬溯源系统举例

杨信廷等在对条码编码标准及方法的研究基础上，制定了北京某公司的农产品编码标准，同时设计了农产品质量追溯标签。

商品标识码采用 EAN-13 条码编码方式。EAN-13 条码由前缀码、厂商标识码、商品项目码和校验码组成（图 6-5）。前缀码由 2～3 位数字组成，是 EAN-UCC 分配给国家（或地区）编码组织的代码，代表商品制造商所属的国家或地区。接下来的 4 位数字表示商品制造商的代码，是由国编码管理局审查批准并登记注册的。剩下的 5 位数字表示商品标识码，由企业自行编制。校验码用来校验条形阅读器的结果是否正确。根据 EAN-13 条码结构，杨信廷等从类别、种类、品种和包装类型方面进行对农产品编码。图 6-6 是根据上面规则对北京某农业企业的农产品进行设计的编码。

确定了农产品商品标识码后，在此基础上采用 UCC-EAN128 编码方式，对农产品质量追溯标签进行了设计（图 6-7）。该标签条码部分采用企业标识码（14 位）＋包装日期（6 位）＋生产农户信息标识码（6 位）相结合的设计方案，其中企业标识码由“9”＋农产品标识码组成，其中“9”用于标识是农产品追溯码；包装日期采用 YY/MM/DD 的方式生成，生产农户信息标识码由农户编码（前 4 位）加农户地块编码（后 2 位）而成，其中农户

图 6-5　商品条码结构示意

图 6-6　农产品编码设计

编码和农户地块编码的编码标准由生产企业自己控制。追溯码作为产品信息的载体应具有唯一性，必须提供产品信息、产地信息和生产日期等，同时必须符合 EAN-UCC 编码规则和生成方法。标签的自动生成是在 .NET 平台上实现的。通过生成 .NET 组件，实现了条码的生成功能。通过对组件的注册和相应参数的传递，生成了农产品质量追溯条码标签（图 6-8）。

图 6-7　商品追溯条码

图 6-8　商品条码标签

通过页面设置，可以生成具体实际所需大小的标签，同时采用 Web Browser 组件，实现了基于 Web 的条码打印。

2. 基于二维码技术的果蔬溯源系统

果蔬从原产地到餐桌的环节越来越多，二维码的引入可以更加有效、便捷地对食品从原料到餐桌的整个过程进行有效的监控管理，为相关的食品卫生部门溯源、查证等提供更好的技术保障。

1）基于二维码的果蔬溯源系统框架结构

采集各类传感器感知的果蔬种植环境数据，建立果蔬溯源信息数据库，提交到果蔬溯源平台，由溯源平台按相应的编码规则生成二维码后，制作成标签贴在果蔬产品上，发往经销商处，由经销商将物流、销售等信息推送到溯源平台。消费者则可以利用安装在智能终端上的 APP 扫描果蔬产品上的二维码，即可核实产品的真伪，得到产品的生产、物流等信息，实现全程监控和产品信息的精确查询，同时该系统还可以为质量认证监理机构提供实时准确的信息，有效保障果蔬在各个生产流通环节的安全（图 6-9）。

2）基于二维码的果蔬溯源系统的网络拓扑架构

果蔬生产者、贸易商、监管部门及消费者可扫描二维码进入系统完成信息录入或查询。其中，二维码作为信息查询与录入入口，手持终端、识读头、手机都可作为二维码的识读及信息录入终端。溯源二维码应用系统结构拓扑图如图 6-10 所示。

3）系统关键功能的实现

（1）二维码生成子系统　二维码生成子系统，是该食品溯源系统的基础子系统，它根据食品的分类、批次信息，生成与食品对应的 QR 码作为食品溯源、物流信息查询、认证（真伪）等功能的唯一标识。

在生成 QR 码之前，系统首先要选择批次管理人员、分类管理人员设置的相应信息，根据条码的编码规则，生成一个 16 位的食品代码，这时系统采用 MD5 非对称加密技术对此代码进行加密，然后生成一个与之相对应的网络地址，然后把这个网络地址用二维码绘制算法生成一个与该食品相对应的 QR 码。当 QR 码生成后，则需要为该产品打印或喷绘二维码，这样在之后的整个物流系统中，消费者或者厂家都可以根据该二维码来对食品进行溯源信息采集、物流信息查询等。

在该溯源系统中，每个最小单位的食品都生成了一个唯一的食品编码，该食品编码既是用户登录网页查询时要输入的编码，同时这个编码加密后也用来生成二维码。商品编码是按一定规则自动生成的，总共为 16 位，结构如图 6-11 所示，2 位企业代码＋2 位商品类别代码＋4 位生产批次代码共 8 位作为商品的分类编码，8 位随机且不重复的代码作为商品的唯一标识。

举例说明：0201000101302108

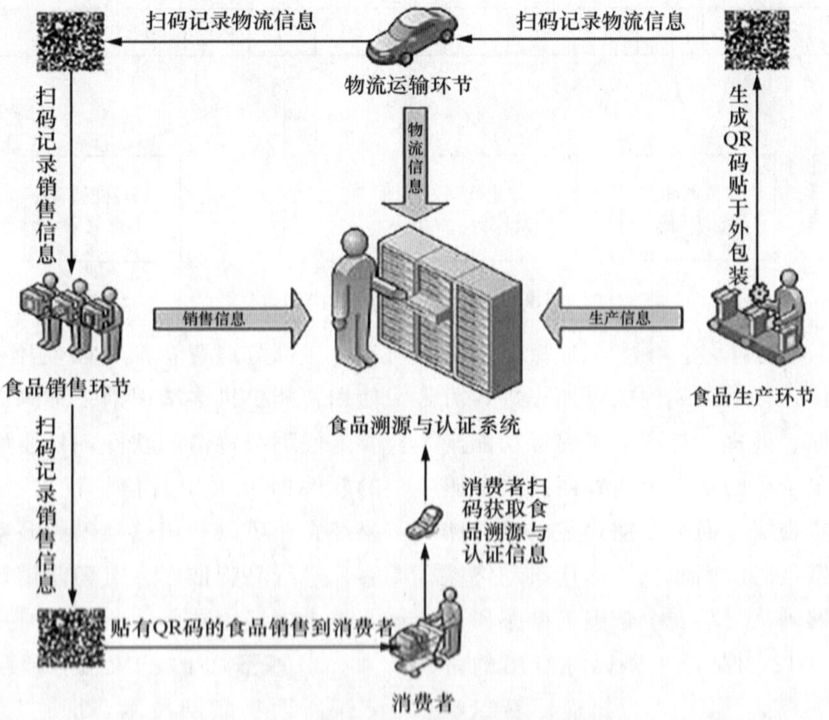


图 6-9 果蔬溯源系统整体框架设计图

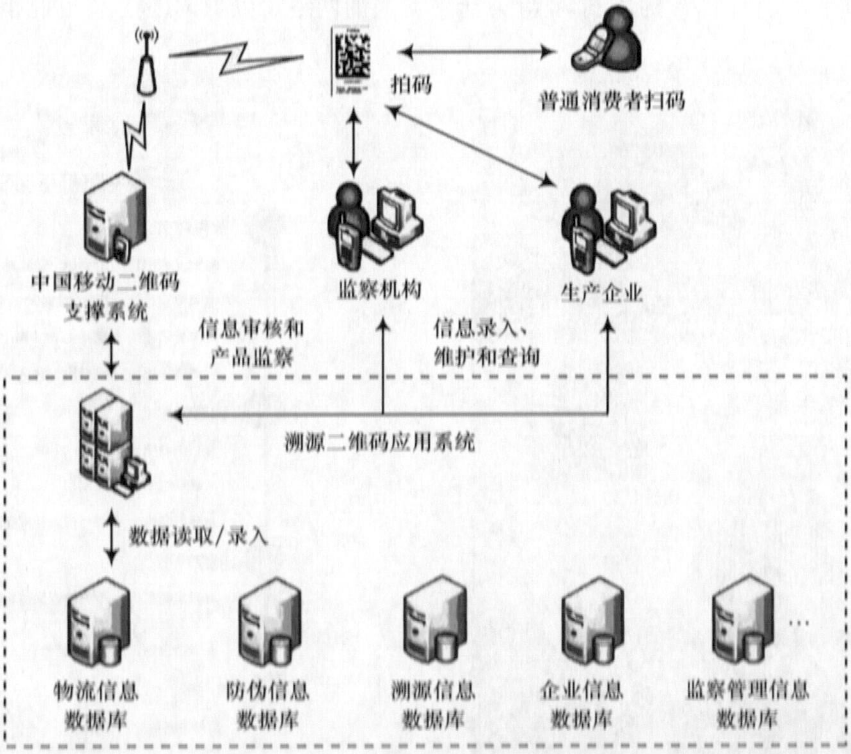


图 6-10 溯源二维码应用系统结构拓扑图

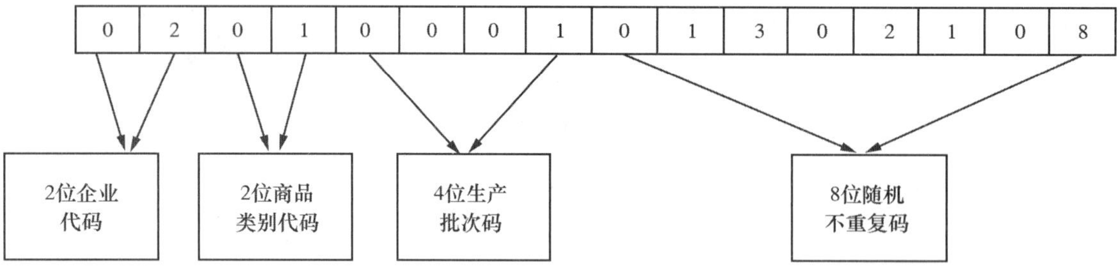


图 6-11 QR 编码结构图

（2）一体化移动终端及条码秤 随着现代信息技术的发展，一体化移动终端性能更加先进，可以集信息采集、存储、处理、打印二维码等功能于一体。条码秤是在电子秤的基础上内置便携式条码机，通过电子秤称量物资，通过便携式条码机打印称量物资信息的二维条码。因而，一体化移动终端及条码秤的发展能够满足食品安全管理二维条码应用系统的需求。图 6-12 为某超市条码秤打出的带溯源二维码的商品标签，图 6-13 为扫描标签二维码查询得到的水果溯源信息。

随着互联网技术的不断发展和智能手机的普及，人们大多使用手机进行日常的支付和购买活动，大部分消费者都可以使用手机进行软件扫描。使用智能手机终端识别二维码标贴极为简便，不需要专门下载特需的软件，只要用带有扫描识别功能的软件即可（如微信、百度、查一查等）。此外，果蔬企业可以利用二维码溯源系统这一优势吸引顾客，进行品牌推广、市场营销等活动以提升影响力并扩大市场占有率。

3. 基于 RFID 的果蔬溯源系统

所谓物联网技术，即在原先的 Internet 基础上，增加了射频识别技术（RFID）、无线传感器网络（WSN）等技术，形成一个世间万物互相联通的网络。以 RFID 技术和近距离通信技术（near

图 6-12 条码秤打出的带溯源二维码的标签

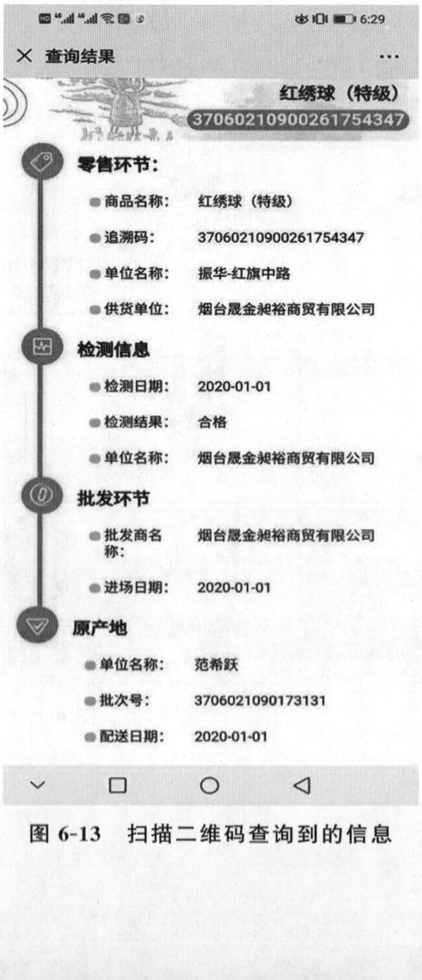


图 6-13 扫描二维码查询到的信息

field communication，NPC）编码信息传感设备为核心，通过合理配置传感装置，在果蔬生产、流通的不同环节输入 EPC 编码标识，实现果蔬商品流通中的数字化、智能化和可视化识别，为果蔬溯源提供技术支撑。

1）基于 RFID 技术的果蔬溯源系统的总体设计思路

系统读取果蔬包装上附着的 RFID 标签中存储的相关信息，并通过传感器收集果蔬周边环境参数，将这些信息按照标准的格式编码，存储在服务器数据库中。溯源终端和计算机通过网络访问这些信息，实现对果蔬供应全流程的监控。RFID 自动识别技术和计算机互联网技术为食品供应链全流程提供技术支撑，使得整个过程可追溯。普通消费者也可以通过手机、商场查询终端获取果蔬流通各环节的信息。

2）果蔬质量安全溯源系统结构

果蔬溯源系统由 RFID 电子标签、RFID 读写器、检测外界环境参数的传感器、果蔬质量数据库、果蔬安全评估算法和相应的计算机网络组成。果蔬质量安全溯源系统结构如图 6-14 所示。

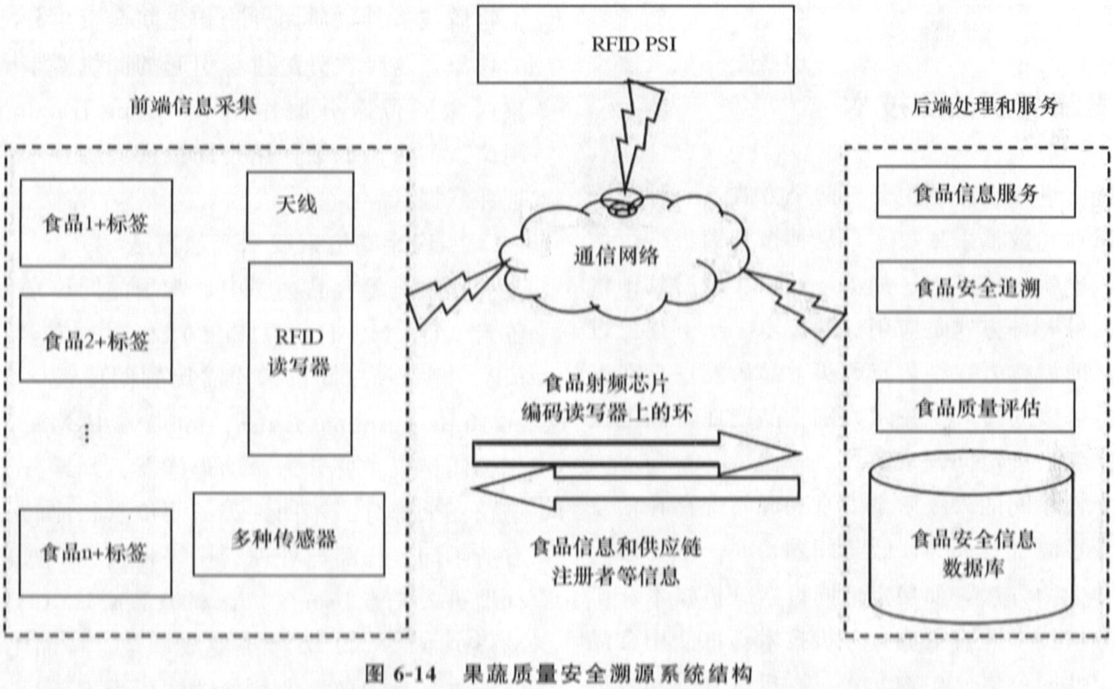


图 6-14 果蔬质量安全溯源系统结构

果蔬包装上粘贴有 RFID 电子标签，RFID 读写器集成了多个环境传感器，RFID 读取到果蔬数据，并通过计算机网络存储至果蔬质量安全信息数据库。果蔬商品化处理、物流运输、经销商的信息都整合在这个数据库中，以数据库为中心，系统可以为政府监管部门、经销商、消费者提供果蔬质量安全溯源服务。

在整个数据库中，每个 RFID 电子标签对应一条记录，记录该标签所黏附果蔬的生产、商品化处理、物流、销售等各环节信息，包括采摘、预冷、分级和包装等环节具体操作人员、处理方式及果蔬当时所处的环境信息等。农田中果蔬使用的化肥、农药等信息也都将记录在食品安全信息数据库中，以利于日后的追溯。

果蔬上粘贴的 RFID 电子标签具有唯一的编号，能够唯一标识这件果蔬。目前已制定了一些国际和国家标准，推进了 RFID 编码的全球统一。果蔬生产企业在生产过程中，使用 RFID 读写器对果蔬中的 RFID 标签写入果蔬生产过程中的各项信息进行读写，包括采摘、预冷、分级和包装等。这些信息将能够为食品追溯提供参考。因为在果蔬的物流和贮藏环节，对温度、光照、湿度、通风等条件都有具体的规定，不符合条件的话容易造成果蔬变质。所以在这些场所都安装有 RFID 读写器和各种环境传感器。RFID 读写器读取果蔬的唯一编号，与果蔬所在环境信息关联在一起，写入果蔬质量安全数据库中。日后如果发生食品安全事故，这些数据将作为记录食品当时贮藏和运输的环境数据，为追查事故原因提供依据。

3）果蔬质量安全溯源系统服务

以果蔬质量安全溯源信息数据库为基础，将果蔬供应链各环节的信息整合在一起，向社会公众和政府监管部门提供服务，形成果蔬质量安全溯源信息平台。平台可为消费者提供果蔬信息查询服务，为政府执法部门提供果蔬质量安全信息追溯服务，为果蔬生产和贸易企业提供果蔬质量安全评估等服务。

## 6.3 果蔬溯源检测技术

果蔬质量安全溯源主要有两个方式，一种是采用自动识别和数据采集技术，从种植到销售进行信息记录，也就是从产地、加工、运输、最后到销售的跟踪；另一种方式是应用溯源技术、从下往上进行追溯，即消费者在销售点购买食品后发现存在安全问题，可以通过溯源技术判别食品产地，向上逐层进行追溯，确定问题来源。

基于物联网的果蔬质量安全溯源系统存在信息易丢失、易混乱及人为修改等问题，而一些物理化学方法和生物方法，如稳定性同位素分析技术、矿物元素分析技术及有机成分分析技术等，使用食品中的稳定性同位素、矿物元素、有机成分等元素进行溯源，由于这些元素与果蔬生长自然环境密切相关，是生物体的自然标签，不随化学添加剂的改变而改变。由此可成为农产品有效的溯源首选技术，并越来越受到重视。

溯源技术的作用主要有：①验证已标明产地产品的真实性，与电子信息编码技术形成互为验证的平行技术；②识别错误标记或假冒产品；③辨别第三国（地）产品；④甄别有特别标注产品，例如“有机”“绿色”“生态”产品。

### 6.3.1 稳定同位素溯源技术

#### 1. 稳定同位素溯源技术原理及特点

稳定同位素分析溯源技术是农产品产地判别中一项非常有效的分析手段。影响生物体内同位素的因素为气候环境、代谢类型等，这使得不同地域来源及不同种类的食品原料的同位素自然丰度存在一定差异，这种差异携有环境因子信息，反映生物体所处的环境条件，与生物体内的稳定性同位素组成了物质的自然属性，是物质的一种“自然指纹”，这种属性可用以区分不同来源的物质。稳定同位素比值可以反映果蔬种类及其所在环境。因此，稳定同位素可用来提供食品信息，用作果蔬溯源研究。

同位素分子之间由于质量不同，存在微小的物理与化学性质差异。因此在物理、化学、生物作用过程中，一种元素的不同同位素在两种或者两种以上物质或一种物质两种物相之间会发生分配不均匀的现象，这种在分配过程引起的同位素丰度变化现象叫做同位素分馏作用（isotope fractionation）。同位素的自然分馏作用是同位素溯源技术的基本原理和依据。

#### 2. 稳定同位素技术溯源方法

在果蔬等食品溯源中，常用的同位素分为轻同位素（C、N、H、O 和 S）和重同位素（Sr 和 Pb）。测定稳定同位素比需用到同位素比率质谱仪（isotope ratio mass spectrometry，IRMS）。同位素比率质谱仪主要分为自动进样器、元素分析仪和质谱仪三大部分。不同种类的同位素相应的分析技术有所不同。样品前处理后用锡杯包裹，通过自动进样器进入元素分析仪，在高温裂解炉（H、O）或燃烧炉（C、N）发生裂解或燃烧，样品中的 H 和 O 元素经过裂解管的玻璃碳转化为 $H_2$ 和 CO，C 和 N 元素经过燃烧炉转化为 $CO_2$ 和 $N_2$。随后生成的气体通过气相色谱柱进行分离，分别进入同位素质谱仪，同时测定各元素的稳定同位素比值。经过处理软件转化为各元素的同位素丰度值，再将其值与标准值比对，得出相应的国际标准比值。轻同位素还可用 IRMS 和相应的同位素分馏-核磁共振仪（sitespecific natural isotope fractionation-nuclear magnetic resonance，SNIF-NMR）进行分析。

Sr 和 Pb 等重同位素一般用热电离质谱仪（thermal ionization mass spectrometry，TIMS）和多收集器电感耦合等离子体质谱仪（multi-collector magnetic sector inductively coupled plasma mass spectrometry，MC-ICP-MS）进行分析。应用同位素对果蔬进行产地溯源时还需结合相应的化学计量方法。

### 3. 稳定性同位素溯源技术在果蔬溯源中的应用

1）稳定性同位素分析技术在水果溯源中的应用

Li等（2013）从黑龙江哈尔滨、牡丹江、新疆昌吉、塔城采集黑加仑果实、叶片以及不同层土壤（0～10 cm，20～30 cm和45～55 cm），测定烘干叶片中的$\delta^{13}C$、$\delta^{15}N$值，提取果实及土壤中水分测定$\delta^{2}H$、$\delta^{18}O$值，然后测定果实和土壤有机物中的$\delta^{13}C$、$\delta^{15}N$值。结果表明，果实、叶片和表层土壤中的$\delta^{15}N$值，以及果实、表层土壤水中的$\delta^{2}H$、$\delta^{18}O$值在4个地域有显著差异，且黑加仑果实、叶片中的$\delta^{15}N$值与表层土壤的$\delta^{15}N$值呈显著正相关。

张遴等（2013）采用稳定同位素质谱技术，对我国陕西、宁夏、山东等11个省市“红富士”苹果中碳同位素$\delta^{13}C$进行测定分析，初步建立了我国红富士苹果主产区$\delta^{13}C$的基础数据，研究发现“红富士”苹果中$\delta^{13}C$具有区域独特性和时间稳定性，而且不受加工工艺的影响。该基础数据可以作为富士苹果的地理标志和地理标志产品认证的科学依据。

Longobardi等（2015）采集了阿普利亚（40°47′N，17°06′E）和艾米利亚罗马涅（44°35′N，11°13′E）的樱桃样品，艾米利亚罗马涅地区的$\delta^{13}C$、$\delta^{18}O$和$\delta D$的平均值分别为－26.5‰、－33.2‰和－38.5‰；阿普利亚地区的$\delta^{13}C$、$\delta^{18}O$和$\delta D$的平均值分别为－26.4‰、35.4‰和－30.7‰。由于北方（艾米利亚罗马涅）到南方（阿普利亚）气候、环境改变导致同位素分馏，从艾米利亚罗马涅到阿普利亚，$\delta^{13}C$、$\delta^{18}O$和$\delta D$都有不同程度的增加。利用$\delta^{13}C$、$\delta^{18}O$和$\delta D$三者的线性判别分析，对2个地区的判别率为94.9%。此外，通过电子鼻检测技术，采用3个不同的分析模型（VES1、VES2和VES3），得到最高的判别率只有89.7%。这说明稳定同位素技术相比于其他检测手段在溯源领域确实有着较好的优势。

王红云等（2017）用IRMS测定了河北省赞皇、行唐、阜平3个县10个枣园的大枣果肉中的$\delta^{13}C$和$\delta^{15}N$值，发现赞皇、行唐、阜平3地大枣枣肉中的C、N同位素组成存在差异，因此用同位素技术对大枣进行产地溯源是可行的。

2）稳定性同位素分析技术在蔬菜溯源中的应用

Swoboda等（2008）连续两年（2005、2006）从奥地利、斯洛伐克、德国、匈牙利、荷兰和秘鲁6个国家收集155份白芦笋样品，同时从奥地利马希费尔德地区13个试验田中采集20 cm土壤，测定芦笋、土壤$NH_4NO_3$提取液以及土壤总锶中的$^{87}Sr/^{86}Sr$值，发现不同年际之间芦笋$^{87}Sr/^{86}Sr$没有显著差异。利用芦笋Sr含量和$^{87}Sr/^{86}Sr$值绘制二维图，发现奥地利马希费尔德地区芦笋能够与匈牙利样品100%区分，与斯洛伐克样品的正确判别率达到80%以上。

Trincherini等（2014）从中国和意大利收集118份番茄样品，测定样品中$^{87}Sr/^{86}Sr$值，不考虑加工方式，利用该指标能够将两国番茄样品完全分开。

### 4. 同位素分析技术的优势与局限性

稳定同位素技术在果蔬溯源中应用的优点：①灵敏度高，用于检测的样品只需几毫克甚至零点几毫克，极大方便了低含量组分的检测；②实验过程简单快速，使用高自动化的同位素质谱仪，许多样品可以直接检测，避免了繁琐的提取和纯化工作；③安全环保，稳定同位素没有放射性，且实验过程中不会造成二次污染。这些优点使得稳定同位素技术的使用越来越广。

然而该技术也存在一些局限性。首先，稳定同位素技术所需设备较为昂贵，普通实验室难以配备，使得样品的分析成本高。其次，该技术在鉴别、溯源时，如果不同的地区具有相似的环境，同位素比值分布差异可能不显著，另外轻元素受气候等影响较大，易发生改变。例如受氮肥使用和气候条件的影响，果蔬产品中$\delta^{15}N$的丰度值会产生波动；来自气候和地形相似地区的产品中的氢、氧的同位素组成可能因气候、降水等环境因素影响而无法有效区分；硫同位素的影响因素较为复杂，变化规律不明显。因此要想获得有效的溯源指标，还需针对影响每种同位素指标稳定性的因素进行系统研究，探寻稳定的同位素溯源指标表征地域信息。

### 6.3.2 矿物元素溯源技术

#### 1. 矿物元素溯源技术原理

矿物元素分析技术用于果蔬溯源的原理是果蔬中的微量与痕量元素含量与当地的水、土壤密切相关，且不同地区有其各自的元素组成特征，从而形成具有不同产地代表的矿物元素指纹图谱。矿物元素检测指标种类多，采用电感耦合等离子体原子发射光谱（inductively coupled plasmaatomic emission spectrometry，ICP-AES）或电感耦合等离子质谱（ICP-MS）同时检测几十种矿物元素。筛选在地域之间具有显著差异的矿物元素指标，再通过逐步判别、聚类、主成分等分析方法对这些元素进行筛选和降维，以确定食品产地溯源最有效的指标。

#### 2. 矿物元素溯源技术方法

分析矿物元素的常用技术主要有 ICP-AES 和 ICP-MS 等。分析方法主要包括样品前处理、微波消解、ICP-AES 或 ICP-MS 测定、采用多变量分析和化学计量学分析。近些年在检测仪器的更新和结果的统计分析方面取得了一定的进展，使得矿物元素指纹图谱技术的优越性更加突出，能快速地从种类繁多的元素中筛选出与果蔬生产地域密切相关的、稳定的元素指纹信息。

#### 3. 矿物元素溯源技术在果蔬溯源中的应用

国内外学者近年对矿物元素在果蔬产地溯源方法的建立进行了相关研究。

黄小龙等（2008）对山东省栖霞市、陕西省水林羔镇、北京市昌平区 3 个地理标志苹果产区的苹果进行了样品采集和 B、Mg、Ca、Ti、V、Mn、Fe、Co 等 20 种元素含量测定。结果表明，不同产地的地理标志苹果所含元素的种类和含量有较显著的差异。

Brunner 等（2010）分析了奥地利塞格德地区的“Szegedi Füszerpaprika”红辣椒及其他地区红辣椒的多种元素及同位素含量。结果表明，B、Mg、Ca、Mn、Cu 和 Zn 的含量在不同地区的红辣椒中变化不大，而稀土元素则变化显著，其中法国红辣椒的 Ru∶Sr 比例(25∶1) 远高于塞格德地区的红辣椒；比起土壤中 Sr 的总含量，“Szegedi Füszerpaprika”红辣椒的 Sr 含量更接近于土壤中流动 Sr 含量；所分析的元素成分中，Al、Ti、Cr、Fe 受红辣椒加工过程的影响大，而其他元素不受加工过程显著影响；剔除去受加工过程影响的 Al、Ti、Cr、Fe 元素成分，主成分分析（PCA）表明“Szegedi Füszerpaprika”红辣椒与中国、塞内加尔、罗马尼亚、意大利、德国、西班牙、法国的红辣椒区别明显。

Ariyama 等对日本市场上的大葱进行元素含量分析。结果表明，利用元素含量的差异不仅可以对产自日本和中国的大葱进行区分，还可以对产自中国山东、上海、福建的大葱进行区分，对产地判定的整体正确率达到 90%以上。

意大利卡拉布里亚大学 Furia 等采集了 120 个特罗佩阿红洋葱和 80 个特罗佩阿红洋葱并测定 25 个元素（包括 9 个镧系元素），使用线性判别分析（LDA）、软独立的模式分类（SIMCA）及人工神经网络（ANN）进行统计学分析，区分 2 种洋葱的预测准确率均在 90%以上，可成功区分获地理标志保护的特罗佩阿红洋葱与其他洋葱。

#### 4. 矿物元素溯源技术的优势与局限性

矿物元素溯源技术作为近些年新兴的农产品产地溯源技术，在果蔬产品溯源中具有一些优势：①灵敏度高、分析速度快、定量性好、测定高浓度元素时干扰小、操作简单、信号稳定；②选择性好，几乎可分析地球上所有元素，线性检测范围宽、检出限低，并且可进行多元素分析；③适用于液体、固体等各类样品的分析，分析的结果准确性好、基体效应小，还能进行无损分析；④常用的痕量分析技术具有化学预处理简单、取样量少的优势，可直接分析高黏度液体及固体试样。

利用矿物元素溯源技术对果蔬产品进行鉴别，容易受到果蔬生长环境、气候环境、栽培管理措施等因素的影响，因此该技术也具有一定的局限性。首先，不同地域一些关键元素的含量会有差异，且这种差异会有变化，而果蔬中的矿物元素含量受诸多因素的影响，因此对农产品产地来源的判别需综合多个元素。其次，从种类繁杂的元素中将与食品产品产地溯源密切相关且稳定的元素指纹信息筛选出来，是食品产地溯源指纹分析技术的关键所在。

需通过逐步判别分析和方差分析等数学方法协助，方能有效地将矿物元素筛选出来。最后，该技术前处理复杂费时，花费较高，常需要专业人员进行操作。

### 6.3.3 有机成分溯源技术

由于不同果蔬产品的特征成分各不相同，受地理、气候等多种因素的影响后，不同产地同种果蔬产品其特征成分组成和含量也存在差异。可以通过检测果蔬中的蛋白质、脂肪酸、香气成分、糖、酸等有机成分组成的差异来判断果蔬产地来源。

1. 近红外光谱分析技术

1）近红外光谱分析技术溯源原理

近红外光（near infrared，NIR）是波长介于可见光与中红外光之间的一种电磁波，美国材料与试验协会（american society for testing and materials，ASTM）将其谱区定义为 780～2 526 nm（即波数为 12 800～3 960 $cm^{-1}$）。近红外光谱属于分子振动光谱，是由分子基频振动能级跃迁和转动能级跃迁相互作用产生的。近红外光具有光的“波粒”二象性，物质中红外活性分子的键能与近红外光子发生相互作用，产生近红外光谱吸收。近红外光谱记录的主要是含氢基团振动的倍频和合频吸收，涵盖了大多数类型有机化合物的组成和分子结构信息，主要是C—H、O—H、S—H、N—H 等在中红外光谱区基频吸收的倍频、合频和差频吸收带叠加而成的，也有其他一些基团的信息（C＝C、C＝O），但是强度相对较弱。不同产地来源的果蔬产品，因其生长环境、气候、土壤、水质等的不同，导致蛋白质、脂肪、糖分、水分等主成分的组成和含量存在较大差异，而这些成分的差异可反映在近红外光谱上，从而统计分析出来。

2）近红外光谱分析技术方法

近红外光谱能反映水果和蔬菜的生化特性和物理特点，进而了解理化属性，有利于对果蔬进行产地的判别。但果蔬的水分含量最为丰富，占总重的85%～90%，水分对近红外光谱吸收强烈，对其他组分的吸收易产生干扰。因此，在对水果进行产地溯源的研究中应控制水分或在对原始光谱进行预处理时将水分峰扣除。

近红外光谱分析技术是利用近红外谱区包含的丰富的物质信息，同时利用吸收带的吸收强度与分子组成或化学基团含量的相关性测定化学物质的成分来分析物理性质，对于多组分的复杂样品，其近红外光谱也不是各组分单独光谱的简单叠加。因此，近红外光谱技术需要结合“化学计量法”来对光谱信号进行处理，从而提取果蔬中的有效信息，其研究结果较为理想。

通过采集光谱信息并借助化学计量法进行建模，通过各个光谱反映样品中有机物的组成成分与含量，再利用有机物成分与含量的不同来进行果蔬产品的溯源。常用的化学计量方法有：簇独立软模式分类法（soft independent modeling of class analogy，SIMCA）、线性判别分析（linear discriminant analysis，LDA）、偏最小二乘法（partial least squares-discriminate analysis，PLS-DA）、主成分分析（principal component analysis，PCA）、聚类分析（cluster analysis，CA）、正则化分析（regularized discriminant analysis，RDA）等，用近红外光谱对食品进行溯源结合不同的化学计量方法会有不同的效果。

3）近红外光谱分析技术在果蔬溯源中的应用

Fu 等（2007）在波长为 800～2 500 nm 范围内采用近红外光谱技术对塘栖和淳安地区的枇杷进行产地溯源判别，结果表明，模型的校正集和验证集样品的识别率分别为 97%和 86%，能将两地的枇杷正确分类。庞艳苹等（2013）对来自成安和非成安的 225 个草莓运用因子化法、合格性测试和PCA 法进行定性建模分析，结果表明，3 种模式识别方法对于其他产地草莓的识别正确率均高于93.3%。苏学素等对来自江西、重庆和湖南 3 个产地的 144 个脐橙样品采用 SIMCA 法和 PLS-DA 法进行溯源研究，结果表明，在波长为 1 140～1 170 nm 处采用 SIMCA 法建立的模型对 3 个地区验证集样品的识别率均为 100%；在全波段范围内采用 PLS-DA 法建立判别模型，其正确识别率为100%。

4）近红外光谱分析技术的优势与局限性

近红外光谱分析技术主要优势：①样品制备过程简单，无损，无污染；能同时快速测定同一样本中不同成分，且可重复测量；②质量过程可控，满足在线检测需求；③适用于固态、粉粒态、半固态、液态等各种样本。

近红外光谱技术的局限性：检测限高，依赖样品质量；灵敏度低，要求样品中成分达到百万级以上；建模困难，阻碍了近红外光谱技术普及。

但由于红外光谱主要反映的是食品中有机成分的含量、组成、结构和功能团等特征，有些食品在贮藏、加工过程中由于有机成分的含量、组成等变化而使红外光谱特征发生变化，致使与食品产地溯源的光谱指纹特征有偏差。这是近红外光谱用于食品产地溯源的局限性所在。

**2. 核磁共振分析技术**

1）核磁共振分析技术溯源原理

核磁共振（nuclear magnetic resonance，NMR）是具有自旋性质的原子核在另一交变磁场的作用下发生的物理现象。核磁共振现象于1946年发现，随着化学位移和自旋耦合作用的发现，使其成为有机物结构鉴定的有力工具。

核磁共振技术利用部分原子核的自旋角动量在外加磁场作用下的进动现象来实现原子级的检测。不同类型的原子核其自旋量子数不同，在磁场作用下的进动频率也不一样。当原子核在外加磁场中接受其他能量激发后，就会发生能级跃迁，也就是原子核磁矩的方向与外加磁场的方向夹角发生变化。这种能级跃迁就是核磁信号检测的基础。为了让原子核能够发生能级跃迁，需要为原子核提供一定的能量，这一能量通常是通过外加射频场来提供的。当外加射频场的频率与原子核自旋进动的频率相同的时候，射频场的能量就能够被原子核有效吸收，为能级跃迁提供动力。因此特定的原子核，在给定的外加磁场中只吸收某一特定频率射频场提供的能量，这样就形成了一次有效的检测。从原子角度讲，不同化学环境的有效原子都对应着核磁共振实验中不同频率的峰，从这些峰的数量、位置和形态我们就可以判断出被检测物质所含的分子的种类和状态，并以此推断其结构，计算含量。

2）核磁共振分析技术方法

用于食品分析中的NMR有低分辨率NMR（LR-NMR）和高分辨率NMR（HR-NMR）两种，LR-NMR操作简单，但需要其他辅助方法进行定量分析，使其测量的精确度大大下降；HR-NMR检测成本高，但得到的样品分子结构信息更丰富，使其在食品分析中的应用更广泛。

NMR检测主要可以对果蔬中水、脂肪酸（酯）、蛋白质和氨基酸等物质进行研究。目前研究最多的是$^{1}$H NMR和$^{13}$C NMR。NMR通过很少的样品前处理，即可获得果蔬特征提取物的结构信息，形成NMR指纹图谱，对果蔬来源进行追溯。

3）核磁共振分析技术在果蔬溯源中的应用

Belton等采用HR-NMR对不同品种的苹果汁进行了研究，发现不同品种的苹果汁的光谱差异很大，并找出了不同品种苹果汁之间的显著性差异代谢物（苹果酸和蔗糖），由此证明NMR具有应用于果汁产地溯源的潜力。

NMR技术对蔬菜中所含的两种组成迥异的成分可以进行有效的区分和鉴别。如Sobolev等（2005）研究发现，对于生菜这种多叶菜中的水溶性代谢物与脂溶性有机物在NMR技术下显示的差异很大。

4）核磁共振技术的优势与局限性

NMR技术具有无损、迅速、准确、分辨率高的特点，作为一种可用于生化领域的分子结构和反应过程的新型研究方法在果蔬溯源中得到了应用。

由于NMR要求化合物中元素的原子核具有核自旋（因为不具有自旋的原子核无磁矩，观察不到核磁共振信号），将NMR应用到果蔬产地溯源有一定的局限性。将NMR与IRMS等技术结合应用能提高果蔬产地溯源的识别率。

**3. 色谱类溯源技术**

色谱分离技术是一种分离复杂混合物中各个组分的有效方法。它是利用不同物质在由固定相和流动相构成的体系中具有不同的分配系数，当两相作相对运动时，这些物质随流动相一起运动，并在两相间进行反复多次的分配，从而使各物质达到分离。果蔬中的挥发性物质可以表征食品的品质特征，且与产地来源密切相关，气相色谱技术（gas chromatography，GC）和气相色谱-质谱联用技术（gas chromatography mass spectrometry，GC-MS）可以通过检测果蔬中挥发性特征成分组成及其含量对不同产地来源的果蔬进行识别。高效液相色谱技术（high performance liquid chromatography，HPLC）和高效液相色谱-质谱联用技术（high performance liquid chromatography mass spectrometry，HPLC-MS）主要通过分析检测食品中特征有机成分的组成及含量，从而对农产品产地来源进行分析，因其具有灵敏度高、重现性好、样品前处理简单等优点而被广泛运用。

Ruiz del castillo 等（2003）采用水蒸气蒸馏溶剂萃取-气相色谱-质谱法（SDE-GC-MS）和固相微萃取气相色谱（SPME-GC）两种方法对不同产地的果汁中的手性萜烯类化合物进行了研究，发现 4-萜品醇和 β-香茅醇的对映体的比例随产地的不同而不同，而其他大部分的目标化合物对映体的比例基本不变，因此，可以通过测定果汁中手性萜烯类化合物来进行产地区分。Lätti 等（2008）采用反相高效液相色谱法/二极管阵列检测（RP-HPLC-DAD）技术对芬兰不同地区的越橘中的花青素进行了分析，根据花青素含量对芬兰南部和北部的越橘进行了识别。结果发现芬兰南部地区越橘花青素总量显著低于北部地区，且北部地区越橘中主要存在的是飞燕草苷元，而南部地区越橘中主要是矢车菊素糖苷，从而根据花青素含量和不同糖苷配基能准确区分不同地区越橘。

4. 电子鼻和电子舌溯源技术

电子鼻是一种适用于测量系统中一种或多种气味物质的气体敏感系统。经其检测得到的信息可用于表示样品中的隐含特征，它是样品中挥发性成分的整体信息。除此之外，电子鼻技术可用于研究食品产地溯源方法的成因，可根据样品的不同气味显示出不同的信号，这些信号可用于与由大量样品建立的数据库中的信号进行比对，进一步分类识别。

在果蔬溯源检测方面，与传统的化学分析方法相比，电子鼻具有操作简便、样品前处理简单、测定速度快、重现性好等优点。国内外对电子鼻技术的研究多处于实验室阶段，在应用于商品化的产品方面仍存在一些问题，如传感器容易过载或中毒，干扰气体发生反应，影响检测结果；传感器阵列专属性及稳定性差的电子鼻系统，易受温度、湿度、振动等环境因素的影响。

电子舌是融合了材料科学、仿生学、计算机技术、化学、数学等多学科的一门新技术。根据不同的原理，电子舌主要分为电位分析传感器电子舌、电导分析传感器电子舌、伏安分析传感器电子舌等。目前研究较多的是电位分析传感器电子舌和电导分析传感器电子舌。由于电子舌具有非常良好的特异性，该技术已被应用于饮料类食品的溯源研究中。俄罗斯学者 Legin 将电子舌技术引入酒类质量的评价研究中，应用压电传感器分析 56 种红酒，通过统计方法对数据进行分析，能够准确获取红酒中挥发酸、乙醇、多酚等多种成分的含量。

### 6.3.4 DNA 溯源技术

1. DNA 溯源技术原理

DNA 溯源技术是生物溯源的重要方法之一。DNA 溯源技术源于 DNA 的遗传与变异，由于每一个个体都有着独一无二的 DNA 序列，因此其对应的 DNA 图谱也独一无二，可以用来标记不同生物个体。

2. DNA 溯源技术方法

DNA 溯源技术主要有以下几种标记方法：变性梯度凝胶电泳技术（denatured gradient gel electrophoresis，DGGE）、扩增片段长度多态性（amplified fragment length polymorphism，AFLP）、微卫星标记（simple sequence repeats，SSR）和单核苷酸多态性（single nucleotide polymorphism，SNP）等。DGGE 技术通过对特定基因区域（如 16S 和 26S rDNA）的 PCR 片段迁移带型的分析，就可确定微生物的组分。AFLP 标记技术是荷兰科学家 Zabeau 和 Vos 在 1992 年创立的，具有分辨率高、稳定性好、效率高的优点，但其费用高，对 DNA 纯度及完整性要求高。SSR 标记法可标记的等位基因数目较多，提供丰富的序列信息，也正是因为其带型复杂，目前对其应用还是较为困难。SNP 标记在基因组中分布很广泛，用其易于判型，适合于快速、规模化筛查，而且其对 DNA 的要求不高。

3. DNA 溯源技术在果蔬溯源中的应用

生长于不同环境的农产品的微生物数量、种类和特性存在很大差异，可采用 DGGE 等技术对微生物菌群多样性进行分析，从而判断农产品产地。El Sheikha 等（2012）采集了哥伦比亚、埃及、乌干达和马达加斯加 4 个地区的酸浆果，并运用 DGGE 技术分析了酸浆果的酵母菌 DNA，检测发现不同地区酸浆果的酵母菌群有显著性差异，可用于酸浆果的原产地辨别。

4. DNA 溯源技术的优势与局限性

DNA 溯源技术易于分型、检测手法简单，且迅速，所得的 DNA 分子易于保存，所得 DNA 序列稳定，不受周围环境影响，而且普遍存在于动植物界中，易于取材，对于传统理化性质检测不能区分的近缘生物来说 DNA 溯源有着显著的优势，且与其他溯源技术相比，其成本低廉。

### 6.3.5 果蔬联合溯源技术

对于地域相近、品种相似的产品，单一技术往往很难有效区分地理来源，因而需要增加指标数量建立多元判别模型。稳定同位素分析、矿物元素分析和有机成分含量分析等溯源技术的基本原理和特点均有不同，例如，稳定性氢同位素与自然界中的水分等有关；矿物元素与土壤的成土母质有关；有机成分则受到土壤、降雨等的影响。在果蔬溯源中，还要注意基因型、贮藏时间等的影响。使用一种指标或方法进行溯源可能会因为以上原因而产生误判。两种或三种方法相结合使用，可以更加完整地反映果蔬种类、区域气候、产地环境、农业耕种条件等差异，因而能更为有效地区分果蔬的来源，显著提高果蔬溯源的判别水平。

马奕颜等（2015）利用 IRMS 测定 C、N、H 同位素丰度，结合维生素 C、维生素 E 和总糖指标 C 对不同省份产地的猕猴桃实现了总体 88.9% 的正确判别率，对亚地区的判别率提升至 93.3%。胡桂仙等（2017）用 IRMS 和 ICP-MS 测定了杨梅中 C、H、O、N 的稳定同位素比率和多元素含量，并结合 PCA-LDA 建立判别模型，对浙江、福建、云南、贵州和江苏等省的杨梅进行分类研究。该方法对浙江类、福建类和其他省类杨梅判别结果的准确率分别达到了 99.6%、90.3% 和 98.4%，利用稳定同位素和多元素检测能够有效地对杨梅进行产地溯源和判别。

## 思考题

1. 食品溯源的构成要素主要有哪些？
2. 可用于食品质量安全溯源的方法有哪些？
3. 我国为何要发展果蔬质量安全溯源系统？
4. 基于物联网的果蔬溯源系统常用技术有哪些？
5. 为何可以用稳定同位素技术对果蔬产品进行产地溯源？
6. 为何采用多种溯源技术联合对果蔬产品进行安全溯源研究？

HAPTER 7

# 第7章 鲜切果蔬

**教学目标：**

1. 掌握鲜切果蔬加工原理；
2. 掌握鲜切果蔬容易出现的质量问题及预防措施；
3. 了解鲜切果蔬的基本加工工艺及操作。

鲜切果蔬（fresh-cut fruits and vegetables），又名半加工（partially processed）、轻度加工（lightly processed）、最少加工果蔬（minimally processed fruits and vegetables，MP）等，是对新鲜果蔬进行分级、整理、清洗、去皮、切分、去心（核）、修整、保鲜、包装等程序处理后，供消费者立即食用或餐饮业使用的一种新型果蔬加工产品，是集加工和保鲜技术于一体、技术要求较高的综合性系统工程。鲜切果蔬具有新鲜、方便、快捷、营养和无公害等优点，在国内外受到人们的广泛欢迎。鲜切果蔬起源于20世纪50年代的美国，当时主要供应餐饮业。我国鲜切果蔬业发展较晚，自20世纪90年代开始首先在蔬菜上发展，特别是近年来全国各地果蔬配送中心的建立，为鲜切果蔬的发展提供了有利条件，并具有广阔的社会效益和巨大的经济效益。

## 7.1 鲜切果蔬加工原理

传统的果蔬制品经过一定的处理后，比新鲜原料更为稳定，货架期更长；鲜切果蔬与新鲜果蔬相比，货架期不但没有延长，反而有了一定程度的缩短。主要原因是：①由于鲜切果蔬的组织细胞仍是活的，会发生许多生理生化反应，导致品质降低，寿命缩短；②由于微生物的活动导致其败坏，尤其是致病微生物的生长还会导致食品安全问题；③营养成分会发生变化；④鲜切果蔬更容易发生褐变。

### 7.1.1 鲜切果蔬的生理生化变化

新鲜果蔬采后经清洗、去皮、切分、修整、包装等一系列处理后仍有生命活动，如具有呼吸等新陈代谢作用，因而鲜切果蔬的货架期一般较短，水果销售期通常被限制在4～7 d，蔬菜中的根菜销售期也只有15～20 d。切割不仅会给果蔬带来不良的物理反应，而且还会发生一系列不利于贮藏的生理生化反应。在加工和贮藏过程中，果蔬很容易腐烂变质，具体表现如下。

#### 1. 天然保护层消失

由于果皮或者保护层的存在，水分扩散的阻力较大。材料经过去皮、切分等处理后，天然屏障基本丧失，因而鲜切果蔬对阻止气体在果肉组织中的扩散能力远比新鲜果蔬小，果蔬鲜切后水分容易蒸发，水分蒸腾速率显著增加。表层轻微栓质化的完整材料与加工品的失水速率相差5～10倍，表层革质化的器官加工后失水速率增加了10～100倍，而栓质化程度高的马铃薯加工后失水达到500倍。与此同时，鲜切果蔬的气体交换显著加强，组织内部氧浓度增加，$CO_2$和乙烯减少，气体扩散增加，增加了氧与呼吸底物的接触，促进底物的消耗。

#### 2. 呼吸加强

去皮、切分等加工过程中所造成的机械损伤加速产品的呼吸作用，即所谓“伤呼吸”，这是果蔬的一种保卫反应。伤呼吸可能是脂肪酸发生氧化转变成$CO_2$的结果，其增大程度随果蔬种类和发育阶段的不同而异。一般鲜切果蔬的呼吸强度为新鲜原料的12～70倍，甚至更大。对于同一种类的果蔬，切割强度越大，呼吸强度也越大。

#### 3. 产生伤信号

果蔬经加工切割后，会立即发出信号，导致膜的去极化作用，产生一些次生物质，增加乙烯的生物合成，改变蛋白质的合成路线等，导致一系列对品质不利的生理变化。发生的反应主要有：酶促和非酶促褐变，风味损失、质地劣变（软化或硬化）、营养物质流失等。上述的这些变化中，有一些变化是在加工损伤之后发生的，如植物细胞产生伤信号，并传递给邻近细胞，在切割后几秒钟之内诱导发生无数个生理反应。如生物膜的去极化现象、细胞膜结构的破坏及原生质流动性的丧失等。而其他的反应，如诱导产生伤乙烯、加强呼吸、促进氧化、诱导蛋白质和酶的合成及改变果蔬的营养组成等，通常在贮藏过程中才发生，一般需要几天的时间。这主要是因为伤信号从受伤部位传递到邻近组织速率十分缓慢所致。如伤信号在莴苣组织中的传递速率为0.5 cm/h，在其他果蔬组织中也有相似的结论。以上这些反应，大多数变化对产品不利，一些变化降低了产品的质量，不利于切割果蔬品质的保持，并且随着加工程度的加大，这种副作用就越强。

#### 4. 乙烯的增加

果蔬组织经切分后会刺激果蔬组织内源乙烯的产生，导致伤乙烯迅速增加。组织切片产生的乙烯因累积作用进一步促进乙烯敏感组织的成熟和衰老。而乙烯的积累又会导致一系列果蔬的品质劣变，如组织软化等；伤乙烯的产生还可以提高酶的活性，使果胶酶、脂氧合酶、纤维素酶、过氧化物酶等细胞降解类酶活性增加，导致植物组织发生崩溃，极易发生软化。

5. 次生代谢

果蔬组织受到伤害后合成一系列次生物质，主要有苯丙烷类、黄酮类、聚酮化合物类、生物碱、芥子油苷、单宁、长链脂肪酸和醇类等。这些物质主要集中在伤口及附近部位，参与伤口愈合反应和抵抗病虫的入侵。荔枝、莴苣等果蔬在伤害部位形成许多黑色斑点，即为大量酚类物质累积所致。不同种类的果蔬，即使同一果蔬的不同品种，产生次生物质的种类和数量也不尽相同。

### 7.1.2 鲜切果蔬的营养成分变化

在鲜切果蔬的加工和包装贮存过程中，维生素C、胡萝卜素等的损失是影响产品营养质量的主要因素。切割造成的机械损伤会促进维生素C的氧化损失，而加工中的去皮、清洗等工艺也会造成维生素C等营养物质的损失。如马铃薯的维生素C主要集中于皮下，由于去皮而造成的损失高达35%。水洗是鲜切加工的重要步骤之一，在水洗时不可避免地会造成水溶性营养成分的溶出和损失。如切碎的甘蓝在水中放置1 h，会损失7%的维生素C。此外，产品的贮藏温度、光线和包装等，也会影响营养成分的变化。

### 7.1.3 鲜切果蔬褐变

在切割果蔬中，最易发生且最常见的生理生化反应就是褐变。褐变已成为大部分切割果蔬（如甘蓝、莴苣、马铃薯、苹果、梨等）都会遇到的一个问题。防止褐变已成为切割果蔬行业急需解决的首要技术问题。

1. 酶促褐变

果蔬鲜切处理以后，颜色变化是影响食用价值与经济价值的最主要因素。未处理的果蔬原料褐变鲜有发生，而鲜切处理为酚类物质、多酚氧化酶、氧气三者的直接接触提供了条件，引起鲜切果蔬的酶促褐变。鲜切果蔬的酶促褐变不仅发生在切分表面，也发生在距离切分部位较远的内层细胞组织。发生酶促褐变的同时还伴随着不良气味的产生及营养成分的严重损失，对鲜切果蔬的食用品质造成极其严重的恶劣影响。绿叶类蔬菜、含大量淀粉的果蔬（如马铃薯、甘薯、山药、茄子、藕，苹果、香蕉、梨）以及许多热带、亚热带果蔬都极易发生褐变。

酚、酶的区域分布假说是目前被广为接受的酶促褐变发生机理学说之一。在正常的植物组织中，酚类物质分布在细胞液泡内，多酚氧化酶分布在各种质体或细胞质内，区域分布使得酚类物质与酶无法接触，即使与氧气同时存在也不会发生褐变。一旦受到加工或机械损伤，细胞壁和细胞膜的完整性被破坏，区域分布被打破，酶与酚类物质直接接触，在有氧条件下，酚类物质被氧化成醌，发生一系列的脱水、聚合反应，最后形成黑褐色物质，引起制品褐变。

鲜切果蔬酶促褐变与鲜切果蔬的衰老密切相关，果蔬衰老可导致酶促褐变的发生，酶促褐变也能加速衰老进程。大量研究表明，果蔬衰老与细胞膜的降解有关，而细胞膜降解为酚类物质和酶类直接接触提供可能，导致了酶促褐变的发生。鲜切加工中，机械损伤导致呼吸速度的加快和部分呼吸途径的改变，细胞壁解体，细胞膜透性增加，使得酚类物质和酶类直接接触；鲜切处理引起伤乙烯的大量产生，乙烯与含大量脂质的细胞膜相互作用，改变了细胞膜透性；细胞膜衰老伴随着磷脂水解成游离脂肪酸，脂肪氧合酶氧化不饱和脂肪酸，破坏细胞膜系统，促进酶促褐变的发生。酶促褐变又导致并加速了鲜切果蔬生理失调、异质、衰老等过程。

2. 非酶褐变

除酶促褐变外，鲜切果蔬还会发生其他类型的褐变反应，如美拉德反应、抗坏血酸氧化等，还有一些色素引起的颜色变化。

1）美拉德反应

美拉德反应是广泛存在于食品工业的一种非酶褐变，是羰基化合物（还原糖类）和氨基化合物（氨基酸和蛋白质）间的反应，经过复杂的历程最终生成棕色甚至是黑色的大分子物质类黑精或称拟黑素，所以又称羰氨反应。美拉德反应机理十分复杂，其反应历程、产物组成及其性质等受多种因素影响。氨基化合物和还原糖的种类、性质以及它们间的反应比例、反应时的 pH、温度、反应时间、水分活度，缓冲液浓度对反应的速率以及最终产物的组成都有重要影响。可通过控制相应的反应条件控制美拉德反应的发生。

2）抗坏血酸氧化

抗坏血酸氧化形成脱氢抗坏血酸，通过一系列反应形成糠醛、褐色素。果蔬原料中富含抗坏血酸和抗坏血酸氧化酶，在鲜切过程中，因去皮和切分造成组织细胞被破坏，使抗坏血酸迅速氧化，导致颜色加深，同时造成抗坏血酸大量损失。

3）其他变化

单宁类物质和色素本身的变化也会引起颜色的劣变。例如，单宁遇碱、遇铁等金属离子、在相应酶的作用下都能发生褐变现象。叶绿素转变为脱镁叶绿素，从而失去鲜绿色而呈褐色。花青素遇铁、锡或在高温条件下均能变成棕褐色。

### 7.1.4 微生物侵染

新鲜果蔬在去皮、切分等加工过程中，组织结构受到伤害，原有的保护系统被破坏，易受到空气、加工用水及加工机械中各种微生物的污染。由于大部分果蔬属于低酸性食品，加上切割处理造成果蔬营养成分的外流，为微生物的生长繁殖提供条件，导致产品败坏，更重要的是还会导致食用安全的问题。

鲜切果蔬表面一般无致病菌，只有腐败菌，因为这类细菌相对于致病菌有竞争优势。但在环境条件发生变化时，可能导致微生物菌落种类的变化，引发致病菌的生长繁殖。如包装内部高相对湿度或极低氧气浓度、低盐、高 pH、过高贮藏温度（高于 5℃）以及操作人员的携带产生交叉感染等，在这些条件下，一些致病菌（如大肠杆菌、沙门菌、李斯特菌、耶尔森菌等），还有灰霉、曲霉、欧文杆菌、黄单胞菌、假单胞菌等生长繁殖。因此鲜切果蔬在生产、加工、贮藏过程中应严格控制环境条件。

## 7.2 鲜切果蔬加工工艺

鲜切果蔬仍具有呼吸、生命活动等新陈代谢现象，在贮藏加工过程中，很容易变质腐烂。因此在鲜切果蔬的加工、贮藏、运输和销售中要求有高度配合的冷链系统，不仅让果蔬组织自身的新陈代谢处于最低状态，而且也有效抑制微生物的生长繁殖。为能生产出符合食品标准的高质量鲜切果蔬产品，生产企业要实行危害分析与关键控制点（HACCP）和良好生产规范（GMP）管理体系。

鲜切果蔬可以分成即食型、即用型、即煮型，即食型主要是用于快餐业中的色拉、汉堡、餐后的果蔬点心以及休闲点心等即食型果蔬；即用型，主要用于加工食品的配料以及进一步加工用料等即用型果蔬；即煮型用在家庭或饭店的烹饪中。

### 7.2.1 工艺流程

工艺流程：原料收获→田间包装（木箱/纸箱）→运输→预冷→选择与分级→预处理→去心（核）→切分→修整→清洗→离心→包装→冷藏→销售（冷链）。

### 7.2.2 工艺要点

#### 1. 原料处理

作为鲜切果蔬原料的种类主要有胡萝卜、生菜、洋葱、甘蓝、圆白菜、韭菜、芹菜、马铃薯、苹果、梨、桃、草莓、香蕉、菠萝等。

1）原料采收

采收的根本目的是尽可能获得优质、健全的果蔬产品。与采收直接相关的问题是采前田间管理、最适采收期的确定和采收的有关技术要求。一般在接近采收前，掌握正确的灌溉时间和灌溉量，严格按照果蔬施药的相关法规进行。有的果蔬在采前喷洒一定浓度的钙盐可使组织的硬度和弹性得以改善，并减轻生理病害；一定浓度的乙烯可改善果皮色泽并促进成熟；一定浓度的赤霉素可推迟成熟过程，延长货架期等。

果蔬最适采收期因种类、产地等不同而异。就果蔬而言，必须具有本品种特有的、满足鲜食要求的色、香、味和组织结构特征，即达到商业成熟度；采收应避开雨天、高温及露水未干时，人工采收必须精细，尽量保护产品，避免创伤及污染，采收中注意剔除各种杂质、未成熟果、病害果和伤果。

2）原料验收

蔬菜中的微生物数量很大，菌群较复杂，对各种理化处理的抗性强，严重污染的原料可能已潜藏腐败或含有某种毒素，安全隐患明显。鲜切果蔬加工厂应该设置原料微生物学检验这一关键控制点，以便准确掌握主要污染微生物的种类和数量，为调整和加强工艺控制，及时采取措施提供依据。

3）原料预冷

预冷是指果蔬贮藏或运输之前，采用自然或机械的方法迅速将其温度降低到适宜温度，并维持这一低温，以利后续操作的措施。果蔬中的水、碳水化合物、脂肪、蛋白质、矿物质、维生素、酶等营养成分在加工过程中若不加以有效低温控制，会发生一系列变化，如水分损失、维生素C的流失、蛋白质的变性、酶的活化或钝化等，微生物大量繁殖，造成果蔬腐烂变质。如青豌豆在20℃下，经24 h贮藏后含糖量下降80%，游离氨基酸减少，质地变粗，风味丧失。预冷的作用是迅速消除果蔬采摘之后的田间热，降低果蔬温度，抑制采后呼吸，延缓新陈代谢和衰老。可根据果蔬种类、数量，包装等条件来决定所采用的预冷方法，如空气预冷、水预冷、差压预冷、包装加冰冷却、冷库预冷和真空预冷。采收后原料需及时进行预冷处理，原料运输至加工厂后需立即加工，若原料采收期较为集中，采收重超过加工能力则需进行低温贮藏。有些原料（如香蕉、柿子、莱阳梨、巴梨），需经过后熟后才适宜加工食用，也需进行短期贮藏。

4）原料的选别与分级

果蔬原料品质的好坏决定着鲜切果蔬品质的好坏，只有适合鲜切加工的优质果蔬原料才能加工出高质量的鲜切果蔬。进厂的原料绝大部分含有杂质，且大小、成熟度有一定的差异。

果蔬原料选别与分级的主要目的如下：首先是除杂，即剔除不适合加工的果蔬，包括未熟或过熟的，已腐烂或长霉、虫蛀和伤口大的果蔬；还有混入果蔬原料内的沙石、虫卵和其他杂质，以及剔除果梗等工作。对于水果和果菜类，如番茄、荔枝、甜辣椒等，要去除混杂在果实中的杂叶和杂物、果梗上的叶片等，还应剪切果梗使其与果肩平；具有外叶和茎梗的蔬菜，如绿叶菜、生菜、白菜、芹菜等，要去除所有腐烂、损伤、枯黄、腐败变质的叶子和茎梗；根菜类，如胡萝卜、马铃薯等要去除大块的泥土等；有些果蔬（如鲜玉米）还要求剥除外皮等，从而保证产品的质量。

其次，将进厂的原料按大小、成熟度和色泽、品质、形状、质量指标等进行分级，有利于后续各项工艺过程的顺利进行，保证后续工艺处理的一致性，使其具有良好的产品质量和数量，同时降低能耗和辅助材料的用量。

（1）手工分级　在生产规模不大或机械设备较差时常用手工分级，同时可配备简单的辅助工具，如圆孔分级板、大小分级尺、重量秤等。

（2）机械分级　使用分级机械可提高分级效率和质量，目前分级设备常用的有滚筒式分级机、振动筛、分离输送机等。

5）原料预处理

预处理对最终产品的质量有很大影响，尽管果蔬种类、组织特性、鲜切加工方法不同，但鲜切果蔬的预处理一般均包括清洗、去皮等工序。

（1）清洗　果蔬原料清洗可洗去泥沙、昆虫、残留农药等杂物以保证产品质量。根据产品特点和生产需要，清洗可采用浸渍或充气的方法。清洗水中添加的杀菌剂主要有：①氯气、次氯酸钠或次氯酸钙。②臭氧。臭氧有极强的氧化杀菌特性，能够达到3个对数单位的杀菌效果，且不会产生三卤甲烷类残留物。其他的如过氧乙酸和辛酸的混合物、电解酸性水等，也具有良好的杀菌效果。清洗机械应单独设计，常见的有浸泡式、搅动式、喷洗式、摩擦式、浮流式及各种方式的组合式等。

（2）去皮　在工业化生产中，需要去皮的果蔬（如胡萝卜、马铃薯等）通常采用机械的、化学的或高压蒸汽去皮方法。刀刃状况与所切果蔬的保存时间有着很大的关系，锋利刀刃去皮果蔬保存时间长，钝刀切割面受伤多，容易引起变色腐败。

**2. 切分（割）**

用于鲜切果蔬生产的水果、蔬菜按产品的要求经洗净后进行切分是鲜切果蔬生产的必要环节。此过程会对植物组织造成伤害，但用锋利的刀片则可以减少这种伤害。在低温下，一般生产车间应在低于12℃下进行机械或手工操作。切分主要有切片、切块、切条、切丝、切丁等。切分大小是影响鲜切果蔬品质的重要因素之一，既要有利于保存，又要符合现代饮食需求。一般来说，切分越细，切分面积越大，保存性越差。刀刃状况与所切果蔬的保存时间也有很大的关系，采用锋利的刀具切分的果蔬保存时间长，钝刀切分的果蔬由于切面受伤多，容易引起切面褐变。所以理想的方法是采用锋利的刀具进行手工去皮切分，但这不适合机械化生产的需要。所以在工业化生产中，如去皮操作，应尽可能减轻对果蔬组织细胞的破坏程度，避免大量汁液流出，以防降低产品质量。

3. 鲜切果蔬的护色和脱水

1）护色

鲜切果蔬的褐变主要是酶促褐变，防止措施：控制酶的作用和氧气的浓度；或添加抑制剂；或隔绝鲜切果蔬与氧气的接触。护色剂一般可采用异抗坏血酸钠、乙二胺四乙酸二钠、植酸、柠檬酸、醋酸锌、谷胱甘肽、$NaHSO_3$等，或采用它们的混合物。生产上主要选择柠檬酸（CA）、异抗坏血酸（PA）等为护色剂原料进行复配护色。这些护色剂浓度越高，浸泡时间越长，护色效果越好。

（1）NaCl护色　通常加工中采用1%～2%的NaCl溶液护色，使酶活力被NaCl溶液破坏，同时氧气在NaCl溶液中的溶解度比空气中的小，也可起到一定的护色效果。护色后要漂洗干净。

（2）酸溶液护色　酸性溶液中氧气的溶解度较小，可以降低pH及多酚氧化酶的活力，又兼有抗氧化作用，而且大部分有机酸是果蔬的天然成分，效果较好。常用的酸有柠檬酸、苹果酸或抗坏血酸等，由于抗坏血酸费用较高，生产上一般采用柠檬酸，浓度为0.5%～1%。

2）脱水

切分果蔬护色后，其内外都有许多水分，若在这样的湿润状态下放置，很容易变质或老化，因此，需要进行适当的加工以去掉水分。通常采用高速离心机进行脱水，以防止对果蔬原料造成机械损伤。脱水时间要适宜，加速平稳，原料装填和卸出产品均需小心处理。若脱水过度，反而会加速品质劣变。生产中必须注意，要根据不同的原料选择不同的转速和离心时间，以求适度脱水，抑制贮藏品质劣变。如鲜切甘蓝脱水处理时，离心机转速一般为2 825 r/min，时间为20 s，鲜切生菜脱水时，离心机转速为100 r/min，时间为20 s。欧美国家也有采用空气干燥隧道对清洗后的鲜切原料进行脱水，干燥隧道由振动的单元格组成，产品与空气逆向行进。干燥空气采用过滤空气流，并用紫外线消毒，以防污染产品。

4. 杀菌

经过去皮、切分（割）、护色、脱水后，虽然果蔬表面上细菌总数大大减少，但是仍有较多的残留细菌，因此有必要进行杀菌处理。鲜切果蔬不能采用传统的热杀菌工艺进行杀菌，其杀菌方法主要是低温控制。辐照、超声波、超高压、脉冲电场、磁力杀菌、臭氧、紫外线照射等非热加工在控制鲜切果蔬中微生物活动中被广泛应用。鲜切果蔬处理后，采用涂膜或气调包装也可有效控制微生物污染。

### 7.2.3　鲜切果蔬保鲜技术

1. 涂膜保鲜技术

涂膜保鲜通常是将可食性膜涂于果蔬表面形成涂层，可以改善产品的外观和质量。该技术具有简单、方便、卫生、快捷、造价低的特点，近年来应用比较多。对鲜切果蔬而言，将各种天然、可食的涂膜保鲜材料进行一定的复配，可在果蔬表面形成一层透明、有光泽且具有较好选择透气性和阻气性的涂层，可以改变鲜切果蔬产品表面的气体环境，有效地阻碍水分的蒸发和病菌的侵入及繁殖、降低呼吸作用、减少内部物质的转化和基质的消耗、阻碍乙烯的生物合成、减少细胞膜脂质过氧化和自由基损伤、延缓细胞衰老、防止芳香成分挥发的作用，显著提高产品的质量和稳定性。

对于鲜切果蔬的涂膜研究较多的是可食性涂膜。用于鲜切果蔬的涂膜包装材料主要有淀粉、纤维素、糖类、多聚糖、蛋白质及纤维素衍生物。如山梨醇、蔗糖脂肪酸酯（SE）、纤维素基质、支链淀粉、乳蛋白、小麦面筋等。不同的涂膜材料有不同的特性，如多聚糖有良好的阻气性，能附在切面；蛋白质成膜性好，能附在亲水性切面，但不能阻止水的扩散。根据不同的涂层物质的特点，在配制涂膜配方时通常进行复配，成膜物质还可作为抗氧化剂、防腐剂等食品添加剂的载体。有时在涂膜中常加入防腐剂（如山梨酸钾）和抗氧化剂［如叔丁基对羟基茴香醚（BHA）］等，用以防止鲜切蔬菜的变色和腐烂，显著延长产品的货架期。如鲜切马铃薯片，经以羧甲基纤维素钠为主要成分的可食膜处理后，在4℃下的货架期延长了一周。与传统的塑料薄膜包装相比，可食性膜具有无白色污染的优点，在食品包装上有良好的发展前景。

2. 栅栏技术

栅栏技术首先由德国肉类研究中心 Leistner 和 Robel 提出，其理论是高温处理（H）、低温冷藏（t）、降低水分活度（$A_w$）、酸化（pH）、氧化还原电势（Eh）、防腐剂、竞争性菌群以及辐照等几种因子的作用决定着食品防腐的方法，这些因子称为栅栏因子。在食品加工中，将栅栏技术、危害分析与关键控制点（HACCP）和微生物评估技术结合势必成为未来发展趋势。针对性地选择和调整栅栏因子，再利用HACCP的监控体系，可有效保证产品的品质及安全性。鲜切果蔬保鲜是一项综合技术，单一的保鲜方法通常存在着一定的缺陷，采用复合保鲜技术，才能发挥协同作用，有效地阻止果蔬的劣变。因此，人们已开始广泛采用栅栏技术来保持鲜切果蔬产品的质量并延长货架期。

鲜切果蔬加工中常用的栅栏因子包括温度因子、湿度因子、气体成分因子、保鲜剂因子和辐照因子等。这些栅栏因子主要通过控制酶活力（如低温、pH、护色剂、包装、气体成分）、微生物（如低温、水分活度、pH、保鲜剂、气体成分、包装、杀菌消毒处理），脆性（$CaCl_2$、低温）、失水和木质化（低温、切分大小、包装）等措施达到保鲜的目的。在栅栏技术中，控制微生物主要是阻止微生物的生长和繁殖，而不是杀灭它们，因此，栅栏因子的使用不会对食品品质产生较大的影响。在实际应用中，联合使用强度低的多种防腐因子比单独使用强度高的单一防腐因子更加有效。

### 7.2.4 包装

果蔬切分后若暴露于空气中，很容易失水萎蔫，氧化变色，所以应尽快进行包装，防止或减轻此类不良变化。为了保持鲜切果蔬新鲜品质和延长货架期，就要选择适宜的包装材料、包装方法及包装类型。包装车间温度一般为4～6℃。鲜切果蔬的包装方法主要有气调包装（MAP）、减压包装（MVP）、活性包装以及涂膜包装等。MAP包装技术较成熟，符合鲜切果蔬的生理特性，因而在工业上应用较广。透气率大或真空度低时易发生褐变，透气率小或真空度高时易发生无氧呼吸而产生异味，在贮藏中袋内的切分果蔬由于呼吸作用会消耗$O_2$，生成$CO_2$，使$O_2$减少，$CO_2$增加。因此，要选择厚薄适宜的包装材料来控制合适的透气率或合适的真空度，以保持其最低限度的有氧呼吸和造成低$O_2$高$CO_2$的环境，延长切分果蔬的货架期。如切割生菜可采用80 μm的聚乙烯袋进行减压包装（抽真空至46 kPa压力），在5℃下，可使生菜10 d内不褐变。

1. 气调包装

气调包装结合低温冷藏可以较好地保持鲜切果蔬品质，延长鲜切果蔬的货架期。据资料表明，3%$O_2$＋10%$CO_2$可以延长鲜切生菜的货架期；（5%～10%）$O_2$＋（5%～15%）$CO_2$可以阻止鲜切甘蓝的褐变，研究还发现在5℃时1%$O_2$＋12%$CO_2$推迟鲜切莴苣褐变的发生达14 d之久。另外，果蔬组织经切分后会导致伤乙烯迅速增加，而乙烯的积累又会导致一系列果蔬的品质劣变（如组织软化），因此需对包装内部乙烯加以控制。当$O_2$体积分数低于8%、$CO_2$体积分数高于1%时，可降低果蔬对乙烯作用的敏感程度。也可以结合使用乙烯吸收剂（如高锰酸钾、活性炭）加氯化钯催化剂等。通过试验发现，使用活性炭加氯化钯贮藏猕猴桃和香蕉切片能够很好地防止软化。研究认为，气调包装可改善青椒、苹果切片和番茄切片的微生物情况，可提高杏和黄瓜的感官质量及改善绿豆芽、切割蔬菜混合物的微生物及感官质量。如体积分数为（10%～15%）$CO_2$的气调包装可抑制草莓、樱桃灰霉病的发生；10%$O_2$＋10%$CO_2$可以阻止鲜切欧芹叶绿素的降解。

2. 活性包装

活性包装又称AP包装，指在包装袋内加入各种气体吸收剂和释放剂以除去过多的$CO_2$、乙烯及水汽，及时补充$O_2$，使包装袋内维持适合于鲜切蔬菜贮藏保鲜的适宜气体环境。如在鲜切洋葱片包装中，使用高锰酸钾可有效地除去产品自身释放的乙烯，抑制呼吸强度，降低包装中含硫挥发物及$SO_2$的浓度，产品在2℃下保质期可达10 d。

### 7.2.5 冷藏运销

鲜切果蔬要进行低温保存。在一定范围内环境温度越低，鲜切果蔬的生命活动进行越缓慢，营养素消耗越少，保鲜效果也就越好。每种果蔬都有其最佳保存温度，但考虑到实际生产需要，不可能每种果蔬都用最适冷藏温度，因此一般采用4～6℃的冷藏温度，这样的条件下可避免发生冷害。

从包装车间到消费者手中，果蔬在运输或转运过程中应保持所需求的低温范围。根据果蔬的性质和价值可选择如冷藏火车、汽车和船等运输工具。销售时一般采用冷柜，冷柜温度一般保持在5℃左右、湿度保持在85%～90%较好，可以保证鲜切果蔬的新鲜度。超市和连锁店一般都有高温冷库进行产品的暂存。

综上所述，果蔬从采收一直到消费者手中，整个流程都应保持适当的低温范围，形成所谓的冷链流通系统，从而对鲜切果蔬产生较好的保鲜作用。

## 7.3 鲜切果蔬容易出现的质量问题及预防措施

由于鲜切果蔬组织在去皮、切分等工序时易被机械损伤，极易出现变色、变味、质地变软等质量问题，所以，保证质量、延长保鲜期是鲜切果蔬加工技术的关键。

### 7.3.1 鲜切果蔬常见的质量问题

1. 变色

新鲜果蔬经去皮、切分以后，切破了植物细胞的结构，增加了酶与底物的接触机会，直接引起组织的褐变，如苹果、梨、桃等果蔬中存在的单宁物质在多酚氧化酶的作用下转化为根皮鞣红，马铃薯去皮以后在酪氨酸酶的作用下转变为植物黑素，这些都是在酶的作用下而使果蔬制品褐变。同时，果蔬中还存在着儿茶酚酶、甲酚酶、多酚氧化酶和过氧化物酶等，当原料暴露在空气中，在氧气的作用发生氧化作用而引起酶促褐变。鲜切果蔬富含维生素C等营养成分，维生素C可在空气中自动氧化生成醛类物质聚合成褐色物质而引起变色。另外，锡、铁、铝、铜等金属与单宁物质相结合也易引起变色。

2. 变味

鲜切果蔬在加工、包装与贮运过程中，由于各种原因引起的褐变必定会引起果蔬风味的变化，再加上切割过程中会引起维生素C的氧化损失；而加工中的去皮、清洗等工艺会造成水溶性营养成分的溶出和损失；此外，加工产品的贮藏温度、光线以及包装等因素，也会影响到营养成分的变化，会造成风味的变淡。

3. 质地变软

新鲜果蔬在去皮、切分等加工过程中，组织结构极易破坏，很容易受到空气、加工用水及机械设备各种微生物的侵染，由于大部分果蔬属于低酸性食物，加之切割处理也容易造成营养物质的外流，为微生物的生长、繁殖提供了有利的环境条件，极易造成果蔬的腐败变质。果蔬中的果胶随着果蔬的成熟也会在果胶酶的作用下逐步转变成果胶酸，使果蔬的质地变软，影响果蔬原有的新鲜度和饱满度。

### 7.3.2 防止鲜切果蔬出现质量问题的控制措施

1. 褐变的控制

加工过程中的褐变不仅影响制品的外观，也破坏产品的风味和营养价值。因此要对褐变进行控制。目前，对于酶促褐变的控制主要有以下几种方法。

1）减少酚类物质含量

通过培育抗褐变的新品种，改进栽培管理技术，减少采收、贮运、加工过程中的机械损伤，降低对PAL活力的诱导，从而控制可被氧化的酚类底物形成，延缓鲜切产品的褐变。

2）控制PPO、POD活力

利用PPO活力可被热、有机酸、酚类物质、硫、螯合剂、配偶联剂等物质抑制的特性，对褐变加以控制，或者通过基因工程的方法降低PPO、POD活力。

（1）加热处理　加热处理可以使植物细胞原生

质发生凝固和质壁分离，增加膜的透性，改变果蔬内酶的活力，排除果蔬中的氧气，防止或降低酶促褐变和维生素的氧化。常用的加热方法是将果蔬在90～100℃的热水中或高温高压蒸汽中漂烫几分钟，然后再用5～10℃的冷水冷却，冷水中加入少量的柠檬酸或亚硫酸钠。同时调整pH，使酶远离等电点，可以降低热稳定性、缩短加热时间。加热处理还可以杀死微生物及虫卵，去除蔬菜中的苦涩味。

(2) 化学的方法　可使用山梨酸钾、抗坏血酸、柠檬酸、半胱氨酸、食盐、$CaCl_2$、$ZnCl_2$、谷胱甘肽等物质抑制酶促褐变的发生。如对于去皮的马铃薯，用0.5%半胱氨酸加2%柠檬酸浸泡3 min，可有效控制褐变的发生；用一定浓度的$ZnCl_2$或10 mg/g $CaCl_2$处理猕猴桃切片、苹果切片、梨切片可抑制酶促褐变的发生。

(3) 亚硫酸盐处理　用亚硫酸及其钠盐配制成一定浓度的水溶液处理果蔬。由于亚硫酸具有较高的还原性，因此能阻断过氧化氢的形成，防止单宁的氧化褐变。

(4) 浸泡处理：将原料或工序间的原料热烫处理后浸泡在水溶液或食盐溶液中，可以防止氧气与原料的接触从而降低酶促褐变的概率；另外，食盐溶液的高渗透压，还可以使酶细胞脱水失活，一般随着浓度升高，抑制效果越好，但浓度过高会影响制品的风味，工序间护色食盐浓度常采用1%～2%。

3) 降低氧浓度

由于褐变是在氧存在下发生的，可利用抽气、被膜、气调等方法降低环境中的氧浓度，从而控制褐变的发生。一般防褐变的化学处理，都要在包装前进行，在使用化学药剂的同时，可结合可食性涂膜处理，可食性涂膜对鲜切果蔬的酶促褐变有很好的控制作用，一方面，可减少鲜切果蔬水分的损失，限制氧气的进入，减轻外界气体及微生物的影响，抑制呼吸，降低生理生化反应速度，防止芳香成分挥发并起到延迟变色、抑制微生物生长的作用，另一方面利用可食性涂膜可抑制氧气的透性，使切分果蔬表面氧气浓度维持在较低的水平，不但能抑制酶褐变，还可以降低果蔬的衰老和腐烂变质。

4) 避免接触金属用具

鲜切果蔬含有大量的花色苷，为保持其原有的色泽，应使用不锈钢材质的用具，避免使用铁、铜、锡等金属用具。

2. 微生物的控制

新鲜果蔬在去皮、切分等加工过程中很容易受到空气、加工用水及机械设备中各种微生物的侵染，从而引起果蔬的质地变化，造成腐烂变质，因此可以从以下几方面入手。

1) 创造低温条件

低温不但可以抑制果蔬的呼吸作用和酶的活力，降低生理生化反应的速度，同时可有效抑制微生物的活动、防止微生物的侵染。但温度降到某一程度的时候果蔬会发生冷害、代谢失调、产生异味以及褐变的加重等现象，货架期也会明显缩短，因此，在鲜切果蔬的加工、贮存和流通过程中应尽可能创造适宜的低温条件，一般在0～5℃贮藏。

2) 使用化学防腐剂

有些微生物在低温条件下仍可迅速生长繁殖，因此，结合低温处理，还需要进行化学防腐剂处理，如醋酸、苯甲酸、山梨酸及其盐类、亚硫酸盐，可有效抑制微生物的活动，特别是对那些在低温下仍可以生长的腐败菌和致病菌，是非常有效的控制措施。防腐剂在使用时应严格掌握其用量，最大使用剂量不超过0.1%。

3) 降低pH

鲜切果蔬组织的pH为4.5～7.0，正适合各种腐败菌和致病菌的生长。在鲜切果蔬中加入醋酸、柠檬酸、乳酸等，可以降低pH、降低多酚氧化酶的活力、抑制微生物的活动，生产上多采用柠檬酸浸泡，浓度在0.5%～1%，一定要掌握好用量，否则，过多的酸会破坏新鲜果蔬本身的风味。一般pH小于等于3.3。

4) 采用气调包装

气调贮藏是在冷藏的基础上改变环境中的气体成分的一种贮藏保鲜方法。鲜切果蔬经气调包装结合冷藏，能有效地降低呼吸作用，抑制乙烯产生，减少水分散失，延缓切分果蔬的衰老进程，延长贮藏期，同时可以阻止好气性微生物的生长，防止果蔬的腐烂变质。常用的气调方法有MAP、MVP、活性包装（active package，AP）和涂膜包装。气调的同时，必须注意缺氧环境，防止厌氧微生物的生长和产品本身的无氧酵解，以免影响鲜切果蔬的品质。

5）非热处理控制

鲜切果蔬因加工后仍具有生命活动，因此在低温或常温下进行杀菌可较好保持其品质，即采取冷杀菌技术或非热处理。非热处理包括辐照、超声波、超高压、紫外线、脉冲电场等处理方法，尤其是辐照杀菌已经广泛用于鲜切果蔬的杀菌。

（1）辐照杀菌技术　辐照（或辐射/放射线）杀菌是利用一定剂量波长极短的电离射线来干扰微生物新陈代谢和生长发育，从而对食品进行杀菌的一种杀菌方法。食品杀菌常用射线有X射线、γ射线和电子射线。电子射线主要从电子加速器中获得，X射线由X射线发生器产生，γ射线主要由放射性同位素获得，常用的放射线同位素有$^{60}$Co和$^{137}$Cs。辐照杀菌既可以杀灭鲜切果蔬表面的微生物，又可抑制后熟，防止腐烂。需要注意的是辐射剂量需低于相关规定值，以防产生一些营养问题和毒理学危害。

（2）超声波杀菌　低浓度的细菌（如大肠杆菌、巨大芽孢杆菌、绿脓杆菌等）对超声波敏感，可被超声波完全破坏。但超声波对葡萄球菌、链球菌等效力较低，对白喉病毒素完全无作用。超声波消毒的特点是速度较快，对人体无害，对食品原料无损害，但因对某些致病菌无效或效力低，因此在某些情况下，可能消毒作用不够彻底。

（3）超高压杀菌　超高压杀菌是将鲜切果蔬包装以后，在液体介质中，采用100～1 000 MPa压力作用一段时间以达到灭菌目的。超高压杀菌主要通过破坏微生物细胞膜、抑制酶活力和促使细胞内变性达到对微生物的致死作用。鲜切果蔬水分活度高，结合低温施以超高压处理可达到良好的杀菌效果。对于需氧嗜温微生物和需氧嗜冷微生物，采用间歇超高压杀菌的杀菌效果比连续超高压处理要好。

（4）紫外线杀菌技术　紫外线波长为190～350 nm，在波长为240～290 nm时具有杀菌作用，253.7 nm处为DNA和RNA的吸收峰，因此尤以波长为253.7 nm的紫外线杀菌作用最强。其杀菌机理为紫外线诱导DNA嘧啶二聚体的形成，抑制DNA复制，导致微生物突变或死亡。紫外线对细菌、霉菌、酵母、病毒等各类微生物都有显著的杀灭作用。但由于穿透能力很差，紫外线通常只能对样品表面进行消毒灭菌。紫外线的灭菌效果受障碍物、温度、湿度、照射强度等因素的影响，如当湿度大于70%、温度小于16℃时，杀菌效果降低。

（5）脉冲电场杀菌　由于微生物细胞膜内、外存在电位差，在脉冲电场存在的条件下，膜的电位差加大，细胞膜的通透性提高。当电场强度增大到某一临界值时，细胞膜的通透性剧增，导致膜上出现许多小孔，细胞膜结构解体。同时，由于脉冲电场在极短的时间内电压剧烈波动，细胞膜产生振荡效应，加速了细胞膜的破坏和微生物的死亡。脉冲电场可有效杀灭与鲜切果蔬腐败相关的多种微生物。脉冲电场杀菌不需加热，且作用时间短，对原料营养成分不造成破坏。

（6）磁力杀菌技术　磁力杀菌的方法是采用6 000 Gs磁力强度的磁场，将食品放在N极与S极之间，经连续摇动，不需加热，即可达到100%杀菌效果，并对食品成分和风味不会造成破坏。

6）生物保鲜技术

生物保鲜技术是利用有益微生物的代谢产物抑制有害微生物，从而延长鲜切果蔬贮藏期的保鲜技术。迄今为止，国内外相关领域学者一直致力于研究各种有效的生物保鲜剂。其中以乳酸菌、酵母菌和霉菌的拮抗菌株的研究居多。

此外，由于鲜切果蔬货架期较短，因此其微生物检测必须具备快速、准确、简便的特点。传统的耗时长、灵敏度低的微生物检测方法已经不能适用。目前，主要采用免疫学方法（包括酶联免疫分析、免疫扩散、凝集试验、免疫磁性分离、免疫捕获分析等技术）、核酸技术（质粒分型、核糖分型、PCR、随机扩增多态性DNA等技术）、生物发光法、流式细胞仪、阻抗法、纳米技术、细菌冰核形成过程检测等快速检测方法对鲜切果蔬中的微生物进行检测。快速检测结合动力学模型来定量评价鲜切果蔬微生物的污染状况，已成为预防、检测和控制鲜切果蔬质量安全的有效手段。

鲜切果蔬产品从原料生产、加工、贮藏、运输到销售整个流通过程中都需严格控制微生物污染，可采用先进的加工方法及应用栅栏理论进行处理。应加强生产企业员工、消费者和餐饮服务业人员的卫生意识和相关操作培训。正确地选用适于鲜切加工的优质原材料，配以严格的冷链系统，同时结合不同的处理方法来进行保藏。生产过程中应采取严格的卫生要求及执行《良好操作规范》（GMP），运用危害分析与关键控制点（HACCP）技术进行有效管理。使用符合饮用水标准的优质加工用水，结合护色和灭菌的需要，可在清洗过程中加护色剂或消毒剂。采用先进的加工设备，如去皮机、切片机、切丝机，使加工对产品造成的机械损害减少至最低程度。同时辅以MAP包装、可食性膜或其他包装形式进行包装。原料、加工、贮存、配送、销售等各环节要保持低温状态，实施严格冷链操作，以延长鲜切果蔬产品的货架期，确保其安全性。

## 思考题

1. 果蔬鲜切过程中发生哪些生理生化变化，对鲜切果蔬的品质有何影响？
2. 简述果蔬鲜切加工的加工工艺过程，并简要说明一下操作要点。
3. 简述鲜切果蔬酶促褐变发生的机理及发生条件。
4. 简述鲜切果蔬的保鲜方法及其原理。
5. 简述栅栏技术的基本原理及其在鲜切果蔬加工中的应用。
6. 阐述鲜切果蔬的微生物污染及其控制方法。

HAPTER 8

# 第8章 果蔬速冻

**教学目标：**

1. 掌握果蔬速冻保藏的原理、速冻工艺与操作要点；
2. 了解冷冻对果蔬组织结构、化学变化和微生物的影响；
3. 熟悉果蔬的主要速冻装备。

果蔬速冻技术是通过快速冻结的方法，在30 min内将果蔬中心温度降至冻结点以下，并在−18℃以下长期冻藏果蔬原料的一种加工技术。

1834年英国发明了冷冻机，自此速冻技术得以快速发展。1948—1953年美国科学家对速冻食品进行了系统深入的研究。20世纪50年代，加州阿尔贝尼美国农业部西部地区研究所，提出了著名的T. T. T（time-temperature-tolerance）概念，阐明速冻食品的质量取决于时间和温度两个因素。随后又提出了P. P. P（product-processing-package）理论，即产品的前期品质取决于产品的原料、加工工艺和包装方式。20世纪下半叶，单体速冻技术（individual quick freezing）和设备的完善使得物料从整块冻结发展到小块或微粒冻结，实现了速冻食品的大规模生产。

我国速冻食品行业起步较晚，从20世纪70年代开始生产速冻果蔬产品，但我国速冻食品无论是数量上还是品种上都远不能满足市场需要。另外，我国大多数速冻食品机械主要依赖进口。

用于进行速冻加工的蔬菜种类有食用菌类、豆类、果菜类等，其中以青刀豆、荷兰豆、毛豆和蚕豆为主的豆类蔬菜是我国主要的速冻加工蔬菜。而用于速冻加工的水果品种有苹果、梨、草莓、香蕉、桃、猕猴桃、西瓜和菠萝等。

## 8.1　果蔬速冻原理

果蔬原料的含水量很高，冷冻的过程中70%～80%的自由水会结成冰。果蔬速冻要求在30 min或更短的时间之内将新鲜果蔬的中心温度降至结冰点以下，快速排出果蔬中的热量，使果蔬细胞内外形成颗粒均匀、尺寸较小的冰结晶，这些细小的冰结晶对组织和细胞的结构危害较小，对果蔬质地和冻后品质影响较小。果蔬速冻后，其果实内的生理、生化反应受到低温抑制，冻结低温可以抑制果蔬内部各种酶的活性，降低酶促反应的速度，从而延缓了果蔬色泽、风味、品质和营养的变化。冻结低温还可以抑制微生物的生长繁殖，延缓由微生物引起的腐败变质，从而使速冻产品得以长期保藏。

### 8.1.1　果蔬速冻过程

1. 纯水的冻结

水的冻结包括降温和结晶两个过程。当水的温度降到冰点时，开始相变，由液态转变为固态，即结成冰。纯水的冰点温度为0℃，但实际上，水降到0℃并不开始结冰，而是首先被冷却为过冷状态，过冷状态下水温虽已下降到冰点以下，但尚未发生相变，只有当温度降低到水中开始出现稳定性晶核时，水分子才会释放潜热并向冰晶体转化，放出的潜热使其温度回升到水的冰点，然后开始大量结冰。

降温过程中，水中开始形成稳定性晶核时的温度，或温度开始回升时的最低温度，称为过冷临界温度（supercooled critical temperature）或过冷点温度（supercooled temperature）。过冷点温度比冰点低，当温度回升到冰点后，只要水仍在不断地结晶并放出潜热，水冰混合物的温度就始终保持在0℃。只有当全部水分都冻结后，其温度才会下降，并逐渐接近外界冷冻介质的温度。

水冻结形成冰是由晶核的形成和冰晶体的增长两个过程组成。当水温下降至冰点时，水分子热运动减慢，开始形成称为生长点的分子集团。生长点很小，增长后就形成新相的先驱，称为晶核。晶核分为均质晶核和异质晶核两种，均质晶核系由水分子自身形成的晶核，而异质晶核则是以水中所含有的杂质颗粒为中心形成的晶核。水分子在开始时形成的晶核不稳定，随时都可能被其他水分子的热运动所分散，只有当温度下降到一定程度时，即在过冷温度下，才能形成稳定的晶核，并且不会被水分子的热运动所破坏。晶核实际上是一些水分子以一定规律运动而结合成的颗粒型微粒，形成的晶核将作为冰晶体成长的基础。冰晶体的增长是水分子不断地有序地结合到晶核上面，从而使冰晶体不断增大的过程。形成的冰晶体的大小和数量，与水分子的运动特性和降温速度两个因素有关。缓慢降温时，由于水温降到冰点温度以下所需要的时间很长，水分子开始形成的晶核不稳定，容易被热运动所分散，所以形成的稳定晶核不多；再者由于降温时间较长，大量水分子有足够的时间位移并集中结合到数量有限的晶核上，使这些晶核不断增大，最后形成数量少、尺寸大的冰晶体。而在快速降温时，水温可以被迅速降低到冰点以下的过冷温度，能形成大量的、稳定的晶核。由于降温速度很快，水分子没有足够的时间位移，再加上水中稳定的晶核数量较多，所以水分子会就近分散结合到数量众多的晶核上去，最后形成的是数量多、尺寸小的冰晶体。这说明降温速度与冰晶体的形成有关：即降温速度越慢，形成冰晶体的数量越少，个体越大；降温速度越快，形成的冰晶体数量越多，个体越小（表 8-1）。

**表 8-1　食品冻结速度与冰晶体的性状**

| 冻结速度（通过－5～0℃） | 冰晶体 | | | |
|---|---|---|---|---|
| | 位置 | 形状 | 大小(径×长)/μm | 数量 |
| 数秒 | 细胞内 | 针状 | (1～5)×5 | 极多 |
| 15 min | 细胞内 | 杆状 | (10～20)×20 | 多数 |
| 40 min | 细胞内 | 柱状 | (50～100)×100 | 少数 |
| 90 min | 细胞外 | 柱块状 | (50～200)×200 | 少数 |

引自：岳希举，2012.

### 2. 果蔬原料的冻结

果蔬原料的冻结与纯水的冻结不同，果蔬细胞中含有大量的水分，同时含有多种有机和无机物质，还含有一定量的气体，构成了复杂的溶液体系。果蔬细胞中的自由水可以在液相区域内自由移动，其冰点温度在 0℃以下；结合水被大分子物质（蛋白质、碳水化合物等）所吸附，其冰点温度比自由水低得多。根据拉乌尔第二法则，溶液冰点的降低与其物质的浓度成正比，浓度每增加 1 mol/L，冰点便下降 1.86℃。所以果蔬原料冻结时要降低到 0℃以下才会形成冰晶体。

果蔬冷冻时，只是其中所含有的水分进行冻结形成冰晶体。水的冰点是水和冰之间处于平衡时的温度，其蒸汽压必须相等，它们的蒸汽压之和就是水冰混合物的总蒸汽压。这种平衡取决于温度的变化，温度降低，总蒸汽压也随之降低。在这个平衡系统中，如果水有较高的蒸汽压，水就会向形成冰晶体的方向转化；反之，当冰的蒸汽压较高时，冰则会向融化成水的方向转化，直至两者间的蒸汽压相等为止。当水和冰处于平衡状态时，若在水中溶入像糖一样的溶质，糖液的蒸汽压就会下降，冰的蒸汽压将高于水的蒸汽压。此时，如果温度维持不变，冰晶体就会融为水；如果降低温度促使冰的蒸汽压下降，直至溶液和冰之间再次达到动态平衡，便可以维持冰的结晶状态，此时的温度达到了和溶液浓度相适应的新的冰点。溶液的浓度越高，其蒸汽压就越低，冰点也就越低。溶液的冰点要低于纯水的冰点，因而果蔬原料的冰点也低于纯水的冰点。纯水的冰点为 0℃，果蔬原料的冰点一般要低于－1℃才开始冻结，如香蕉要求温度降至－3.3℃才能冻结。总而言之，果蔬原料的水分含量越低，细胞中无机盐类、糖、酸等溶质浓度越高，则开始形成冰晶的温度就越低。各种果蔬的成分不同，其冰点也各不相同，如表 8-2。

**表 8-2　各种果蔬的含水量、可溶性固形物和冰点温度**

| 名称 | 含水量/% | 可溶性固形物/(mg/g) | 冰点温度/℃ |
|---|---|---|---|
| 橙子 | 89.59 | 98.6 | －5.55 |
| 黄瓜 | 97.77 | 54.8 | －2.02 |
| 黑布林 | 83.44 | 121.0 | －6.31 |
| 甜橘 | 87.90 | 114.6 | －4.51 |
| 香蕉 | 73.35 | 166.1 | －6.46 |
| 苹果 | 84.73 | 102.6 | －5.94 |
| 香梨 | 83.60 | 127.8 | －6.03 |
| 胡萝卜 | 89.04 | 67.7 | －4.01 |
| 白萝卜 | 91.91 | 57.6 | －3.54 |
| 番茄 | 94.96 | 67.5 | －3.01 |
| 生姜 | 92.00 | 54.0 | －2.61 |
| 马铃薯 | 83.35 | 71.7 | －2.83 |
| 番薯 | 81.61 | 102.4 | －3.33 |
| 洋葱 | 89.49 | 105.4 | －4.25 |
| 茄子 | 95.37 | 43.5 | －2.87 |
| 芋艿 | 81.85 | 50.7 | －3.72 |
| 莴笋 | 94.48 | 54.8 | －2.42 |
| 山药 | 88.11 | 42.2 | －2.14 |
| 西葫芦 | 95.46 | 53.9 | －1.36 |
| 佛手瓜 | 92.55 | 62.5 | －1.61 |

续表 8-2

| 名称 | 含水量/% | 可溶性固形物/(mg/g) | 冰点温度/℃ |
|---|---|---|---|
| 茭白 | 90.07 | 54.8 | −3.01 |
| 猕猴桃 | 84.59 | 112.3 | −5.05 |
| 人参果 | 93.16 | 62.2 | −2.37 |
| 大青枣 | 86.85 | 71.3 | −4.31 |
| 丝瓜 | 94.34 | 54.4 | −2.57 |
| 苦瓜 | 94.53 | 47.5 | −2.41 |
| 火龙果 | 88.93 | 115.2 | −4.42 |
| 贡柑 | 85.77 | 124.2 | −5.49 |
| 雪莲果 | 87.77 | 87.5 | −4.35 |
| 柿子 | 80.03 | 178.6 | −6.95 |

引自：钟志友，2011.

3. 冻结速度

在冰晶形成的过程中，速冻时形成的冰晶体小，而缓慢冻结时形成的冰晶体大。这对果蔬冷冻品质有着至关重要的影响。然而冻结速度快慢的划分尚无统一标准，目前通用的方法有定量法和定性法两种。

1）定量法

（1）以时间划分　食品中心温度从−1℃降至−5℃所需的时间，在 20 min 之内的称为快速冻结，在 20～120 min 的称为中速冻结，超过 120 min 的称为慢速冻结。

（2）以推进距离划分　这种划分方法是以单位时间内将−5℃的冻结层从食品表面向内部推进的距离作为标准，时间单位为 h，距离单位为 cm。速度超过 15 cm/h 的为超速冻结；速度在 5～15 cm/h 的为快速冻结；速度在 1～5 cm/h 的为中速冻结；速度在 0.1～1 cm/h 的为缓慢冻结。

目前使用的各种冻结器，其性能和速度也各不相同，一般为 0.2～100 cm/h。如通风的冷库为 0.2 cm/h，送风冻结器为 0.5～3 cm/h，流化床式冻结器为 5～10 cm/h，液氮冻结器为 10～100 cm/h。

2）定性法

定性法是按低温生物学观点进行划分的。低温生物学认为，外界温度的降低速度和细胞组织内的降温速度不相等，即内外存在温差。慢冻是指外界温度的降低速度与组织细胞内的降温速度基本相同，食品被冻结的过程；而速冻是指外界温度的降低速度与组织细胞内的降温速度有一定的差值，以最快速度通过食品物料的最大冰晶生成带（−5～−1℃）的冻结过程。

大部分食品在−5～−1℃几乎 80%的水分冻结成冰，此温度范围称为最大冰晶生成带（maximum ice crystal formation zone）。为了保证食品的冻结品质，应以最快的速度通过最大冰晶生成带。

如图 8-1 所示，图中 *AS* 段代表简单的冷却，没有冰的形成，因此降温很快，曲线较陡。*S* 点代表过冷点，温度到达 *S* 点时，食品物料内的水分开始形成冰晶，冰结晶放出潜热引起温度回升至食品的冰点（*B* 点），大量的冰晶是在 *B* 点以后开始形成的。随着冻结的进行，水分的冻结量越来越大，残留在水分中溶质的浓度也越来越高，导致残留溶液的冰点越来越低。到达 *C* 点时，大部分水都已冻结成冰，食品呈冻结状态。进一步冷冻，由于只有较少的水分冻结，放出的潜热较少，因此食品的温度急剧下降（*CD* 段），直达到或接近冷冻介质的温度（*D* 点）。

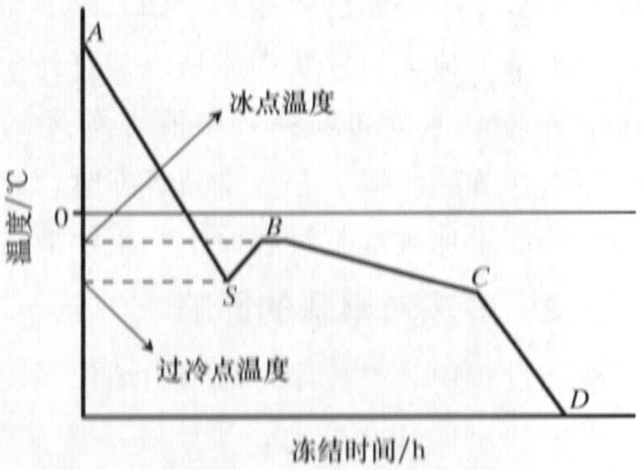


图 8-1　果蔬的冻结曲线

4. 冻结速度对果蔬产品质量的影响

对冷冻食品而言，冻结过程对食品质量有非常重要的影响。

冻结速度的快慢与冻结过程中形成的冰晶颗粒的大小有直接的关系，快速冻结是抑制大颗粒冰晶形成的有效方法。当冻结速度快到使食品组织内冰层推进速度大于水的移动速度时，冰晶分布便接近天然食品中液态水的分布状态，且冰晶呈无数针状结晶体。缓慢冻结时，由于组织细胞外溶液浓度较低，因此首先在细胞外产生冰晶，而此时细胞内的水分还以液相残留着。同温度下，水的蒸汽压总是大于冰的蒸汽压，在蒸汽压差的作用下细胞内的水便向冰晶体移动，进而形成较大的冰晶体，且分布不均匀。同时由于组织死亡后其持水力降低，细胞膜的透性增大，使水分的转移作用加强，会使细胞外形成更大颗粒的冰晶体。冰晶体的大小对细胞组织的伤害是不同的。冻结速度越快，形成的冰晶体就越细小、均匀，而不至于刺伤组织细胞造成机械损伤。缓慢冻结形成的较大的冰晶体会刺伤细胞，破坏组织结构，对产品质量影响较大。

食品速冻是指运用适宜的冻结技术，在尽可能短的时间内将食品温度降低到其冰点以下的低温，使其所含的全部或大部分水分随着食品内部热量的散失而形成微小的冰晶体，最大限度地减少生命活动和生化变化所需要的液态水分，最大限度地保留食品的原有品质，为低温冻藏提供一个良好的基础。

优质速冻食品应具备以下五个要素：①冻结要在－30～－18℃下进行，并在 30 min 内完成冻结。②速冻后的食品中心温度要达到－18℃以下。③速冻食品内水分形成无数针状小冰晶，其直径应小于 100 $\mu$m。④冰晶体分布与原料中液态水分的分布相近，不损伤细胞组织。⑤当食品解冻时，冰晶体融化的水分能迅速被细胞吸收而不产生汁液流失。

### 8.1.2 冷冻对果蔬的影响

在冷冻过程中，果蔬原料的组织结构和内部成分仍会发生一定的理化变化，影响速冻产品质量。影响程度依果蔬的种类、成熟度、加工技术和冷冻方法的不同而不相同。

#### 1. 冷冻对果蔬组织结构的影响

在冷冻处理过程中，植物细胞的细胞膜会发生变化，细胞膜透性增加，这会对植物组织造成一定的损伤。在冷冻过程中，果蔬所承受的过冷温度只限于其冰点以下几度，而且时间短暂，大多在几秒钟之内，在特殊情况下也有较长的过冷时间和较低的过冷温度。在冷冻期间，细胞间隙的水分比细胞原生质中的水先冻结，甚至在低到－15℃的冷冻温度下原生质仍能维持其过冷状态。细胞内过冷的水分比细胞间隙的冰晶体具有较高的蒸汽压和自由能，因细胞内的水分通过细胞壁流向胞外，致使胞外冰晶体不断增大，胞内部的溶液浓度不断提高，这种状况直至胞内水分冻结为止。果蔬组织的冰点以及结冰速度都受到其内部可溶性固形物（如无机盐、可溶性糖和有机酸等物质）浓度的影响。

在缓冻情况下，冰晶体主要在细胞间隙中形成，胞内水分不断外流，原生质中无机盐的浓度不断上升，达到足以沉淀蛋白质的程度，使蛋白质变性或发生不可逆的凝固，造成细胞死亡，组织解体，质地软化。

速冻情况则不相同，在显微镜下观察，速冻过程中的番茄薄壁细胞内外和胞壁中存在的冰晶体较小，细胞间隙没有扩大，原生质紧贴着细胞壁，阻止水分外移。这种微小的冰晶体对组织结构的影响很小。较快的解冻对细胞膜和液泡膜的损害也较小，使得果蔬质地保存完整。保持细胞膜的完整性对维持细胞内静压是非常重要的，可以防止汁液流失和质地软化。

果蔬冷冻保藏的目的是尽量保持新鲜果蔬的原有特性。但在冻结和解冻过程中，速冻产品的质地和外观与新鲜果蔬之间存在较大差异。组织的溃解、软化、流汁程度因产品的种类和状况不同而有所不同。如食用大黄，其肉质组织中的细胞虽有坚硬的细胞壁，但在冷冻过程中组织内形成的冰晶体使细胞发生质壁分离，靠近冰晶体的许多细胞被挤压和歪曲，使细胞内容物流入细胞间隙中，解冻后出现明显的汁液流失现象。

冷冻造成的果蔬组织破坏、质地软化和汁液流失等问题，并不是由低温本身直接造成的，而是由于冰晶体的膨大对组织细胞造成了不可逆的机械损伤。同时，细胞间隙的结冰引起细胞脱水，盐溶液浓度增高，进而破坏原生质的胶体性质，造成细胞死亡，失去新鲜特性的维持能力。

#### 2. 果蔬在冻结和冻藏期间的化学变化

果蔬原料的降温、冻结、冻藏和解冻过程都会对果蔬的色泽、风味和质地特性等造成影响，进而影响产品品质。通常情况下，－7℃的冻藏温度可以抑制绝大多数微生物的活动。在冻结和冻藏过程中，果蔬组织中会积累羰基化合物和乙醇等物质，产生挥发性异味。含类脂较多的原料在氧化作用下也会产生异味。在冷藏过程中，豌豆、四季豆和甜玉米中的类脂化合物会发生变化，类脂化合物中的游离脂肪酸有显著的增加。

冻藏和解冻后，果蔬组织会发生软化，原因之一是由于果胶酶将原果胶降解成可溶性果胶，造成了组织分离，质地软化。另外，冻结时细胞内外渗的水分，在解冻后不能全部被原生质吸收复原，这也使果蔬进一步软化。

冻藏期间，果蔬的色泽也发生了不同程度的变化，主要是由绿色变为灰绿色。这是由于叶绿素转化为脱镁叶绿素所致。果蔬在冻结和贮藏中常发生褐变现象，特别是在解冻之后，褐变更为严重，这是酚类物质在酶的作用下氧化的结果。如苹果中的绿原酸、儿茶酚等酚类物质是多酚类氧化酶作用的主要成分，这种酶促褐变反应迅速，变色很快。可以采取一些防范措施抑制冻藏产品的酶促褐变，比如对原料进行前期热烫处理，加入抑制剂（$SO_2$和抗坏血酸）等，都有防止褐变的作用。

冻藏对果蔬中的营养成分也有一定影响。低温本身对营养成分有保护作用，温度越低，保护作用越强。因为有机物质的化学反应速度与温度成正相关。但是果蔬原料在冷冻前需要进行一系列处理，如洗涤、去皮、切分等工序，这使得原料多次暴露在空气中，维生素C等营养成分会被氧化降解。这些化学变化在冻藏过程中持续进行，但反应速率要慢得多。

冷冻产品的色泽风味变化，很多是在酶的参与下进行的。酶的活性受温度的影响很大，同时也受pH和基质的影响。酶的活性在93.3℃左右被破坏，而温度降至－73.3℃时，还保留部分活性，但酶促反应的速率急速下降。冷冻对酶的活性只起抑制作用，但酶的活性并没有消失。研究表明，酶在过冷条件下，其活性常被激发，温度降至－5～－1℃时，冷冻果蔬内酶的催化反应速度比常温时更快。这是因为在这个区间，有80%的水冻结成了冰，而未冻结溶液的基质浓度和酶浓度相应地升高了，所以快速通过这个冰晶带能够减少冰晶生成对果蔬的机械损伤，也能减少酶的催化作用。由图8-2可以看出，在－18℃以上，还有不少未冻结的水存在，这为酶的活动提供了条件。因此，为了保持冻藏果蔬的优良品质，一般要求冻藏温度低于－18℃。

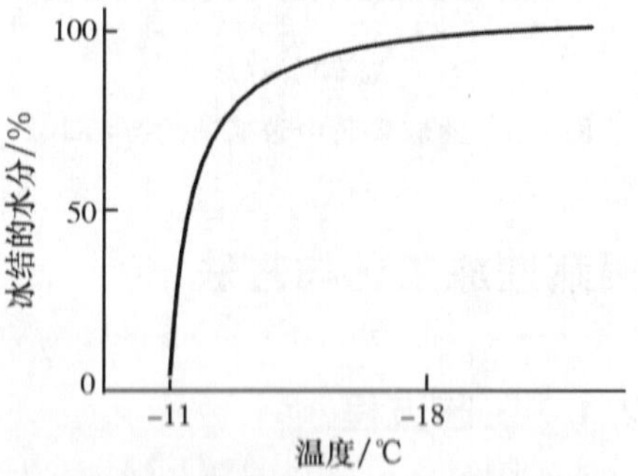


图8-2　不同温度下的水分冻结率

3. 冷冻对微生物的影响

微生物的生长繁殖有其适宜的温度范围，超过或低于最适温度，微生物的生长及活动就会逐渐减弱直至停止或死亡。在低于0℃时，大多数微生物生长活动都会受到抑制。但酵母菌、霉菌比细菌具有更高的低温耐受能力，有些霉菌、酵母菌能在－9.5℃未冻结的基质中生活。

果蔬原料在冷冻前，易被杂菌污染，时间拖得越久，感染越重。有时原料经热烫后马上包装冷冻，由于包装材料阻碍了热的传导，冷却速率缓慢，尤其是产品的中心温度下降很慢，冷冻期间仍有微生物持续造成腐败。因此最好在包装之前将原料冷却到冰点温度，然后再进行冷冻。

如图8-3所示，致病菌在食品冷冻后残存率迅速下降，低温对微生物的抑制作用较强，而杀伤效应则很低。实验证明，芽孢杆菌和酵母菌能在－4℃下生长，某些嗜冷细菌能在－20～－10℃下生存。因此，果蔬冷速冻产品的贮藏温度一般采用－18℃或更低一些的温度。

有的霉菌、酵母菌和细菌在冷冻食品中能生存数年。冷冻果蔬一旦解冻至适宜温度，残存的微生物活动加剧，就会造成严重的腐烂变质。因此果蔬速冻产品在解冻后要尽快食用。

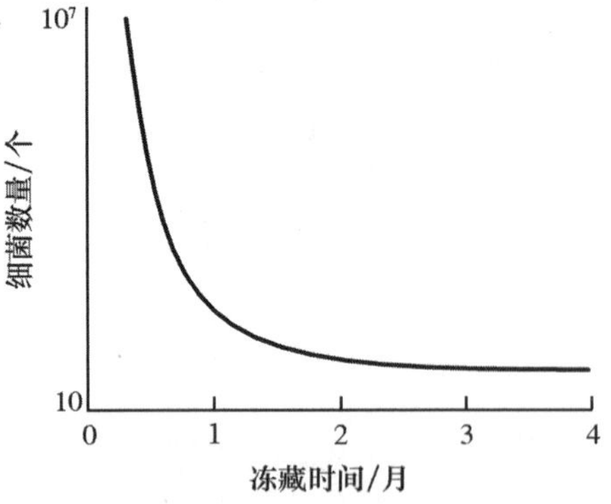


图 8-3　速冻果蔬中致病菌的存活率

## 8.2　果蔬速冻工艺与方法

### 8.2.1　工艺流程

不同果蔬原料的速冻加工工艺略有不同。速冻果蔬的生产与加工应严格遵循相应的国家标准 GB/T 27307—2008 和 GB/T 31273—2014（详见二维码 8-1、二维码 8-2）。浆果类一般采用整果速冻的方式；叶菜类采用整株冻结或切段后冻结两种方式；块茎类和根菜类则采用先进行切条、切丝、切块、切片等操作再进行速冻的方式。果蔬速冻工艺大致如下：原料→筛选→清洗→去皮、切分→烫漂→冷却→沥干→速冻→包装→成品。

二维码 8-1　食品安全管理体系速冻果蔬生产企业要求（GB/T 27307—2008）

二维码 8-2　速冻水果和速冻蔬菜生产管理规范（GB/T 31273—2014）

### 8.2.2　工艺要点

1. 原料选择

果蔬原料与速冻产品的质量存在着非常紧密的关系，原料选择是控制产品质量的第一道关口。原料在投产前要进行仔细挑选，剔除腐烂、病虫害、畸形、老化、枯黄、失水过重的果蔬原料，合格原料进入下道工序。后续各道工序也需要进行层层把关，不合格产品随时发现随时剔除。原料中如果混入了其他品种的果实，也要分拣出来，因为不同品种间加工习性和产品质量要求各不相同，品种混杂对产品质量影响较大，尤其对最终产品的色、香、味等感官品质影响显著。

2. 清洗

原料进入加工车间后，要先进行清洗。采收后的果蔬原料，表面粘附有灰尘、泥沙、污物、农药和杂菌等。原料清洗这一环节，是保证加工产品符合食品卫生标准的重要工序，清洗要彻底，以保证原料以洁净状态进入下道工序。对不同的原料需要采用不同的清洗方式。农药污染较重的原料，要用化学清洗剂，如盐酸、漂白粉、高锰酸钾等进行清洗。

叶菜类、果菜类、根菜类需要使用不同的清洗设施，以达到最佳的洗涤效果。常见的洗涤设备有转筒状洗涤机、振动网带洗涤机、喷淋式洗涤机、高压喷水冲洗机、高压气流洗涤机等，这些洗涤设备一般都配有大型原料洗涤槽和传送带。

清洗车间是一个比较脏乱的车间，要与其他车间隔离开来，更不能与其他工序合用一个车间。车间内要严格卫生管理，定时清理、及时消毒，污物污水应排除通畅，车间内冲刷方便。运送工具要严格区分，不能混用，进出车间都要经过清水冲洗。原料洗涤的效果与车间内的卫生状况有直接的关系，清洗的目的是杜绝不该有的杂物进入加工车间。多年来国内食品出口贸易信息表明，冷冻包装食品的质量问题很多出在原料清洗环节，这些问题导致了恶性杂质事故的巨额索赔。

3. 去皮、切分

小型果品一般进行整果冷冻，不需经过去皮和切分。大型果或外皮坚硬的果蔬原料，需要进行去皮和切分处理。果蔬原料外皮一般角质化和纤维化较重，如果带皮加工，厚硬的外皮不仅会对加工过程造成不便，也会对最终产品的均一性造成影响。去皮时需对原料中的须根、果柄、老筋、老叶等进行去除。果蔬原料经过切分后，能保证大小和规格一致，产品质量均匀，包装整齐；切分后的原料后期处理时更加方便，工艺参数便于统一，使后续工艺流程容易控制。相反，不经过切分的果蔬原料很难在同一工艺参数下保证使原料达到同样的处理效果，也会加大处理的难度。切分的缺点是造成原料在处理过程中的损失加重。切分时果蔬原料需去除果芯、果核和种子。切分的形状主要有：块、片、条、段、丁、丝等，需根据果蔬原料的具体状况而定。切分时要控制大小、厚度、长短、形态均匀一致，统一标准，严格管理。

目前国内食品加工企业，在原料处理上自动化水平不高，部分果蔬原料的去皮和切分工作仍采用手工方式。近些年来，我国食品加工机械的研发速度较快，去皮机、去核机、切片机、切丝机、切块机等果蔬原料前处理机械应运而生。食品加工厂需要选择适应自身加工水平的原料处理机械，以提高生产效率和产品质量。

4. 烫漂与冷却

烫漂可以钝化果蔬中的氧化酶、过氧化物酶等，并杀死腐败微生物，保持果蔬原有的色泽，同时排除细胞组织中的氧气，有利于维生素类营养素的保留。烫漂还可软化蔬菜的纤维组织，去除辛、辣、涩等不良味道，以便于后续的烹调加工过程。烫漂的关键是热处理的温度和时间，过高的温度和过长的时间都不利于产品的质量。烫漂时间要根据原料的性质、酶的耐热性、水或蒸汽的温度而定，一般需要几秒钟至数分钟（表 8-3）。

表 8-3　多种蔬菜的烫漂时间（100℃水）　min

| 名称 | 烫漂时间 | 名称 | 烫漂时间 |
|---|---|---|---|
| 菜豆 | 2.0 | 青菜 | 2.0 |
| 青刀豆 | 2.5 | 荷兰豆 | 1.5 |
| 菠菜 | 2.0 | 芋头 | 10～20 |
| 黄瓜 | 1.5 | 胡萝卜 | 2.0 |
| 蘑菇 | 3.0 | 蒜苗 | 1.0 |
| 南瓜 | 2.5 | 蚕豆 | 2.5 |

烫漂时间需根据原料的成熟度、切分的大小以及酶活的强弱来确定，所以生产中需要进行氧化酶活性的检验。

烫漂方法有热水烫漂法、蒸汽烫漂法、微波烫漂法和红外线烫漂法等。生产中烫漂时间要严格掌握好，防止烫漂过度或不足。叶菜类要采用根部朝下叶片朝上的方式进行烫漂，根茎部要先入水烫漂一段时间后再将菜叶完全浸入水中。有些蔬菜遇到金属容器会变色，所以烫漂容器一般采用不锈钢材质。

烫漂后的原料需要立即冷却至 10℃以下。冷却的目的是避免余热进一步破坏原料中的营养成分。烫漂时间过长或不足、烫后冷却不及时都会降低产品质量，使产品在贮藏过程中发生变色或变味，缩短贮藏期。研究表明，冻结前的蔬菜温度每下降 1℃，冻结时间缩短 1%，因此可以通过烫漂后及时冷却的方式提高果蔬产品的速冻生产效率。冷却方式有冷水浸泡、冲淋、喷雾冷却、冰水冷却、空气冷却和混合冷却等，冷水冲淋冷却或冰水冷却的速率比空气冷却快，在实际生产中应用较多。采用冷水冷却时，要经过两次以上的冷却处理。

5. 沥干

原料经过烫漂处理后表面附着一定量的水分，这部分水分如果不去掉，在速冻时会成冰，既不利于快速冻结，也不利于后续的包装环节。需要采取一定措施将这些多余的水分沥干。沥干的方式有自然晾干、离心甩干和震动筛沥干等。

6. 快速冻结

沥干后的果蔬，需要放置在速冻盘内速冻，或以单体的形式进行速冻。在冻结过程中，果蔬原料需要在较短的时间内（不超过 20 min）迅速通过最大冰晶形成带（−5～−1℃），果蔬原料的中心温度应降至−18℃以下。速冻可以使果蔬原料中 90%的水分冻结成细小的冰晶体，这些小颗粒的冰晶不会对果蔬的组织和细胞结构造成破坏，有利于保护果蔬原有的色泽。

7. 包装

速冻食品之所以能够长时间贮藏不变质，包装起了很重要的作用。包装的主要作用如下：①包装可以控制速冻果蔬内部冰晶的升华，防止水分由产品表面蒸发而形成干燥状态。②避免果蔬产品与空气接触而引发氧化、褐变、变味和变质等。③阻止外界微生物的污染，保持产品的卫生质量。④便于速冻成品的运输、销售和食用。⑤利用自身的包装装潢可以吸引消费者，起到广告宣传的作用。

速冻果蔬产品要经过冷却、冻结、冻藏、解冻等工序，因而用于果蔬速冻的包装材料需具备耐低温、耐高温、耐酸碱、耐油、气密性好等性能。速冻食品的包装材料按材料性质可分为塑料薄膜包装、硬塑料包装和纸包装等。从包装用途上可分为内包装、中包装和外包装材料。其中，内包装材料有聚乙烯、聚丙烯、聚乙烯与玻璃纸复合、聚酯复合、聚乙烯与尼龙复合、铝箔等；中包装材料有涂蜡纸盒、塑料托盘等；外包装材料有瓦楞纸箱、耐水瓦楞纸箱等。

### 8.2.3 速冻设备

果蔬速冻设备按冻结速度划分可分为 5～20 cm/h 的快速冻结、1～5 cm/h 的中速冻结以及 0.1～1 cm/h 的慢速冻结，不同的冻结速度对果蔬组织内部的冰晶分布、形状和大小有不同的影响。速冻设备按冷却介质可分为浸渍式冻结、接触式冻结、喷淋式冻结和空气循环式冻结四类。我国速冻果蔬生产企业大多采用空气式冻结装置，其中流态化式、螺旋式和隧道式冻结装置应用较广。近年来随着科技的发展，人们对食品质量要求的提高，传统的冻结方式难以满足对冻结食品更高的品质要求，此形势下利用液态 $N_2$ 或 $CO_2$ 直接喷淋冻结的喷淋快速冻结装置以及流态化速冻装置应运而生。

#### 1. 隧道式速冻装置

隧道式速冻装置的结构包括传动网带、料架、风机、蒸发器或隧道体等。箱体由隔热材料制成，被置于筛盘或者网带上的果蔬原料通过隧道时，被蒸发器降温的空气速冻。隧道式速冻机兼容性强，不受食品形状的限制，可处理多种果蔬制品，而且果蔬产品在吊轨上传送，人的劳动强度小，风速较大、冻结速度快，但是果蔬产品的干耗也大，装置耗能较大，生产成本较高。该装置适用于含水量较低的果蔬原料，且可连续批量生产。

#### 2. 螺旋式速冻装置

螺旋式速冻装置是空气强制循环式速冻装置，物料输送带为高达 20 层螺旋的管状结构，直径约为 2 m。装置占地面积小，可节省空间，生产能力大；但螺旋输送带在物料输送过程中，因螺旋层数较多，在拐角处易堆积堵塞输送管，难以保证输送带连续平稳地运行。该装置可有效冻结食品物料，适用于经过加工切分的果蔬原料。二维码 8-3 所示为螺旋式速冻装置的国标（GB/T 22733—2008）。

二维码 8-3 螺旋式速冻装置国标（GB/T 22733—2008）

#### 3. 流化床式速冻装置

果蔬原料在冷气流的作用下形成“流体状态”，使物料实现均匀速冻，这不仅加快了冻结速度，也提高了产品的品质。流体厚度一般为 3.2 cm，此装置适用于颗粒状物料的速冻。

#### 4. 回转式速冻装置

回转式速冻装置是利用物料与金属表面直接接触冻结的原理来使产品冻结。其主要部件为回转筒，由空心轴输入载冷剂，物料由投入口进入，排列在转筒表面，转筒回转一周，物料即完成冻结过程。冻结后的物料被刮刀刮下后，由传送带输送到预定位置。回转式速冻装置结构紧凑、占地面积小、机械故障少、能耗低，适用于流态果蔬物料等的冻结。

#### 5. 流态化速冻装置

流态化速冻装置是实现物料快速冻结的一种理想设备。该装置应用了单体冻结的原理，在冻结过程中，气流推动散粒状的果蔬原料，紧密的料层逐渐变为悬浮状，冷空气包围物料中的每一个颗粒，迅速地完成传热传质过程，从而实现了物料单体快速冻结。与其他冻结装置相比，流态化速冻装置具有能耗低、冻结产品质量好、冻结速度快的优点。该装置适用于冻结片状、球状、圆柱状及块状颗粒的果蔬原料。二维码 8-4 所示为流态化速冻装置的国标（GB/T 22732—2008）。

二维码 8-4 流态化速冻装置国标（GB/T 22732—2008）

6. 液氮喷淋冻结装置

液氮喷淋冻结装置具有温度低、冻结速度快、冻品质量高、可实现单体的快速冻结等优点。液氮喷淋冻结装置适用于冻结番茄、蘑菇等柔软多汁的原料。

7. 液态 $CO_2$ 速冻装置

液态 $CO_2$ 速冻装置结构简单，占地面积少，生产灵活性高，产品急冻率较高，其优点是机械冷冻无法相比的。液态 $CO_2$ 速冻装置能有效解决蔬菜速冻加工中产品易干耗、冻结速率低、冻结时间长等问题，具有良好的发展前景。

近些年来我国速冻机械发展速度较快，但与发达国家相比还存在一定差距，速冻机的制冷量和制冷速度仍有提高的空间，因此供出口的速冻生产企业需要从国外引进速冻机。为了改变这种局面，我国应大力发展新型的速冻技术，研发相关技术设备，以实现速冻果蔬产品更好地冻结，提高产品质量。根据国内速冻技术的发展现状可推广如浸渍速冻技术、不冻液喷淋、电磁场辅助快速冷冻、均温速冻等现代速冻新技术。

## 8.3 速冻果蔬在冻藏与解冻过程中的常见问题及控制

### 8.3.1 速冻果蔬冻藏过程中的常见问题及控制

冻结后的果蔬制品需要及时进行冻藏，冻藏的目的是减缓速冻果蔬内的各种变化，延缓品质衰老。贮藏过程中，食品品质的变化取决于食品的种类和状态、速冻工艺和工艺条件的选择。只有原始品质较高的食品才能长时间冻藏。包装对果蔬冻藏品质影响较大。食品冻藏室需具备良好的卫生条件，不存在对食品有害的物质，如异味、异臭以及能引起氧化的各类化学物质。食品贮藏的工艺条件如温度、相对湿度和空气流速是决定食品贮藏期和品质的重要因素。冻藏食品的堆放方式也会影响速冻产品的品质，堆放食品应避免与冻藏室墙壁直接接触，保持合适的距离，堆放的食品周围应有一定量的空气流动，形成隔热层，避免食品直接与贮藏室墙壁进行热交换。

1. 速冻果蔬在冻藏期间的变化

果蔬速冻后，只有在适宜的条件下，才能进行长时间的贮藏。但贮藏期间的各种因素都会影响到果蔬的品质。

1）冰晶体的增长和重结晶

（1）冰晶体的增长　速冻后的果蔬产品内部冰晶体的尺寸大小不一。速冻果蔬产品的冻藏时间比较长，速冻果蔬产品内的冰晶体会发生变化，尺寸较小的冰晶体会逐步合并成尺寸较大的冰晶体。冰晶体增大的原因之一是其周围存在一定量未冻结的水，这部分水向冰晶体移动、附着并冻结在冰晶体上，使冰晶体的尺寸不断增大。在速冻果蔬内部存在固液气三相，这三相之间形成的饱和蒸气压力有如下关系：①液相蒸气压＞冰晶的蒸气压。②气相蒸汽压＞冰晶的蒸气压。③小型冰晶的蒸气压＞大型冰晶的蒸气压。

由于压力差的存在，水分会从蒸汽压高的一方移向蒸汽压低的一方，并附着到冰晶体上，使得大冰晶越来越大，小冰晶逐渐减少、消失。

（2）重结晶　重结晶是指在冻藏过程中，由于环境温度的波动，而造成冻结果蔬内部反复解冻和再结晶后出现的冰晶体尺寸增大的现象。重结晶的程度取决于单位时间内温度波动的次数和波动的幅度，波动幅度越大，波动次数越多，重结晶的程度就越深，对速冻果蔬的危害就越大。

冻藏期间，当温度上升时，速冻果蔬内部的冰晶开始融化，液态水增加，水蒸气压力差增大，使水分透过细胞膜扩散到细胞间隙中去；当温度下降时，这部分水就会附着并冻结到细胞间隙的冰晶体上，使冰晶体积增大。

为了防止冻藏过程中因冰晶体增大而造成的速冻果蔬质量劣变，应采用以下措施：①采用深温速冻方式，使果蔬中 90% 的水分来不及移动，就在原来的位置上被冻结成细微的冰晶体，这样形成的冰晶体的尺寸较小，并且分布均匀。同时冻结果蔬制品的终温较低，组织细胞间残留的液态水较少，果蔬的冻结率提高，能够抑制冻藏过程中冰晶体的增大。②尽量降低贮藏温度，减少温度波动，尤其是避免在－18℃以上的温度波动。

2）干缩

速冻果蔬在冷却、速冻、冻藏过程中会产生干缩现象。冻藏时间越长，干缩现象越突出。干缩现象主要是由速冻果蔬表面的冰晶直接升华造成的。在冻藏室内，因为速冻果蔬表面温度、室内空气温度和空气冷却器蒸发管表面温度三者之间存在温度差，所以会形成水蒸气压力差。速冻果蔬表面温度与冻藏室空气温度之间的温度差使速冻果蔬失去热量，进一步受到冷却，同时水蒸气压力差使速冻果蔬表面的冰晶不断升华，这部分含水蒸气较多的空气吸收了速冻果蔬放出的热量，相对密度减小并向上运动，当流经空气冷却器时，由于蒸发管表面的温度较低，该温度下的饱和水蒸气压也很低，因此空气被冷却，在蒸发管表面达到露点，水蒸气便凝结成霜附着在蒸发管的表面。水蒸气含量减少后的空气因相对密度增大就向下运动，当再次遇到速冻食品时，因水蒸气压力差变大，速冻果蔬表面的冰晶继续升华。如此周而复始，出现以空气为媒介，速冻果蔬不断干燥的现象，并由此造成重量损失。

开始时仅仅在速冻果蔬表面发生冰晶升华，出现所谓的脱水多孔层，随时间延长逐步向里推进，达到深部冰晶升华，并经过脱水多孔层向外扩散，从而使内部的脱水多孔层不断加深。这样不仅使速冻果蔬脱水减重，造成重量损失，并且由于在冰晶升华的地方形成细微空穴，大大增加了食品与空气的接触面积，使脱水多孔层极易吸收外界向内扩散的空气，进而引起氧化反应。在氧气的作用下，果蔬中的多种成分要发生一系列变化，如果肉褐变、滋味下降和营养劣变等。

为减缓速冻果蔬在冻藏过程中的干缩程度，首先要阻止外界热量的传入，提高冷库外围结构的隔热效果，使冻藏室内的温度保持稳定。如果速冻果蔬产品的品温能与库温保持一致，则速冻果蔬基本上不会干缩。其次是对速冻果蔬附加包装，隔绝果蔬产品与外界的联系，阻断果蔬物料同环境的汽热交换。另外，在包装内添加一定量的抗氧化剂，对速冻食品也会起到保质的作用。常用的抗氧化剂有两类：一类是水溶性抗氧化剂，如抗坏血酸和抗坏血酸钠；另一类是脂溶性抗氧化剂，如丁基羟基茴香醚、二丁基羟基甲苯、天然生育酚等。

3）变色

速冻果蔬制品色泽发生变化的原因主要有：酶促褐变、非酶促褐变、色素分解以及因制冷剂泄漏造成的果蔬变色，如氨泄漏时，胡萝卜的红色会变成蓝色，莲子的白色会变成黄色等。

果蔬原料在冻结前，需要进行烫漂处理，钝化酶的活性。如果烫漂的温度或时间不够，速冻果蔬产品在冻藏过程中会发生褐变。但是烫漂时间过长，绿色蔬菜也会发生褐变，这是因为绿色蔬菜内部含有叶绿素，而叶绿素极不稳定，会由于外界环境的变化而变色，绿色蔬菜就会失去绿色变成黄褐色。因此必须准确控制果蔬原料处理条件，保证速冻果蔬制品的质量。

**2. 速冻果蔬冻藏温度的选择**

速冻果蔬的冻结温度和贮运过程中的冻藏温度应在－18℃以下。对于速冻果蔬而言，冻藏温度越低，越有利于保持速冻果蔬的冻藏品质。但受设备费用、能源消耗、日常运转等诸多因素的限制，设置过低的冻藏温度没有必要也不太现实。选择－18℃以下作为冻结和冻藏中的最高温度，是根据大量实际数据，在果蔬品质和相关费用相互协调的情况下作出的最优选择。－18℃足以延缓食品中大多数的生化活动，但果蔬制品在冻结前，必须采取烫漂或化学处理的方式来破坏酶的活性。－18℃冻藏外加合理包装可以使大多数速冻果蔬制品的贮藏期达到12个月以上。在运输过程中要维持－18℃的冻藏温度并不容易，并且费用较高。目前来看，运输工具要维持太低的温度并不切合实际，设备的效率和成本是主要的限制因素。

3. 速冻果蔬的冻藏管理

为了使速冻果蔬产品在较长贮藏时间内不变质，并随时满足市场的需要，必须对速冻果蔬产品进行科学的管理，建立健全的卫生制度，严格控制产品出入管理，库内食品的堆放及隔热都要符合规程的要求。

1）冻藏库使用前准备

冻藏库应具备可供速冻果蔬随时进出的条件，并具备经常清理、消毒和保持干燥的条件，冻藏库外室、过道、走廊等场所要保持卫生清洁。冻藏库要有通风设施，能随时除去库内异味。库内所有的运输设施、衡器、温度探测仪、脚手架等都需保持完好，还应具有完备的消防设备。

2）入库要求

凡是进入冻藏库的速冻果蔬必须进行清洁，经检验合格后才能进入库房。在速冻果蔬到达前，应做好一切准备工作，速冻果蔬到达后必须进行严格验收，并及时入库。入库时，对有强烈挥发性气味的果蔬制品，应入专库贮藏，不得混放。要根据果蔬制品的自然属性和所需要的温度、湿度选择库房，尽量保证库房内温湿度的稳定。库内只允许在短时间内有小的温度波动，在大批冻藏果蔬入库出库时，一昼夜升温不得超过 4℃。对入库冻藏果蔬要执行先入先出的制度，并定期或不定期地检查速冻果蔬的质量。

3）速冻果蔬贮藏的卫生要求

速冻果蔬应堆放在清洁的垫木上，禁止直接放在地面上。货堆要覆盖篷布，以免尘埃、霜雪落入而污染食品。货堆之间应保留 0.2 m 的间隙，以便于空气流通。不同种类的货堆间隙应不小于 0.7 m。速冻果蔬堆码时，不能直接靠在墙壁或排管上。货堆与墙壁和排管应保持以下的距离：货堆距设有顶排管的平顶 0.2 m，距设有墙排管的墙壁 0.3 m，距顶排管和墙排管 0.4 m，距风道口 0.3 m。

库内货物和人员的出入不可避免地会导致一定的微生物污染。使用的工具、出入的人员、流动的空气等均可将杂菌传播到果蔬制品上，因此必须从多方面加强冻藏库的日常卫生管理。首先，库内的所有设施、器具、通道、管线及各处死角要定期消毒，冻藏库通风时吸入的空气也应先过滤，通用的过滤器由陶器圈构成，这种过滤器能除去 80%～90%的微生物，过滤器本身也需定期清洗与消毒；其次，当每次速冻果蔬出货后，应用水或热碱水将垫木冲洗干净，并经常保持清洁；最后，严禁闲杂人员进出库房，进出人员必须穿戴整齐，不得乱带杂物入库。

4）消除库房异味

库房中的异味一般是由于贮藏了具有挥发性气味的食品或是贮藏食品发生腐败所致。各种食品都具有各自独特的气味，若将食品贮藏在具有某种特殊气味的库房里，这种特殊气味就会传入食品内，从而改变食品原有的气味。因此，必须对库房中的异味进行消除。除了加强通风排气外，现在库房广泛使用臭氧进行异味的消除。臭氧以其强烈的氧化作用可以用来杀菌，也可以消除异味。但在使用臭氧的过程中一定要注意安全和用量，不得在有人时使用臭氧。库房内还要及时灭除老鼠，老鼠除了会造成食品污染外，还会对库内设施造成破坏，因此应设法使库房周围成为无鼠害区。

### 8.3.2　速冻果蔬在解冻过程中的常见问题及控制

速冻果蔬制品在食用之前要进行解冻复原，解冻的条件对速冻果蔬有一定的影响。速冻果蔬的解冻与冻结是两个相反的传热过程，而且速度也有差异，非流体食品的解冻比冷冻要缓慢。冻藏果蔬中残存有一定量的微生物，在果蔬解冻后，组织结构破损，内容物流出，加之温度升高，创造了有利于微生物生长繁殖的条件。因此，速冻果蔬应在食用之前进行解冻，解冻之后及时食用。不可解冻过早或室温下搁置时间过长。速冻果蔬解冻速率越快，解冻过程对果蔬色泽和风味的影响就越小。速冻果蔬可以在冰箱中、室温下或者水中进行解冻，也可以采用射频加热的方法，解冻迅速而且均匀，冻结的果蔬产品应被切分均匀，这样解冻才能取得良好效果，否则会因产品吸收射频能力不一致，引起局部的损伤。

速冻蔬菜解冻后，可根据品种形状的不同和食用习惯，直接进行炖、炒、炸或凉拌等多种形式的烹调加工，一般不适于较长时间的热处理，烹调时间以短为宜，否则烹调出来的速冻蔬菜过软，口感不佳。

## 思考题

1. 果蔬速冻保藏的原理是什么？
2. 简单说明冷冻对果蔬组织结构、化学变化和微生物有什么影响。
3. 果蔬速冻加工的工艺流程是什么？操作要点有哪些？
4. 用于果蔬速冻的主要装备有哪些？

HAPTER 9

# 第9章 果蔬罐藏

**教学目标：**

1. 掌握果蔬罐藏的基本原理和一般工艺流程；
2. 熟悉原料特性、微生物及操作单元对罐藏产品品质的影响；
3. 了解果蔬罐头检验的基本内容和方法；
4. 了解果蔬罐藏技术的新进展和发展趋势。

凡用密封容器包装并经过杀菌而在室温下能够较长期保存的食品称为罐藏食品，俗称罐头。果蔬罐藏是将果蔬原料经预处理后密封在容器或包装袋中，通过杀菌工艺杀灭大部分微生物，在维持密闭或真空的条件下，得以在室温下长期保存的果蔬保藏方法。

果蔬罐藏的优点有：①经久耐藏，常温下可保存1～2年；②食用方便，无须另外加工；③无致病菌和腐败菌，且没有微生物再污染的机会，食用起来安全卫生；④对于新鲜易腐产品，罐藏可起到调节市场、保证制品品质的目的。

## 9.1 果蔬罐藏原理

### 9.1.1 杀菌原理

杀菌是罐头生产过程中的重要环节，是决定罐藏食品保存期的关键。食品原料大都来自农副产品，不可避免会污染微生物，有的微生物能使食品成分分解变质，有的能使人体中毒，轻者致病、重者致死。所以在原料经过预处理、装罐、排气、密封后必须进行杀菌。

#### 1. 罐头食品杀菌的理论依据

罐头食品杀菌的主要目的在于杀灭一切罐内的致病菌、产毒菌和腐败菌；钝化原料中易引起品质、色泽改变的酶类，使食品稳定保存；此外，还能起到调煮作用，改进食品质地和风味，使其更符合食用要求。罐头食品的杀菌不同于微生物学上的杀菌。微生物学上的杀菌指杀灭所有微生物，达到绝对无菌状态；罐头食品的杀菌只需达到商业无菌状态。商业无菌是指在一般商业管理条件下的贮藏运销期间，不致因微生物而败坏或因致病菌的活动而影响人体健康。如果罐头杀菌达到绝对无菌程度，那么杀菌温度和时间等就要增加，这会影响食品品质，使色香味和营养价值大大下降。罐头食品杀菌要尽量做到在保持食品原有色泽、风味、组织质地及营养价值等条件下，消灭罐内能使食品败坏的微生物及可能存在的致病菌，确保罐头食品的保藏效果。

#### 2. 影响微生物生长繁殖的主要因素

许多微生物都能导致罐藏食品败坏，如细菌、霉菌和酵母菌等。这些微生物的存在会加速罐藏制品的变质，缩短保质期。采取合理的杀菌条件，制定合理的杀菌方式是确保罐藏食品质量的首要条件。

1）pH对微生物的影响

细菌是引起食品败坏的主要微生物，细菌的生长与pH密切相关。pH的大小会影响细菌的耐热性，进而影响罐头的杀菌和安全性。表9-1中展现了不同pH的果蔬罐头食品中常见的腐败菌。

**表9-1 不同pH的果蔬罐头食品中常见的腐败菌**

| 食品pH范围 | 腐败菌温度习性 | 腐败菌种类 | 腐败类型 | 腐败特征 | 耐热性 | 腐败对象 |
|---|---|---|---|---|---|---|
| 低酸性和中酸性食品（pH＞4.5） | 嗜热性腐败菌 | 嗜热脂肪芽孢杆菌 | 平酸败坏 | 产酸，不产气或产微量气，不胀罐，食品有酸味 | 4～5 min | 青豆、青刀豆、芦笋、蘑菇 |
| | | 嗜热解糖梭状芽孢杆菌 | 高温耐氧发酵 | 产气，不产硫化氢，产酸，胀罐，食品有酪酸味 | 3～4 min | 芦笋、蘑菇 |
| | | 致黑梭状芽孢杆菌 | 致黑腐败 | 产硫化氢，平盖或轻胀，有硫臭味，食品和罐壁变黑 | 2～3 min | 青豆、玉米 |
| | 嗜温性腐败菌 | 肉毒梭状芽孢杆菌 | 厌氧腐败 | 产毒素，产酪酸，产气和硫化氢，胀罐，食品有酪酸味 | 6～12 s | 青豆、青刀豆、芦笋、蘑菇 |
| | | 生芽孢梭状芽孢杆菌 | | 不产毒素，产酸，产气和硫化氢，明显胀罐，有臭味 | 6～90 s | 不常见 |

续表 9-1

| 食品pH范围 | 腐败菌温度习性 | 腐败菌种类 | 腐败类型 | 腐败特征 | 耐热性 | 腐败对象 |
|---|---|---|---|---|---|---|
| 酸性食品（pH 3.7～4.5） | 嗜热性腐败菌 | 凝结芽孢杆菌或耐热芽孢杆菌 | 平酸败坏 | 产酸，不产气，不胀罐，变味 | 1～4 s | 番茄、番茄制品 |
| | 嗜温性腐败菌 | 巴氏固氮梭状芽孢杆菌 | 厌氧发酵 | 产酸，产气，胀罐，有酪酸味 | 6～30 s | 菠萝、番茄 |
| | | 酪酸梭状芽孢杆菌 | | | | 番茄 |
| | | 多黏芽孢杆菌 | 发酵变质 | 产酸，产气，产丙酮，产乙醇，胀罐 | 30～60 s | 桃、番茄等水果及水果制品 |
| | | 软化芽孢杆菌 | | | | |
| 高酸性食品（pH<3.7） | 嗜温性非芽孢菌 | 乳杆菌明串珠菌 | 发酵变质 | 产酸，产气，胀罐 | 1～2 min | 梨、番茄等水果 |
| | | 酸母 | | 产乙醇，产气，食品表面产生膜状物 | | 酸渍食品 |
| | | 霉菌 | | 食品表面长霉 | | 果酱、糖浆水果 |
| | | 纯黄丝衣霉、雪白丝衣霉 | | 分解果胶，果实裂解，发酵产气，胀罐 | | 水果 |

2）温度对微生物的影响

温度是影响微生物生长繁殖最重要的因素之一。在一定温度范围内，机体代谢活动与生长繁殖随着温度上升而增加，当温度上升到一定程度，开始对机体产生不利影响，继续升高，则细胞功能急剧下降以致死亡。

（1）高温对酶活性的影响　高温可抑制或破坏引起果蔬腐败变质的酶。

（2）高温对微生物的杀灭作用　通常温度高于60℃就会致死微生物；热处理温度越高，微生物致死所需时间越短。此外，不同种类微生物的杀菌条件有较大差异，见表 9-2。

**表 9-2　常见微生物致死条件**

| 微生物种类 | 致死条件 |
|---|---|
| 大多数微生物 | 50～60℃ 100 min |
| 耐热菌 | 80℃ 120 min |
| 芽孢杆菌 | 100℃ 几十分钟至数小时 |

3）氧气对微生物的影响

不同微生物对氧气的需求不同，可分为嗜氧微生物、厌氧微生物和兼性厌氧微生物三类。

罐藏食品要经过排气工艺过程的处理，罐内会产生一定真空度，嗜氧微生物会受到抑制。但厌氧微生物和兼性厌氧微生物受真空度影响较小，这两种微生物是影响罐藏食品的重要因素，是造成罐藏品败坏的主要微生物。

4）水分对微生物的影响

水分是微生物不可缺少的物质。离开水分，微生物的生长繁殖会受到抑制，甚至死亡。果蔬罐藏制品中含有大量水分，且水分内溶解有糖、酸等多种营养物质，这些物质是微生物良好的培养基，所以减少水分能抑制微生物的活动。

### 9.1.2　影响杀菌的因素

**1. 微生物的影响**

食品中细菌的数量取决于原料的新鲜度和杀菌前的污染程度，故采用的原料要新鲜、清洁。采收后要及时加工，各工序间要紧密衔接，尤其是装罐后到杀菌之间不能积压，否则罐内微生物数量将大大增加，影响杀菌效果。此外，工厂要注意卫生管理、用水质量、与食品接触的一切机械设备和器具的清洗和处理，使食品中的微生物减少到最低限度。

1）微生物的种类

不同种类微生物对热的抵抗力有很大差异，见表 9-3。同一菌种不同菌株或不同菌龄的抗热性也有差异，一般幼龄细胞比老龄细胞对热敏感。

表 9-3 不同微生物的生长温度 ℃

| 微生物 | 最低温度 | 最适温度 | 最高温度 |
| --- | --- | --- | --- |
| 嗜冷微生物 | 0 以下 | 15 | 20 |
| 兼性嗜冷微生物 | 0 | 20～30 | 35 |
| 嗜温微生物 | 15～20 | 20～45 | 45 以上 |
| 嗜热微生物 | 45 | 55～65 | 80 |
| 超嗜热微生物 | 65 | 80～90 | 100 以上 |

2）微生物的数量

微生物的耐热性与一定容积中存在的微生物数量有关，数量越多，尤其是芽孢数量越多，全部杀灭所需的时间越长，详见表 9-4。

表 9-4 芽孢数量与致死时间的关系

| 芽孢数量/（个/mL） | 在 100℃下的致死时间/min |
| --- | --- |
| 72000000000 | 230～240 |
| 1640000000 | 120～125 |
| 32800000 | 105～110 |
| 650000 | 80～85 |
| 16400 | 45～50 |
| 328 | 35～40 |

### 2. 食品的性质和化学成分

不同微生物有不同的最适温度。温度高于最适温度，生长会受到抑制，温度高到可使其体内蛋白质变性时，就可致死。微生物耐热性也与加热环境有关，食品的性质和化学成分就是加热环境，食品中的糖、酸、蛋白质、脂肪、酶和盐类等都会影响微生物的耐热性。

1）原料的 pH

原料的 pH 是影响细菌抗热力的重要因素。随着 pH 的下降，其抗热力逐渐下降。

2）食品的化学成分

（1）罐头中的酸、碱性成分　许多高耐热微生物在中性时耐热性最强，随着 pH 偏离中性的程度增大，耐热性降低，死亡率增大。食品的氢离子浓度在接近中性时，细菌细胞和芽孢耐热性最强。食品处在酸性或碱性都有助于杀菌，但酸性环境比碱性环境杀菌作用更强。在食品中可用柠檬酸、乳酸及乙酸等来调节 pH。

（2）脂肪　脂肪含量高则细菌的耐热性会增强。油脂、石蜡和甘油等对芽孢有保护作用。

（3）糖　食品中糖含量不同则杀菌效果不同。在一定范围内提高食品中的糖浓度，微生物的耐热性会随之提高。

（4）蛋白质　食品中的蛋白质对微生物有保护作用，特别是明胶和血清，能够增加芽孢的耐热性。

（5）淀粉　C8 不饱和脂肪酸等抑制剂容易吸附在淀粉上，可间接增加芽孢的耐热性。

（6）无机盐　低浓度的盐对微生物有保护作用；高浓度的盐可削弱微生物的抵抗力。

（7）植物杀菌素　葱、姜、蒜、辣椒、萝卜、胡萝卜、番茄、芥末、丁香和胡椒等的汁液以及它们分泌的挥发性物质，对微生物有抑制或杀灭作用，这类物质被称为植物杀菌素。

### 3. 传热的方式和传热速度

热传递主要以热水或蒸汽为介质，杀菌时必须使每个罐头都能直接与介质接触。热量由罐头外表传至中心的速度对杀菌效果有很大影响，影响罐头食品传热速度的因素主要有以下几方面。

1）罐头容器的种类与形式

马口铁罐比玻璃罐（图 9-1）具有较大的传热速率，其他条件相同时，玻璃罐的杀菌时间需要稍加延长。此外，罐型越大，热由罐外传至罐头中心所需的时间越长，以传导为主要传热方式的罐头更为显著。

2）食品的种类和装罐状态

流质食品由于对流作用而传热较快，但糖液、盐水或调味液等传热速度随浓度增加而降低。块状食品加汤汁的比不加汤汁的传热快。半流质食品随浓度的升高，传热方式趋向于传导作用，故传热较慢。有些半流质食品，升达某温度时会逐渐变为胶冻状，整个升温过程前快后慢。总之，各种食品含水量多少、块状大小、装填松紧、汁液的多少与浓度、固液体比例等，都直接影响传热速度。

3）罐头的初温

罐头在杀菌前的中心温度称作初温。初温的高低影响罐头中心达到所需杀菌温度的时间。初温越高越有利于杀菌。杀菌前提高和保持罐头的初温（如装罐时提高食品和汤汁的温度，排气密封后及时杀菌），就容易在预定时间内获得杀菌效果，这对于不易形成对流和传热较慢的罐头更为重要。

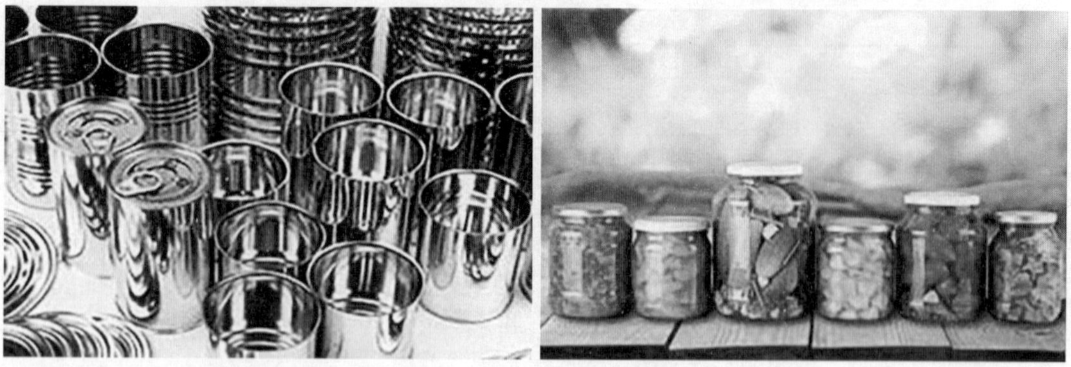

图 9-1　马口铁罐与玻璃罐

4）杀菌锅的形式和罐头在杀菌锅中的状态

回转式杀菌锅（图 9-2）杀菌效果比静置间隙杀菌锅更好，时间更短。前者能使罐头在杀菌时进行转动，罐内食品形成机械对流，从而提高传热性能，加快罐内中心温度上升，缩短杀菌时间。锅内空气排除量、冷凝水积聚和杀菌篮的结构等会影响杀菌效果。

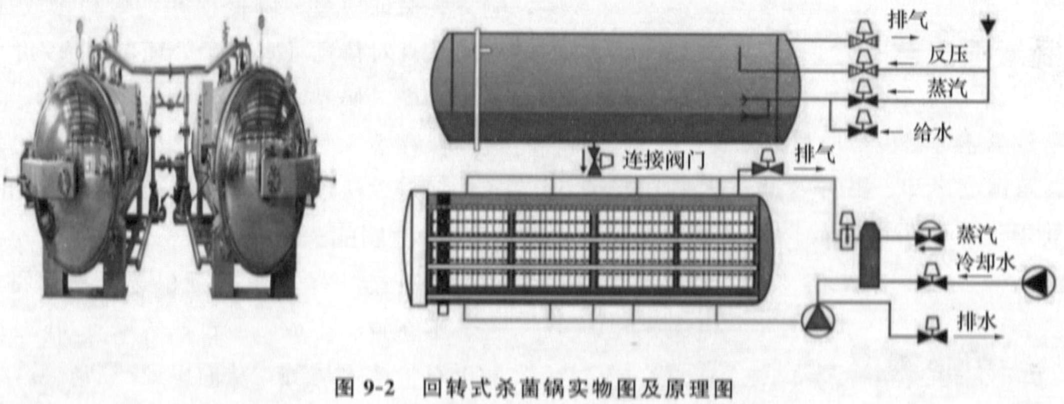


图 9-2　回转式杀菌锅实物图及原理图

引自：Potter，2011.

### 4. 杀菌地点的海拔高度

海拔高度影响气压高低，故能影响水的沸点。海拔高，沸点低，则需增加杀菌时间。一般海拔升高 300 m，常压杀菌时间在 30 min 以上的，应延长 2 min。表 9-5 给出了我国部分地区的海拔高度及大气压力。

表 9-5　我国部分地区海拔高度和大气压力

| 地名 | 海拔高度/m | 大气压力/MPa | | 地名 | 海拔高度/m | 大气压力/MPa | |
|---|---|---|---|---|---|---|---|
| | | 夏季 | 冬季 | | | 夏季 | 冬季 |
| 哈尔滨 | 146 | 0.0988 | 0.1006 | 乌鲁木齐 | 654 | 0.0908 | 0.0921 |
| 长春 | 237 | 0.0978 | 0.0996 | 克拉玛依 | 443 | 0.0957 | 0.0978 |
| 吉林 | 184 | 0.0977 | 0.1005 | 兰州 | 1517 | 0.0842 | 0.0852 |
| 沈阳 | 42 | 0.1000 | 0.1021 | 玉门 | 1526 | 0.0846 | 0.0856 |
| 抚顺 | 82 | 0.0994 | 0.1014 | 银川 | 1112 | 0.0884 | 0.0896 |
| 锦州 | 66 | 0.0998 | 0.1020 | 西宁 | 2261 | 0.0774 | 0.0776 |
| 营口 | 4 | 0.1005 | 0.1026 | 西安 | 397 | 0.0957 | 0.0978 |
| 大连 | 65 | 0.0997 | 0.1017 | 北京 | 52 | 0.0998 | 0.1020 |
| 呼和浩特 | 1063 | 0.0889 | 0.0901 | 天津 | 3 | 0.1004 | 0.1025 |

续表 9-5

| 地名 | 海拔高度/m | 大气压力/MPa | | 地名 | 海拔高度/m | 大气压力/MPa | |
|---|---|---|---|---|---|---|---|
| | | 夏季 | 冬季 | | | 夏季 | 冬季 |
| 塘沽 | 6 | 0.1005 | 0.1026 | 宜昌 | 70 | 0.0993 | 0.1014 |
| 大同 | 1067 | 0.0888 | 0.0901 | 长沙 | 81 | 0.0996 | 0.1018 |
| 太原 | 781 | 0.0918 | 0.0932 | 衡阳 | 103 | 0.0994 | 0.1020 |
| 济南 | 55 | 0.1000 | 0.1022 | 南昌 | 49 | 0.1000 | 0.1018 |
| 南京 | 9 | 0.1000 | 0.1021 | 桂林 | 167 | 0.0985 | 0.1002 |
| 合肥 | 24 | 0.1000 | 0.1022 | 广州 | 6 | 0.1004 | 0.1018 |
| 上海 | 5 | 0.1004 | 0.1025 | 成都 | 506 | 0.0946 | 0.0962 |
| 杭州 | 7 | 0.1005 | 0.1025 | 康定 | 2616 | 0.0741 | 0.0738 |
| 福州 | 88 | 0.0996 | 0.1012 | 昆明 | 1819 | 0.0808 | 0.0810 |
| 洛阳 | 138 | 0.0988 | 0.1009 | 贵阳 | 1071 | 0.0888 | 0.0897 |
| 汉口 | 23 | 0.1001 | 0.1022 | 遵义 | 844 | 0.0910 | 0.0922 |

## 9.2 果蔬罐藏工艺

果蔬罐藏工艺过程包括原料预处理、装罐、排气、密封、杀菌、冷却、贮存及商业无菌检验等。图 9-3 至图 9-5 展示了几种常见果蔬罐头的工艺流程。

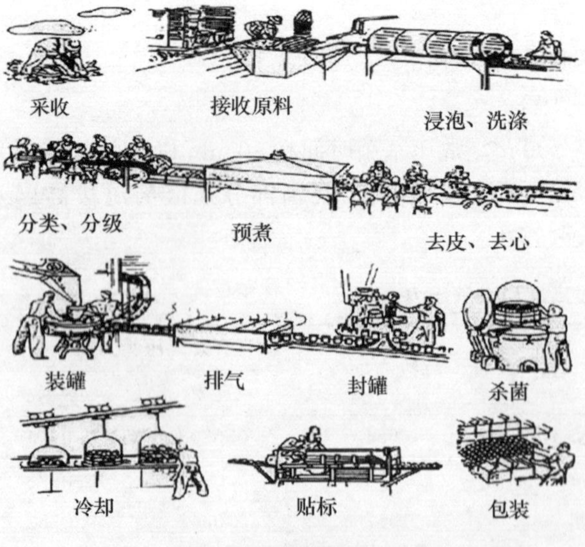


**图 9-3 具有代表性的蔬菜罐藏操作流程**

引自：罗云波，2014.

### 9.2.1 原料预处理

果蔬加工方法很多，但加工前一般都要预处理。预处理对成品生产影响很大，若处理不当，不但影响质量和产量，还会对以后的加工工艺造成影响。为保证质量、降低损耗，顺利完成加工过程，必须认真对待预处理。预处理包括选别、分级、洗涤、去皮、修整、切分、烫漂（预煮）、护色、半成品保存等。尽管果蔬种类和品种、组织特性各异，加工方法不同，但预处理过程基本相同。

**1. 原料的选别**

原料进厂首先要进行粗选，剔除霉烂、病虫害、不新鲜、未成熟或过熟的果实，除去肉眼可见的土石、草木屑等，从而保证产品质量，利于以后各项工艺过程的顺利进行。

**2. 原料的分级**

原料分级的主要目的有两个：一是让原料适应机械化操作的需要，因为机器对加工对象的大小、形态等都有一定要求；二是分级后每一级的工艺处理具有一致性，便于按同一工艺条件进行加工。

果蔬分级包括按大小、成熟度和色泽分级几种。视不同果蔬种类及分级内容对果蔬加工品的影响，分别采用一种或多种分级方法。按成熟度分级常用目视估测法进行，通常分成低、中、高三级，以便合理制定后续工序。按色泽、成熟度分级在大部分果蔬中是一致的，一般按色泽深浅分开。除预处理分级外，大部分罐头在装罐前也要按色泽分级。按大小分级是分级的主要方法，几乎所有加工类型均需按大小分级。按大小分级分为手工分级（图 9-6）和机械分级（图 9-7、图 9-8）。

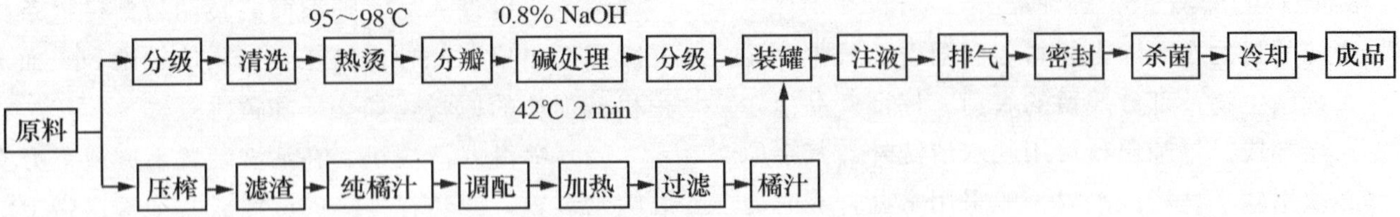


图 9-4 原汁橘子罐头的工艺流程

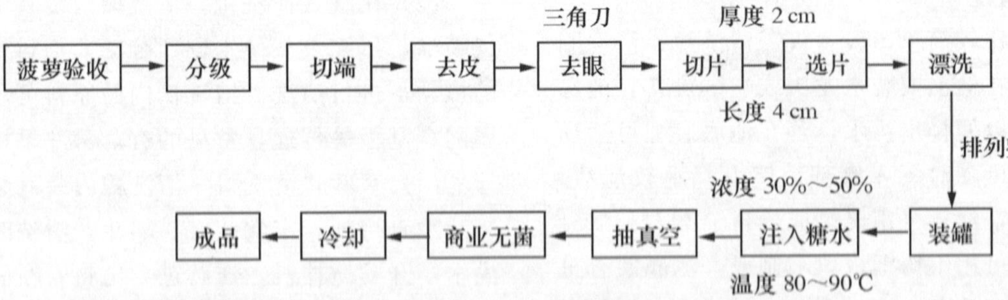


图 9-5 糖水菠萝罐头的工艺流程

图 9-6 圆孔分级板

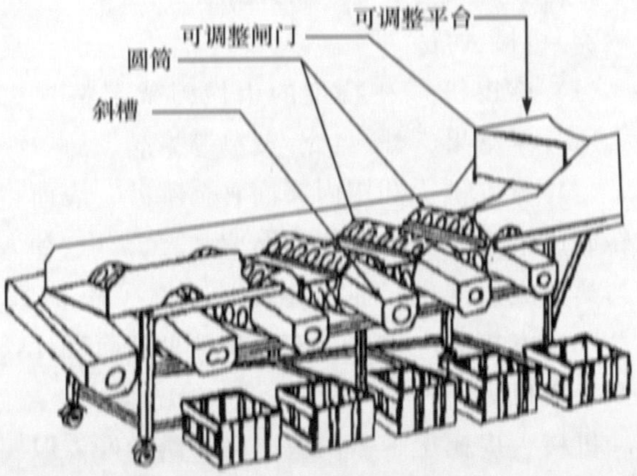


图 9-7 滚筒式选果机

引自，罗云波，蒲彪，2014.

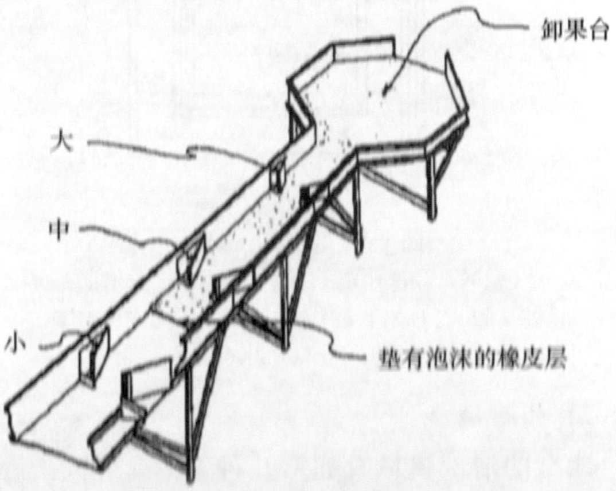


图 9-8 柚子分级器

引自，赵晋府，2018.

3. 原料的清洗

清洗的目的在于除去原料表面附着的灰尘、泥沙、大量微生物及部分残留的农药，保证产品洁净卫生。除蜜饯、果脯原料可用硬水清洗外，其余原料都必须用软水。清洗水温一般采用常温，有时为增加洗涤效果，也可用温水。清洗方法分为手工清洗和机械清洗。

1）手工清洗

手工清洗比较简单，设备仅需清洗池、清洗刷和搅动工具。在池上安装水龙头或喷淋设备，池底开有排水孔，以便排出污水，若在池底装上可活动滤水板，杂质可随时沉入底部，使上部水较清洁。大小按需建造，池体可用砖砌成，再铺磨石和混凝土或瓷砖，也可用不锈钢板单个制成，池底装有重锤排污阀。清洗池上方可安装冷、热水管和喷头，用以喷水洗涤果品；另有一根水管直通池底，用此洗涤不需喷洗的原料。在清洗池上方有溢水管，下方为排水管。池底可安装压缩空气管，通入压缩空气使水翻动，提高清洗效果（图 9-9）。

手工清洗简单易行，设备投资少，适用于任何种类的果品；但该方法劳动强度大，不能连续化，耗水量大，清洗效率低。此法更适合易损伤的果品，如杨梅、草莓、樱桃等。

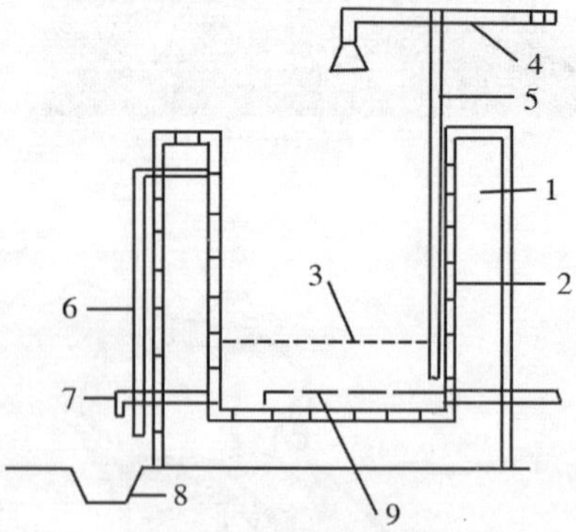


**图 9-9　清洗槽结构**

1. 槽身；2. 瓷砖；3. 滤水板；4. 热水管；5. 通入槽底的水管；6. 溢水管；7. 排水管；8. 出水槽；9. 压缩空气喷管

引自：Potter，2001.

2）机械清洗

典型的清洗机械有如下几种。

（1）滚筒式清洗机　主要部分是一个可旋转的滚筒，筒壁呈栅栏状，与水平面成 3°左右倾斜，安装在机架上，滚筒内有高压水喷头。原料由滚筒一端经流水槽进入后，随滚筒的转动与栅栏板条相互摩擦至出口。此种机械适合于质地较硬和表面不怕机械损伤的原料，如李子和黄桃等。

（2）喷淋式清洗机　在清洗装置上方或下方安装喷水装置，原料在连续的滚筒或其他输送带上缓缓移动，受到高压喷水的冲洗。水压大，水量多，距离近，则效果好。

（3）压气式清洗机　清洗槽内装有许多压缩空气喷嘴，压缩空气使水剧烈翻动，物料在空气和水的搅动下进行清洗。清洗槽内的原料可用滚筒、金属网、刮板等传递。常见的有草莓洗果机。

（4）桨叶式清洗机　清洗槽内装有桨叶，每对桨叶垂直排列，末端装有捞料斗。清洗时，槽内装满水，开动搅拌机，连续进、出料。新鲜水也可以从一端不断进入。

4. 原料的去皮

去皮的目的主要有两个，一是为了保证产品口感一致，有些果蔬外皮有不良风味，其口味与口感均与果肉组织有差异，不去皮会影响产品质量；二是为了保证产品形态一致，果蔬外皮与果肉组织质地不一致，加工时变化亦会不一致。

1）手工去皮

手工去皮是用特别的刀、刨等工具人工削皮。优点是去皮干净，损失率少，并有修整作用，可与去心、去核、切分等同时进行。在果品原料质量不一致的条件下能显示出其优点。但手工去皮费工费时，效率低，大量生产时困难多。此法常用于柑橘、苹果、梨、柿、枇杷等果品。

2）机械去皮

（1）旋皮机　在特定的机械刀架下将果皮旋去，适合于苹果、梨、柿、菠萝等果品。

（2）擦皮机　利用内表面有金刚砂、表面粗糙的转筒或滚轴，产生摩擦力而擦去表皮。这种方法常与热力去皮连用，如桃的去皮。

（3）专用去皮机械　专为某种果品而设计，如菠萝去皮机等。

机械去皮比手工去皮效率高，质量好，但要求去皮前原料有严格的分级。用于果品去皮的机械，特别是与果品接触的部分应用不锈钢制造，否则会使果肉褐变，且由于器具被酸腐蚀而增加制品内的重金属含量。

3）碱液去皮

碱液去皮法是应用最广的方法。采用碱性化学物质，如氢氧化钠、氢氧化钾或两者的混合液去皮。利用碱的腐蚀性，将果蔬表皮与肉质间的果胶物质腐蚀溶解，皮肉间细胞松脱，使表皮与肉质发生分离而去皮。碱液浓度、处理时间和碱液温度为三个重要参数。碱液去皮后的果蔬原料应立即投入流水彻底漂洗，擦去皮渣。漂洗时可用 0.1%～0.2%盐酸或 0.25%～0.5%柠檬酸水溶液中和碱液，并防止变色。碱液去皮条件详见表 9-6。

**表 9-6　几种果蔬碱液去皮的条件**

| 果蔬种类 | NaOH 浓度 /% | 碱液温度 /℃ | 处理时间 / min |
|---|---|---|---|
| 桃 | 2.0～6.0 | >90 | 0.5～1.0 |
| 杏 | 2.0～6.0 | >90 | 1～1.5 |
| 李 | 2.0～8.0 | >90 | 1～2 |
| 猕猴桃 | 2.0～8.0 | >90 | 3～4 |
| 橘瓣 | 0.8～1.0 | 60～75 | 0.25～0.5 |
| 苹果 | 8～12 | >90 | 1～2 |
| 梨 | 8～12 | >90 | 1～2 |
| 甘薯 | 4 | >90 | 3～4 |
| 茄子 | 5 | >90 | 2 |
| 胡萝卜 | 4 | >90 | 1～1.5 |
| 马铃薯 | 10～11 | >90 | 2 |

4）热力去皮

热力去皮是利用 100℃左右的高温对果蔬原料进行短时间加热，果蔬表皮在急热作用下变得松软，与肉质组织脱离，甚至膨胀破裂，之后迅速冷却去皮。适合成熟度较高的果蔬。热源为常压蒸汽、加压蒸汽或热水。可用夹层锅或连续式去皮机去皮。

5）冷冻去皮

冷冻去皮是指将果蔬原料置于低温环境中，在极短时间内使表皮冻结，冻结深度略厚于皮层而不深及肉质层，然后解冻，皮层松弛，表皮与肉质发生分离而去皮。

6）酶法去皮

柑橘的囊瓣在果胶酶的作用下，可因果胶水解而脱去囊衣。酶法去皮条件温和，产品质量好，关键要掌握酶的浓度及最佳作用条件。

7）真空去皮

将成熟的果蔬先行加热，升温后果皮与果肉易分离，接着进入有一定真空度的真空室内，适当处理，使果皮下的液体迅速“沸腾”，皮肉分离，然后破除真空，冲洗或搅动去皮。此法适用于成熟的果蔬，如桃、番茄等。

8）表面活性剂去皮

此法对去柑橘囊衣效果明显。通过降低果蔬表皮的表面张力，再经润湿、渗透、乳化、分散等作用，使碱液在低浓度下迅速达到很好的去皮效果。较碱液去皮法更优。

### 5. 原料的切分、去心（核）、修整

原料切分的目的首先是满足产品形态要求。体积较大的原料在罐藏时为了保持适当形状，需要适当切分。切分的形状根据产品的标准和性质而定。核果类加工前去核，仁果类去心，有核的果实去种子。

为保持良好的外观形状，装罐前需对果块进行修整，除去未去净的皮、残留于芽眼或梗洼中的皮、部分黑斑和其他病变组织。橘瓣罐头需除去未去净的囊衣。

上述工序在小量生产或设备较差时一般手工完成，常借助于专用的小型工具。如枇杷、山楂、枣的通核器，匙形的去核心器，金柑、梅的刺孔器等。

规模生产常有多种专用机械，如：

（1）劈桃机　利用圆盘锯将桃锯成两半。

（2）多功能切片机　装有可换式组合刀具架，可根据要求选用力矩，用于果蔬的切片、切块、切条等，目前使用较多。

（3）专用切片机　如蘑菇定向切片刀、菠萝切片机、青刀豆切端机、甘蓝切条机等。

### 6. 烫漂（预煮）

将已切分或经其他预处理的新鲜果蔬原料放入沸水或热蒸汽中进行短时间的热处理。烫漂处理的好坏直接关乎成品质量。

### 7. 工序间的护色

果蔬去皮和切分后与空气接触会迅速褐变，影响外观、风味和营养价值。这种褐变主要是酶促褐

变，关键作用因子有酚类底物、酶和氧气。因底物不能去除，护色措施需从排除氧气和抑制酶活性两方面着手。

8. 抽空处理

苹果、番茄等内部组织较为疏松，含空气较多（表 9-7），不利于加工，需进行抽空处理。即将原料在一定介质里置于真空状态，使内部空气释放出来，代之以糖水或无机盐水等介质的渗入。图 9-10 为抽空系统示意图。

表 9-7　几种果蔬组织中的空气含量　　%

| 种类 | 含量（V/V） | 种类 | 含量（V/V） |
|---|---|---|---|
| 桃 | 3～4 | 梨 | 5～7 |
| 番茄 | 1.3～4.1 | 苹果 | 12～29 |
| 杏 | 6～8 | 樱桃 | 0.5～1.9 |
| 葡萄 | 0.1～0.6 | 草莓 | 10～15 |

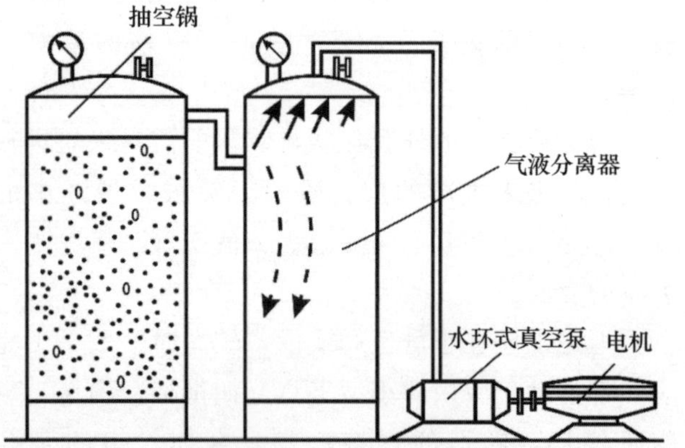


图 9-10　抽空系统示意图

引自：Potter，2001.

9. 原料硬化

硬化又称保脆，目的是使果蔬耐煮制、不软烂、改善制品品质。最常用的方法是用硬化剂硬化，常用的硬化剂有氯化钙、亚硫酸氢钙等。硬化剂的浓度、硬化时间根据原料种类、加工制品的要求来定，硬化后应进行漂洗。

## 9.2.2　装罐

1. 罐装容器的准备

1）空罐的质量检查

原料装罐前应检查空罐的完好情况。马口铁罐要求罐型整齐、缝线标准、焊缝完整均匀、罐口和罐盖边缘无缺口或变形、铁皮上无锈斑和脱锡现象。玻璃罐要求形状整齐、罐口平整光滑、无缺口、罐口圆正、厚度均匀、罐壁内无气泡或裂痕等。

2）空罐的清洗和消毒

（1）金属罐的清洗和消毒　包括人工清洗和机械清洗。小型企业多采用人工清洗消毒，通常先在热水中冲洗，再放入清洁的沸水中消毒 30～60 s。人工清洗效率低，劳动强度大。大中型企业多用洗罐机清洗，常见的如链带式洗罐机、滑动式洗罐机、旋转式洗罐机、滚动式洗罐机等，它们的传送方式和工作能力不同，清洗的过程相同。图 9-11、图 9-12 是直线型洗罐机和滚动式洗罐机的原理图，滚动式洗罐机是一种效率高、装置简单、体积小的洗罐机。

（2）玻璃罐的清洗和消毒　多用热水浸泡或冲洗，这样可使附着在玻璃罐上的污物膨胀易脱落；回收的旧玻璃罐罐壁上常附有油脂、食品碎屑等污物，需用 40～50℃的 2%～8%氢氧化钠溶液洗涤，再用漂白粉或高锰酸钾溶液消毒。玻璃罐常用带毛刷的洗瓶机刷洗，最后用清水或高压水喷洗。

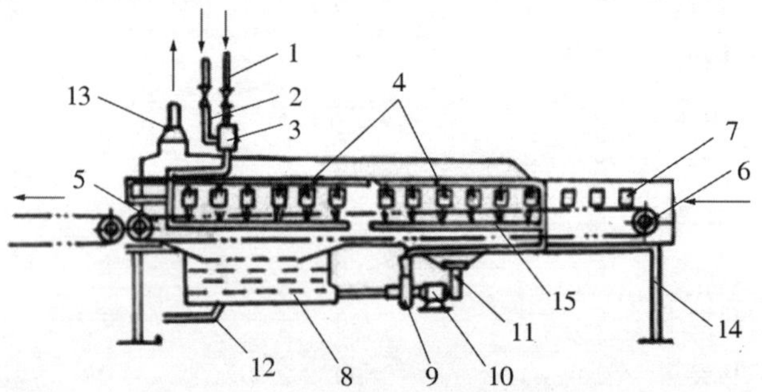


图 9-11　直线型洗罐机原理图

1. 蒸汽管；2. 冷水管；3. 汽水混合箱；4. 上喷管；5. 运输带；6. 滚轮；7. 空罐；8. 废水收集箱；9. 水泵；10. 电动机；11. 排水管；12. 排废水管；13. 排气管；14. 支架；15. 下喷管

引自：Potter，2001.

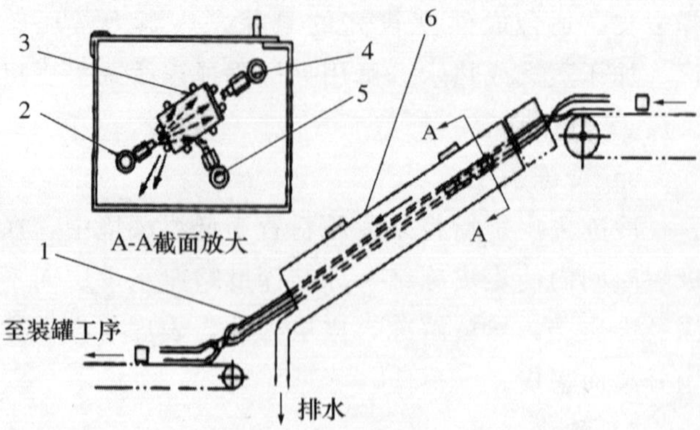


图 9-12　滚动式洗罐机原理图

1. 滚道；2. 喷水头；3. 空罐；4. 喷水头；5. 喷水头；6. 机壳

引自：Potter，2001.

清洗消毒后，应将容器沥干并及时使用，防止再次污染。罐盖处理同上。

2. 罐液的配制

除液态或黏稠食品外，一般都要向罐内加注液汁，称为罐液或汤汁。果品罐头多用糖液，蔬菜罐头多用盐水或清水。适度注入柠檬酸可增进风味，并起到护色、提高杀菌效果的作用。加注罐液能填充罐内空隙，增进风味、排除空气、加强热的传递效率。

1）糖液的配制

糖液浓度依水果种类、品种、成熟度、果肉装量及产品质量标准而定。糖水罐头要求开罐糖度为14%～18%，罐装前温度维持在65～85℃。罐液的浓度计算方法如下：

$$Y = \frac{W_3 Z - W_1 X}{W_2} \times 100\% \qquad (9\text{-}1)$$

式中：$W_1$为每罐装入果肉质量，g；$W_2$为每罐加入糖液质量，g；$W_3$为每罐净质量，g；$X$为装罐时果肉可溶性固形物含量，%；$Z$为要求开罐时的糖液浓度，%；$Y$为需配制的糖液浓度，%。

糖液配制方法有直接法和稀释法：直接法是根据装罐需要的糖液浓度，直接称取砂糖和水放入溶糖锅内，加热溶解并煮沸过滤，校正浓度后备用；稀释法是先配好高浓度的糖液，装罐时根据所需浓度以水稀释。

糖液浓度常用白利（Brix）糖度计测定，测得每100 g糖液中的含糖量，称锤度或白利度。液体密度受温度影响，标准温度为20℃，若所测糖温度高于或低于20℃，须校正结果。生产中亦可用折光仪测糖液浓度，使用时应先用同温度的蒸馏水校正至零刻度。

2）盐水的配制

蔬菜罐头所用盐水浓度为1%～4%。一般用波美比重计测定盐液浓度，它在17.5℃的盐水中所指的刻度，即是盐液的百分比浓度。

3）调味液的配制

蔬菜罐头有时需加入调味液，调味液种类很多，但配制方法有两种：一是将香辛料进行熬煮制成香辛料水；二是将各种调味料一起放入布袋包裹，一次配成调味液。

3. 装罐的工艺要求

预处理后应迅速装罐，半成品不应堆积过多，以减少污染机会。趁热装罐还可提高罐头中心温度，利于杀菌。

1）确保装罐量符合要求

罐头净质量和固形物含量必须达到要求。净质量是罐头总质量减去容器质量后的质量，它包括固形物和汤汁。固形物含量指固体物在净质量中占的百分率，一般要求每罐固形物含量为45%～65%，常见的为55%～60%。每罐罐头允许净质量公差为±3%，每批罐头净质量平均值不应低于规定值。装罐时应考虑原料本身的缩减率，通常按罐装要求多装10%左右。装罐后要把罐头倒过来倾水10 s左右，沥净罐内水分，保证开罐时的固形物含量和糖度符合规格要求。

2）罐内应保留一定的顶隙

顶隙指罐内食品表面或液面与罐盖内壁间所留空隙的距离。装罐时食品表面与容器翻边一般相距4～8 mm，封罐后顶隙为3～5 mm。顶隙大小直接影响食品的装量、卷边的密封性、产品的真空度、铁皮的腐蚀、食品的变色、罐头的变形及腐蚀等。顶隙过小，杀菌时内容物膨胀，罐内压增加，影响卷边的密封性，造成铁罐永久变形或凸盖；顶隙过大，罐头净质量不足，顶隙残留空气较多，铁罐易腐蚀或形成氧化圈，引起食品变色、变质。

3）保证内容物在罐内的一致性

同一罐内原料的成熟度、色泽、大小、形状应基本一致，搭配合理，排列整齐。有块数要求的产品，按要求装罐。

4）保证产品符合卫生要求

注意卫生，严格操作，防止杂物混入罐内，保证罐头品质。

装罐方法分为人工装罐和机械装罐。原料形态、大小、色泽、成熟度、排列方式各异，常用人工装罐；颗粒状、流体或半流体食品，常用机械装罐。

### 9.2.3　排气

排气指装罐或预封后，密封前将罐内顶隙间和原料组织中残留的空气排出罐外的技术措施，从而使密封后罐头顶隙内形成部分真空的过程，是罐头生产中维持密封性和延长贮藏期的重要措施。

1. 排气的目的

（1）防止加热杀菌时内容物膨胀而使容器变形或破损，影响金属罐卷边和缝线的密封性，防止玻璃罐跳盖；

（2）阻止罐内好气性细菌和霉菌的生长繁殖；

（3）防止马口铁罐内壁腐蚀；

（4）减轻罐内食品色香味的不良变化和营养物质的损失；

（5）使罐头有一定的真空度，形成罐头特有的内凹状态，便于成品检查。

2. 罐头的真空度

1）罐头真空度的形成

排气后罐外大气压与罐内残留气压之差为真空度，单位为 Pa，一般要求在 26.7～40 kPa。罐内残留气体越多，内压越高，真空度越低。排气工艺影响罐内残留气体的多少。真空度的形成是利用罐内气体受热逸出，代之以水蒸气充满顶隙，食品受热膨胀暂时缩小顶隙，冷却后体积收缩，水蒸气凝结成液体，顶隙间出现部分真空状态。真空状态能使罐头底盖维持平坦或内凹状态，这是正常罐头的外表特征，常作为检验识别罐头好坏的一个指标。

2）罐头真空度的测定

真空度可用真空表直接测定，表测数据与实际有误差，误差大小取决于真空表内部通道空隙大小，空隙越小，越接近实际真空度。

3）影响罐头真空度的因素

（1）排气的条件　排气温度高、时间长，真空度高。一般以罐头中心温度达到 75℃为准。

（2）罐头的容积大小　容积或装量大，内容物膨胀和收缩幅度大，能形成较大真空度。

（3）顶隙的大小　加热排气法中，顶隙小的真空度高；真空法和喷射蒸汽法中，顶隙小的真空度低。

（4）杀菌条件　杀菌温度高或时间长，部分物质分解产气，真空度降低。

（5）环境条件　气温高，罐内蒸汽压大，真空度较低；气压低，大气与罐内压差变小，真空度变低。

3. 排气的方法

常用排气方法有加热排气法、真空封罐排气法及蒸汽喷射排气法。加热排气法使用最早，是最基本的方法；真空排气法是后发展起来的，目前应用最广；蒸汽密封排气法是近些年发展的，我国也已开始使用。图 9-13 为常用排气设备。

图 9-13　常压排气箱

1）加热排气法

加热排气法利用受热膨胀原理，装罐后对罐头加热，使罐内食品和气体膨胀，罐内部分水分汽化，蒸汽分压提高，驱赶罐内气体。排气后立即密封，冷却后食品收缩、水蒸气冷凝，可获得一定真空度。

（1）热装罐法　将食品预先加热到一定温度并趁热装罐密封的方法。该法适用于流体、半流体或组织形态不会因搅拌而被破坏的食品。该法的关键是趁热装罐，否则真空度达不到预期。装罐时的温度适合嗜热菌生长繁殖，密封后应及时杀菌，否则食品在杀菌前就可能开始腐败变质。

（2）排气箱加热排气法　食品装罐后送入排气箱，在一定温度下排气一定时间，使罐头中心温度达到 70～90℃，食品内部空气充分外逸，趁热密封，杀菌冷却后，就可得到期望的真空度。此法目前多为连续排气，但也可间歇排气。排气温度和时间视罐头种类、罐型大小、容器种类、食品状态等而定，一般为 90～100℃，6～15 min。大型或填充紧密、传热效果差的罐头，可排气 20～25 min。低温长时间加热排气比高温短时间加热排气好，但过长时间的加热排气，会导致食品色香味和营养成分的损失。加热排气法效果好，还能起到脱臭和杀菌作用；但此法对食品的色香味有不良影响，对某些水果罐头造成不利软化，且热量利用率低。

2）真空封罐排气法

这是一种将罐头置于真空封罐机的真空仓内，在抽气的同时进行密封的方法。此法可使罐头真空度达到 33.3～40 kPa 或更高。封罐机密封室的真空度由罐头的工艺要求、罐内食品的温度等决定。此法可使罐头在短时间内达到较高的真空度，效率高，每分钟可处理 500 罐以上；此法适用各种罐头的排气，尤其是不宜加热的罐头；真空封罐机体积小、占地少，使用广泛。但对于含气量高的食品，最好在装罐前先进行抽空处理，否则排气效果不理想。此法排气时还需严格控制真空仓的真空度及密封时食品的温度，否则封口时易出现暴溢现象。

3）蒸汽喷射排气法

该法是向罐头顶隙喷射蒸汽，赶走顶隙内的蒸汽后立即封罐，依靠顶隙内的蒸汽冷凝来获得真空度。此法排气时顶隙大小必须适当（8 mm 左右）。空气含量多的食品应先抽空处理。

通常在罐头原料装罐之后和排气之前，要进行“预封”操作，即用封罐机初步将盖钩卷入罐身翻边下，相互钩连的操作。钩连松紧程度以允许罐盖沿罐身自由旋转而不脱开为准，以便排气时罐内气体和水蒸气能自由逸出。预封能预防固体食品膨胀出现汤汁外溢；避免冷凝水滴入罐内污染食品；防止封罐前顶隙温度降低和外界冷空气侵入，以保持罐头在较高温度下进行封罐，从而提高真空度。

### 9.2.4 密封

罐头食品能长期保存，除充分杀菌外，还要靠罐头的密封，使食品与外界环境完全隔绝，食品不再受到外界空气和微生物的污染。为保持高度密封状态，必须采用封罐机将罐身和罐盖边缘紧密卷合，即罐头的密封，简称封罐。封罐是罐制工艺中的关键操作，直接关乎产品质量。封罐应在排气后立即进行。

1. 金属罐的密封

金属罐的密封是指罐身的翻边和罐盖的圆边在封口机中进行卷封，使罐身和罐盖相互卷和，压紧而形成紧密重叠的卷边的过程，形成的卷边称为二重卷边。

1）封罐机的主要部件和作用

封罐机型号很多，有手扳式、半自动式、自动式和真空封罐机（图 9-14、图 9-15）。它们的原理和主要部件设计一样。每台封罐机至少有一套封罐机组，每套机组包括四个部件，即第一道滚轮（卷边轮）、第二道滚轮（压边轮）、底座（底板）和压头（顶板）。

手扳式

半自动式

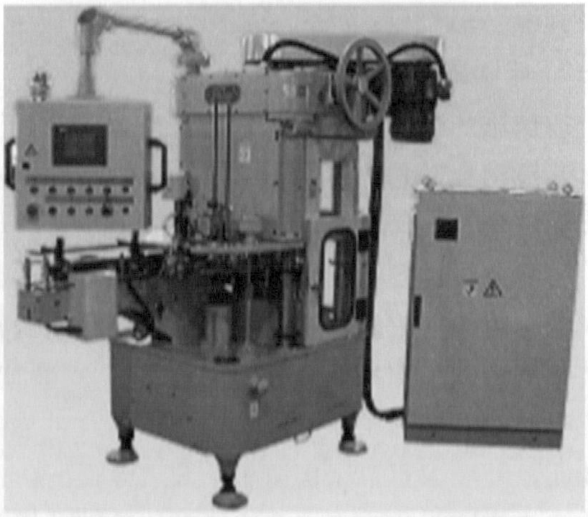

自动式

图 9-14 手扳式、半自动式和自动式封罐机

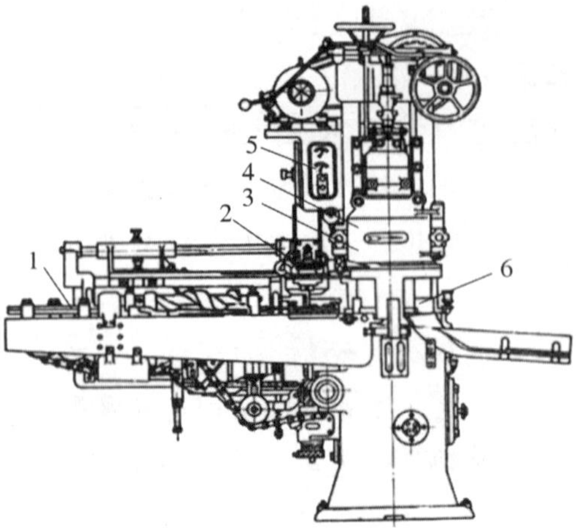


**图 9-15 真空封罐机实物及原理图**

1. 自动送罐；2. 自动配罐；3. 下托盘；4. 卷边机头；5. 电气控制；6. 卸灌装置

（1）压头　用来固定和稳住罐头，以保证卷边质量。

（2）底座　用来托起罐头，使压头嵌入罐盖内，与压头一起固定罐头，避免滑动。

（3）滚轮　第一道滚轮转压槽沟深，上部曲率半径大，下部曲率半径小；第二道滚轮转压槽沟浅，上部曲率半径小，下部曲率半径大。

2）二重卷边的形成过程

罐头进入封罐机作业位置，底座上升使压头嵌入盖内并固定罐头，卷边轮绕罐身做圆周、自转和径向运动，将盖钩和翻边卷合在一起形成第一重卷边，即行退回。紧接着压边轮围绕罐身做圆周和径向运动，逐渐向罐盖边靠拢紧压，将第一重卷边压紧形成第二重卷边。过程详见图 9-16。

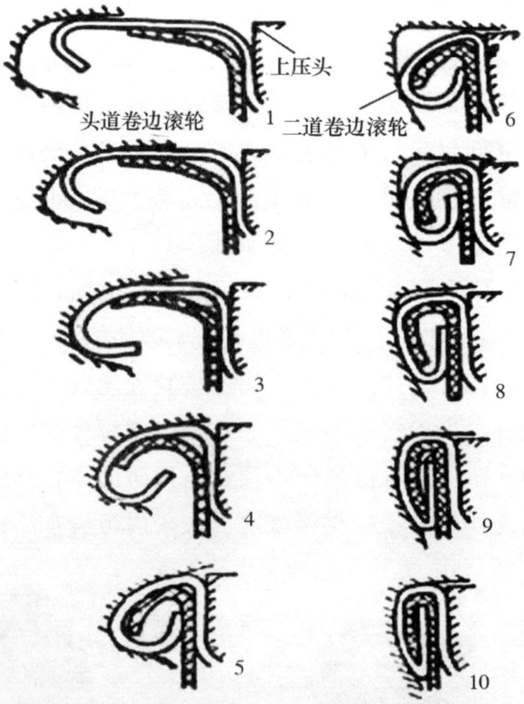


**图 9-16 二重卷边的形成过程**

引自：赵晋府，2018.

2. 玻璃罐的密封

玻璃罐的罐身是玻璃的，罐盖是金属的，一般为镀锡薄钢板，它的密封是靠镀锡薄钢板和密封圈紧压在玻璃瓶口而形成的。玻璃瓶口边缘造型多样，密封方法也各不相同。目前常用的有采用卷边密封法密封的卷封式玻璃瓶，采用旋转式密封法的旋转玻璃瓶和采用揿压式密封法的揿压式玻璃瓶。无论哪种瓶、哪种密封方法，都必须具有可靠的密封性能，并要求封口结构简单，开启方便。

卷边式密封法，将铁盖边缘卷压在玻璃罐的罐颈凸缘下，达到密封目的，其密封性能好，但开启困难，现已很少使用。

旋转式密封法，有三旋、四旋、六旋和全螺旋式密封法，主要依靠罐盖的螺旋或盖爪紧扣在罐口凸出罗纹线上，罐盖内壁有塑料垫圈或加注滴塑以加强密封性能。装罐后，由旋盖机把罐盖旋紧，便得到良好的密封。其特点是开启容易且可重复使用，广泛用于果蔬罐头的密封。

套压式密封法，依靠预先嵌在罐盖边缘内壁上的密封胶圈，密封时由自动封口机将盖子套压在罐口凸缘线的下缘而得到密封。其特点是开启方便。

抓式密封法，靠抓式封罐机将罐盖边缘压成

"爪子"，紧贴在罐口凸缘的下缘而得以密封。

3. 软罐头的密封

蒸煮袋即软罐头，多采用真空包装机进行热熔密封。封口效果取决于蒸煮袋的材料性能，热熔合时的温度、时间、压力和封边处是否有附着物等因素。

常用的热熔方法有两种：

(1) 电加热密封法　由金属制成的热风棒，表面用聚四氟乙烯布作保护层。通电后热风棒发热到一定温度，袋内层薄膜熔融，加压黏合，热熔密封后再冷压一次。

(2) 脉冲密封法　通过高频电流使加热棒发热密封，时间为 0.3 s，之后自然冷却，即使接合面上有少量的水或油附着，热封下仍能密切结合，操作方便，适用性广，接合强度大，密封强度胜于其他方法，是目前最普遍的方法。

### 9.2.5 杀菌

1. 罐头杀菌的目的

罐头杀菌是指通过加热等手段杀灭罐内食品中的微生物，达到商业无菌状态。此外，罐头的杀菌会破坏食品中酶的活性，从而保证罐内食品在保质期内不发生腐败变质。另外，加热杀菌还具有一定的烹调作用，能增进风味及软化组织。

2. 影响罐头传热的因素

(1) 罐头容器的种类和形式　不同种类容器的热阻不同。玻璃罐热阻大，铁皮罐热阻小，马口铁罐比玻璃罐具有较大的传热速率。其他条件相同时，玻璃罐的杀菌时间需稍延长。罐型越大，热由罐外传至罐头中心所需时间越长，而以传导为主要传热方式的罐头更为显著。

(2) 罐内食品的物理性质　与传热有关的食品的物理特性包括形状、大小、浓度、密度及黏度等。果蔬罐头内的导热往往是对流和传导同时进行，或先后相继出现。传热情况比较复杂，小颗粒、条、块状食品在加热杀菌时，罐内的液体容易流动，以对流传热为主，传热速度比大的条块状食品快。

(3) 罐头的初温　FDA 要求，加热开始时，每一锅杀菌的罐头其初温以其中第一密封完的罐头温度为标准。初温与杀菌温度之差越小，罐头中心加热到杀菌温度所需时间越短。因此，在杀菌前注意提高和保持罐头的初温对于不易形成对流和传热较慢的罐头更为重要。

(4) 杀菌锅的形式和罐头在杀菌锅中的位置　常用杀菌锅有静置式、回转式和旋转式等类型。回转式杀菌锅的传热效果好于静置式，对于加快对流与传导型结合传热的食品及流动性差的食品的传热尤其有效。卧式静置式杀菌锅，罐头离蒸汽喷嘴越远，传热就越慢，如果杀菌锅内的空气未排除干净，处于空气袋内的罐头传热效果就更差。

3. 罐头食品常用的杀菌方法

根据原料性质不同，果蔬罐头热力杀菌分为常压和加压杀菌两种。杀菌过程包括升温、保温和降温三个阶段，可用下列杀菌式表示：

$$\frac{t_1\text{-}t_2\text{-}t_3}{T} \tag{9-2}$$

式中：$T$ 为要求达到的杀菌温度,℃；$t_1$ 为使罐头升温到杀菌温度所需的时间，min；$t_2$ 为保持恒定的杀菌温度所需的时间，min；$t_3$ 为罐头降温冷却所需的时间，min。

1）常压沸水杀菌

常压沸水杀菌适合于 pH＜4.5 的酸性和高酸性食品，如大多数水果和部分蔬菜罐头，杀菌温度不超过 100℃。杀菌设备多为开口锅或柜子，先在锅内注入适量的水，水沸腾时将装满罐头的杀菌篮放入锅内。玻璃罐应先预热到 60℃左右再放入杀菌锅内，以免破裂。当锅内的水再沸腾时，开始计算杀菌时间，并保持沸腾状态到杀菌终结。目前，许多工厂采用一种长形连续搅动式杀菌器，使罐头在杀菌器中不断自转和绕中轴转动，增强了杀菌效果，缩短了杀菌时间。

2）加压杀菌

加压杀菌适用于 pH＞4.5 的低酸性食品，如蔬菜及混合罐头。

(1) 高压蒸汽杀菌　以高压蒸汽为热介质，杀菌温度大于 100℃。使用时先打开所有排气、泄气阀，通入蒸汽。杀菌期间，泄气阀应一直打开，关闭进水、排水阀。打开进气阀使高压蒸汽迅速进入锅内，快速彻底地排除锅内的全部空气。充分排气后，须将排水阀打开以排除锅内冷凝水，排除冷凝水后，关闭排水阀和排气阀。待锅内压力达到规定值时，检查温度计读数是否与压力读数相对应。如果温度偏低，则表示锅内还有空气存在，可打开排气阀继续排除锅内空气，然后关闭排气阀；待锅内蒸汽压力与温度相对应，并达到规定的杀菌温度时，开始计算杀菌时间。达到预定杀菌时间后，关闭进气阀，缓慢打开排气阀，排尽锅内蒸汽，使锅内压力恢复到大气压。然后打开进水阀放进冷却水进行冷却，或者取出罐头浸入水池中冷却。

（2）高压水杀菌　此法适用于大型扁罐及玻璃罐。将装好罐头的杀菌篮放入杀菌锅内，关闭锅盖或门。关闭排水阀，打开进水阀，向杀菌锅内进水，并使水位高出最上层罐头 15 cm 左右。关闭所有排水和溢水阀。放入压缩空气，使锅内压升至比杀菌温度对应的饱和蒸汽压高出 54.6～81.9 kPa 为止。然后放入蒸汽，将水温快速升至杀菌温度，并开始计算杀菌时间。杀菌结束后，关闭进气阀，打开压缩空气阀和进水阀。但冷水不能直接与玻璃罐接触，以防爆裂。可先将冷却水预热到 40～50℃后放入杀菌锅内。当冷却水放满后，开启排水阀，保持进、出水量平衡，使锅内水温逐渐下降。当水温降至 38℃左右，关闭进水阀及压缩空气阀，打开锅门取出罐头。

图 9-17 为几种罐头生产中常用的杀菌设备。

**图 9-17　立式杀菌锅、卧式杀菌锅及常压连续杀菌锅**

4. 罐头食品杀菌新技术

1）超高压杀菌

超高压杀菌是将罐头封装以后，置于 200 MPa 以上的超高压装置中进行加压处理，达到杀菌目的。其原理是超高压对微生物的形态、结构、基因、生理生化特性等都造成不可逆的改变，有致死作用。超高压对食品中的营养成分几乎没有影响。

2）冲击波杀菌

增压后再减压会产生冲击波。反复增压、减压处理食品，细菌孢子破坏显著，食品营养成分不受影响。

3）欧姆加热杀菌

将低频电流直接通入食品，由食品本身的介电性质产生热量，达到杀菌目的。

4）超临界法二氧化碳杀菌

超临界二氧化碳具有杀菌和杀酶的作用，日本开发出连续处理装置，利用超临界二氧化碳处理食品，达到杀菌目的。杀菌过程包括向物料供给加压二氧化碳、保持压力和减压三个过程。通过二氧化碳的急剧膨胀，破坏细菌的输水区域，达到杀菌目的。大肠杆菌、酵母菌和乳酸菌在 6 MPa 压力下，13 min 即可全部失活。

5）高压脉冲电场杀菌

该方法依靠强烈的脉冲电场对微生物进行杀灭，可以用介电破裂理论解释。当细胞膜两边的电势超过约 1 V 的临界值，带电分子间产生的斥力会使细胞膜产生空洞，导致细菌死亡。

6）振荡磁场脉冲杀菌

食品经振荡磁场脉冲处理，可杀灭微生物。振荡磁场可将能量发送至生物大分子的磁活性部位振荡几次，当在一个分子中有大量磁偶极子时，足够的能量可转移到分子中摧毁共价键，微生物 DNA 等经振荡磁场处理可被破坏。

7）线性感应电子加速器杀菌

加速电子撞击重金属转换器会产生广谱电离辐射，杀菌原理与放射性同位素类似，但传递速度更快、具有可控性、操作更可靠。

8）微波杀菌

微波可用来杀菌，且紫外线可增强其杀菌能力。杀菌原理目前还暂无定论。

9）强光脉冲杀菌

这是一种安全、强效、节能的新型冷杀菌技术。它利用脉冲的强烈白光闪照而使惰性气体灯发出与太阳光谱相近，但强度更强的紫外线至红外线区域光来抑制食品和包装材料表面、固体表面、气体和透明饮料中微生物的生长繁殖。

### 9.2.6 冷却

1. 冷却目的

罐头杀菌后应迅速冷却，它是生产过程中决定产品质量的最后一个环节，处理不当会造成产品色泽和风味的劣变，组织软烂，甚至失去营养价值。此外，还可能造成嗜热性细菌的繁殖和加剧罐头内壁的腐蚀。因此，罐头杀菌后冷却越快越好，对玻璃罐的冷却宜采用分段冷却的方法，即 80、60、40℃三段，以免爆裂。

2. 冷却方式

1）常压冷却

按冷却的位置不同，分为锅外冷却和锅内冷却，常压杀菌常采用锅外冷却，卧式杀菌器加压杀菌常采用锅内冷却；按冷却介质不同，分为空气冷却和水冷却，水冷却效果好。水冷却时为加快冷却速度，一般采用流水浸冷法。冷却用水必须清洁，符合饮用水标准。必要时可对水进行氯化处理，处理后冷却用水的游离氯含量控制在 3～5 mg/kg。

2）加压冷却

高压杀菌可进行反压冷却，即加压冷却。杀菌结束后，必须在维持杀菌锅内一定压力的情况下对罐头进行冷却，主要用于高温高压杀菌，特别是高压蒸汽杀菌后罐头容器易变形和损坏。杀菌结束后，关闭所有的进气阀和排气阀。然后一边迅速打开压缩空气阀，使杀菌锅内保持规定的反压，一边打开冷却水阀进冷却水。冷却过程中应不断补充压缩空气以维持锅内反压。冷却结束后，打开排气阀放掉压缩空气使锅内压力降到大气压，罐头继续冷却至终点。

3. 冷却终温

罐头冷却的最终温度一般控制在 38～40℃，过高会影响食品质量，过低则不能利用罐头余热将罐外水分蒸发，造成罐外生锈。冷却后应放在阴凉通风处，未经冷凉不宜入库装箱。

### 9.2.7 贮藏

罐头的贮藏，指成品罐头的贮藏方法和环境控制。贮藏形式有两种：一种是散装堆放，罐头经杀菌冷却后，直接运至仓库贮存，出厂前贴商标装箱运出；另一种是装箱贮放，罐头贴好商标或不贴商标进行装箱，送进仓库堆存。

散装堆放费时费工，不便运输，堆放过高容易倒塌。一般夹花堆成长方形，堆与堆之间，堆与墙之间应留出 0.3 m 以上的距离便于检查。装箱贮存好处很多，运输堆放迅速方便，堆高放置较为稳固，操作简便，不费工时；又因为外面有木箱或纸箱保护，罐头不直接受外界条件影响，易于保持清洁，不易“出汗”，但它的缺点是不易于检查。

仓库要求环境清洁，通风良好，光线明亮，地面应铺有底板或水泥，并装有可调节温、湿度的装置。在正常贮藏温度下，罐头的品质很少变化。但温度过高或过低都会引起品质改变。贮藏温度过高，残留的好热性细菌芽孢就很容易发育繁殖。对于水果罐头来讲，温度高容易使罐头产生氢胀，破坏维生素，甚至败坏。贮藏温度过低，会引起罐头内容物冰冻，严重者能胀坏罐头，或者因冰冻后又解冻而影响罐头食品的组织结构，失去原来的风味。罐头食品在仓库中因温度引起的理化变化非常复杂，但温度上升，一定会加速食品的变化。温度平均每升高 10℃，化学变化的速度就会增加一倍。这种变化速度的增加会影响罐头食品的色香味及营养成分。

## 9.3 果蔬罐藏常见问题及控制

### 9.3.1 常见问题

1. 胀罐（胖听）

合格罐头底盖中心部位略平或呈凹陷状态。当罐头内部压力大于外界空气压力时，底盖鼓胀，形成胀罐，俗称胖听。根据凸出程度，可分为弹胀、软胀和硬胀。弹胀是罐头一端稍外凸，用手轻压可恢复，松手后会立刻恢复凸出状态；软胀是罐头两端外凸，施加外力可恢复，去除外力后立刻恢复外凸状态；硬胀是指对罐头鼓胀处施加外力也无法恢复正常。胀罐的原因主要如下。

1）物理性胀罐（假胀）

（1）胀罐原因　①内容物装得太满，顶隙过小，热杀菌时内容物膨胀，冷却后形成胀罐；②加压杀菌后，减压过快、冷却过速；③排气不足或贮藏温度过高；④高气压环境生产的制品移至低气压环境保存。物理胀罐食品没有败坏，可以食用。

（2）控制措施　①严格控制装罐量，切勿过多；②顶隙大小适宜，4～8 mm 即可；③提高排气时罐内中心温度，充分排气，封罐后形成较高真空度；④加压杀菌后，减压速度不要过快，使罐内外压力平衡；⑤贮藏环境温度不宜过高或过低。

2）化学性胀罐（氢胀）

（1）胀罐原因　食品酸度较高，罐内壁严重腐蚀，并产生氢气。氢胀现象一般要贮存一段时间后才会出现。

（2）控制措施　①避免空罐内壁受到机械损伤，防止内壁漏铁；②空罐宜采用涂层完好的抗酸全涂料钢板制成，以提高抗酸腐蚀能力。

3）细菌性胀罐

（1）胀罐原因　杀菌不彻底或罐盖密封不严，细菌重新侵入，分解食品产气，罐内压升高造成胀罐。

（2）控制措施　①原料充分清洗、消毒，严格注意加工过程中的卫生管理，防止原料及半成品的污染；②在保证食品质量的前提下，对原料进行充分热处理；③在预煮水或糖液中加入适量柠檬酸等有机酸，降低内容物的 pH；④严格封罐质量，防止密封不严；⑤冷却水应符合食品卫生要求，氯化处理的冷却水更为理想；⑥生产过程中，及时抽样保温处理，发现带菌问题及时处理。

### 2. 平盖酸败

某些微生物生长过程中只产酸不产气，罐内的内容物增加，但罐的外观并无变化，这类微生物俗称平酸菌，主要包括嗜热脂肪芽孢杆菌、环状芽孢杆菌、凝结芽孢杆菌等，这种败坏现象称为平盖酸败。

防止措施主要有：①注意原料的新鲜卫生，原料应充分洗涤干净，尽量缩短工艺流程，严防半成品积压和污染，尽可能缩短封罐到杀菌的时间；②各种工具和设备应用不锈钢等金属材料制造，不可采用竹、木质材料，同时，对这些设备及管道、泵以及罐头杀菌后的冷却池，都必须严格刷洗消毒，防止耐热性细菌滋生；③罐头杀菌后必须迅速冷却到 37℃左右，冷却水应经氯化处理，防止冷却不透的罐头装箱或堆成大堆，以免影响罐内温度下降；④大部分酸败罐头产生的原因是原料污染或杀菌不彻底，因此必须结合各厂实际工艺及卫生条件，选用合理的杀菌方式，并严格注意密封质量；⑤及时抽取样品进行保温及酸败菌培养检验，并定期对原料、半成品密封后，杀菌前的罐头、车间工器具设备等，进行耐热芽孢总数的检验，以指导生产。

### 3. 硫化黑变

在微生物的作用下，含硫蛋白质分解产生硫化氢，并与罐内的铁反应生成黑色的硫化亚铁，硫化亚铁沉积在食品上，造成食品变黑。防止措施就是避免空罐内壁受到机械损伤，防止内壁出现漏铁现象。

### 4. 霉变

1）霉变原因

正常状态下罐头是密封的，不会长霉，只有容器损坏才可能长霉。但生产时可因原料不新鲜或加工不及时，原料在密封杀菌前就已长霉。

2）控制措施

①严格剔除霉烂原料，对储放草莓、杨梅等浆果类原料的库房，以 0.2%过氧乙酸消毒；②原料彻底清洗干净，必要时进行消毒；③生产前彻底搞好环境卫生（以福尔马林消毒），车间及工具、器具以 0.5%过氧乙酸及蒸汽消毒，装罐工序的工、器具卫生及操作人员的个人卫生应严格要求；④玻璃罐、胶圈、瓶盖严格按规定进行清洗和消毒；⑤果酱封口温度应在 80℃以上，封口必须严密，严防果酱污染罐口；⑥生产过程中必须最大限度地缩短工艺间隔。

### 5. 果蔬罐头的褪色

1）褪色原因

绿色蔬菜的绿色主要来自叶绿素。叶绿素是绿色植物经光合作用产生的一种脂溶性色素，在被称为二羟卟啉核的复杂环状基的中央含有金属镁，因侧链端含 a、b 两种不同物质而分别称作叶绿素 a 和叶绿素 b，叶绿素 a 呈青绿色，叶绿素 b 呈黄绿色，二者比例为 3∶1，整体呈现为绿色。

叶绿素性质相对稳定，在植物中受脂蛋白保护，但在加工和贮藏过程中，组织细胞死亡，脂蛋白受到破坏，叶绿素游离出来。游离叶绿素很不稳定，在光、热、酸等条件下，加速叶绿素变为脱镁叶绿素，从而失去原有的绿色。也就是说，罐藏绿色蔬菜褪色是脱镁叶绿素形成的结果。

2）控制措施

绿色蔬菜的护色措施，就是防止脱镁叶绿素的形成。首先要保持叶绿素结构的相对稳定，即在碱性条件下，结构中的镁被铜、铁、钠、锌等离子取代，起到护色作用。在生产中，可采用上述几种金属离子的亚硫酸盐、氯化盐及醋酸盐来处理绿色蔬菜。20 世纪 70 年代，复绿技术主要采用以硫酸铜、醋酸铜等铜离子为主的离子取代，但由于铜原子毒性强，现在采用锌盐来取代铜盐。对绿色蔬菜进行处理不仅可以用单一的复绿剂，还可以采用复合的制剂。其方法之一是漂烫水中直接加入金属离子盐；另一种方法是先浸泡脱盐，再浸泡复绿，最后漂烫。不论采取哪一种方法，其结果都可以保持产品不褪色达一年以上。通过对产品质地、色泽、风味的品评及理化分析，经过处理的罐藏绿色蔬菜能够在贮藏期间保脆、保绿，并且可提高抗坏血酸和叶绿素的保存率，从而使绿色蔬菜罐头色泽鲜亮，营养提高。

**6. 果蔬罐头的变味**

引起罐头变味的因素很多：①平酸菌，如嗜热芽孢杆菌等，会使罐头变酸，无法食用；②加热处理过度，会使罐头内容物产生蒸煮味；③对于金属罐的罐头，如果内壁发生漏铁，会使食品产生铁腥味；④有些原料由于品种的原因，自身也会产生异味，比如橘子的脉络多带有苦味，某些品种的杨梅带有松脂味等。

**7. 罐内汁液的浑浊和沉淀**

产生浑浊和沉淀的原因很多：①如果加工用水的硬度过高，也就是说水中的钙、镁离子过多，就会引起浑浊；②原料成熟度过高、热处理过度，会导致果品蔬菜软烂，进而产生浑浊；③成品罐头在运输过程中过分颠簸和振荡，会使果肉碎裂，果肉碎屑漂浮在罐头里，产生浑浊。在不影响食用，且不过分影响外观的情况下，这种现象是允许存在的。

**8. 瘪罐**

罐内真空度过高，或罐头遭遇外力，都会造成瘪罐。一般排气过度，装量不足，都会引起瘪罐。瘪罐不会引起食品败坏，若不影响外观，可正常销售。

### 9.3.2 控制措施

**1. 罐头食品微生物污染的来源**

1）杀菌不彻底导致的微生物残留

为保持正常的感官性状和营养价值，加热杀菌只是达到了商业灭菌程度。罐内残留的非致病性微生物在一定保存期限内一般不会生长繁殖，但如果罐内条件发生变化，贮存条件发生改变，这部分微生物就会生长繁殖，造成罐头变质。经高温蒸汽杀菌的罐头内残留的微生物大都是耐热性芽孢，若罐头贮存温度不超过 43℃，通常不会引起内容物变质。

2）杀菌后发生漏罐

罐头杀菌后封罐不严，易造成漏罐，致使微生物污染。

污染来源：①重要污染源是冷却水，这是因为罐头经热处理后需通过冷却水进行冷却，冷却水中的微生物就有可能通过漏罐处而进入罐内；②空气也是造成漏罐污染的污染源，但较次要；③一些耐热菌、酵母菌和霉菌都从外界侵入，这也是重要的污染源之一；④罐内氧含量升高，导致各种微生物生长旺盛，从而内容物 pH 下降，严重的会呈现感官变化。

**2. 罐头食品的无菌检验**

无菌检验前一般先做密闭试验，然后对密闭良好的罐头进行膨胀试验，再开罐取内容物进行无菌试验。

1）密闭试验

将被检罐头置于 (86±1)℃水浴，让罐头沉入水面以下 5 cm，观察 5 min，若有小气泡连续上升，表明漏气。玻璃罐头进行试验时，应先浸入温水，再放入上述温度的水中，以免骤然爆裂。

2）膨胀试验

对于新鲜罐头，一般在（36±1）℃环境中放置7 d，而水果与蔬菜罐头则在20～25℃环境中放置7 d，然后观察罐头盖顶和底部有无膨胀现象。

3）无菌检验

待检罐头均须冷至室温，经膨胀试验发生胖听的罐头应先放冰箱冷却。

（1）对于胖听罐头　可用含4%碘的70%酒精溶液消毒，并用灭菌毛巾擦干，不能用点燃的酒精棉球烧灼，以防内部气体受热加剧胖听，以致出现裂隙，内容物喷出。用灭菌的开罐器穿刺罐顶，可设法捕获一些罐内气体，然后通过化学方法鉴定气体性质，判断其是否为二氧化碳、氢气或其他气体。再无菌采取罐头中心部位的样品，取样量应充足以备复检之用。

（2）对于外观正常的罐头　可用酒精棉球擦去开启端可能存在的污秽和油渍，再用清洁的毛巾擦干，然后用火焰烧灼开启端直至所附着水分全部蒸发。用灭菌的开罐器穿刺罐顶，无菌采取罐头中心部位的样品，取样量应充足，以备复检之用。

3. 罐头食品贮存和销售过程中微生物污染的控制

罐头食品在贮存和销售过程中，切忌粗暴装卸。罐头应贮存于清洁干燥、阴凉通风的地方，不可靠近热源，温度应控制在20℃以下，有条件的可置冰柜中存放。在贮藏和销售过程中发现罐听锈蚀、变形、裂缝等情况的不得出售，并禁止食用。

罐头食品生产工艺的关键环节是杀菌和冷却。从理论上讲，杀菌前应迅速升温，严格控制保温时期，杀菌后要求迅速冷却。但在生产中常因环节失调而过度加热或冷却缓慢，造成果肉组织软烂、汁水混浊、色泽变暗，食品质量受到严重影响。

玻璃瓶包装必须防止温度骤升骤降造成破裂，升温前加入温水，水温与罐头温度相当或略高。

**思考题**

1. 影响果蔬罐头杀菌效果的因素有哪些？
2. 果蔬罐藏品出现浑浊的原因有哪些？预防或解决的措施有哪些？
3. 罐藏工艺中排气的作用是什么？
4. 顶隙的大小对果蔬罐藏有何影响？

HAPTER 10

# 第10章 果蔬制汁

**教学目标：**

1. 掌握果蔬汁加工工艺、果蔬制汁常见问题及控制措施；
2. 了解国内外果蔬汁的生产概况、加工产业和科学研究的发展趋势，我国果蔬汁发展存在的问题及前景展望；
3. 熟悉果蔬汁分类、果蔬汁在果蔬生产中的作用与意义。

随着时代的发展和社会的进步，人民的生活水平日益提高，人们对于饮食方面的需求逐渐从吃饱吃好发展为营养、绿色、健康、便捷。这时，果蔬汁凭借其纯天然无污染、健康营养等一系列优点出现在消费者的视线中并深受好评。果蔬中富含人类维持生命不可缺少的营养成分和活性物质。经常食用果蔬产品，对身体健康、增强体质、预防疾病均有不可低估的作用。随着这种理念的不断深入，很多消费者的目光从碳酸饮料转投向果蔬汁饮料。作为农业大国，我国有丰富的果蔬资源，据报道，2007 年我国果汁饮料市场消费量达 1 078 万 t，首次超过碳酸饮料，销量仅次于纯净水，名列中国软饮料市场销量的第二位。果蔬汁产品从单一的水果汁到水果蔬菜结合，复合果蔬汁饮料产品应运而生。但如果果蔬汁产品生产过程中的安全控制系统不完善，会使产品存在着物理、化学和生物危害的隐患，给人民的身体健康造成伤害。因此，为了控制各种潜在的危害，寻求完善的产品安全控制手段成为果蔬汁饮料生产管理中越来越重要的内容。

## 10.1 果蔬汁简介

### 10.1.1 定义

在《果蔬汁类及其饮料》(GB/T 31121—2014) 中，将果蔬汁定义为：以水果或蔬菜为原料，采用物理方法（机械方法、水浸提等）制成的可发酵但未发酵的汁液、浆、液产品，或在浓缩果蔬汁（浆）中加入其加工过程中除去的等量水分复原而成的汁液、浆液制品。

果蔬汁饮料：以果蔬汁为基料，加水、糖、酸或香料调配而成的汁称为果蔬汁饮料。

### 10.1.2 分类

根据制作手法、不溶性固形物的含量和原汁（浆）的可溶性固形物含量之比，果蔬汁可分为果蔬汁（浆）、果蔬汁饮料、浓缩果蔬汁（浆）、果蔬汁饮料浓浆、复合果蔬汁（浆）、复合果蔬汁饮料、发酵型果蔬汁饮料、果肉饮料、水果饮料以及其他果蔬汁饮料等若干类型。常见的果蔬汁种类有果蔬汁（浆）、浓缩果蔬汁（浆）、果蔬汁（浆）类饮料。果蔬汁类及其饮料执行标准：《果蔬汁类及其饮料》(GBT 31121—2014)。

**1. 果蔬汁（浆）**

以水果或蔬菜为原料，采用物理方法（机械方法、水浸提等）制成的可发酵但未发酵的汁液、浆液制品；或在浓缩果蔬汁（浆）中加入其加工过程中除去的等量水分复原制成的汁液、浆液制品。果蔬汁包括原榨果汁（非复合果汁）、果汁（复合果汁）、蔬菜汁、果浆/蔬菜浆、复合果蔬汁（浆）等。

**2. 浓缩果蔬汁（浆）**

以水果或蔬菜为原料，从采用物理方法榨取的果汁（浆）或蔬菜汁（浆）中除去一定量的水分制成，加入其加工过程中除去的等量水分复原后具有果汁（浆）或蔬菜汁（浆）应有特征的制品。

**3. 果蔬汁（浆）类饮料**

以果蔬汁（浆）、浓缩果蔬汁（浆）为原料，添加或不添加其他食品原辅料和（或）食品添加剂，加工制成的制品。包括：果蔬汁饮料、果肉（浆）饮料、复合果蔬汁饮料、果蔬汁饮料浓浆、发酵果蔬汁饮料和水果饮料。

### 10.1.3 我国果蔬汁发展历程及现状

我国果蔬汁的起步较晚，20 世纪 80 年代开始，随着果蔬品种的改良和优良品种的引进，果蔬的种植面积逐渐扩大，为果蔬汁产业的发展提供了充足的原材料，至此，我国果蔬汁行业才刚起步。20 世纪 90 年代以来，我国果蔬汁产业发展迅速，浓缩苹果汁、梨汁产量和出口量均居世界第一，并且出现了以汇源为代表的一批龙头企业，它们成为了我国果汁产业具有国际竞争力的龙头产品。同时，蔬菜汁也得到了同步发展。中国饮料工业协会于 2001 年 11 月 13 日正式加入国际果汁生产商联合会，加强了国际间的交流，使得中国能够及时了解国际饮料行业的状况，以及新法典、新法规、新标准和新要求。饮料行业在保持增长势头的同时，也经历了多次的产业浪潮，市场从碳酸饮料、瓶装水、茶饮料，到果蔬汁饮料、含乳饮料等，一直在经历发展变化。2016 年，我国饮料行业全年累计总产量 18 345.2 万 t，同比增长 1.90%。其中果汁和蔬菜汁饮料类产品产量达 2 404.9 万 t，收入达 1 253.36 亿元，占饮料行业的 19.49%。果蔬汁因其主打天然健康等功能已成为饮料行业发展的主要驱动力。同时企业之间的竞争的日益激烈，消费群体、消费习惯以及消费理念的转变，也对传统果蔬汁制造企业提出了新的挑战。

## 10.2　果蔬汁加工工艺

### 10.2.1　原料选择

1. 果品原料

（1）橙类原料要求含糖量和含酸量较高、维生素C含量高、香味浓、出汁率高、苦味物质含量低的品种。国外常用伏令夏橙、哈母林甜橙、帕逊布郎橙、菠萝橙等；国内主要有锦橙、先锋橙、晚生橙、化州橙等。

（2）宽皮柑橘类风味平淡，香气较差，不宜单独制汁，一般榨汁后与橙汁调配制汁。

（3）柠檬以尤力克、里斯本、法兰根等品种为佳。

（4）苹果要求含糖量高、酸味和涩味适当、香气浓、褐变轻的品种。大多数中、晚熟品种均可制汁，但以小国光、红玉为佳。

（5）葡萄要求糖、酸、风味物质含量丰富，色泽艳丽而稳定，涩味较轻的品种。首推美洲种的康可、克林顿、玫瑰露、渥太华；欧洲种雷司令较好；我国的品种以玫瑰香、黑虎香为佳。

2. 蔬菜原料

（1）番茄是蔬菜中最重要的制汁原料之一，一般选择皮薄、籽少、肉厚的红色品种。要求番茄红素每100 mL 6 mg以上，TSS在5%以上。我国大多仍是酱、汁和鲜食兼用种，以浙江1号、罗城1号、龙溪7号、扬州红、渝红1号、渝红2号等较好。

（2）胡萝卜要求根肉呈鲜红色或橙红色，类胡萝卜素含量高，皮薄、肉厚、心柱细小、纤维少的品种。以常州胡萝卜、江津石门胡萝卜较好。

（3）其他蔬菜，芦笋、菠菜、芹菜、黄瓜、食用菌等均可制汁，要求各异。

### 10.2.2　几种常见果蔬汁的制作工艺

1. 澄清果蔬汁

1）定义

澄清果蔬汁也被称为透明果蔬汁，外观呈现出透明清澈的状态，原料经提取操作后所得的汁液往往含有一定质量的微小组织及蛋白质、果胶物质等，使汁液混浊不均匀。放置一段时间后，果蔬汁会出现分层现象，产生沉淀。经静置、过滤或加澄清剂后，即可得到澄清透明的果蔬汁。

2）流程图和加工工艺流程

果蔬原料→清洗、挑选→分级→制汁→分离→杀菌→冷却→离心分离→酶法澄清→过滤→调和→脱气→杀菌→灌装→澄清果蔬汁。

下面介绍一下澄清果蔬汁的加工工艺。

（1）挑选　剔除不合格（发霉、虫蛀、外力损伤等）的果蔬。

（2）清洗　采用流动水清洗，除去农残，用稀酸溶液或脂肪酸系洗涤。

（3）破碎　破碎需适度，否则造成出汁率低。

（4）加热处理和酶处理　具体如下。

加热处理：加热使细胞原生质中的蛋白质凝固，改变了细胞的通透性，同时使果肉软化、果胶质水解，降低了汁液的黏度，提高了出汁率。

酶处理：加入果胶酶、淀粉酶和纤维素酶（图10-1至图10-3），有效分解果肉组织中的果胶、淀粉和纤维物质，降低汁液黏度，提高出汁率。

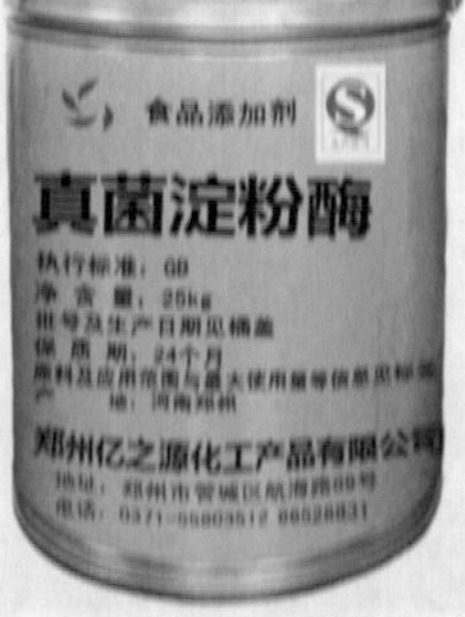

图10-1　淀粉酶

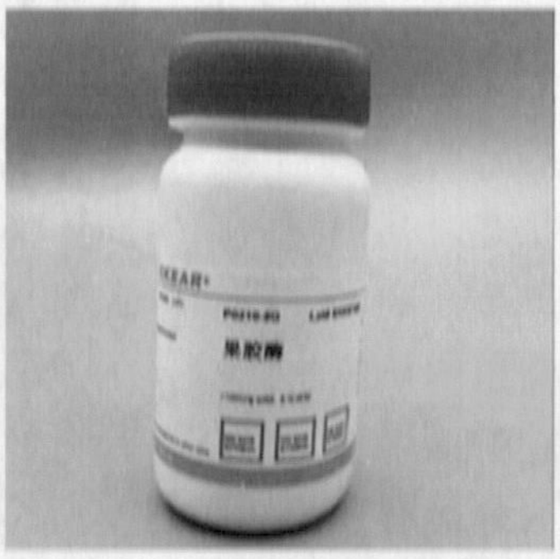

图10-2　果胶酶

图10-3　纤维素酶

（5）榨汁　用螺旋压榨机把打碎后的果蔬进行榨汁操作。要求工艺过程短，出汁率高，要防止和减轻对果蔬汁色香味的损害，最大限度地防止空气混入。

（6）杀菌　榨出的果蔬汁不宜存放，立即用夹层锅或管式消毒器加热灭酶，温度 85℃。

（7）冷却　将经过杀菌操作后的果蔬汁立即冷却到 65℃。

（8）澄清过滤　澄清、过滤工艺是制备澄清果蔬汁的必要操作。应先用酶制剂法澄清，再用饮料过滤机过滤，滤出的汁液要求是澄清透明。常用的澄清剂有明胶、膨润土、单宁和硅溶胶等。

（9）调和　有些果汁不一定适合消费者的口味，需适当调整糖酸比，一般果汁成品的糖酸比例在(13∶1)～(15∶1)。计算糖浆和酸溶液的用量：

$$X=W(B-C)/(D-B) \qquad (10\text{-}1)$$

式中：$X$ 为需加入的浓糖液（酸液）的量，kg；$D$ 为浓糖液（酸液）的含糖量，%；$W$ 为调整前原果蔬汁的质量，kg；$C$ 为调整前原果蔬汁的含糖（酸）量，%；$B$ 为要求调整后果蔬汁的含糖（酸）量，%。

（10）装罐　澄清果蔬汁可以用金属罐包装，也可以用自动定量罐瓶机罐瓶。装罐（瓶）前果汁温度一般不低于 70℃。

（11）密封　使用金属罐时用封罐机密封，使用瓶装，根据不同瓶子的要求用压盖机或旋盖机密封。密封前果汁温度为 65～70℃。

（12）杀菌　在条件为 85℃的热水中将进行密封操作后的果汁杀菌，需要根据杀菌效果决定时间长短，一般在 10 min 左右。

（13）冷却　立即将杀菌后的苹果汁转入冷水中快速冷却至常温。在使用玻璃瓶包装时，冷却水的温度不能过低，以防炸瓶。

2. 浑浊果蔬汁

1）定义

浑浊果蔬汁的外观呈混浊不透明的状态，其中富含果蔬汁微粒。它的加工工艺与澄清果蔬汁的不同之处是不经过澄清处理，但一定经过高压均质等流程，不允许大颗粒存在，以此尽量提升商品价值。浑浊果蔬汁中留有果肉小颗粒，其营养成分大部分蕴含在果汁的悬浮微粒中，故在风味和营养价值方面都更值得选择。

2）流程图及加工工艺流程

果蔬原料→清洗、挑选、分级→制汁→分离→杀菌→冷却→调和→均质→脱气→杀菌灌装→果蔬汁饮料生产线浑浊果蔬汁。

浑浊果蔬汁加工工艺的操作要点：

（1）原料选择　原料应剔除发霉变质和未成熟的果实，选用完全成熟或成熟度较高的软果蔬。

（2）清洗　用流动水洗净水果表面的泥沙和杂质，这是减少污染和提高口感的重要操作之一。需特别留意带皮榨汁。必须用清水清洗至洁净状态。

（3）打浆　使用打浆机打浆去皮，用干净的布包裹果浆进而榨取果汁，此时出汁率可达 70%以上。或将洗净后的果实倒入压榨机进行榨汁，再经刮板过滤器滤去不需要的部分（如果皮）。

（4）调配　粗滤后的果汁先加水稀释至折光度为 4%。然后按照 90 kg 果汁加 10 kg 白砂糖的比例调配，不断搅拌，使糖完全溶解。

（5）过滤　经过离心过滤机过滤、分离操作后，将调配好的果汁除去残余的不需要部分（如果籽、部分纤维和杂质）。

（6）均质　将过滤后的果蔬汁经均质机（图 10-4）均质处理，可让细小果肉进一步破碎，使果汁充分保持均匀混浊的理想状态。均质机压力设置为 10～12 MPa 进行均质操作。有条件的话，在均质前宜先以 600 mm 汞柱以上真空脱气。脱气的目的是防止或减轻果汁中的色素、维生素 C、香气成分和其他物质的氧化，防止果汁品质降低；去除附着于悬浮微粒上的气体，减少或避免微粒上浮，以保持良好外观；防止或减少装罐和杀菌时产生泡沫的可能性；减少铁罐内壁的腐蚀。

**图 10-4　高压均质机**

(7) 装罐　将果蔬汁加热，在温度不低于 80℃ 的条件下进行装罐，并迅速封口，避免杂菌污染。

(8) 杀菌冷却　进行杀菌处理，接着快速冷却至 40℃以下。

澄清与浑浊的果蔬汁生产工艺流程：澄清果蔬汁经过原料选择、清洗、破碎后，进行榨汁、杀酶、过滤、澄清、过滤、加热排气，然后装罐、封口、杀菌、包装、成品。浑浊果蔬汁经过原料选择、清洗、打浆、榨汁、粗滤；再进行调配、均质、加热、装罐、密封、杀菌、冷却、包装、成品。二者之间使用不同的工艺，比较如表 10-1 所示。

**表 10-1　澄清果蔬汁和浑浊果蔬汁比较**

<table>
<tr><th>项目</th><th colspan="2">澄清果蔬汁</th><th colspan="2">浑浊果蔬汁</th></tr>
<tr><td>关键步骤</td><td colspan="2">澄清、过滤</td><td colspan="2">均质、脱气</td></tr>
<tr><td>关键要点</td><td colspan="2">除去果汁中的不溶性固体物</td><td colspan="2">汁液均匀浑浊，静置后允许有沉淀</td></tr>
<tr><td rowspan="6">各种关键步骤的操作方法</td><td>澄清</td><td>过滤</td><td>均质</td><td>脱气</td></tr>
<tr><td>酶处理</td><td>硅藻土过滤机</td><td rowspan="2">高压均质机</td><td>真空脱气</td></tr>
<tr><td rowspan="2">高分子化合物絮凝法</td><td>板框过滤机</td><td rowspan="2">置换法</td></tr>
<tr><td>真空过滤</td><td rowspan="3">胶体磨</td></tr>
<tr><td rowspan="2">物理澄清法</td><td>纸板过滤、深过滤</td><td rowspan="2">化学脱气法</td></tr>
<tr><td>膜分离技术</td></tr>
<tr><td>比较</td><td colspan="2">生产成本低，收益较好</td><td colspan="2">风味、色泽、营养价值更好</td></tr>
</table>

### 3. 浓缩果蔬汁

1）定义

浓缩果蔬汁是在水果、蔬菜榨成原汁后再采用浓缩的方法，蒸发掉一部分水分做成的。果蔬原汁的水分含量很高，通常在 80%～85%，而浓缩作业可以把果蔬原汁中的固形物从 5%～20%提高到 60%～75%，在配制 100%果蔬汁时须在浓缩果蔬汁原料中添加果蔬汁在浓缩过程中失去的天然水分等量的水，制成具有原水果蔬菜色泽、风味和可溶性固形物的果蔬汁。我国浓缩果蔬汁主要有苹果汁、黑加仑汁、菠萝汁、番茄浆、柑橘汁等。

2）流程图及加工工艺流程

果蔬原料→清洗、挑选、分级→制汁→分离→杀菌→冷却→离心分离→浓缩→调和→装罐→浓缩果蔬汁。

3）各种浓缩法的操作要点

(1) 真空浓缩法　在低于大气压的真空状态下，降低果蔬汁的沸点，加热沸腾，使水分充分从原果蔬汁中分离出来。优点是在减压下果汁中的水分迅速蒸发，既可缩短浓缩时间，又能较好地保持果汁质量。缺点是果蔬汁在真空浓缩中，芳香成分挥发损失大，果蔬汁风味变淡。

(2) 反渗透浓缩法　反渗透浓缩的原理是利用渗透膜的选择筛分作用，以压力差为推动力，水分透过而其他组分被截留，从而达到浓缩的目的。优点是：①可在常温下操作，品质变化较少；②可在密封回路中操作，隔绝氧气；③挥发性成分损失较少；④节能。缺点是反渗透膜价格较高，导致生产成本较高；反渗透膜易被污染，影响分离效果和效率。

(3) 冷冻浓缩法　把果汁放在低温中使果汁中的水分先行结冰，然后将冰块与果汁分离，即得到浓厚的果汁。优点是能够保存果汁原有的芳香物质、色泽和营养成分。缺点是能耗高，设备贵，产品浓缩度低，分离时一部分果汁损失。

### 4. 复合果蔬汁

1）定义

复合果蔬汁是在蔬菜汁和果汁中加入白砂糖等调配而成的制品，如味全混和果蔬汁、农夫果园混和果蔬汁。

2）流程图及加工工艺

果蔬原料→清洗、挑选、分级→混合→杀菌→冷却→调和→均质→脱气→冷杀菌→灌装→复合果蔬汁。

(1) 营养型复合果蔬计饮品的加工与制作流程　原料分别榨汁，将番茄汁、苹果汁与胡萝卜汁混合在一起，并加入白砂糖、全脂奶粉、净化水、酪蛋白和复合稳定剂，均匀调配，搅拌 25 min 后均质、脱气，冷杀菌技术、冷却灌装、打码、制成成品。

(2) 营养型复合果蔬汁饮品在加工与制作过程的要点　首先，在原料预处理环节，新鲜果蔬需经过挑选、清洗、去皮、切分、烫漂护色。在锅中加入软水，通蒸汽软化 30 min 后打浆，过滤澄清、脱苦涩，装罐冷藏后备用。在产品配方中按照以下配比进行制作，苹果浓缩汁 20%，白砂糖 5.2%，酪蛋白 1.2%，胡萝卜汁 6%，全脂奶粉 5%，果胶酶 0.8%，柠檬酸 0.5%，复合稳定剂 0.3%，番茄汁 8%，维生素及矿物质强化剂 0.1%，软化水补足 100%。根据具体营养型复合果蔬汁饮品的配比标准可以进行适当的含量调控。其次，在混合调配环节，分别用水溶解全脂奶粉与酪蛋白、白砂糖、复合稳定剂与强化剂、番茄汁与胡萝卜汁，混合后充分均匀搅拌，用软化水补足至规定的量。再将混合料液升温至 55℃后开始进行均质和脱气。均质压力设置为 24 MPa，经过均质处理后随即将混合料液倒入真空脱气机进行真空脱气，真空度为 0.098 MPa。最后采用冷杀菌技术，不会导致营养物质破坏、变色加剧等问题。保证色香、味的同时也保存大量热敏性营养物质，满足该果汁饮品的营养要求。

复合果蔬汁保留了大量水果本身的果肉纤维，入口后更有质感，摄入人体后能吸附人体消化道里的有害物质，帮助消化，清除体内毒素，达到预防肠胃疾病的目的，改善人体代谢，提高免疫力。膳食纤维被医学界列为第七大营养素，帮助皮肤减少因消化不良而引起的红肿、青春痘、暗疮等现象。另外，摄入纤维素易让人产生饱腹感。餐前饮用，可控制进食量，有利于保持理想身材。复合果蔬汁（番茄+草莓+山楂，菠萝+杧果+番石榴，胡萝卜+苹果+橙）等具有广阔的产业前景。

3) 复合果蔬汁加工过程中存在的问题

(1) 果蔬汁深加工水平较低　与生产技术成熟的国家相比，我国果蔬汁深加工的技术水平相对落后，未能合理将超高压灭菌、脉冲电场杀菌等技术完全应用于常规的制作工艺中，没有形成一个真正的科技产业链。

(2) 设备总体水平不足　果蔬汁饮料加工所需的大型关键性设备多为国外所产。目前虽已有相关生产线的关键技术研发，但由于投入研发力量不足导致成果并不显著，其设备性能与国外相比仍有一定差距。

(3) 产品标准相对落后　我国饮料的产品标准对果蔬汁产品的适用度较低，在基础、方法及安全卫生等各项标准方面，与世界主流市场仍有一定距离，严重影响我国果蔬汁饮料产品的标准化生产，这在某种程度上也显示了我国的果蔬汁加工生产相关技术水平相对较低。

(4) 新产品研发能力弱　相对于巨大的果蔬原产量和激增的市场需求，我国果蔬汁饮料产业对新产品的开发力度显得有些力不从心。果蔬汁饮料的口味取向因人而异，而目前市场上在售的果蔬汁饮料类型种类单一，开发商对于新产品的尝试缺乏探索与创新，若长此以往，将无法积极调动消费者的购买欲，势必影响果蔬汁饮料行业的发展。

## 10.3　果蔬制汁常见问题及控制措施

### 10.3.1　果汁褐变

果蔬汁常见问题包括酶促褐变和非酶褐变。果蔬汁在加工过程中发生的多为酶促褐变，比如果蔬汁中蕴含的酶在破碎、过滤等加工环节中与空气接触，多酚类物质在一定条件下会氧化变色。而在贮藏期间发生的多为非酶褐变，其引起的变色对浅色果蔬汁影响显著。浓缩果蔬汁的褐变反应速度会随着反应物浓度的变大而加快，因此也对浓缩果蔬汁色泽有很大影响。

控制酶褐变的措施：①尽快用高温破坏酶活性。②添加抗坏血酸及苹果酸或维生素 C 抑制酶褐变。③加工中必须注意脱氧。④加工过程中要避免金属离子作用。重金属离子（如 $Fe^{2+}$、$Fe^{3+}$、$Al^{3+}$ 和 $Cu^{2+}$ 等）对色素稳定性都有较大影响。故生产中不能用铁器、铝器和铜器之类的容器盛装果蔬汁，以不锈钢的设备为宜。并可在饮料中添加适量三聚磷酸钠之类的金属络合物来减轻重金属离子对果蔬饮料颜色的影响。⑤在低温、低 pH 的条件下储藏果蔬汁成品。⑥光照可致使果蔬汁的颜色加速褪去。故成品应减少在阳光下的暴露时间，以存放于阴凉处为宜。也可在饮料中添加少量护色剂减缓褪色。

控制非酶褐变的措施：①防止过度的热力杀菌和尽可能避免长时间受热的情况。②使果蔬汁成品在较低的温度下贮藏，例如 10℃或更低的温度。③控制 pH 在 3.2 以下。尽量不要接触非不锈钢的器具。

### 10.3.2　浑浊与沉淀

澄清果蔬汁要求的是汁液清亮透明，浑浊果蔬汁要求的是有均匀的浑浊度，但果蔬汁往往在储藏销售等期间不符合相关要求，出现浑浊与沉淀的情况。例如苹果和葡萄等澄清果蔬汁会因用量不当而发生浑浊和沉淀；胡萝卜、猕猴桃和番茄等浑浊汁会因保护胶体稳定性物质的种类与用量不同等出现沉淀和分层现象。果蔬汁饮料在发生浑浊或沉淀时，会严重影响其自身的品质。

1. 澄清果蔬汁的浑浊、沉淀

澄清果蔬汁出现浑浊和沉淀的主要原因是加工过程中澄清处理不当、杀菌不彻底或杀菌后微生物再污染。其他原因：①微生物活动能产生多种代谢产物。②未完全过滤果蔬汁的大颗粒以及容易沉淀的物质，则在储藏时期会再次沉淀。③果蔬汁中的有关物质与金属离子发生相关化学反应而产生沉淀。④加工用水未达到饮用水标准。⑤香精水溶性低或用量过大，容易在分离过程中引起沉淀。

控制措施：①结合实际情况具体分析。②加工过程中严格澄清这一操作步骤。③杀菌的处理必须达到规定标准。④加工工艺中的使用水必须在规定范围内。加果胶酶除去胶体物质，加明胶沉淀单宁物质，用皂土除去蛋白质，脱氧或避光包装防止氧化，加强清洁卫生及消毒杀菌消除微生物的影响。

2. 浑浊果蔬汁的沉淀和分层

造成这种结果的主要原因：①果胶被果蔬汁中残留的果胶酶水解，引起汁液黏度下降，进而使悬浮的颗粒沉淀。②微生物作用使果胶分解。③工业用水中的某物质与果蔬汁中的有机酸结合，平衡系统被打破，pH 发生变化，继而引起胶体的沉淀现象。④在重力因素的影响下，果蔬汁中所含的不均匀果肉颗粒发生沉淀。⑤香精的种类和用量不正确，引起分层。⑥汁液中附着在果肉颗粒上的少量气体使浮力增大，发生分层。⑦果蔬汁中体系不平衡，果胶含量过少，自身重力作用使果肉颗粒下沉。

控制措施：①生产用水的处理。用反渗透法处理加工用水，严格控制水的 pH 和电导率，使其达到果蔬汁饮料加工用水的要求。②澄清和过滤。在果蔬汁饮料生产中，常用明胶和单宁来去除果蔬汁饮料中的悬浮颗粒，一般每 100 kg 果蔬汁中需明胶 20 g、单宁 10 g，以此沉淀的效果较好；在工业化生产中，一般先将果蔬汁原料或果蔬汁加热至 90℃左右处理以钝化氧化酶，再降温至 50℃，加入 0.2%～0.4%果胶酶，保温 40 min，果蔬汁便可澄清；采用真空过滤法过滤，用硅藻土过滤机过滤，真空度控制在 84.6 kPa 左右。③均质。一般使用胶体磨（图 10-5）进行均质，可以使果肉颗粒达到 0.002 mm 以下。④杀菌。果蔬汁饮料在灌装前进行杀菌处理，采用高温瞬时灭菌法，以杀灭微生物、钝化果胶酶和氧化酶，采用 90～110℃、15～20 s 进行杀菌。

图 10-5　胶体磨

### 10.3.3　微生物引起的败坏

由微生物的生长、繁殖和侵染引起的败坏具体表现为变味（如酸味、臭味、馊味、酒精味和霉味），也会出现长霉、浑浊和发酵等现象。产生这些现象的主要因素：①细菌在真空和无氧条件下的大量繁殖会引起果蔬汁的败坏，使果蔬汁性质发生变化。②酵母菌的危害，会发酵使果蔬汁中的物质发生反应产生乙醇和大量的二氧化碳，造成浑浊或容器炸裂的现象。有时会产生有机酸或者酯类物质。③霉菌会侵染新鲜的果蔬原料，使它们一点点地腐烂，破坏果胶，引起浑浊，分解有机酸，产生异味。

控制措施：①采用新鲜、无病虫害、无霉变的果蔬原料。②严格对水进行处理。由于饮料含有大量的水合物，所以对水的处理要准确，确保没有污染物残留。③注意原料的洗涤、消毒操作。④尽量缩短加工工艺的时间。⑤果汁灌装后封口要严密，避免微生物的作用。⑥杀菌处理必须彻底，可以适当降低汁液的 pH，提高杀菌效果。⑦严格车间环境、工具、设备、管道、容器等的消毒工作。

### 10.3.4 农药残留

食品中的农药残留已日益引起消费者的关注，软饮料的农药残留主要来自果蔬原料本身，所以果蔬汁原料应尽量采用绿色和有机食品。果蔬清洗时，根据使用农药的特性，选择适宜的酸性和碱性清洗剂也有助于降低农药残留。

控制措施：①在原材料方面尽量选择绿色、纯天然的健康的蔬菜和水果。②强化清洗操作。③在进行清洗操作时，可以根据一些农药的特性使用正确的酸碱清洗剂，降低其残留量。④实施良好农业生产规范（GAP），加强生产上的管理。⑤减少农药的施用或尽量不使用。

### 10.3.5 掺假问题

有些生产企业为了降低生产成本，果蔬汁或果蔬汁饮料产品中的果蔬汁含量没有达到规定的标准。掺假的手段：①直接加水。②加各种富含果蔬汁化学成分的液体。③添加从各种水果蔬菜压榨底物中洗出来的液体。

控制措施：①化学成分加权鉴定法。②化学成分对照法。③特定方法。④感官评定。⑤严格质量监督管理。

以上是果蔬汁的一些常见问题和部分控制措施的介绍。我们可以通过扫描下面的二维码 10-1 进一步了解果蔬汁的污染问题和加热灭菌、巴氏灭菌法等相关杀菌方法。防范常见问题的产生是提高果蔬汁品质，促进产业发展的关键之一。当今世界对食品和饮料的总体要求，可以归纳为“四化”“三低”“二高”“一无”，“四化”即多样化、简便化、保健化、实用化，“三低”即低脂肪、低胆固醇、低糖，“二高”即高蛋白、高膳食纤维，“一无”即无防腐剂、色素、香精等。我国果蔬汁行业可以充分利用我国资源优势，综合利用其他国家的特色果蔬，开发出有产品特色、绿色有机、富含多种功能成分的果蔬汁产品。

二维码 10-1 果蔬汁类及其饮料

### 10.3.6 我国果蔬汁发展存在的问题及前景展望

#### 1. 我国果蔬汁饮料加工目前存在的问题

问题主要集中在以下 2 个方面：①设备落后、加工技术水平较低。主要表现在我国果蔬汁大型加工机械都依赖进口，加工技术落后也使得果蔬汁的生产率降低，我国安全卫生等各项标准与世界主流市场的标准仍有一定距离，严重影响了我国果蔬汁饮料产品的标准化生产。②新产品开发力度弱。我国果蔬汁饮料对新产品的研发力度和产品种类远远达不到消费者的需求，而且果蔬汁的口味因人而异，因此目前单一的饮料远远无法满足市场需求。

#### 2. 我国果蔬汁业前景展望

全球食品与饮料知名咨询公司 Zenith International 于 2016 年公布了一份果蔬汁市场分析报告，报告指出在未来五年中，全球果蔬汁饮料将以年均 5% 的增长率实现快速增长。中国果蔬汁饮料发展机遇与挑战并存，主要表现在以下几个方面。

1）实现果蔬汁产业升级，培养具有国际市场竞争力的大型或超大型企业

目前，我国大大小小的果蔬汁加工企业很多，但大多产品结构单一，品质不高，缺乏竞争力。除了苹果汁等传统出口龙头产品，其他产品在国际市场上没有竞争力。所以，应加大扶持力度，鼓励和支持建立具有国际市场竞争力的大型和超大型果蔬汁制造企业，提高市场准入，淘汰生产环境差、产品品质低的企业，营造良好的行业环境。

2）加强果蔬原料品质控制，提高原材料的质量

没有好的原料就没有好的产品，加工用的果蔬类原料，应采用新鲜或贮藏的成熟适度、风味正常、无病虫害及霉烂果、符合加工要求的果实。果蔬类原料应来自安全的收购区域，其原料农药残留应符合国家相关法规和进口国的要求。加工用的干果品原料应干燥、无霉变、无虫蛀。部分生产企业为了降低成本，从市场或者农户手中直接收购原料，生产出来的产品性质不稳定，口感风味差，严重影响了果蔬汁产业的发展。因此，企业必须加强高品质果蔬原料基地的建设，保证高品质原材料的供应。

3）提高设备的自主研发能力，研发具有国际先进水平的生产设备

目前，国内果蔬汁加工企业的设备大多依赖进口，特别是一些核心零部件。关键技术掌握在发达国家手中，制约了果蔬汁企业的发展。要想提高企业的国际竞争力，需加强我国果蔬汁加工设备的研发和自主生产能力，制造出汁率高，具有非热杀菌、膜分离、菌包装技术等功能于一体的自动化生产设备。

4）提高果蔬汁加工过程中的科技含量，优化产品质量

我国的果蔬汁加工工艺技术水平与发达国家相比还存在着较大差距，主要体现在果蔬出汁率低、添加剂使用不当、产品风味口感差等方面。

5）加强新产品的开发，满足各类消费群体的需求

随着人们消费意识的更新换代，对产品的要求也来越高，人们的需求也越来越多样化。市场上常见的有菠萝汁或橙汁等热带果汁与不同蔬菜汁的复合果汁饮料。如番茄汁与其他多种果蔬汁的混合汁、橙汁与胡萝卜汁等蔬菜的复合汁以及芹菜汁，甜菜汁、菠菜等蔬菜汁配以食盐、香料和柠檬酸的复合蔬菜汁产品。

### 3. 未来果蔬汁行业发展趋势

1）纯天然、高果蔬汁含量果蔬汁

高果汁含量的果汁饮料含有较丰富的矿物质元素及其他天然营养成分，不含有或只少量含有食品添加剂且严禁使用我国、进口国不允许使用的添加剂。特殊用途的饮料中严禁添加我国颁布的禁用物品和国际组织颁布的禁用药物。饮料中使用的食品添加剂应符合《食品添加剂使用标准》（GB 2760—2019）的规定和进口国有关食品卫生要求规定。当前我国蔬菜汁市场上30%、10%果蔬汁含量的饮料占据半壁江山的局势即将出现改变。

2）复合果蔬汁

近年来，复合型果蔬汁饮料在发达国家发展较快，在国外市场流行品种繁多。市场上常见的有菠萝汁、橙汁等热带果汁与不同蔬菜汁的复合果蔬汁饮料。

3）高纤维果汁饮料

在果汁饮料中加入大量可食用纤维，从而使果汁具有吸附肠胃中的毒素和一些不良自由基的效果，达到加快向体外排除和预防疾病的作用，是流行在饮食、保健行业中的最新营养概念。

4）功能型果蔬汁饮料

带有某些对人体功能具有改善作用的果蔬汁饮料，将成为未来果蔬汁饮料发展的热点。多种水果混合的果汁饮料，比单一的果汁饮料更具有保健作用，如：花卉饮料具有美容养颜的功效，特别受到青年女性消费者的青睐。富碘果蔬汁饮料能够补充碘元素，同时还能降血压、软化血管和改善心脏、肝脏的功能。

5）果蔬汁奶饮料

当前我国市场中还未出现真正意义上的果蔬汁奶，在未来果蔬汁饮料市场上还有巨大的消费空间。果蔬汁与牛奶的有机结合可以达到将牛奶的蛋白营养及果蔬的芳香、色泽及矿物质融为一体的目的，起到营养互补、风味及口感相互协调的作用。市场上的主要的果汁奶饮料主要有橙汁胡萝卜果汁奶、菠萝果汁奶、草莓果汁奶、仙人掌美容果汁奶等产品。

## 思考题

1. 试述果蔬汁的定义和分类。
2. 试述澄清果汁、浑浊果汁和浓缩果汁的加工工艺。
3. 试述果汁加工中常见的质量问题及控制措施。

HAPTER 11

# 第11章 果蔬干制

**教学目标：**

1. 掌握果蔬干制保藏的原理、水分状态、水分活度与干制品保存的关系；
2. 掌握影响果蔬干制速度的因素，探究提高干制果蔬质量的途径；
3. 了解各种干燥方法及选用设备的性能；
4. 了解目前各种干燥新技术的进展；
5. 掌握干制加工技术；
6. 熟悉常见干制品的加工方法，并能对问题进行改进和提高。

干制也叫干燥（drying），就是在自然条件下或人工控制条件下促使产品中水分蒸发的工艺过程。一般来说，干制包括自然干制（如晒干、风干等）和人工干制（如烘房烘干、热空气干燥、真空干燥等）。脱水（dehydration）是为了保证产品品质变化最小，在人工控制条件下促使产品水分蒸发的工艺过程。因此，脱水是指人工干燥，脱水产品不仅应达到耐久耐藏的要求，而且要求复水后基本能恢复原状。

果蔬干制是一种既经济又大众化的加工方法。因为干制设备可简可繁，简易的生产技术容易掌握，可以就地取材、当地加工，生产成本比较低廉。干制成品体积小，质量轻，携带方便，容易运输和保存，此外，果蔬干制品可以调节果蔬生产的淡旺季，有利于解决果蔬周年供应问题，对勘测、航海、旅行、军用等方面都具有重要意义，干制品的营养随着干制技术的提高，更接近鲜果和蔬菜；调味用途蔬菜的增加和方便面消费的全球化，使这种最古老的食品保存方法仍然显示出强大的生命力和发展潜力。

## 11.1　果蔬干制的基本原理

果蔬产品的腐败多数是微生物繁殖的结果，微生物在生长和繁殖过程中离不开水和营养物质，果品蔬菜既含有大量的水分，又富有营养，是微生物良好的培养基，只要遇到适当的机会（如创伤、衰老），微生物就乘虚而入，造成果蔬腐烂，另外，果蔬本身就是一个生命体，在不断地进行新陈代谢，纵然不被微生物所寄生，营养物质也会逐渐消耗，最终失去食用价值。

果蔬干制是借助于热力作用，将果蔬中水分减少到一定限度，使制品中的可溶性物质提高到不适于微生物生长的程度。与此同时，由于水分下降，酶活性也受到抑制，这样制品就可得到较长时间的保存。

果蔬干制过程是热现象、扩散现象、生物和化学现象的复杂综合体。要获得高质量的干制品，必须了解原料的性质、干制中水分的变化规律、干燥介质中空气温度、湿度、气流循环等对果蔬干制的影响。

### 11.1.1　果蔬中水分的状态与保存

#### 1. 果蔬中水分含量及存在的状态

果蔬中含有大量水分，一般含水 70%～85%，高的可达 95%。果蔬中水分以自由水、结合水和化合水三种形式存在。

1）自由水

自由水是以游离状态存在于果蔬的毛细管中，占总含水量的 70%～80%，其中溶有糖、酸等可溶性物质，流动性大，又能借助毛细管作用向内部或外部移动，易于蒸发，易于被微生物和酶利用，是果蔬干制必须排除的水分。

2）结合水

结合水在果蔬细胞中，与蛋白质、淀粉、果胶等亲水性胶体物质相结合，占总含水量的 15%～20%，它比自由水稳定，不易被微生物和酶利用，在干制过程中只有在自由水蒸发完以后，结合水才能被排除一部分。

3）化合水

化合水是以化学状态存在，与果蔬中化学物质相结合，占总含水量的 10%～15%，这部分水最稳定，不能因干燥作用而排除，也不能被微生物和酶利用，也是果蔬中允许保留的水分。

#### 2. 平衡水分和水分活性

1）平衡水分

在干燥的过程中，果蔬中的水分有平衡水分和自由水分。在一定的干燥介质的条件下，果蔬中排出的水分与吸收的水分速度相等时，只要干燥介质的条件不发生变化，果蔬中所含的水分也将维持不变，不会因与干燥介质的接触时间长短而发生变化。这时果蔬中所含的水分称为在该种干燥介质条件下的平衡水分。在任何情况下，如果干燥介质条件不发生变化，那么相对于这个条件下果品、蔬菜的平衡水分，就是这种果品、蔬菜可以干燥的极限，在干燥过程中能除去的水分，是果品、蔬菜所含有水分中大于平衡水分的部分，这一部分主要是果蔬中的游离水和少部分的胶体结合水。

2）水分活性

水分活性又称水分活度（$A_w$），是指物料水分蒸汽压同纯水蒸气压作比较的相对值，即

$$A_w = P_v / P_s = \text{ERH} \quad (11\text{-}1)$$

式中：$A_w$为水分活度；$P_v$为物料水分的蒸汽压，Pa；$P_s$为同温纯水的饱和蒸汽压，Pa；ERH为平衡相对湿度。

平衡相对湿度是在一定温度下空气的平衡水蒸气分压与同温纯水的饱和蒸汽压之比，它说明果蔬与空气接触达到平衡之后，双方各自的状态。水分活度是对介质内能参加化学反应的水分的估量，并随它在食品内部各微小范围内的环境而不同，因而两种食品的绝对水分虽相同，但水分与食品结合的程度或它的游离程度并不相同，水分活度也不相同，在一定意义上说，水分活度并不是指食品的绝对水分，常用于衡量微生物忍受干燥程度的能力，各种微生物都有生长最旺盛的适宜水分活度，也有下降至微生物停止生长的水分活度（表11-1），同时水分活度下降，酶的活性也下降，因此果蔬食品干燥时对水分活度最低值的选定，需依据具体条件进行调整。

**表11-1　一般微生物生长繁殖的最低$A_w$值**

| 微生物种类 | 生长繁殖的最低$A_w$值 |
|---|---|
| 革兰阴性杆菌、一部分细菌的孢子和某些酵母菌 | 1.00～0.95 |
| 大多数球菌、乳杆菌、杆菌科的营养体细胞、某些霉菌 | 0.95～0.91 |
| 大多数酵母菌 | 0.91～0.87 |
| 大多数霉菌、金黄色葡萄球菌 | 0.87～0.80 |
| 大多数耐盐细菌 | 0.80～0.75 |
| 耐干燥霉菌 | 0.75～0.65 |
| 耐高渗透压酵母 | 0.65～0.60 |
| 任何微生物不能生长 | <0.60 |

### 11.1.2　干制机理

#### 1. 水分的外扩散和内扩散

果蔬的干燥过程是果蔬中水分蒸发的过程，水分的蒸发是依靠水分外扩散和内扩散完成的。内扩散是指水分由果蔬内层向外层转移的过程；外扩散是指水分由果蔬表面向周围介质中蒸发的过程。

当原料与干燥介质相接触时，由于原料与干燥介质之间存在温度梯度和湿度梯度，促使水分由果蔬表面向干燥介质中转移，即外扩散。这种水分转移又造成了原料外层与内层之间存在湿度梯度，也促使水分由原料内层向外层扩散，即内扩散。由于水分不断蒸发，而使原料内容物浓度逐渐增加，水分向外扩散的速度也逐渐缓慢，直至原料与干燥介质之间达到扩散平衡，干燥作用结束，完成干制过程。

#### 2. 水分的热扩散

在原料干燥时，因温差现象发生，产生了与水分内扩散方向相反的水分的热扩散，其方向从高温处向低温处转移，即由四周移向中央。但因干制时内外层温差甚微，热扩散作用进行得较少，主要是水分从内层移向外层的作用。

#### 3. 表面汽化控制与内部扩散控制

内部扩散控制：内部水分扩散速度比表面汽化速度慢，内部水分扩散速度对整个干制过程起控制作用。

表面汽化控制：内部水分扩散速度比表面水分汽化速度快，水分在表面的汽化速度对整个干制过程起控制作用。

实际干燥过程中，水分的表面汽化和内部扩散是同时进行的，二者的速度随果蔬种类品种、原料的状态及干燥介质的不同而有差别。一些含糖量高、块形大的果蔬（如枣、柿等），属于内部扩散控制型干燥，这类果蔬干燥时，为了加快干燥速度，必须设法加快内部水分扩散速度，如采用抛物线式升温，对果实进行热处理等，而决不能单纯提高干燥温度、降低相对湿度，特别是干燥初期，否则表面汽化速度过快，内外水分扩散的毛细管断裂，使表面过干而结壳称为硬壳现象，阻碍了水分的继续蒸发，反而延长干燥时间。此时，由于内部含水量高，蒸汽压力高，当这种压力超过果蔬所能忍受的压力时，就会使组织被压破，出现开裂现象，使制品品质降低。对一些含糖量低，切成薄片的果蔬产品（如萝卜片、黄花菜、苹果等），属于表面汽化控制型干燥，这种果蔬内部水分扩散一般较快，只要提高环境温度，降低湿度，就能加快干制速度。因此，干制时必须使水分的表面汽化和内部扩散相互衔接，配合适当，才是缩短干燥时间、提高干制品质量的关键。

#### 4. 干燥过程的特性

一般物料干燥过程的特性可以利用干燥曲线、

干燥速度曲线以及温度曲线（图 11-1）等来进行分析描述。

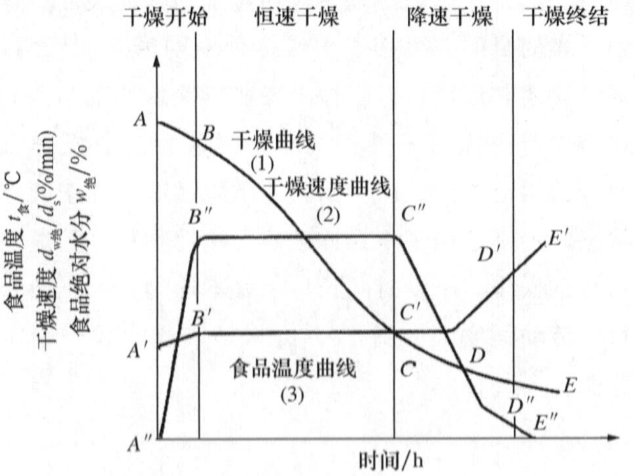


图 11-1 食品干制曲线

引自：尹明安，2010.

干燥曲线：表示食品干燥过程中物料的绝对水分和干燥时间之间的关系曲线。曲线的形状取决于食品种类及干燥条件等因素。该曲线显示，在干燥开始后的一小段时间内，食品的绝对水分仅有很小的降低。随后，食品的绝对水分将随干燥的进行而呈直线下降。达到临界点 $C$ 后，绝对水分的减少将趋于缓慢，最后达到该干燥条件下的平衡水分，食品的干燥过程也随之停止。

干燥速度曲线：指单位时间内绝对水分含量降低的百分率。在开始干燥的最初一小段时间内，干燥速度将由 0 增加到最大。在随后的一段干燥时间内，干燥速度将保持恒定，为恒速干燥阶段。在干燥过程的后期，干燥速度将逐渐下降直至干燥结束，为降速干燥阶段。

食品温度曲线：表示干燥过程中食品温度和干燥时间的关系曲线。在干制开始后的很短时间内，食品表面温度迅速升高，并达到空气的湿球温度。在恒速干燥阶段内，由于加热介质传递给食品的热量全部消耗于水分的蒸发，因而食品不被加热，温度保持不变。在降速干燥阶段，水分蒸发速度不断降低，干燥介质传递给食品的热量超过水分蒸发所需热量，因而食品温度逐渐升高。当食品含水量达到平衡水分时，食品的温度也上升到与空气的干球温度相等。

### 11.1.3 影响干燥速度的因素

1. 干燥介质的温度

干燥介质温度是影响干燥速度的关键因素，温度越高，空气达到饱和所需的水分越多（表 11-2），因此在相对湿度不变的条件下，温度越高，干燥速度也就越快。

需要注意的是，干燥初期不宜采用过高的温度。若干燥初期温度过高会引起细胞破裂，内容物流失，糖分和其他有机物因高温发生分解或焦糖化，影响外观和风味。易使物料表面结壳，因为食品干燥时，其溶质借助水分迁移不断在食品表层形成结晶，导致表面硬化，另外由于食品表面干燥过于强烈，水分蒸发得很快，而内部水又不能及时扩散至表面，表层迅速干燥而形成硬壳。

一般情况下，固形物高的物料：初期低，40～55℃；后期 60～85℃。固形物低的物料：初期 60～85℃；后期 70～85℃。

2. 湿度

干燥介质相对湿度的大小是直接影响干制速度的因素，相对湿度越小，达到饱和所需的水分越多，干燥速度越快；反之，干燥速度慢。

3. 空气流动速度

干燥介质空气的流动速度越大，越容易带走原料附近的湿空气，促进原料水分的蒸发，干燥速度越快。

4. 原料的性质和状态

果蔬的种类和品种不同，其结构和化学性质也不同，在同一干燥条件下，可溶性固形物含量低，组织结构疏松和表皮蜡粉层薄的果蔬，干燥速度快；反之，干燥速度慢。另外，原料的切分、烫漂、硫处理、浸碱脱蜡等都会加速水分的蒸发，提高干燥速度。

表 11-2 不同温度下空气所含水气量

| 温度/℃ | 0 | 15 | 30 | 45 | 60 | 75 | 90 |
|---|---|---|---|---|---|---|---|
| 最大持水量/（g/m³） | 4.85 | 12.83 | 65.60 | 80.35 | 130.5 | 242.10 | 424.10 |

5. 原料装载量

原料装载量是指单位烘盘面积上的装载量，即原料的厚度。装载量越多、厚度大，不利于空气的流动和水分的蒸发，干燥速度慢；反之，干燥速度快。装载量的多少，以不妨碍空气流通为原则。此外，通过倒盘、换盘等措施，加快干燥速度。

## 11.2 干制方式和设备

### 11.2.1 自然干制

自然干制是在自然条件下，利用太阳辐射能、热风等使果蔬干制的方法。自然干制方法可分为两种，一种是原料直接受阳光曝晒的，称为晒干或日光干制；另一种是原料在通风良好的室内、棚下以热风吹干的，称为阴干或晾干。

晒干的方法是选择空旷通风、地面平坦之处，将果蔬直接铺于地上或苇席或晒盘上直接曝晒。夜间或下雨时，堆积一处，并盖上苇席，次日再晒，直到晒干为止。

阴干或晾干主要是采用干燥空气使果蔬产品脱水的方法。中国西北，特别是新疆吐鲁番一带干制葡萄常采用此法。在葡萄收获季节，这一带气候炎热干燥，将葡萄整串挂在用土坯筑成的多孔干燥室内，借助于热风作用将葡萄吹干。

自然干制方法简便，设备简单，成本低。但自然干制受气候条件影响大，如在干制季节遇阴雨连绵，会延长干制时间，降低制品质量，甚至会霉烂变质。

### 11.2.2 人工干制

人工干制是人为控制干制条件和干制过程的干燥方法。可以大大缩短干制时间，获得较高质量的产品。与自然干制相比，人工干制的设备和安装费用高，操作技术比较复杂，成本较高。但是人工干制具有自然干制不可比拟的优越性。

1. 厢式干燥

这是一种在一个外形为厢的干燥室中进行干燥的方法。一般小型的称为烘箱，大型的称为烘房。

箱式干燥器主要由一个或多个室或格组成，在其中放上装有被干燥物料的盘子，这些物料盘一般放在可移动的盘架或小车上，能够自由移动进出干燥室。其工作原理是以热风通过湿物料的表面，达到干燥的目的。可用于干燥多种不同形态的物料，空气流速和温度通常受被干燥物料性质的限制。厢式干燥器的优点是结构简单，制造容易，操作方便，适用范围广。由于物料在干燥过程中处于静止状态，特别适用于不允许破碎的脆性物料。其缺点是间歇操作，干燥时间长，干燥不均匀，人工装卸料，劳动强度大。图 11-2 为水平气流厢式干燥示意图。

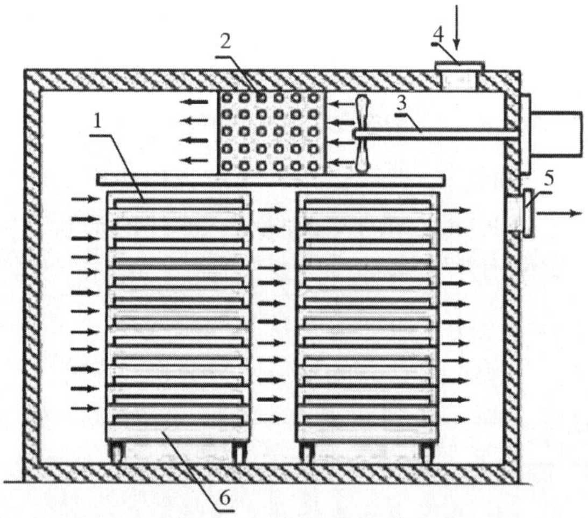


**图 11-2 水平气流厢式干燥**

1. 物料盘；2. 加热器；3. 风扇；4. 进风口；5. 排气口；6. 小车

引自：王艳艳，王团结，彭敏，2017.

2. 隧道式干燥

隧道式干燥设备是在厢式干燥设备的基础上，将干燥室加长至 10～15 m，呈隧道形式，隧道式干燥是应用最广泛的一种干燥方法，适用于各种大小及形状的固态物料的干燥。其干燥过程是先将待干物料放在料盘中，再置于料车上，料车在矩形的干燥通道中运动，并与流动着的热空气接触，进行热湿交换而获得干燥。这种干燥设备可连续或半连续操作，设备容积较大，小车在内部停留较长时间，处理量大，提高了工作效率，但干燥时间较长。

隧道式干燥中根据热空气与物料运动的方向分为顺流、逆流和逆顺流组合式三种，如图 11-3、图 11-4。三种方式特点见表 11-3。

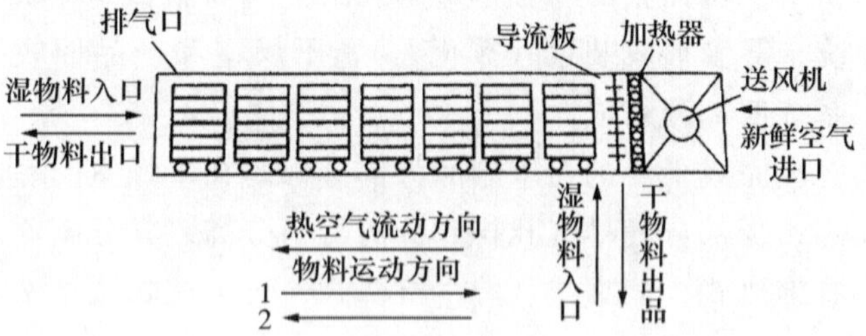


图 11-3 隧道式顺流和逆流干燥示意图

引自：朱蓓薇，2018.

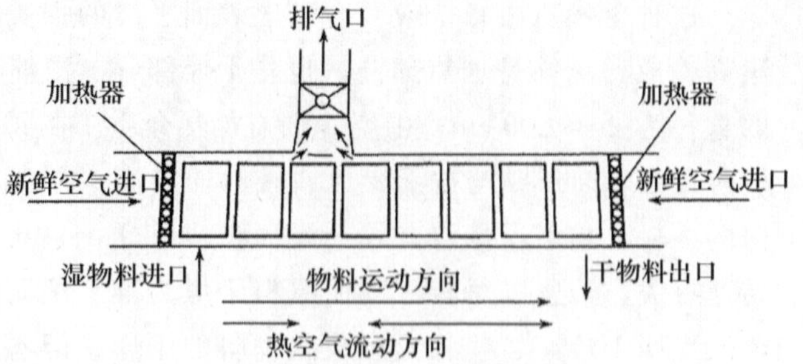


图 11-4 逆顺流组合式隧道干燥示意图

引自：朱蓓薇，2018.

表 11-3 顺流、逆流及逆顺流组合式隧道干燥比较

| 干燥类型 | 空气方向与物料运动方向 | 初期干燥速率 | 干物料的水分/% | 使用范围 |
| --- | --- | --- | --- | --- |
| 顺流 | 相同 | 慢 | >10 | 要求表面硬化、形成多孔性的食品 |
| 逆流 | 相反 | 快 | <5 | 水果、吸湿性强的食品 |
| 逆顺流组合 | 阶段一相同，阶段二相反 | 快 | <5 | 应用广泛 |

3. 带式干燥

带式干制机可分为常压带式干燥和真空带式干燥两种类型。常压带式干燥机（图 11-5）的干燥装置中除载料系统由输送带取代装有料盘的小车外，其余部分基本上和隧道式干燥设备相同。湿物料堆积在钢丝网或多孔板制成的水平循环输送带上进行移动通风干燥，也称穿流带式干燥，物料不受振动或冲击，破碎少。适于膏状物料和固体物料干燥。干燥过程采用复合式或多层带式干燥，可使物料松动或翻转，有利于增加空气与物料的接触面，加快干燥速率。此外，带式干燥可减轻装卸物料的劳动强度和费用，便于连续化、自动化生产，适合于生产量大的单一产品的干燥，可取代原来采用的隧道式干燥。按输送带的层数多少可分为单层带型、复合型、多层带型；按空气通过输送带的方向可分为向下通风型、向上通风型和复合通风型输送带干燥设备。

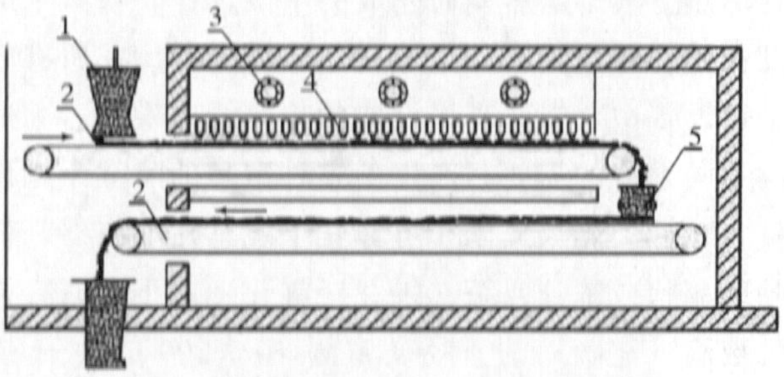


图 11-5 带式干燥器

1. 加料器；2. 传送带；3. 风机；4. 热空气喷嘴；5. 轧碎机

引自：王艳艳，王团结，彭敏，2017.

4. 滚筒式干燥

滚筒干燥是将黏稠状的待干物料涂抹或喷洒在加热滚筒表面进行干燥，物料在缓慢转动和不断加热（用蒸汽加热）的滚筒表面上形成薄膜，滚筒转动一周即完成干燥过程，如图 11-6 所示。

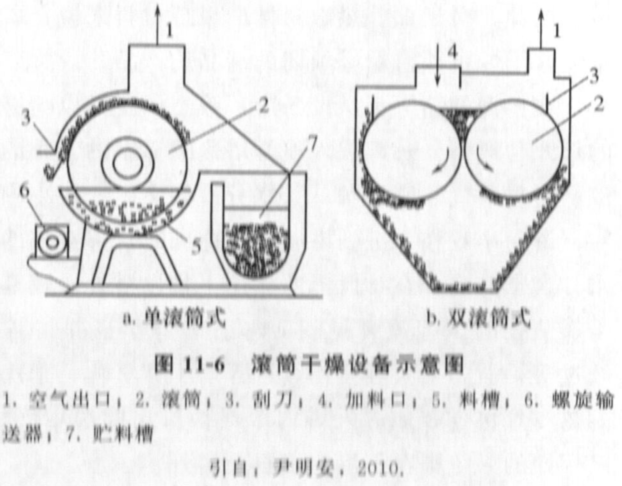


a. 单滚筒式　　b. 双滚筒式

图 11-6 滚筒干燥设备示意图

1. 空气出口；2. 滚筒；3. 刮刀；4. 加料口；5. 料槽；6. 螺旋输送器；7. 贮料槽

引自：尹明安，2010.

这种干燥机由一个或两个以上表面平滑的钢质滚筒构成。滚筒是加热部分，也是干燥部分。滚筒的直径为 20～200 cm，中空，通有加热介质。在回转过程中，筒外壁与被干燥原料接触而布满一层薄薄的原料。其干燥量与有效干燥面积成正比，也与转速有关，转速以每转一周使原料干燥为准。滚筒干燥可用于液态、浆状或泥浆状物料的干燥，但不适于热塑性物料的干燥。其加热源多为蒸汽，每平方米物料接触面上的平均干燥速度为 10～20 kg/h。经过滚筒转动一周的干燥物料，其干物质可从 3%～30%增加到 90%～98%，干燥时间仅需 2 s 到几分钟。根据进料的方式，滚筒干燥设备有浸泡进料、滚筒进料和顶部进料；根据干燥压力分真空及常压滚筒干燥；也有单滚筒、双滚筒式或对装滚筒等干燥设备。国外滚筒干制机主要用于苹果沙司、甘薯泥、南瓜酱、香蕉和糊化淀粉等的干制。

5. 喷雾式干燥

喷雾干燥是采用雾化器将料液分散为雾滴，并利用热空气干燥雾滴而完成的干燥过程。喷雾干燥设备是一种最重要的空气对流干燥设备。在所有的干燥设备中，喷雾干燥设备的生产能力最高。为适应不同果蔬的需要，产生了多种型号的喷雾干燥设备。喷雾干燥仅局限于可雾化果蔬，比如流态、低黏度糊状或浓汁果蔬。果蔬经雾化形成小液滴，雾化液滴（雾滴）的直径通常为 10～200 μm，干燥可在几秒钟内完成，通常采用的热空气进口温度为 200℃。由于水分蒸发会带走一部分热量，所以果蔬颗粒的温度一般不会超过 80℃；而且设计合理的喷雾干燥系统可将已干燥果蔬迅速移出加热区域，因此，对于那些热敏感性的果蔬材料来说，采用喷雾干燥可获得超乎预期的高品质产品。

在典型的喷雾干燥设备中，液态果蔬是以喷雾的形式与热空气一起进入喷雾塔或喷雾室的。小的液滴与热空气紧密接触，其水分被闪蒸后变成小颗粒，继而小颗粒下沉到塔底。与此同时，热空气的水分含量升高并在排风扇的作用下排出塔外。喷雾干燥装置的工艺流程见图 11-7。喷雾干燥是一连续过程，液态果蔬经泵连续送入塔中并雾化，干燥的热空气也连续地进入塔内取代被排出的湿空气，已干燥的果蔬则在下沉后出料至塔外。

一套完整的喷雾干燥系统由空气加热和循环系统、雾滴形成装置（雾化器）、干燥室和产品回收系统四部分组成。

完成干燥的粉末制品大部分都落在干燥室的底部，少部分随排气孔排到分离器中分离。其分离器有旋风式、滤袋式、静电沉降式、重力沉降式及洗涤式等类型。

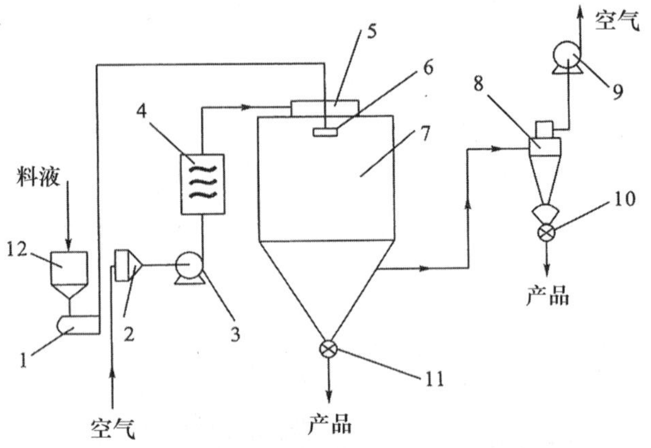


**图 11-7　喷雾干燥装置的工艺流程**

1. 供料系统；2. 空气过滤器；3. 鼓风机；4. 空气加热器；5. 热风分布器；6. 雾化器；7. 干燥室；8. 旋风分离器；9. 引风机；10. 卸料阀；11. 卸料阀；12. 料液贮槽

引自：蒲彪，乔旭光，2012.

用喷雾干燥法生产果蔬粉时，应选择优质、新鲜的原料，经清洗后用蒸汽进行烫漂。干燥前，原料应在压力为 10 132.5 kPa 以上的均质机中进行均质处理，然后加入玉米（或马铃薯）淀粉（成品中淀粉含量为 15%）作为填充剂，此时原料的预热温度应低于淀粉的糊化温度（约 75℃）。果蔬干燥时热空气在干燥塔出口的适宜温度如下：番茄 70～80℃；菠菜和青豌豆 70～75℃；西葫芦 74～77℃。干燥后的成品热塑性较强，极易结团。因此，包装前必须降温。

6. 泡沫干燥

泡沫干燥是通过使物料内部产生大量泡沫，增加干燥的表面积，进而提高干燥速率。通常进行泡沫干燥前，需要对原料进行预处理，对于本身易起泡的原料，如蛋清等，可以直接向其中补充气体或者用外部机械搅拌形成大量泡沫；对于不易起泡的原料，如果浆、果汁等，可以添加适量发泡剂，如大豆分离蛋白、分子蒸馏单苷酯、胶类等，再搅拌形成泡沫。同时也应适量添加一些稳定剂，如羧甲基纤维素等，确保所形成的泡沫稳定，且密度在0.2～0.6 g/cm³，该密度范围内的泡沫稳定性好，适合进行泡沫干燥。

泡沫干燥主要应用于液体食品（如果汁）的脱水。具有干燥速度快、干制品质量好、干制品复水性好等优点。

### 11.2.3　干制新技术介绍

现代化的干燥设备是干制技术发展的基础，近年来不断有新型、高效的干制技术出现，下面介绍几种国内外比较先进的干燥技术。

**1. 真空冷冻干燥**

真空冷冻干燥又称为冷冻升华干燥、升华干燥，简称“冻干”（FD），它是将物料中的水分冻结成固体的冰，然后在真空条件下，使冰直接升华变成水蒸气逸出，从而达到物料的干燥。

水有三种存在状态，即固态、液态和气态，三种状态之间既可以相互转换又可以共存。当空气压力为101.33 kPa（1 atm）时，水的沸点温度为100℃。若压力下降，水的沸点也随之下降，当空气压力下降到0.61 kPa时，水的沸点温度为0℃，而这个温度同时也是水的冰点，即在这种条件下，水可以以固态、液态，气态同时存在，故称之为水的三相点，如果再将压力继续下降到0.61 kPa以下，或将温度降到0℃以下时，纯水形成的冰晶则会直接升华成为水蒸气，真空冷冻干燥就是利用物料中的水冻结成冰后，在一定的真空条件下使之直接升华为水蒸气而干燥的方法。

真空冷冻干燥的物料，首先要在低温条件下冻结，一般预冻到－30℃左右，而后在高度真空下使冻结的冰晶由外至内逐步升华，还要施加热量于冻结物料以加速升华，但温度不能高到使冰融化。

冷冻干燥能较好地保持产品的色、香、味和营养价值，且复水性好，复水后产品接近新鲜状态，但真空冷冻干燥设备投资费用和操作费用高，因而生产成本很高。

**2. 远红外线干燥**

远红外线干燥是利用远红外辐射元件发出的远红外线，被物料吸收变为热能进行的干燥。红外线是介于可见光与微波之间，波长为0.72～1 000 μm的电磁波，一般将5.6～1 000 μm区域的红外线称为远红外线。获得远红外线的方法靠发射远红外线的物质，主要有金属氧化物，如氧化钴、氧化锆、氧化铁、氧化钛以及氮化物、硼化物、硫化物等。

远红外干燥具有穿透率高、干燥速度快、生产效率高、节约能源、设备规模小、建设费用低等优点，目前已在谷物干燥、果蔬干燥方面研究应用。

**3. 微波干燥**

微波干燥是利用微波为热辐射源，加热果蔬原料使之脱水干燥的一种方法。微波是指300～300 000 MHz的电磁波，波长为0.001～1.0 m，常用的加热频率为915～2 450 MHz。

微波的穿透能力比红外线更强，能很快深入到物质内部；微波加热的热量不是由外部传入，而是在被加热物体内部产生的，所以加热很均匀，不会出现外焦内湿的现象。因此，微波干燥是一种干燥速度快、干制品质好、热效率高的果蔬干燥方法。目前这种方法已在食品的焙烤、烹调、杀菌工艺中被广泛应用。

**4. 膨化干燥**

膨化干燥又称加压、减压膨化干燥或压力膨化干燥，其干燥系统主要由一个体积比压力罐大5～10倍的真空罐组成。果蔬原料经预干燥后，干燥至水分含量15%～25%（不同果蔬要求的水分含量不同），然后将果蔬置于压力罐内，通过加热使果蔬内部水分不断蒸发，罐内压力上升至40～480 kPa，物料温度大于100℃，因而和大气压下蒸汽温度相比，它处于过热状态，随着迅速打开连接压力罐和真空罐的减压阀，由于压力罐内瞬间降压，使物料内部水分迅速蒸发，导致果蔬表面形成均匀的蜂窝状结构。在负压状态下维持加热脱水一段时间，直至达到所需的水分含量（3%～5%），停止加热，使加热罐冷却至外部温度时破除真空，打开盖，取出产品进行包装，即得到膨化果蔬脆片。

膨化技术已成功地应用于马铃薯、苹果、胡萝卜、蓝莓等果蔬上。采用这种技术生产出的果蔬制品除了具有蜂窝状结构，高复水率外，产品的质地松脆，极大限度地保持了新鲜果蔬的风味、色泽、营养，膨化干燥与传统干燥方法相比较，可节约蒸汽44%，同时，比传统干燥法快2.1倍。

5. 真空油炸脱水

真空低温油炸脱水是利用减压条件下，产品中水分汽化温度降低，能在短时间内迅速脱水，实现在低温条件下，对产品的油炸脱水，热油脂作为产品的脱水供热介质，还能起到膨化及改进产品风味的作用。真空油炸技术的关键在于原料的前处理及油炸时真空度和温度的控制，原料前处理除常规的清洗、切分、护色外，对有些产品还需进行渗糖和冷冻处理。糖浓度为 30%～40%，冷冻要求在 -18℃ 左右的低温冷冻 16～20 h。油炸时真空度一般控制在 92.0～98.7 kPa，油温控制在 100℃ 以下。

目前国内外市场出售的真空油炸果品有苹果、猕猴桃、柿子、草莓、香蕉等；油炸蔬菜有胡萝卜、南瓜、番茄、四季豆、甘薯、马铃薯、大蒜、青椒、洋葱等。近年来随着技术研究的深入，使制品能更好地保留其原有风味和营养，松脆可口，具有广阔的开发前景。

## 11.3 干制品加工技术

### 11.3.1 工艺流程

工艺流程：原料选择→清洗→去皮→切分→烫漂（硫处理）→干制→回软压块→包装→贮藏。

### 11.3.2 原料处理

在进行干制前，不论是晒干还是人工干制，都要对果蔬原料进行一些处理以利于原料的干制和产品质量的提高。

1. 原料选择

选择适合于干制的原料，能保证干制品质量、提高出品率，降低生产成本。对原料的一般要求：干物质含量高，肉质厚，组织致密，粗纤维少，风味色泽好，不易褐变。对蔬菜来说，大部分均可干制，但黄瓜、莴笋干制后即失去柔嫩松脆的质地，亦失去食用价值。石刁柏干制后质地粗糙，组织坚硬，不可食用。

2. 原料处理

对原料的预处理包括清洗、去皮、切分、烫漂和硫处理等。

### 11.3.3 干制过程中的管理

1. 温度管理

不同种类的果品蔬菜分别采用不同的升温方式。根据升温方式的不同，可分为三种情形。

（1）干制期间，初期温度较低，中期较高，后期温度降低，直至干燥结束。这种升温方式适宜于可溶性物质含量高的果蔬，或不切分整果干制的红枣、柿饼，原料进入干燥室后要求在 6～8 h 内温度平稳上升至 55～60℃，在此温度下维持 5～8 h，再将温度升至 65～70℃，维持 4～6 h，最后使温度逐步下降至 50℃，直到干燥结束，这种方式操作技术易掌握，干制品质量好，生产成本低，目前普遍采用。

（2）初期急剧升高干燥室温度，最高可达 95～100℃，然后放进原料，由于原料大量吸热，而使干燥室温度很快下降，一般降温 25～30℃，此时继续加大火力，使干燥室温度升至 70℃左右，并维持一段时间，根据产品干燥状态，逐步降温至烘干，这种升温方式适宜于可溶性物质含量低或切成薄片、细丝的原料，如黄花菜、辣椒等的干制，这种方法干燥时间短，产品质量好，但技术较难掌握。

（3）在整个干制期间，温度始终维持在 55～60℃，直至干燥临近结束时再逐步降温的方式适宜于大多数果蔬的干制，操作技术易于掌握，成品质量较好。但干燥时间过长，耗能高。

2. 通风排湿

果蔬干制过程中由于水分大量蒸发，使得干燥室内相对湿度急剧上升，要使原料尽快干燥，必须注意通风排湿。一般当干燥室内相对湿度达 70% 时，就应通风排湿。通风排湿的方式和时间需根据室内相对湿度的高低和外界风力的大小来决定，每次通风时间以 10～15 min 为宜。时间过短，排湿不足，影响干燥速度和产品质量；时间过长，则造成室内温度下降过多，加大能耗。

3. 倒换烘盘

利用烤架烘盘的干燥设备，由于烘盘位于干燥室上下位置的不同，往往会使其受热程度不同，使之干燥不均匀。因此，为了使成品的干燥程度一致，尽可能避免干湿不匀，需进行倒换烘盘。在倒盘的同时应抖动烤盘，使物料在盘内翻动，这样可促使物料受热均匀。

### 11.3.4 干制品的包装

1. 包装前的处理

果蔬干制品在包装前通常要进行一系列的处理，以提高干制品的质量，延长贮存期，降低包装和运输费用。

(1) 分级 分级的目的是使成品的质量合乎规格标准。分级工作可在固定的木质分级台上，也可在附有传动带的分级台上进行。分级时，根据品质和大小分为不同等级，剔除过湿、结块、破损、霉烂等不合标准的产品。

(2) 回软 回软又称均湿或水分平衡。果蔬干制后，产品的干燥程度不一定均匀一致，有的部分可能过干，有的部分可能干燥不够，往往形成外干内湿的情况。因此，在包装之前常需进行回软处理，其目的是使干制品内外水分分布均匀一致，使其适当变软，便于后处理。

回软的方法是将干燥后的产品，剔除过湿、结块、细屑等不合格制品，待冷却后立即堆积起来或放在密闭容器中，使水分在干制品内部及干制品之间相互扩散和重新分布，最终达到均匀一致的要求。回软所需的时间，视干制品的种类而定。一般菜干 1～3 d，果干 2～5 d。

(3) 防虫 处理果蔬干制品容易遭受虫害，所以干制品也必须进行防虫处理，以保证贮藏安全。防虫的方法有物理防治和化学药剂防治，物理防治就是利用自然的或者人为的物理因子变化，扰乱害虫正常的生理代谢机能，从而达到抑制害虫发生、发展，直至引起死亡的杀虫方法。常用的物理防治有高温杀虫、低温杀虫、气调杀虫、辐射杀虫几种，化学药剂防治是利用有毒的化学物质直接杀灭害虫的方法。它具有能迅速、有效地杀灭害虫，并具有预防害虫再次侵害食品的作用，是目前应用最广泛的一种防治方法。但所用的化学物质对人体毒性也大，应用时要谨慎小心。化学药剂主要是一些熏蒸剂，常用的有二硫化碳（$CS_2$）、二氧化硫（$SO_2$）、氯化苦（$CCl_3NO_2$）等。

(4) 压块 压块是将干燥后的产品压成砖块状。脱水蔬菜大多要进行压块处理。因为蔬菜干燥后呈蓬松状，体积大，包装和运输均不方便。进行压块后，可使体积大大缩小。一般干制的蔬菜，压块后体积可缩小 3～7 倍，因此，所需的包装容器和仓库容积也就大大减少。同时压块后的蔬菜减少了与空气的接触，降低氧化作用，还能减少虫害。

蔬菜压块一般在干燥结束时趁热进行，如果蔬菜已经冷却，则组织坚脆，极易压碎，须喷洒蒸汽，然后再压块。但喷过蒸汽的干制品含水量可能超标，所以压块后，还需干燥处理。生产上常将干制品和干燥剂一起放在常温下，使干燥剂吸收脱水蔬菜里的水分，一般用生石灰作为干燥剂，经过 2～7 d，水分即可降低。

2. 包装

包装对于干制品的贮存效果影响很大，因此，要求包装材料应达到以下几点要求：①防潮防湿；②避光隔氧；③密封性好；④符合食品卫生要求。生产中常用的包装材料有木箱、纸箱、金属罐以及软包装复合材料。用纸箱或纸盒包装时内衬有防潮纸或涂蜡纸以防潮。金属罐是包装干制品较为理想的容器，具有防潮、密封、防虫和牢固耐用等特点，适合果汁粉、蔬菜粉等的包装。软包装复合材料由于能热合密封，用于抽真空和充气包装，有时在包装内附装干燥剂、拮抗剂（硬脂酸钙）以增加干制品的贮藏稳定性。干燥剂的种类有硅胶和生石灰，可用能透湿的纸袋包装后放于干制品包装内，以免污染食品。

### 11.3.5 干制品贮藏

合理包装的干制品受环境因素影响小，未经密封包装的干制品在不良环境条件下，就容易发生变质现象。因此，良好的贮藏环境是保证干制品耐藏性的重要保证。

1. 温度

干制品的贮藏温度以 0～2℃为最好，一般不宜超过 10～14℃。高温会加速干制品的变质，据报道，贮藏温度高可加速脱水蔬菜的褐变，温度每增加 10℃，干制品褐变速度可增加 3～7 倍。

2. 湿度

贮藏环境相对湿度最好在 65%以下，空气越干燥越好。

3. 光线与空气

光线和空气的存在也会降低制品的耐藏性。光线能促进色素分解，空气中的氧气能引起制品变色和维生素的破坏。因此，干制品最好贮藏在避光、缺氧的环境中。

4. 货物摆放

科学地进行货物的堆码，注意通风，定时检查产品，做好防鼠工作可使干制品在适宜的条件下较长期地保持品质。

### 11.3.6 干制品复水

复水就是干制品吸收水分恢复原状的一个过程。干制品重新吸收水分后在质量、大小、形状、质地、颜色、风味、成分、结构等各方面恢复原来新鲜状态的程度越高，说明干制品的质量越好。因此，干制品的复水性是干制品质量好坏的一个重要指标。实际上，干制品复水后其质量很难百分之百地达到新鲜原料的品质。这不但与干制品的种类、品种、成熟度、干燥方法有关，还与复水方法有关。表 11-4 是各种蔬菜的复水率。

表 11-4 各种蔬菜的复水率

| 蔬菜名称 | 复水率(D) | 蔬菜名称 | 复水率(D) |
|---|---|---|---|
| 甜菜 | 1:(6.5～7.0) | 青豌豆 | 1:(3.5～4.0) |
| 胡萝卜 | 1:(5.0～6.0) | 菜豆 | 1:(5.5～6.0) |
| 萝卜 | 1:7.0 | 刀豆 | 1:12.5 |
| 马铃薯 | 1:(4.0～5.0) | 菠菜 | 1:(6.5～7.5) |
| 洋葱 | 1:(6.0～7.0) | 甘蓝 | 1:(8.5～10.5) |
| 番茄 | 1:7.0 | 茭白 | 1:(8.0～8.5) |

复水时，水的用量和质量与干制品关系很大，如用水过多，可使水溶性色素（如花青素、花黄素）和水溶性维生素溶解损失，一般用水量为菜重的 12～16 倍。水的酸碱度不同，也能使色素的颜色发生变化。水中若含有金属离子，会促进色素和维生素的氧化破坏；若含有亚硫酸钠或亚硫酸氢钠，会使干制品复水后组织软烂；用硬水复水，会使豆类质地变粗硬、影响品质。因此，复水用水一定要经过严格处理，才能提高复水干制品的质量。

二维码 11-1 果蔬干制技术

## 11.4 常见干制品加工工艺

### 11.4.1 红枣干制

原料准备→干燥→干燥后处理。

1. 原料选择

选择新鲜成熟、果大核小、皮薄、肉质肥厚致密、糖分高的原料进行加工。

选果：在沸水中烫漂 5～10 min，也可以不进行烫漂。

2. 挑选、分级

要挑选剔除遭受病虫害的枣、破枣和风落枣等。按照枣果的大小、成熟度进行分级。

干燥：暴晒开始后，每天日落时集拢成堆，覆盖，早晨日出后摊开，中午前后翻动数次。

干燥后处理：挑选，分级，包装。

3. 热烫

将鲜枣装到筐子内，先在沸水中烫漂 5～10 min，等果皮稍软后立即用冷水迅速冷却。

4. 干燥

将经过烫漂的红枣送入烘干室逐步加温干燥，首先使枣果加温到 35～40℃，需 6～8 h，这时用力压枣果时，枣果表面会出现皱纹；继续升温使干燥温度达 55～60℃，保持 6～10 h，水分大量蒸发；再使干燥温度达 65～70℃，再缓慢下降至 50℃左右，保持 6～8 h，即完成干燥。

### 11.4.2 苹果干制

工艺流程如下：原料清洗→去皮及果心→切片→浸硫处理→电热干燥→均湿→包装→贮藏。

1. 原料

洗净苹果，削去果皮。切开挖除果心，投入 1%食盐水中，以免变色。切片：将苹果切成橘囊形，片厚约 0.8 cm，再投入盐水中。

2. 浸硫

配制0.5%亚硫酸氢钠溶液，将切好的苹果投入，浸泡约10 min（或硫黄用量为原料重的0.1%～0.15%，熏硫10～15 min）。另取一部分苹果不经亚硫酸处理作对照。

3. 烘干

苹果浸泡完毕取出沥干后即可铺盘，果肉以不叠压为原则，装好后至烘干机烘干，温度60～70℃，也可置日光下晒干，干燥适宜的苹果干，手紧握不相粘连而富弹性，含水量约20%，干燥率为（6～8)∶1。

4. 均湿

干燥后的苹果干堆积在一起。经1～2 d后，就可使成品含水量一致。

5. 包装贮藏

将苹果干挑选分级，用PE袋包装。

### 11.4.3　葡萄干制

1. 原料选择

用于干制的葡萄应皮薄、果肉丰满、粒大、含糖量高（20%以上)，并要达到充分成熟。

2. 预处理

凡进行人工干制的葡萄都要经过碱液处理，然后经过熏硫。具体操作如下。

浸碱：将选好的果穗或果粒浸入1%～3% NaOH溶液5～10 s，使果皮外层蜡质破坏并呈皱纹。浸碱处理后的果穗用清水冲洗3～4次，置木盘上沥干。

熏硫：将木盘（放置果粒）放入密闭室，按每吨葡萄用硫黄1.5～2 kg，经3～4 h。

3. 干燥

自然干燥：将处理后的葡萄装入晒盘内，在阳光下曝晒10 d左右，用一空晒盘罩在有葡萄的晒盘上，很快翻转倒盘，继续晒到果粒干缩，手捏挤不出汁时，再阴干一周，直到葡萄干含水量达15%～17%时为止，全部晒干时间需20～25 d；若采用浸碱处理可缩短一半干燥时间。我国新疆吐鲁番等地夏秋气候炎热干燥，空气相对湿度为35%～47%，风速每秒3 m左右，故葡萄不需在阳光下暴晒，而是在搭制的凉房内风干。风干时间一般为30～35 d，且制品的品质比晒干的优良。

人工干燥：将处理好的葡萄装入烘盘，使用逆流干制机干燥，初温为45～50℃，终温为70～75℃，终点相对湿度为25%，干燥时间为16～24 h。

### 11.4.4　柿果干制

1. 原料选择

宜选果大、形状端正，果顶平坦或稍有突起，肉质柔软，含糖量高，无核或少核的柿子品种。柿果应由黄变红时采收。

2. 去皮

去皮前需将柿果进行挑选，分级和清洗。可人工刮皮或借助旋床刮刀去皮。去皮要求蒂盘周围的皮留得越少越好。

3. 熏硫

去皮后的柿果，按250 kg鲜果用硫黄10～20 g，置密闭室内熏蒸10～15 min。

4. 干制

1）自然干燥

自然干燥过程主要包括晾晒、捏饼、上霜等。

晾晒：用高粱杆编成帘子，选通风透光，日照长的地方，用木桩搭成1.5 m高的晒架，将去皮柿果果顶向上摆在帘子上进行日晒，如遇雨天，可用聚乙烯塑料薄膜覆盖，切不可堆放，以防腐烂。

捏饼：晒8～10 d后，果实变软结皮，表面发皱，此时将柿果收回堆放起来，用席或麻袋覆盖，进行发汗处理，3 d后进行第一次捏饼。方法是两手握饼，纵横重捏，随捏随转，直至将内部捏烂，软核捏散或柿核歪斜为止。捏后第二次铺开晾晒4～6 d，再收回堆放发汗，2～3 d后第二次捏饼。方法是用中指顶住柿蒂，两拇指从中向外捏，边捏边转，捏成中间薄、四周高起的蝶形。接着再晒3～4 d，堆积发汗1 d，整形一次，最后再晒3～4 d。

上霜：柿霜是柿饼中的糖随水分渗出果面，水分蒸发后，糖凝结成为白色的固体，主要成分是甘露糖醇、葡萄糖和果糖。出霜时，在缸底铺一层干柿皮，上面排放一层柿饼，再在柿果上放上一层干柿皮，层层相间，封好缸口，置阴凉处约10 d即可出现柿霜。

2）人工干燥

初期温度保持40～50℃，每隔2 h通风一次；

每次通风 15～20 min。第一阶段需 12～18 d，果面稍呈白色，进行第一次握饼。然后使室温稳定在 50℃左右，烘烤 20 h，当果面出现纵向皱纹时，进行第二次捏饼。两次烘制时间共需 27～33 h。再进一步干燥至总干燥时间 37～43 h 时，进行第三次捏饼，并定形。再需干燥 10～15 h，含水量达 36%～38%时便可结束，最后“堆捂”上霜。

### 11.4.5 黄花菜干制

1. 原料选择

选充分发育，外形饱满，颜色由青绿转黄或橙色的未开花蕾（裂嘴前 1～2 h 采收）。

2. 蒸制

采摘后的花蕾要及时进行蒸制，否则会自动开花，影响产品质量。方法是把花蕾放入蒸笼中，水烧开后用大火蒸 5 min，然后用小火焖 3～4 min。当花蕾向内凹陷，颜色变得淡黄时即可出笼。

3. 干燥

蒸制后的花蕾应待其自然凉透后装盘烘烤。干燥时先将烘房温度升至 85～90℃，放入黄花菜后，温度下降至 75℃，并在此温度下干燥不超过 10 h。最后令温度自然降至 50℃，直至烘干。在此期间注意通风排湿，保持烘房内相对湿度在 65%以下，并要倒换烘盘和翻动黄花菜 2～3 次。

4. 均湿回软

干燥后的黄花菜，由于含水量低，极易折断，应放到蒲包或竹木容器中均湿，当黄花菜以手握不易折断，含水量在 15%以下时，即可进行包装。

### 11.4.6 南瓜干制

1. 原料选择

选择老熟南瓜，对切，除去外皮、瓜瓤和种子，切片或刨丝。

2. 热烫

沸水中热烫 5～8 min。

3. 干燥

装载量 5～10 kg/m$^2$，干制品含水量在 6%以下。

南瓜粉：处理后的南瓜肉切成直径为 1.5 cm 大小的瓜丁。

粗碎：用锤式粉碎机粉碎，打成浆状，粉碎机筛网以 60 目孔径为宜。

过滤：通过浆渣分离机，去除粗渣，取出滤液。

浓缩：过滤液通过浓缩设备将其可溶性固形物提高至 30%左右。

干燥：采用喷雾干燥，料液温度维持在 55℃，得到色泽绿黄、粉状均匀的南瓜粉。

### 11.4.7 脱水蒜片

1. 原料选择

选用蒜瓣完整、成熟、无虫蛀，直径 4～5 cm 的蒜头为原料。

2. 剥蒜去鳞片

可人工剥蒜瓣，并要同时除去附着在蒜瓣上的薄蒜衣。

3. 切片

用切片机切成厚度为 0.25 cm 的蒜片。蒜片太厚，烘干后产品颜色发黄；过薄，容易破碎，损耗大。

4. 漂洗

可将蒜片放入池或缸内，经过 3～4 遍漂洗，蒜片基本干净。

5. 甩水

将漂洗过的蒜片置于离心机中甩水 1 min。

6. 干燥

甩水后的蒜片进行短时摊晾，装入烘盘，每平方米烘盘摊放蒜片 1.5～2 kg 为宜。烘烤温度控制在 65～70℃，一般烘 6.5～7 h，烘干后蒜片含水量为 5%～6%。

冻干大蒜粉的工艺流程：鲜大蒜→去蒂、分瓣→浸泡→剥皮、去膜衣→漂洗→滤干→低温破碎→冷冻干燥→粉碎→过筛→真空包装→成品。

大蒜冻干的最佳工艺参数因冻干机不同而不同。对于热量由冷冻层传导的冻干设备，最佳压力为 6.7 Pa，最佳料层厚度为 1 cm 左右，加热介质温度约为 53℃，冷冻温度最好为－60℃左右。

### 11.4.8 香菇干制

1. 原料选择

应选菌膜已破，菌盖边缘向内卷成“铜锣边”的鲜菇。采收太早影响产量，香味不足；采收太迟则菌盖展开过大，肉薄，菌褶色变。

2. 装盘

按大小、菇肉厚薄分别铺放在烘盘上，不重叠。将装大朵菇或淋雨菇的烘盘放在烘架的中下部，小朵菇、薄肉菇放在烘架的上部，菌盖向上菌柄向下。

3. 干燥

开始温度40℃（不超过40℃），以后每隔3～4 h升高约5℃，10 h以后升高到55～60℃，14 h降到常温。最好不要一次烤干，八成干时便出烤，然后复烤3～4 h，这样干燥一致，不易碎裂。含水量在12%～13%。

4. 分级

按花菇、厚菇、薄菇和菇丁等级分级。

5. 包装

待菇体冷却至稍有余温时装入塑料薄膜袋中，扎紧袋口，然后排放于纸箱或装于衬有防潮纸的木箱内，箱内放一小包石灰作干燥剂。

### 11.4.9 胡萝卜脆片

1. 工艺流程

工艺流程：原料→清洗→切片→热烫→冷却→沥干→浸渍→预冻结→真空低温油炸→冷却→半成品分检→包装。

2. 操作要点

（1）选料　原料要求新鲜，粗细适中，无虫蛀病害，无霉烂及机械伤。

（2）清洗　用流动水漂洗，洗去表面的泥沙。

（3）去皮　可用人工去皮或磨皮机，一般不宜选用碱式去皮，因为残留的酸或碱对油脂的品质有严重的影响。

（4）切片　通常切成厚度在2.8～3.0 mm的薄片，切片以切成圆片或微椭圆片为准，亦有切成波纹片。

（5）热烫　在98℃的1.5%～2.0% NaCl溶液中热烫0.5～2 min，以胡萝卜变透明为止。

（6）冷却　用流动清水冷却至水温，或用7℃的循环水冷却至15℃以下。

（7）沥干　冷却后的胡萝卜，用振荡筛沥干或用离心机脱水。

（8）浸渍　采用常压浸渍时，葡萄糖液浓度为40%，糖液量至少需浸没胡萝卜，时间不少于3 h，待胡萝卜中心有甜味时即可。用真空浸渍时，时间可减少到0.5h。

（9）沥干：浸渍后的胡萝卜片表面较黏，通常采用振荡沥水3 min，分摊入筐速冻，摊筐厚度不超过8 cm，最好用塑料袋套好，以防止蒸发到冷风机上影响传热。

（10）预冻结　一般在速冻库中进行，快速冷冻至物料中心温度达－18℃以下，冻藏备用，大规模生产亦有用中、小型流态床单体冻结的，效果更佳。

（11）真空低温油炸脱水　首先将油温预热至110℃，打开主机门，将物料迅速装入吊筐中，迅速关门，与此同时，主机操作人员打开冷却水进水门，启动冷却塔风机、循环水泵、真空泵，待真空压力降至0.05 MPa时启动油炸开关，开始油炸脱水，保证终温不低于78℃，直至油炸结束，提起吊筐，准备脱油，对能在主机内真空脱油的设备，启动脱油电机即可，对常压脱油的设备，则需破空，取出物料后在离心机内脱油。

（12）冷却　脱油后的产品立即通过传递通道进入包装间，冷却一般用冷风机吹出的7℃的干空气冷却，待冷却到常温时，即可进行分检。

（13）半成品分检　依据外观和规格要求分检半成品，剔除夹杂物，分级包装。

如何选购干制香菇？什么是果蔬脆片？详见二维码11-2。

二维码11-2　知识拓展

## 11.5 干制品加工中常见的问题分析及控制

### 11.5.1 制品干缩

干制时，体积缩小，细胞组织弹性丧失称为干缩。果蔬干缩严重时会出现干裂或破碎现象。干缩有两种情形，即均匀干缩和非均匀干缩。适当降低干制温度，缓慢干制；采用冷冻升华干燥，这是预防干制品干缩的重要措施。

### 11.5.2 表面硬化（结壳）

表面硬化（结壳）的原因：一是由于果蔬干制时，内部的溶质随水分不断向表面迁移和积累而在表面形成结晶造成的；二是由于果蔬干燥时内部水分向表面迁移的速度滞后于表面水分汽化速度。采用真空干燥、真空油炸、冷冻升华干燥等方法来降低干燥温度、提高相对湿度或减少风速可以很好地控制表面硬化（结壳）。

### 11.5.3 制品褐变

1. 酶促褐变

酶促褐变是由氧化酶类在有氧的情况下，引起果蔬中的单宁等成分氧化而引起的变色。解决途径：①选择单宁含量低的果蔬原料。②加热处理，干制前对原料进行热烫处理，可以钝化果蔬中酶的活性。③硫处理，可使用亚硫酸盐和二氧化硫，二氧化硫比亚硫酸盐更有效，因为二氧化硫穿透果蔬组织的速度更快。④调节 pH，添加某些酸（如柠檬酸、苹果酸和磷酸）降低 pH，在某种程度上有助于抑制褐变。⑤排除空气，由于酶促反应是需氧过程，可通过排除空气或限制与空气中的氧接触而得以防治。可将干制前去皮切开的原料浸没在水中、盐液中或糖液中处理。

2. 非酶褐变

非酶褐变主要是由于果蔬中氨基酸的游离氨基与还原糖的游离羰基发生羰氨反应，生成类黑色素物质而引起的。解决途径：①硫处理，硫处理对非酶褐变有抑制作用，因为二氧化硫与不饱和的糖反应形成磺酸，可减少类黑色素的形成。②降低加热温度，缩短受热时间，温度是影响非酶褐变的一个主要因素，温度越高变色越深。③用半胱氨酸处理，用半胱氨酸处理果蔬原料，能显著抑制褐变程度，原因是由于半胱氨酸同还原糖反应生成无色化合物。而且，半胱氨酸还可以作为一种营养补充剂。④避免接触金属离子，一般铜和铁由于催化还原酮类的氧化而促进褐变，因而避免这些物质混入可以减少褐变。

### 11.5.4 营养损失

1. 维生素的损失

水果蔬菜是人体摄取维生素的最好来源，但其干制品却不然。果蔬干制时维生素受到严重破坏。其中维生素 C 很容易被氧化破坏，其破坏程度与干制环境中的氧气含量、温度和抗坏血酸酶的含量及活性有关。

解决途径：①排除氧气。②降低温度。如采用真空冷冻干燥就可以实现隔氧降温的条件，从而较大程度地保存果蔬中的维生素 C。③干制前用酸液浸泡原料。因为维生素 C 在酸性溶液中稳定。另外，其他维生素在干制时也有不同程度的破坏。如维生素 $B_1$（硫胺素）对热敏感，维生素 $B_2$（核黄素）对光敏感，胡萝卜素也会因氧化而遭受损失。

2. 糖分的损失

果蔬中所含的果糖和葡萄糖均不稳定，易氧化分解。干制温度越高，时间越长，糖分损失越多，干制品的质量越差。解决途径：尽量降低干制温度和缩短干制时间，如采用一些干制高新技术。

### 11.5.5 风味变化

失去挥发性风味成分是干制时常见的一种化学变化。预防措施：常采用干燥设备中回收或冷凝外逸的蒸汽再加回到干制品中，以便尽可能保存它原有风味。

### 11.5.6 干制品保质期缩短

干制品保质期缩短的主要原因是微生物侵染和虫害。干制品含水量较低，微生物一般难以生长繁殖，但是，当干制品未进行密封包装时，遇到湿热的空气，干制品就会吸潮，微生物就会重新生长繁殖，对干制品造成危害，缩短干制品的贮藏期。当然，若干制品在干制结束时，水分含量控制不当，导致干制品含水量太高，也会使产品保质期缩短，所以严格控制干制品的含水量以及预防干制品贮藏期间的吸潮是保证干制品耐贮性的主要措施。虫害是引起干制品保质期缩短的又一重要因素，害虫是在自然干制期间或干制品贮藏期间侵入产卵，以后再发育成为成虫，对制品造成危害，所以在包装前应做好各种防虫工作。此外，干制品长期与氧接触或光照，也会引起制品色泽和风味等方面的不良变化，从而缩短保质期，所以干制品应及时进行充氮密封包装，并在避光条件下贮藏。

### 11.5.7 干燥率低

果品蔬菜在干制过程中水分大量蒸发，干燥结束后，含水量大大下降。水分的变化可以用水分率和干燥率来表示。

（1）水分率 即一份干物质所含水分的份数。计算公式为：

$$M = \frac{m}{100 - m} \tag{11-2}$$

式中：$M$ 为水分率；$m$ 为物料含水量，%。

（2）干燥率 在果品蔬菜干制过程中，一般用干燥率表示原料与成品之间的比例关系，即生产一份干制品所需新鲜原料的份数。表 11-5 是几种果蔬的干燥率。计算公式为：

$$D = \frac{100 - m_2}{100 - m_1} = \frac{M_1 + 1}{M_2 + 1} = \frac{S_2}{S_1} \tag{11-3}$$

式中：$D$ 为干燥率；$m_1$ 为原料含水量，%；$m_2$ 为成品含水量，%；$S_1$ 为原料干物质含量，%；$S_2$ 为成品干物质含量，%；$M_1$ 为原料水分率；$M_2$ 为成品水分率。

例：新鲜黄花菜的含水量为 86%，烘干后的黄花菜含水量为 16%，计算可得，含水鲜黄花菜的水分率为 6.14，干黄花菜的水分率为 0.19，干燥率为 6∶1。

干燥率低是干燥时常见的一种化学变化，原因是多方面的，首先是因为原料固形物含量太低；其次是原料干制过程中的呼吸消耗，特别是自然干制过程中的呼吸消耗；此外，原料成熟度不够，也会导致干燥率降低，针对以上引起干燥率低的因素，提高干燥率必须做到以下几点：选择固形物含量高的品种作为干制原料；干制前对原料进行烫漂处理，烫漂时也应选择合理的料水比，否则，烫漂也会造成可溶性固形物流失而导致干燥率降低。选择适宜成熟的原料作为干制原料，成熟度过低或过高均会导致干燥率下降。表 11-5 是几种果蔬的干燥率。

表 11-5 几种果蔬的干燥率

| 果蔬名称 | 干燥率($D$) | 果蔬名称 | 干燥率($D$) |
|---|---|---|---|
| 苹果 | (6～8)∶1 | 马铃薯 | (5～7)∶1 |
| 梨 | (4～8)∶1 | 洋葱 | (12～16)∶1 |
| 桃 | (3.5～7)∶1 | 南瓜 | (14～16)∶1 |
| 杏 | (4～7.5)∶1 | 辣椒 | (3～6)∶1 |
| 李 | (2.5～3.5)∶1 | 甘蓝 | (14～20)∶1 |
| 荔枝 | (3.5～4)∶1 | 菠菜 | (16～20)∶1 |
| 香蕉 | (7～12)∶1 | 胡萝卜 | (10～16)∶1 |
| 柿 | (3.5～4.5)∶1 | 菜豆 | (8～12)∶1 |
| 枣 | (3～4)∶1 | 黄花菜 | (5～8)∶1 |
| 龙眼 | (3.5～4)∶1 | 菜花 | (5～8)∶1 |
| 花椰菜 | (10～12)∶1 | 食用菌类 | (8～10)∶1 |

**思考题**

1. 简述果蔬中水分存在的状态、特性。
2. 水分活度与干制品保藏的关系是怎样的？
3. 简述干制的机理及干燥的变化过程。
4. 影响干制速度的因素有哪些？
5. 果蔬在干制过程中会发生哪些质量变化？试分析发生变化的原因。
6. 果蔬干制原料选择的基本要求有哪些？
7. 简述传统干制的方法、干制设备的种类和特点。
8. 简述果蔬干制品加工中常见的问题及控制措施。
9. 果蔬干制后处理包括哪些内容？其目的是什么？
10. 干燥新技术有哪些？简述各种干燥方法的干燥机理。

HAPTER 12

# 第12章 蔬菜腌制

**教学目标：**

1. 了解蔬菜腌制品的基本概念和分类；
2. 掌握蔬菜腌制保藏的基本原理；
3. 掌握泡菜、咸菜、酱菜、糖醋菜等腌制品基本的加工工艺和技术要求；
4. 掌握腌制品常见的质量问题和控制措施。

蔬菜腌制是我国最传统、应用最普遍的蔬菜加工方法，有着悠久的历史。其加工技术简易，成本低廉，产品风味多种多样，易于保存。长期以来，我国劳动人民积累了丰富的经验，创造了不少名特产品，如四川榨菜、泡菜、北京八宝酱菜、云南玫瑰大头菜、山东酱蘑菇等，畅销国内外市场，深受消费者喜爱。如今，蔬菜的腌制已从简单的保存手段转变为独特风味蔬菜产品的加工技术。

蔬菜腌制是利用食盐以及其他物质添加到蔬菜组织内，抑制腐败菌的生长，有选择地控制有益微生物活动和发酵，从而防止蔬菜变质的一种保藏方法。腌制过程中，食盐、各种添加物料、有益微生物发酵的产物、蛋白质的分解以及蔬菜本身的生物化学作用，使得其产品具有着特殊的色、香、味。

## 12.1 蔬菜腌制品的分类

蔬菜腌制品的种类繁多，根据腌制工艺和食盐用量的不同，可分为发酵性腌制品和非发酵性腌制品两大类。

### 12.1.1 发酵性腌制品

这类腌制菜中食盐用量较少，有明显的乳酸发酵作用，伴随着微弱的酒精和醋酸发酵作用，利用发酵所产生的乳酸与加入的食盐、香料、调味料等，使产品得以保藏，并增进其风味，产品一般都具有明显的酸味。

(1) 湿态发酵　是原料在卤水中进行发酵腌制，如酸白菜和泡菜。所不同的是泡菜是在低浓度的盐水中发酵，而酸白菜是在清水中发酵。

(2) 半干态发酵　在发酵之前，将蔬菜中的水分通过不同方法脱掉一部分，然后再加食盐等辅料密封腌制，如榨菜、冬菜、萝卜干等。由于这类蔬菜腌制品本身含水量较低，加盐量也相应较少，制品保存期较长。

(3) 干态盐渍菜　在发酵前，将蔬菜中水分大部分脱掉，然后加食盐及辅料腌制，或先腌后脱水。

### 12.1.2 非发酵性腌制品

在腌制过程中一般不进行乳酸发酵作用或只轻微发酵，主要依靠高浓度的食盐及其他调味品（如糖、醋和酱料等）防腐保藏和增进风味。非发酵性腌制品包括咸菜、酱菜和糖醋菜等。

1) 咸菜类

咸菜类是以新鲜蔬菜为主要原料，经盐水渍或盐渍而成。利用较浓的盐液来保藏蔬菜，通过腌制改进蔬菜的风味。又可分为以下几种。

(1) 湿态盐渍菜　腌好成品后，菜不与菜卤分开。普通的腌菜（如腌白菜、雪里蕻等）均属之。

(2) 半干态咸菜　制成成品后，菜与菜卤分开。

(3) 干态咸菜　盐腌后，将菜经过晾晒干燥。如霉干菜等。

2) 酱菜类

将蔬菜经盐渍成咸坯后，再经脱盐并酱渍而成。根据采用酱料的不同，可得到不同风味的酱菜。如南通酱包瓜、山东酱蘑菇、扬州酱乳黄瓜、北京八宝菜和武汉酱黄瓜等。

3) 糖醋菜类

将蔬菜制成咸坯并脱盐后，再经糖醋渍而成。制品甜酸适口，如南京糖醋萝卜、北京白糖大蒜、天津蜂蜜蒜肉和广东的糖藠头等。除此之外，还有虾油渍菜，酒糟渍菜，醪糟渍菜和糖渍菜等。

## 12.2 蔬菜腌制的基本原理

蔬菜腌制的原理主要是利用食盐的保藏作用、微生物的发酵作用、蛋白质的分解作用以及其他一系列的生物化学作用，抑制有害微生物的活动，改善产品的色香味，达到长期保藏的目的。

### 12.2.1 食盐的保藏作用

有害微生物在蔬菜上的大量繁殖和酶的作用，是造成蔬菜腐烂变质的主要原因，也是导致蔬菜腌制品品质劣变的重要因素。食盐在腌制加工中的作用，主要包括调味脱水和改善品质、抑菌防腐等几个方面。

1) 食盐的高渗透压作用

食盐溶液的高渗透压作用能起到良好的防腐效果。一般细菌细胞液的渗透压仅有 0.35～1.67 MPa，通常蔬菜用的盐水浓度为 4%～15%，可以产生 2.47～9.27 MPa 渗透压。当食盐溶液渗透压大于微生物细胞渗透压时，微生物细胞内水分外渗而使其脱水，最后导致原生质和细胞壁发生质壁分离，从而使微生物活动受到抑制，甚至会由于生理干燥而死亡。

2）食盐溶液对微生物的毒害作用

食盐溶液中的一些离子，如 $Na^+$、$Mg^{2+}$、$K^+$ 及 $Cl^-$ 等，在高浓度时能对微生物产生生理毒害作用。$Na^+$ 等阳离子能和细胞原生质中的阴离子结合产生毒害作用，而且这种作用随着溶液 pH 的下降而加强。

3）食盐溶液对酶活力的影响

微生物分泌出来的酶的活性常在低浓度的盐液中就遭到破坏，这可能是由于 $Na^+$、$Cl^-$ 可分别与酶蛋白的肽键和—$NH_3^+$ 相结合，从而使酶失去其催化活力。如变形菌在 3%的食盐溶液中就失去了分解血清的能力。

4）食盐降低水分活度的作用

食盐在溶于水后形成的离子都带有一定的电荷，使它们能够与溶液中的水分子发生水合作用，水合作用使溶液或产品中的水分活度降低，使得微生物可利用的有效水分相对减少，从而使微生物的生命活动受到抑制。

5）食盐降低溶液中氧的含量

在食盐溶液中，氧的溶解度大大降低，因而在食盐溶液中形成一种缺氧环境，这种缺氧环境对好气性微生物会产生一定的抑制作用，使得好气性细菌、霉菌等微生物很难在其中生长。

### 12.2.2 微生物的发酵作用

在蔬菜腌制过程中，正常的发酵作用不但能抑制有害微生物的活动而起到防腐保藏作用，还能使制品产生酸味和香味。这类发酵作用以乳酸发酵为主，辅之轻度的酒精发酵或极轻微的醋酸发酵。各种腌制品在腌制过程中的发酵作用都是借助于分布在空气中、蔬菜表面、加工用水中及容器用具表面的各种微生物来进行的。

1）乳酸发酵

乳酸发酵是蔬菜腌制过程中最重要的生化反应。它是在乳酸菌的作用下，将糖（单糖、双糖）分解生成乳酸、酒精、$CO_2$ 等产物的过程。

根据发酵机制和发酵产物的不同，乳酸发酵可分为同型乳酸发酵和异型乳酸发酵。同型发酵是指在发酵过程中只生成乳酸，产酸量高，能积累乳酸达 1.4%以上。常见能进行同型乳酸发酵的菌种有植物乳杆菌、乳酸片球菌、乳酸乳球菌等。

$$C_6H_{12}O_6 \xrightarrow{\text{正型乳酸菌}} 2CH_3CHOHCOOH$$

异型乳酸发酵除生成乳酸外，还有其他产物的生成，如酒精、醋酸和 $CO_2$ 等，参与异型发酵的菌种有肠膜明串球菌、短乳杆菌、戊糖乳杆菌等。

$$C_6H_{12}O_6 \xrightarrow{\text{异型乳酸菌}} CH_3CHOHCOOH + C_2H_5OH + CO_2\uparrow$$

在蔬菜腌制前期，微生物的种类繁多，加之腌制环境中的空气较多，酸度较低，故前期以异型乳酸发酵占优势，但异型乳酸发酵菌一般不耐酸，到发酵的中后期，由于酸度的增加，异型乳酸发酵基本停止，而以同型乳酸发酵为主。

在生产实践中，应当根据具体情况控制发酵进程。影响乳酸发酵的主要因素如下。

（1）食盐浓度　腌制时盐液浓度较低时，乳酸发酵启动早，进行快，发酵结束也早，随着盐液浓度的增加，发酵启动时间拉长，且发酵延续时间较长。在 3%～5%含量的盐液中，发酵产酸最为迅速，乳酸生成量亦多；食盐含量在 10%以上时，乳酸发酵作用大为减弱，生成的乳酸也少；食盐含量在 15%以上时，乳酸发酵作用几乎停止。

（2）环境温度　乳酸菌生长的适宜温度为20～30℃。在这个温度范围内，腌制品发酵快，成熟早，低于适宜温度时，则需要较长的发酵时间。20℃时，乳酸发酵启动快，产酸量高（可达 1.5%左右），产品质量稳定，色泽、风味较好。

（3）酸度　有害菌（如丁酸菌、大肠杆菌）抗酸能力弱，在 pH 为 3～4 时不能生长。而乳酸菌抗酸能力强，在酸度很高（pH 为 3 时）的介质中仍可生长繁殖。霉菌抗酸能力很强，但其为好气性微生物，缺氧条件下不能繁殖。pH 4.5 以下，能在一定程度上抑制有害微生物的活动，控制酸度可以控制发酵作用。

（4）气体成分　霉菌是完全需氧性的，在缺氧条件下不能存活，控制缺氧条件可控制霉菌的生长。酵母是兼性厌氧菌，氧气充足时，酵母会大量繁殖；缺氧条件下，酵母则进行乙醇发酵，将糖分转化成乙醇。乳酸菌在厌氧状况下能够正常地进行发酵作用。蔬菜腌制过程中由于乙醇发酵以及蔬菜本身呼吸作用会产生大量二氧化碳，部分二氧化碳溶解于腌渍液中，对抑制霉菌的活动与防止维生素C的损失都有良好的作用。

（5）营养条件　在蔬菜腌制过程中，乳酸菌的繁殖和乳酸发酵，都需要有一定的物质基础（即营养条件）。一般而言，用于腌制的蔬菜营养丰富，菜汁渗透出来所提供的营养条件为乳酸菌的活动奠定了物质基础。所以，腌制时一般不用再补充养分，但对那些含糖量不足的蔬菜，如能适量加入一些糖或不断补充一些含糖量高的新鲜蔬菜，则可以促进发酵作用的顺利进行。

2）酒精发酵

在蔬菜腌制过程中也存在着轻微的酒精发酵，酒精含量可达0.5%～0.7%，对乳酸发酵并无影响。酒精发酵是由于酵母菌将蔬菜中的糖分解生成酒精和$CO_2$，其化学反应式如下：

$$C_6H_{12}O_6 \xrightarrow{\text{酵母菌}} 2CH_3CH_2OH + 2CO_2\uparrow$$

酒精发酵除生成酒精外，还能生成异丁醇和戊醇等高级醇。另外，腌制初期发生的异型乳酸发酵中也能形成部分酒精。蔬菜在被卤水淹没时所引起的无氧呼吸也可产生微量的乙醇。在酒精发酵过程中和其他作用中生成的酒精及高级醇，对于腌制在后熟期品质的改善及芳香物质的形成起到重要作用。

3）醋酸发酵

在蔬菜腌制过程中也有微量的醋酸形成。醋酸的主要来源是醋酸菌氧化乙醇而生成，这一作用称为醋酸发酵，其化学反应式如下：

$$2CH_3CH_2OH + O_2 \xrightarrow{\text{醋酸菌}} 2CH_3COOH + 2H_2O$$

除醋酸菌外，某些细菌的活动，如大肠杆菌、戊糖乳杆菌等，也能将糖转化为醋酸和乳酸等。

$$2C_6H_{12}O_6 \xrightarrow{\text{细菌}} CH_3CHOHCOOH\text{（乳酸）} + CH_3COOH + COOHCH_2CH_2COOH\text{（琥珀酸）}$$

$$C_5H_{10}O_5 \xrightarrow{\text{细菌}} CH_3CHOHCOOH + CH_3COOH$$

极少量的醋酸不但无损于腌制品的品质，反而对品质有利。只有在醋酸含量过多时才会影响成品的品质。醋酸菌仅在有空气存在的条件下才可能使乙醇氧化变成醋酸。因此，腌制品要及时装坛封口，隔离空气，以避免醋酸的产生。

4）有害的发酵及腐败作用

在蔬菜腌制过程中有时会出现变味发臭、长膜、生花、生霉，甚至腐败变质、不堪食用的现象，这主要是由于下列有害发酵及腐败作用所致。

（1）丁酸发酵　由丁酸菌引起，该菌为嫌气性细菌，寄居于空气不流通的污水沟及腐败原料中，可将糖、乳酸发酵生成丁酸、二氧化碳和氢气，使制品产生强烈的不愉快气味。

（2）细菌的腐败作用　腐败菌分解原料中的蛋白质，产生吲哚、甲基吲哚、硫化氢等具有恶臭气味的有害物质，有时还产生毒素，不可食用。

（3）有害酵母的作用　有害酵母常在泡酸菜或盐水表面长膜、生花。表面上长一层灰白色、有皱纹的膜，沿器壁向上蔓延的称长膜；而在表面上生长出乳白光滑的“花”，不聚合，不沿器壁上升，振动搅拌就分散的称生花。它们都是由好气性的产膜酵母繁殖所引起，以糖、乙醇、乳酸和醋酸等为碳源，分解生成二氧化碳和水，使制品酸度降低，品质下降。

（4）起旋生霉　蔬菜腌制品若暴露在空气中，而使表面盐度降低，水分活性增大，就会受到各种霉菌危害，产品就会起旋、生霉。导致起旋生霉的多为好气性的霉菌，它们在腌制品表面生长，耐盐能力强，能分解糖和乳酸，使产品品质下降。还能分泌果胶酶，使产品组织变软，失去脆性，甚至发软腐烂。

总之，在蔬菜腌制过程中微生物的发酵作用，主要是乳酸发酵，其次是酒精发酵，醋酸发酵极轻微。如果制造泡菜和酸菜时，需要利用乳酸发酵，但在制造咸菜及酱菜时则必须控制乳酸发酵，勿使其超过一定的限度。否则咸菜、酱菜制品变酸就是产品已经败坏的象征。所以要很好地掌握食盐的用量来加以控制和调节。

### 12.2.3 蛋白质的分解作用

供腌制用的蔬菜除含糖分外，还含有一定量的蛋白质和氨基酸。各种蔬菜所含蛋白质及氨基酸的总量和种类各不相同。在腌制和后熟期间，其中所含的蛋白质受微生物的作用和蔬菜原料本身所含的蛋白质水解酶的作用而逐渐被分解为氨基酸，这一变化在蔬菜腌制过程和后熟期中是十分重要的生物化学变化，也是腌制品产生一定的色泽、香气和风味的主要来源，但其变化是缓慢而复杂的。

蛋白质水解最后生成的氨基酸本身就具有一定的鲜味和甜味，如果氨基酸进一步与其他化合物起作用，就可以形成更为复杂的产物。蔬菜腌制品的色、香、味的形成都与氨基酸有关，这是十分重要的生物化学变化。

1）鲜味的形成

由蛋白质水解所生成的各种氨基酸都具有一定的鲜味，但是蔬菜腌制品的鲜味来源，主要是由谷氨酸与食盐作用生成的谷氨酸钠。

蔬菜腌制品中不只含有谷氨酸，还含有其他成分。正因为腌制品中含有多种氨基酸，这些氨基酸均可生成相应的盐类，因此腌制品的鲜味远远超过了谷氨酸钠单纯的鲜味，是多种呈味物质综合的结果。此外，在乳酸发酵作用中所生成的微量乳酸，以及由蛋白质水解生成的氨基酸（如氨基丙酸）进一步水解后也能生成乳酸，微量的乳酸也是蔬菜腌制品鲜味的次要来源。

2）香气的形成

蔬菜腌制品香气的形成是多方面的，也是比较复杂而缓慢的生物化学过程。主要有以下几方面。

（1）发酵作用产生的香气　蔬菜原料中的有机酸或发酵过程中产生的有机酸与发酵中形成的醇类，相互作用产生酯化反应，能产生乳酸乙酯、醋酸乙酯、氨基丙酸乙酯、琥珀酸乙酯等，形成不同的芳香物质。另外，在腌渍过程中的乳酸发酵中产生的乳酸和其他酸类（如琥珀酸、柠檬酸），在微生物［如噬橙明串珠菌（*Leue. citrovorum*）和戊糖明串珠菌（*Leue. dextranicus*）］的作用下生成具有芳香的丁二酮。

（2）烯醛类芳香物质香气　氨基酸与戊糖或甲基戊糖的还原产物 4-羟基戊烯醛作用，生成含有氨基的烯醛类芳香物质。由于氨基酸的种类不同，生成的烯醛类芳香物质的香型、风味也有差异。

（3）芥子苷类香气　十字花科蔬菜常含有芥子苷，尤其是芥菜类含黑芥子苷较多，使芥菜类常具有苦味，而芥菜类是腌制品的主要原料，当原料在腌制时搓揉或挤压使细胞破裂，则黑芥子苷在黑芥子苷酶的作用下分解，产生一种气味芳香而又带刺激性气味的黑芥子油，同时芥菜的苦味消失。

（4）其他香味物质　在腌制过程中还加入花椒、辣椒末及其他各种香料，因而更增加了这类腌制品的香气。

3）色素的形成

蔬菜腌制品在发酵后熟期，蛋白质水解产生酪氨酸，在酪氨酸酶的作用下，经过一系列反应，生成一种深黄褐色或黑褐色的物质，称为黑色素，使腌制品具有光泽。腌制品的后熟时间越长，则黑色素形成越多。产生色泽的变化主要有以下几种情况。

（1）酶褐变引起　蛋白质水解后生成的氨基酸和酪氨酸，在有氧气存在时，在过氧化物酶的作用下，经过复杂的氧化反应生成黑色素（又称黑蛋白），反应式如下：

$$\underset{\text{酪氨酸}}{HOC_6H_4CH_2CHNH_2COOH} \xrightarrow{\text{过氧化物酶}} \underset{\text{黑色素(或黑蛋白)}}{[(C\text{-}OH)_3C_5H_3NH]_n} + H_2O + CO_2 + 2O_2\uparrow$$

（2）非酶褐变引起　腌制过程中氨基酸的氨基与含有羟基的化合物（如醛、酮、还原糖等）发生羰氨反应，产物进一步聚合、缩合生成黑蛋白色素等。除改变制品颜色外，产物也能产生香气，并有防腐、抗氧化作用。腌制品后熟时间越长，温度越高，该反应进行得越彻底，色泽越深，香气越浓。

（3）酱渍或糖醋菜中的褐色　由于辅料酱、酱油、食醋、红糖等颜色的物理吸附作用，使细胞壁着色，如云南大头菜、糖醋菜等。

（4）叶绿素的变化　蔬菜原料中所含的叶绿素在腌制中逐渐由鲜绿色变成黄褐色，主要是叶绿素在酸性介质中脱镁生成脱镁叶绿素的缘故。泡酸菜的保绿是较难的。对于非发酵性腌制品，可采用一定措施保绿，一般可将原料在腌制前用沸水烫漂以钝化酶的活性，在微碱溶液或在硬水中（富含钙）浸泡一段时间，采用护绿剂等。

4）脆度的变化

脆度是腌制品的重要质量指标之一。蔬菜的脆度主要与细胞的膨压和细胞壁中的原果胶成分的变化有关。只有当果胶以原果胶或与金属离子结合成不溶性的果胶酸盐的形式存在时，蔬菜才能保持较好的脆性。

腌制过程中防止原果胶分解是保持蔬菜脆度的主要手段，具体方法如下。

（1）选择适宜成熟度、脆嫩而无病虫害的蔬菜原料。

（2）进行硬化处理，使蔬菜原料中的可溶性果胶与金属离子结合形成不溶性的果胶酸盐，以保持腌菜的脆度，在泡菜水中加入一些保脆剂（也称硬化剂），一般用钙盐作保脆剂，如氯化钙、硫酸钙等，其用量以菜重的0.05％为宜。

（3）正确控制腌制条件，抑制有害微生物的活动，防止有害微生物对腌菜脆度的破坏。

### 12.2.4 其他辅料的防腐作用

在蔬菜腌制时常加入的香料和调味品，都有不同程度的防腐能力。例如大蒜、姜、辣椒、醋、酱油等。有些蔬菜含某些特殊的成分，其本身具有杀菌和防腐能力，如大蒜中的大蒜素、十字花科芥菜中的黑芥子苷等。

### 12.2.5 蔬菜腌制与亚硝基化合物

亚硝基化合物是指含有亚硝基的化合物，是一类致癌性很强的化合物，按其结构可分为N-亚硝胺、N-亚硝基脲、N-亚硝酰胺。N-亚硝基化合物在动物体内、人体内、食品中以及环境中，均可由其前体物质胺类、亚硝酸盐及硝酸盐合成。此种化合物如作用于胚胎，则发生致畸性；如作用于基因，则诱发突变；作用于体细胞，则会导致癌变。一些蔬菜中含有大量硝酸盐，如萝卜、大白菜、芹菜、菠菜等。在酶或细菌作用下，硝酸盐可以被还原成亚硝酸盐，提供了合成亚硝基化合物的前体物质。硝酸盐含量在各类蔬菜中是不同的，叶菜类大于根菜类，根菜类大于果菜类。

新鲜蔬菜腌制成咸菜后，其硝酸盐含量下降，而亚硝酸盐含量上升。新鲜蔬菜亚硝酸盐含量一般在0.7 mg/kg以下，而咸菜、酸菜亚硝酸盐含量可上升至13～75 mg/kg。在蔬菜腌制过程中亚硝酸盐的形成与温度和用盐量等因素有关，通常在5％～10％的食盐溶液中腌制，会形成较多的亚硝酸盐。在低温下腌渍，亚硝峰形成慢，但峰值高，持续时间长，全程含量高。

亚硝基化合物虽然会对人体健康造成很大威胁，但只要在蔬菜腌制时，选用新鲜原料蔬菜，腌制前经清水洗涤，适度晾晒脱水，严格掌握腌制条件，防止好气性微生物污染，避开亚硝酸盐高峰期食用，或适量加入一些维生素C等抗氧化剂，就可减少或阻断亚硝胺前体物质的形成，减少亚硝基化合物的摄入量。

## 12.3 蔬菜腌制品的加工工艺

蔬菜腌制方法多种多样，品质各不相同，大致分为泡酸菜类、酱菜类、盐渍菜类和糖醋菜类等。

### 12.3.1 泡菜的制作

泡菜是用低浓度食盐水浸泡各种鲜嫩蔬菜而制成的一种带酸味的蔬菜腌制品，其产品要求色泽鲜丽，咸酸适度，盐2％～4％，酸（以乳酸计）0.4％～0.8％，组织脆嫩，有一定的鲜味及甜味，并带有原料的芳香。

1. 工艺流程

泡菜腌制工艺流程见图12-1。

2. 工艺要点

（1）原料选择　选择组织脆嫩，质地紧密，肉质肥厚，可溶性固形物含量高，无病虫伤害的新鲜蔬菜。根据原料的耐贮性可分为三类：可贮泡一年以上的（如大蒜、藠、苦瓜等），可贮泡3～6个月的（如萝卜、胡萝卜、辣椒、豇豆、四季豆等）；只能贮存一个月左右的（如黄瓜、莴笋、甘蓝等）。叶菜类一般不适宜作泡菜，大白菜、甘蓝除外。

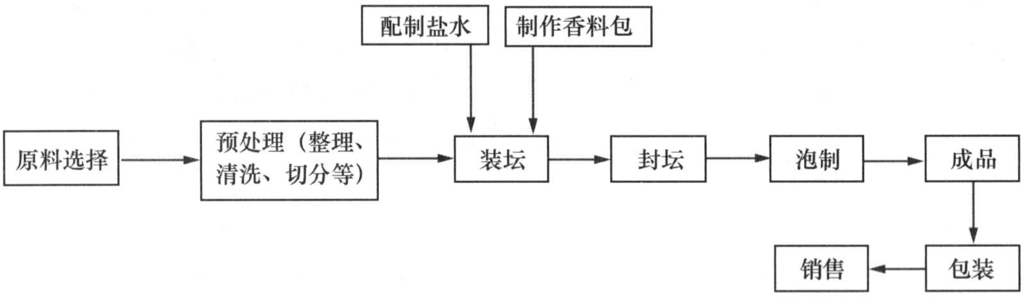


**图 12-1　泡菜腌制工艺流程**

（2）原料预处理　主要指原料的整理、清洗、切分等过程。整理去掉不可食用病虫腐烂部分，四季豆要抽筋，辣椒去蒂、大蒜去皮等。适当切分可缩短晾晒及泡制时间。原料入坛前要晾干明水或晾晒至表面脱水萎蔫。晾晒后入坛泡制有两种方法，一种是当泡制量小，泡制原料含水少，干物质含量高的，多为直接泡制；另一种是在工厂化生产过程中，尤其对含水量较高的原料，一般先用 10%的食盐水浸泡原料几小时或几天，然后出坯泡制，其主要目的在于除去过多的水分，增强泡制的渗透效果，防止泡制时因食盐浓度降低而导致的腐败菌的滋生，有时也去掉一些原料中的异味。但原料中可溶性固形物及营养损失较大，对于质地柔软的原料，为增加硬度，在盐渍时可加入 0.2%～0.4%的氯化钙。

（3）泡菜盐水的配制　泡菜盐水一般分三类：一类是陈泡菜水，经过一年或几年使用的优质盐水，可以作为泡菜的接种水；一类为洗澡泡菜水，用于边泡边吃的盐水，这种盐水多咸而低酸；一类是新配制盐水，要求水澄清透明，硬度在 16 度以上，以井水和矿泉水为好，含矿物质多，食盐要保证纯度。

配制盐水时可用 3%～4%的食盐与新鲜蔬菜拌合入坛，使渗出的菜水淹没原料或用 6%～7%的食盐水与原料等量地装入泡菜坛内。为了增加色香味，还可以加入 2.5%的黄酒、0.5%的白酒、1%米酒、3%白糖或红糖、3%～5%的鲜红辣椒等，香料如丁香、茴香、桂皮、花椒、胡椒等，按盐水量的 0.05%～0.10%加入，可将香料用纱布或白布包成小袋放入坛中。

（4）装坛与封坛　泡菜容器一般用泡菜坛（图 12-2）。泡菜坛一般用陶土烧制，坛形两头小中间大。坛口有坛沿，有水封口水槽来隔绝空气厌氧发酵，发酵产生的二氧化碳通过水槽溢出。装入原料尽量压实，有时上部用竹片将原料卡住。然后放入盐水及配料，香料袋一般放入原料中间，盐水以没过菜为宜。盐水面离坛口 3～5 cm，1～2 d 后可加入一些原料让其发酵。封盖后，在坛沿槽中注入 3～4 cm 深的冷开水或 10%的食盐水，形成水槽密封口。

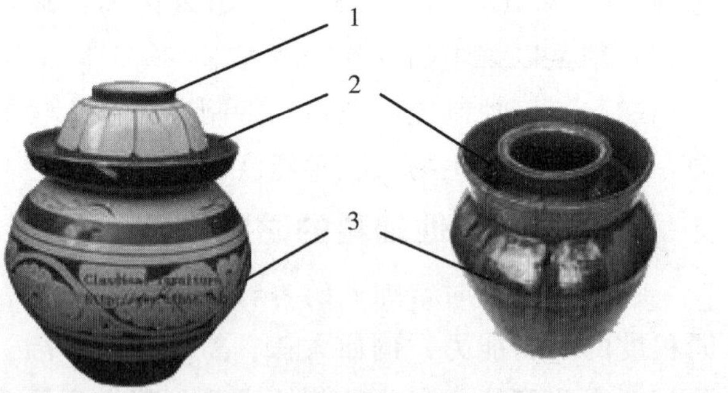


**图 12-2　泡菜坛子**

1. 坛盖；2. 水槽；3. 坛体

（5）泡制与管理　原料入坛后的泡制过程即为乳酸发酵过程，一般分三个阶段：发酵初期以异型乳酸发酵为主，此时 pH 较高（pH 7.5），一些好氧及兼性厌氧微生物活动频繁，发酵产物为乳酸、乙醇、醋酸和二氧化碳等，此期含酸量达到 0.3%～0.4%，时间为 2～5 d，表现为盐水槽中有 $CO_2$ 气体放出；发酵中期以正型乳酸发酵为主，此时 pH 降至 4.5 以下，嫌气状态，一些厌氧乳酸菌（植物乳杆菌、赖氏乳杆菌等）大量繁殖，产物乳酸的积累量迅速增加，可达 0.6%～0.8%，pH 会降至 3.5 以下，一些好气菌及不耐酸菌活动受抑甚至死亡，时间为 5～9 d，是泡菜完熟阶段；发酵后期时，正型乳酸发酵继续进行，乳酸积累可达1.0%以上，此时已属于酸菜发酵阶段。泡菜制品一般在发酵中期食用，乳酸含量在0.4%～0.8%。不同原料，不同时期（冬、夏季），泡制时间长短不一，要根据具体情况而定。

泡制期间管理应注意以下几方面：①注意水槽的清洁卫生，由于发酵中后期坛内形成部分真空，会使槽内水倒灌入坛内。因此，应注意经常更换水槽内水，并注意每天轻揭盖1～2次，防止槽内水的倒灌；②经常检查，防止质量劣变。其变质主要原因是微生物污染，盐水变质，pH过高及气温变化不稳等。一般采用煮沸过滤的冷盐水，若坛内轻微生膜生花，可注入少量白酒减轻之；③切忌带入油脂，因杂菌分解油脂产生臭味，并易使菜体软烂。

（6）成品管理　发酵成熟后最好立即食用，只有较耐贮原料才能长期保存。保存时一种原料装一个坛，要适当加盐，在表面加酒，坛沿槽要经常注满清水，便可短期贮存，长期贮存则需包装、杀菌。

（7）商品包装　包装容器可选用抗酸、盐的涂料铁皮罐、卷封式或旋转式玻璃罐、复合薄膜袋（常用聚酯/聚乙烯、聚酯/铝箔/聚乙烯）等。罐液配比为食盐3%～5%，乳酸0.4%～0.8%，砂糖3%～4%，味精、香料等酌加，煮沸过滤。装罐时菜量与罐液量的比为(3∶2)～(4∶1)。装罐密封后，罐头容器的杀菌温度为100℃，10～15 min；薄膜袋的杀菌温度为80℃，8～10 min，冷却擦干后贴标、装箱。

3. 质量标准

（1）感官指标　色泽鲜艳，具有该蔬菜产品应有的色泽或近似色泽，汁液澄清透明。咸酸适宜，清香可口，风味鲜香，无腐败异味。组织紧密，质地嫩脆，肉质肥厚，形态完整，大小基本一致。无杂质异物。

（2）理化指标　总酸量（以乳酸计）0.4%～0.8%，食盐量（以氯化钠计）2%～6%。

（3）微生物指标　无致病菌及因微生物作用引起的腐败。

### 12.3.2 榨菜的制作

榨菜以茎用芥菜的膨大茎（俗称青菜头）为原料，经去皮、切分、脱水、盐腌、拌料等工序加工而成。榨菜发源于四川涪陵，迄今为止已有100多年的历史。最初由于在加工过程中榨压去菜体中多余的水分，故名榨菜。

1. 工艺流程

榨菜制作工艺流程见图12-3。

2. 工艺要点

（1）原料选择　选择粗纤维少，且突起物圆钝、凹沟浅而少、呈圆球形或椭圆形、体形不太大的菜头。菜头含水量宜低于94%，可溶性固形物含量应在5%以上。品种比较好的有草腰子、三转子、涪杂1号等，其产量较高，加工适性好，可溶性固形物的含量及净菜率也较高。

（2）原料剥制　去除外层的硬粗皮，切块。基部的粗皮老筋剥去但不伤及上部的青皮，菜头重300～500 g的用刀切成两块。500 g以上者切成三块。切块时要求大小一致、老嫩兼备，青白齐全，呈圆形或椭圆形，以保证晾晒后干湿均匀，成品比较整齐美观。

（3）晾晒　晾晒时应将菜块的切面向外，青面向里，以利脱水。放在通风处阴干以防褐变，需1～2周，得率24%～27%。在晾晒菜块时如果是自然风力能保持2～3级，经过7～8 d可达到适当的脱水程度，准备进行腌制。风脱水合格的干菜块用手捏时菜块周身柔软而无硬心，表面皱缩而不干枯，无霉烂斑点、黑黄空花、发梗生芽及棉花包异变，无泥沙污物。

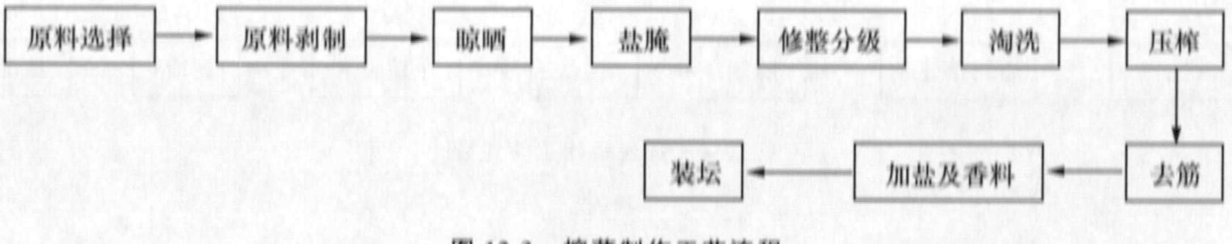


图12-3　榨菜制作工艺流程

（4）盐腌　下架后之干菜块立即进行腌制。加盐应采用隔层加盐法，并注入少量酒精或酒，腌制一定时间后再进行第2次腌制。目前生产上都是利用菜池进行腌制，其大小规格各地不同，菜池挖在地面以下，以长、宽、深均为3 m的立方体形较多见，池底及四周用砖砌好后再用水泥涂抹。主要腌制过程分2次进行。

第1次腌制：先将干菜块称重入池，一层菜块一层盐，按每100 kg菜块用盐3 kg均匀撒在菜块上，池底4～5层撒盐时要预留10%的食盐作为盖面用盐，菜块以齐地面装满为准。池满后盖面盐，使菜块保持紧密。3 d后即可起池。起池用池内渗出的菜水边淘洗边上囤。囤高不超过1 m，同时适当踩压，以滤去菜块上所附着的水分。经上囤24 h后即成半熟菜块，即完成第1次腌制。

第2次腌制：将第1次上囤后的菜块再过秤，然后倾入菜池内进行第2次腌制。操作方法与第一次腌制的方法相同。按每100 kg半熟菜块加盐7 kg均匀撒在菜块上，再用力压紧。池底4～5层仍需扣留盖面盐10%，直至装满压紧加盖面盐，经过7 d，使食盐能渗透到菜块内部，使菜块中的水分析出。上囤24 h后即成为毛熟菜块，及时转入下道工序。

（5）修剪挑筋　用剪刀剔净切分块菜的虚边，再用小刀削去老皮，抽去老筋，削净黑斑烂点，但不损伤青皮、菜心。

（6）整形分级　根据选块标准认真挑选，大菜块、小菜块及碎块分别堆放。

（7）淘洗　将修整分级的菜块，分别用澄清的腌菜盐水经人工或机械进行淘洗，以除尽菜块上的泥沙污物。淘洗切忌使用普通水或变质的腌菜水，以免冲淡菜块的含盐量或带入杂菌给菜块带来不良的风味，影响榨菜品质。

（8）拌料装坛　将去筋后的各等级菜块按每100 kg对应的用盐量（大块6 kg、小块5 kg、碎块4 kg）及相应的配料（辣椒粉1.1 kg，花椒0.03 kg，混合香料0.12 kg），置于菜盆充分拌和。混合香料的比例不得任意增减。食盐、辣椒粉、花椒粉、香料粉等要事先拌匀混合后再撒在菜块上，使每块菜都均匀粘满配料，立即进行装坛。每次拌和菜以400 kg为宜，装坛时因加入食盐，故称为第三次腌制。

（9）后熟　刚拌料装坛的菜块，其色泽、鲜味和香气的特点还未完全形成。经过存放后熟一段时间，才出现良好的品质，一般榨菜后熟期至少需要2个月，时间长品质会更好，装坛宜放在阴凉干燥的地方储存后熟。良好的榨菜应保持良好的品质达1年以上。

3. 质量标准

（1）感官指标　干潮适度、咸淡适口、淘洗干净、修剪光滑、色泽鲜明、闻味鲜香、质地嫩脆、块头均匀。

（2）理化指标　水含量72%～74%，盐含量12%～14%，总酸0.45%～0.90%。

### 12.3.3　酱菜的制作

酱菜是用酱油、豆瓣酱、甜面酱酱渍的制品。其主要工序是将新鲜蔬菜原料进行腌制，加工成半成品的咸坯贮存，加工时将咸坯切成型，漂洗去盐，压榨脱水，进行酱制，使酱液的鲜味、芳香、色泽及营养物质渗入蔬菜中，增加风味、这种经过酱渍的蔬菜即为酱菜。酱菜的生产包括制酱、盐腌和酱渍三个部分，也有直接用新鲜蔬菜进行酱制的，其风味和品质均比用咸坯制作的好。

1. 工艺流程

酱菜制作工艺流程见图12-4。

图12-4　酱菜制作工艺流程

2. 工艺要点

(1) 原料选择　除叶片极薄的菠菜、芥菜外，凡肉质肥厚、质地嫩脆的叶菜类、根菜类、瓜菜类以及香辛菜类均可作酱菜的原料。

(2) 原料预处理　将原料冲洗干净，剔去老皮、粗筋、根须、黑斑烂点，可切成两半或切为条形、片状、颗粒状，也可不切分，如小黄瓜、大蒜等。

(3) 腌制　腌制方法有干腌法和湿腌法。干腌法是将原料与盐在大缸或池内层层相间放置，用盐量为原料重的14%～16%，这种方法适用于水分含量多的原料。湿腌法是将原料在25%的盐水中腌制。两种方法的泡制时间随蔬菜的种类不同而有差异，一般为10～20 d。

(4) 脱盐　将腌制的咸菜坯在清水或流动的水中浸泡脱盐，夏天2～4 h，冬天6～7 h，脱盐至口尝能感到少许咸味即可。

(5) 酱渍　酱渍为制作酱菜的重要工序，酱菜的质量取决于酱料的好坏，酱料的色、香、味通过扩散与渗透作用进入菜坯，使酱菜具有酱菜特有的色、香、味。酱渍的方法有三种：①直接将处理好的菜坯浸没在盛有豆酱或甜面酱的酱缸内；②在缸内先放一层菜坯，再放一层酱，层层相间进行酱渍；③将原料（如草食蚕、嫩姜等）先装入布袋内，然后用酱覆盖。酱的用量一般与菜坯的质量相等，至少也不得低于3∶7，为了缩短酱渍时间，可配合真空酱渍。

为了获得品质优良的酱菜，最好连续三次酱渍，即第一次在第一个酱缸内进行酱渍，一周取出转入第二个酱缸内，再用新鲜的酱酱渍一周，随后又转入第三个酱缸内继续酱渍一周即成熟。已成熟的酱菜在第三个酱缸内继续存放可以长期保存。为充分利用酱料，第一个酱缸内的酱料重复使用2～3次后即不适宜再用，第二个酱缸内的酱使用2～3次后可作为下一批的第一次酱渍用，第三个酱缸内的酱使用2～3次后作为下一批的第二次酱渍用，下一批的第三个酱缸则需另配新酱。如此循环更新即可保证酱菜的品质始终维持在同一水平上。为增加酱料的风味与花色，可以在酱料中加入各种调味料酱制成花色品种，如加入花椒、香料、料酒等制成五香酱菜；加入辣椒酱制成辣椒酱菜；将多种菜坯按混合酱渍，或酱渍好的多种酱菜按比例搭配包装制成八宝酱菜、什锦酱菜。

(6) 成品酱菜　成品酱菜应具有与酱同样鲜美的风味、色泽与芳香，保持原有蔬菜的形态和质地嫩脆的特点，呈半透明状。

3. 质量标准

(1) 感官标准　标准如下：①色泽。黄色或棕黄色。②滋味和气味。具有酱香味，咸甜适口无异味，无霉变。③杂质。无肉眼可见外来杂质。

(2) 微生物指标　主要是大肠杆菌和致病菌，大肠杆菌，MPN≤30个/100 g；致病菌不得检出。

### 12.3.4 糖醋菜的制作

糖醋菜就是蔬菜经过整理和处理后，用糖醋液浸泡而成的一种甜酸适度、质地嫩脆、清香爽口的制品。一般含醋酸1%以上，含糖量适度，并含有一定量的食用香精，甜酸可口、爽脆，作餐前小菜或闲时零食，助消化，增食欲。

1. 工艺流程

糖醋菜制作工艺流程见图12-5。

2. 工艺要点

(1) 原料选择　适宜糖醋加工的原料有葱头、蒜头、黄瓜、嫩姜、莴笋、萝卜、藕、芥菜、蒜薹等。原料要清洗干净，按需要去皮或去根、去核等，再按食用习惯切分。

(2) 辅料　主要有食醋或冰醋酸等、糖、香料（如桂皮、八角、丁香、胡椒）、调味料（如干红辣椒、生姜、蒜头）。

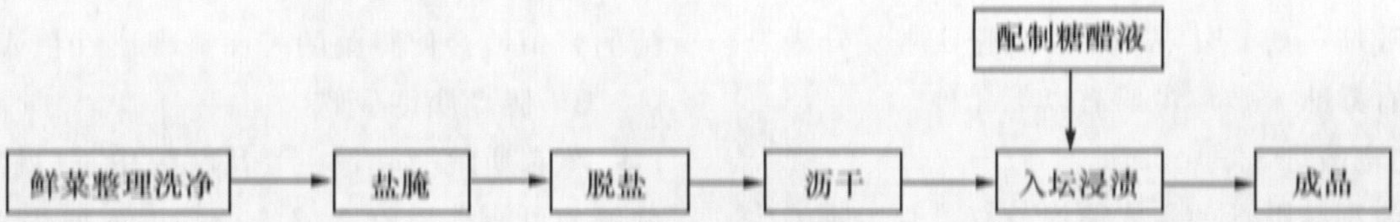


图12-5　糖醋菜制作工艺流程

（3）盐渍处理　整理好的原料用8%左右的食盐腌制几天，原料呈半透明为止。盐渍的作用主要是排除原料中的不良风味，如苦涩味等，增强原料组织细胞膜的渗透性，使其呈半透明状，以利于糖醋液渗透。如果以半成品保存原料，则需补加食盐至15%～20%以上，并注意隔绝空气，防止原料露空，这样可大量处理新鲜原料。

（4）糖醋液配制　糖醋液与制品品质密切相关，要求甜酸适中，一般要求含糖30%～40%，选用白砂糖，可用甜味剂代替部分白砂糖；含酸2%左右，可用食醋或柠檬酸混合使用。为增加风味，可适当增加一些调味品，如加入0.5%白酒、0.3%的辣椒、0.05%～0.1%的香料或香精。香料要先用水熬煮过滤备用。砂糖加热溶解过滤后煮沸，依次加入其他配料，待温度降至80℃时，加入食醋、白酒和香精，另加入0.1%氯化钙保脆。

（5）糖醋渍　将腌制好的原料浸泡在清水中脱盐，稍有咸味捞起，并沥去水分，随即按6份脱盐沥干后菜坯与4份糖醋液的比例装罐或装缸，密封保存25～30 d可后熟取食。

（6）杀菌包装　如要长期保存，需进行罐装。包装容器可用玻璃瓶、塑料瓶或复合薄膜袋，进行热灌装包装或抽真空包装，如密封温度≥75℃，不再进行杀菌也可以长期保存。也可包装后进行杀菌处理，在70～80℃热水中杀菌10 min。热灌装密封后或杀菌后都要迅速冷却，否则制品容易软化。

3. 质量标准

一般色泽金黄或红褐色，有光泽，具有应有的香气和滋味，无不良气味，无异味，具有该产品特有的脆嫩质地。

## 12.4　蔬菜腌制品常见的问题及控制措施

蔬菜腌制品营养丰富，在环境条件作用下，发生微生物的繁殖、污染，能引起各种败坏现象。腌制菜发生败坏一般是外观不良、风味变劣、外表发粉长霉并有异味。败坏主要有以下几种。

1. 生物败坏

蔬菜腌制品败坏的主要原因是有害微生物的生长繁殖，主要是好气菌和耐盐性菌的作用，同时空气的存在又会促进氧化，因此，不论酱腌菜贮藏期长短都必须对微生物的活动密切关注。环境中的微生物无孔不入，一旦有机会就会大量繁殖，致使酱腌菜败坏，表面出现生花、酸败、发酵、软化、膨胀、产气、腐臭和变色等现象。

2. 物理败坏

光线和温度是造成物理败坏的主要因素，太阳光能促使成品中所含物质水解，引起变色、变味和维生素的损失。不适应的温度对酱腌菜的贮藏也是不利的，贮温过高会引起各种化学和生物变化，增加挥发性风味物质的损失，贮温低至足以形成冰冻的温度，则会使酱腌菜的质地发生变化。

3. 化学败坏

各种化学性的变化（如氧化、还原、分解、合成、沉淀、化合等）都能使酱腌菜发生不同程度的败坏。这类败坏，一是由于食品内部本身的化学物质改变，二是由于化学成分与氧气接触发生的作用。若在贮藏期间与空气接触时间过长，就会使酱腌菜变黑，温度过高时则会引起蛋白质的分解。

### 12.4.1　腌菜常见的劣变现象及其原因

1. 腌菜变黑

除一些品种的特殊要求外，蔬菜腌制品一般为翠绿色或黄褐色，如果不要求产品色泽太深的腌菜变成了黑褐色，势必影响产品的感官质量及商品价值。蔬菜腌制品变黑的原因主要有以下几点：①腌制时食盐的分布不均匀，含盐多的部位正常发酵菌的活动受到抑制，而含盐少的部位有害菌又迅速繁殖。②腌菜暴露于腌制液的液面之上，致使产品氧化严重和受到有害菌的侵染。③腌制时使用了铁质器具，由于铁和原料中的单宁物质作用而使产品变黑。④由于有些原料中的氧化酶活性较高，且原料中含有较多的易氧化物质，在长期腌制中使产品色泽变深。

2. 腌菜变红

当腌菜未被盐水淹没并与空气接触时，红酵母菌的繁殖就会使腌菜的表面显现桃红色或深红色。

3. 腌菜质地变软

腌菜质地变软，主要是蔬菜中不溶性的果胶被分解为可溶性果胶造成的，其形成原因主要如下：①腌制时用盐量太少，乳酸形成快而多，过高的酸性环境使腌菜易于软化。②腌制初期温度过高，使蔬菜组织破坏而变软。③腌制器具不洁，兼以高温，有害微生物的活动使腌菜变软。④腌菜表面有酵母菌和其他有害菌的繁殖，导致腌菜变软。

4. 其他劣变现象

由于植物乳杆菌、某些霉菌、酵母菌等产生一些黏性物质，会使腌菜变黏。另外，在腌制时出现长膜、生霉、腐烂、变味等现象也都与微生物的活动有关，导致这些败坏的原因与腌制前原料的新鲜度、清洁度差以及腌制器具不洁，腌制时用盐量不当以及腌制期间的管理不当等因素有关。

### 12.4.2 控制腌制品劣变的措施

1. 控制腌制前的微生物污染

(1) 原料应新鲜脆嫩，成熟度适宜，无损伤且无病虫害。

(2) 腌制前要将原料进行认真的清洗，以减少原料的带菌量。

(3) 使用的容器、器具必须清洁卫生，同时要搞好环境卫生，尽量减少腌制前的微生物含量。

(4) 腌制用水必须符合国家生活饮用水的卫生标准，使用不洁的水会使腌制环境中的微生物数量大大增加，使得腌制品极易劣变，而使用含硝酸盐较多的水，则会使腌制品的硝酸盐、亚硝酸盐含量过高，严重影响产品的卫生质量。

2. 注意腌制用盐的质量

不纯的食盐不仅会影响腌制品的品质，使制品发苦，组织硬化或产生斑点，而且还可能因含有对人体健康有害的化学物质，如钡、氟、砷、铅、锌可降低腌制品的卫生安全性。因此，腌制用盐必须是符合国家食用盐卫生标准的食用盐，最好用精制食盐。

3. 腌制用容器的要求

供制作腌菜的容器应符合下列要求，即便于封闭以隔离空气，便于洗涤、杀菌消毒、对制品无不良影响，并且无毒无害。常用的容器有陶质的缸、坛和水泥池等。对于水泥发酵池，由于乳酸和水泥作用后使靠近水泥部分菜容易变坏，所以应在池壁和池底的外表加一层不为乳酸所影响的隔离物，如涂上一层抗酸涂料等。

4. 加强工艺管理，严格控制腌制的小环境

在腌制过程中会有各种微生物的存在。对于发酵性腌制品，乳酸菌为有益菌，而大肠杆菌、丁酸菌等腐败菌以及酵母等则为有害菌。在腌制过程中要严格控制腌制小环境，促进有益乳酸菌的活动，抑制有害菌的活动。对酵母和霉菌主要利用绝氧措施加以控制，对于耐高温又耐酸、不耐盐的腐败菌（如大肠杆菌、丁酸菌）则利用较高的酸度以及控制较低的腌制温度或提高盐液浓度来加以控制。

5. 正确使用防腐剂

传统的蔬菜腌制主要是利用较高的食盐浓度来抑制有害微生物的生长繁殖，保证腌制的顺利进行。现代医学证明，过多的食用食盐，会引起高血压、心脏病等一系列疾病，生产低盐的蔬菜腌制品也是目前改进传统腌制工艺的一个方向。为了弥补低盐腌制带来的自然防腐不足的缺陷，在大规模生产中时常会使用一些食品防腐剂以保证制品的卫生安全。

目前，我国允许在酱腌菜中使用的食品防腐剂主要有山梨酸及其钾盐、苯甲酸及其钠盐、脱氢醋酸钠等，使用剂量为0.05%～0.3%，具体用法与注意事项可参考我国食品添加剂使用标准。

**思考题**

1. 简述蔬菜腌制品的定义、主要种类及各自特点。
2. 食盐在腌制过程中有哪些保藏作用？腌制过程中应如何合理添加食盐？
3. 在腌制过程中由微生物引起的发酵作用有哪些？各种发酵作用对蔬菜腌制品品质有何影响？
4. 蔬菜腌制品特有的色香味是如何形成的？
5. 在腌制中有哪些因素影响亚硝酸盐的形成？
6. 泡菜制作的工艺流程和操作要点是什么？
7. 简述酱菜制作的工艺及操作要点。
8. 蔬菜腌制品常见的败坏有哪些？引起的原因有哪些？如何防止其发生？
9. 以当地一种特色蔬菜腌制品为例，简示工艺流程，说明其操作要点，并提出综合利用方案。

HAPTER 13

# 第13章 果蔬发酵

**教学目标：**

1. 掌握果蔬汁发酵的定义和工艺；
2. 熟悉各种发酵果蔬汁的发酵工艺；
3. 掌握目前果酒、果醋的质量控制；
4. 了解目前果蔬发酵的进展。

## 13.1 概述

随着人们生活质量与健康水平要求的不断提高，以及生活节奏的加快，人们越来越重视自身的营养，通过调整饮食促进自身营养的观念已经逐渐得到人们的认同，人们对果蔬的需求正由“数量消费”向“质量消费”转变，即要求方便、营养、安全的果蔬产品，发酵果蔬的生产恰好迎合了现代人的追求，已成为研究热点。

### 13.1.1 定义

果蔬发酵：指果蔬经过打浆后磨成浆液，以果汁、蔬菜汁为主要原料，经益生菌（乳酸菌和酵母菌等）单独发酵或者二者混合发酵之后，再经调香调味的一类现代发酵食品。其营养成分得到保留和细化，并改进果蔬的食用价值。

果蔬发酵浆（汁）的生产流程：原料→预处理→净化→打浆→均质→灭菌→发酵→罐装→冷链配送→终端店。

### 13.1.2 目前市场主要产品种类

1．胡萝卜发酵浆（汁）

胡萝卜发酵浆中含有类胡萝卜素、硒等营养成分，具有提高人体免疫力和防治多种疾病的功效，如预防维生素 A 缺乏症、干眼症等疾病。其植物乳杆菌发酵利用糖类物质，产生大量乳酸，具有抑制腐败菌、提高消化率等功效，并为食品提供芳香风味和良好质地。胡萝卜发酵原浆风味独特，色味俱佳，与其他果蔬产品相比不添加任何色素和添加剂，能满足不同人群的口味。

2．苹果发酵浆（汁）

苹果发酵浆中的苹果酸可使人体内的脂肪分解，并能使皮肤润滑柔嫩，还有苹果所含的“果胶”水溶性食物纤维，会让人有饱腹的感觉，还有软化粪便使其易于排出体外和预防下痢、整肠等作用。苹果中的胶质和微量元素铬能保持血糖的稳定，苹果发酵果浆是糖尿病患者的健康小吃，是许多要控制血糖的人必不可少的果汁，它还能有效地降低胆固醇。苹果中的钾元素可以保护血管，而且可以有效地降低血压。发酵后的苹果消化吸收性和营养价值及其风味都已大大提高。

3．雪梨发酵浆（汁）

雪梨发酵浆（汁）含有丰富的糖类，包括果糖和葡萄糖等，具有保肝、助消化、促进食欲的作用。所含有的多种维生素及钾、钙元素有降压、清热、镇静和利尿作用；雪梨发酵后形成新的风味物质，赋予产品独特的风味。

4．木瓜发酵浆（汁）

木瓜发酵浆（汁）的乳状液汁，含有一种被称为“木瓜酵素”的蛋白酶，它跟胃蛋白酶和胰蛋白酶一样，能够分解蛋白质，因此能帮助我们消化肉类蛋白质。饭后喝一瓶木瓜发酵原浆，可以帮助消化。另外，木瓜还富含胡萝卜素，这是一种天然的抗氧化剂，能有效对抗全身细胞的氧化，破坏使人体加速衰老的氧自由基。因此，常喝木瓜发酵原浆还有美容护肤、延缓衰老的功效。

### 13.1.3 营养功能

1．调节胃肠道菌群

发酵果浆的热量低，并且通过益生菌发酵后，果蔬中的营养成分被分解，使人体更易吸收，而且益生菌及其代谢产物可以抑制有害菌的生长，从而提高肠道菌群质量，提高肠道机能。

2．提高免疫力

发酵果浆中的维生素 A、维生素 C、锌、益生菌等，可以提高人体免疫力，使人体告别亚健康，益生菌可通过扶正肠道菌群结构来增强机体特异性和非特异性免疫，益生菌通过促进 SIgA 分泌，增强肠道免疫屏障功能，帮助机体消除致病微生物和潜在过敏性抗原。

3．改善便秘

发酵果浆中的膳食纤维是第七大营养素，虽然不被人体吸收，但可以进入大肠形成粪便，增加粪便的持水性，促进肠道蠕动，加快排便速度，并使人体排便轻松，改善便秘。

4．抗氧化

发酵果蔬浆中含有丰富的多酚类物质，具有抗氧化、清除自由基、美容的功效。发酵液中含有有益菌如乳酸菌，人们摄入适量的益生菌后，可以抑制有害菌的生长，间接地减少毒性物质在人体内的积聚，减少自由基损伤。

5. 降低胆固醇

部分发酵的果汁能够显著降低大鼠血液中的胆固醇含量，其机理可能是其中的乳酸菌在发酵过程中产生了一些活性物质。之前的研究发现食用有特定益生功能的益生菌有益于身体健康，其中的一个重要功能就是降低血清胆固醇水平，其原理是体内的胆固醇通过菌体同化或束缚而使其不能被身体吸收。

6. 其他功能活性

除以上功能以外，发酵果蔬汁还有抗疲劳作用，研究发现，饲喂发酵果蔬汁的小鼠能明显增加乳酸脱氢酶含量，提高肝糖原含量，显著降低尿素氮含量，并且以正常剂量的一半就可以达到效果；同时对常见病原微生物还有一定的拮抗作用，尤其对伤寒沙门菌、福氏志贺菌和金黄色葡萄球菌等常见病原菌的作用比较明显。

## 13.2 发酵果酒

### 13.2.1 果酒的分类

1. 以酒中含酒精量分类

关于酒精含量（酒度）有几个定义，欧盟对酒精含量作了如下规定。

酒度：在20℃的条件下，100个体积单位中所含有的纯酒精的体积单位数量（$A$）。

潜在酒度：在20℃的条件下，100个体积单位中所含有的可转化的糖，经完全发酵能获得的纯酒精的体积单位数量（$B$）。

总酒度（$T$）：$T=A+B$。

自然酒度：在不添加任何物质时的总酒度。

根据国际葡萄与葡萄酒组织（OIV，1996）的规定，葡萄酒只能是破碎或未破碎的新鲜葡萄果实或葡萄汁经完全或部分酒精发酵后获得的饮料，其酒度不能低于8.5%（$V/V$）。但是，根据气候、土壤条件，葡萄品种和一些葡萄产区特殊的质量因素或传统，在一些特定的地区，葡萄酒的最低总酒度可降低到7.0%（$V/V$）。

以酒中含酒精量来分类，一般有低度果酒和高度果酒两类。

（1）低度果酒　酒精含量为17%以下，即俗称的17度；

（2）高度果酒　酒精含量为18%以上，即俗称的18度。

2. 以酒中的含糖量分类

（1）干酒　含糖量小于或等于4 g/L的葡萄酒。

（2）半干酒　含糖量大于干酒，最高为12 g/L的葡萄酒。

（3）半甜酒　含糖量大于半干酒，最高为45 g/L的葡萄酒。

（4）甜酒　含糖量大于45 g/L的葡萄酒。

3. 以制作方法分类

（1）发酵果酒　将果实经过一定处理，取其汁液，经酒精发酵和陈酿而制成。发酵果酒不需要经过蒸馏，不需要在酒精发酵之前对原料进行糖化处理。

（2）蒸馏果酒　也称果子白酒，是将水果进行酒精发酵后再经过蒸馏而得到的酒，又名白兰地。

（3）加料果酒　以发酵果酒为酒基，加入植物性芳香物等增香物质或药材等制成。

（4）起泡果酒　根据制作原料和加工方法的不同可将其分为香槟酒和汽酒。香槟酒是一种含二氧化碳的白葡萄酒，汽酒则是在配制果酒中人工充入二氧化碳而制成的一种果酒。

（5）配制果酒　也称果露酒，是以配制的方法仿拟发酵果酒而制成的，通常是将果实或果皮和鲜花等用酒精或白酒浸泡提取，或用果汁加酒精，再加入糖分、香精及色素等调配而成。

（6）鸡尾酒　是用多种各具色彩的果酒按比例配制而成的。

4. 以二氧化碳含量（以压力表示）和加工工艺分类

（1）平静葡萄酒（静酒）　在20℃时，二氧化碳压力小于0.05 MPa的葡萄酒为平静葡萄酒。

（2）起泡葡萄酒　在20℃时，二氧化碳压力等于或大于0.05 MPa的葡萄酒为起泡葡萄酒。当二氧化碳压力在0.05～0.25 MPa时，称为低起泡葡萄酒或葡萄汽酒；当二氧化碳压力等于或大于0.35 MPa（瓶容量小于0.25 L，二氧化碳压力等于或大于0.3 MPa）时，称为高起泡葡萄酒；当二氧化碳全部来源于葡萄原酒经密闭（于瓶或发酵罐中）自然发酵产生时，称为天然起泡葡萄酒；当二氧化碳是人为加入时，称为加气起泡（人工起泡）葡萄酒。

5. 按原料颜色深浅或成品葡萄酒的颜色分类

（1）红葡萄酒　用红葡萄带皮发酵而成，酒液含有果皮或果肉中的有色物质，酒的颜色呈自然深宝石红、宝石红或紫红、石榴红。

（2）白葡萄酒　用白葡萄或皮红肉白的葡萄分离发酵制成。酒的颜色近似无色、浅黄、金黄、禾秆黄等。凡具有深黄、土黄、棕黄和褐黄等色，均不符合白葡萄酒色泽的要求。

（3）桃红葡萄酒　用带色的红葡萄短时间浸提或分离发酵制成。酒的颜色为桃红色或浅玫瑰红色。凡色泽过深或过浅的均不符合桃红葡萄酒的要求。

### 13.2.2 果酒酿造原理

1. 酒精发酵机理

果酒的酒精发酵是指果汁中所含的己糖，在酵母菌等一系列酶的作用下，通过复杂的化学变化，最终产生乙醇和二氧化碳的过程。酵母菌的酒精发酵过程为厌氧发酵，所以发酵要在密闭无氧的条件下进行。如果有空气存在，酵母菌就不能完全进行酒精发酵作用，而是部分进行呼吸作用，把糖转化成$CO_2$和水，使酒精产量减少。

2. 果酒发酵微生物

果酒酿制需选择优良的酵母菌进行酒精发酵，同时防止杂菌的参与。果酒发酵的优良酵母菌品种是葡萄酒酵母菌，它具备优良酵母菌的主要特征：发酵能力强，可使酒精度达到12%～16%，发酵效率高，可将果汁中的糖分充分发酵转化成酒精；抗逆性强，能在经二氧化硫处理的果汁中繁殖和发酵，在发酵中可产生芳香物质，赋予果酒的特殊风味。果实上常附着大量的野生酵母，随破碎压榨带入果汁中参与酒精发酵。常见的品种有巴氏酵母菌和尖端酵母菌（又名柠檬型酵母菌）等。这些酵母菌的抗硫力较强。但其发酵力较弱，只能发酵到4%～5%（体积分数）酒精度，该酵母即被杀死。生产中常采用大量接种优良酵母菌，使在果汁中形成优势来控制野生酵母的活动。

1）葡萄酒酿造中的主要酵母菌种。

（1）真酵母

①酿酒酵母。酿酒酵母细胞为椭圆形，8～9 μm。产酒精能力（即可产生的最大酒精度）强（17%）；转化1%酒精需17～18 g/L糖，抗$SO_2$能力强（250 mg/L）。酿酒酵母在葡萄酒酿造过程中占有重要的地位，它可将葡萄汁中绝大部分的糖转化为酒精。

②贝酵母。贝酵母和葡萄酒酵母的形状和大小相似，它的产酒精能力更强，在酒精发酵后期，主要是贝酵母把葡萄汁中的糖转化为酒精。它抗$SO_2$的能力也强（250 mg/L）。但贝酵母可引起瓶内发酵。

③戴尔有孢圆酵母。戴尔有孢圆酵母细胞小，近圆形（6.5 μm×5.5 μm），产酒精能力为8%～14%，它的主要特点是能缓慢地发酵大量的糖。

（2）非产孢酵母

①柠檬形克勒克酵母。柠檬形克勒克酵母大量存在于葡萄汁中，它与酿酒酵母一起占葡萄汁中酵母总量的80%～90%。它的主要特征是产酒精能力低（4%～5%），产酒精效率低（1%的酒精需糖21～22 g/L），形成的挥发酸多。但它对$SO_2$极为敏感，故可用$SO_2$处理的方式将它除去。

②星形假丝酵母。星形假丝酵母细胞小，椭圆形，产酒精能力为10%～11%，主要存在于感灰腐病的葡萄汁中。

2）酒精发酵过程中酵母菌种类的变化

酒精发酵过程中，不同的酵母菌种在不同阶段产生作用，好像“接力赛”一样。酒精发酵的触发主要是非产孢酵母的活动，如克氏酵母属的柠檬形克勒克酵母和圆酵母属的星形球拟酵母。随着发酵过程的推移，酿酒酵母开始占据优势，由于它的活动和酒精的产生，柠檬形克勒克酵母和星形假丝酵母的数量大幅度下降，作用也随之减弱。酿酒酵母由于它的高产酒精能力，其优势可一直保持到发酵结束。随着糖分的降低，酿酒酵母占的比例下降，酒精发酵的完成主要依赖于产酒精能力强的贝酵母。

3. 影响酒精发酵的主要因素

（1）温度　葡萄酒酵母菌的生长繁殖与酒精发酵的最适温度为20～30℃，如果温度继续升高达到35℃时，其繁殖速度迅速下降，酵母菌呈“疲劳”状态，酒精发酵有可能停止。酵母不再繁殖而且死亡时的温度为35～40℃。

果酒发酵有低温发酵和高温发酵之分。20℃以下为低温发酵，30℃以上则为高温发酵。后者的发酵时间短，酒味粗糙，杂醇、醋酸等生成量多。

（2）酸度（pH）　酵母菌在中性或微酸性条件下发酵能力最强，但以 pH 4～6 最好。而实际生产中，为了抑制细菌生长，控制在 pH 3.3～3.5 为佳。当 pH 下降至 2.6 以下时，酵母菌也会停止繁殖和发酵。

（3）空气（通风，给氧）　酵母菌繁殖需要氧，在完全无氧条件下，酵母菌只能繁殖几代，然后就停止。在有氧气条件下，酵母菌生长发育旺盛，大量地繁殖个体。而在缺氧条件下，个体繁殖被明显抑制，同时促进了酒精发酵。在果酒发酵初期，宜适当多供给些氧气，以增加酵母菌数量。一般在破碎和压榨过程中所溶入果汁中氧气已经足够酵母菌发育繁殖之所需，只有在酵母菌发育停滞时，才通过倒桶（罐）适量补充氧气。如果供氧气太多，会使酵母菌进行好气活动而大量损失酒精。如果缺氧时间过长，多数酵母菌就会死亡。因此，果酒发酵一般在密闭条件下进行。

（4）糖分　酵母菌生长繁殖和酒精发酵都需要糖，糖浓度为 2%以上时酵母菌活动旺盛，当糖分超过 25%时则会抑制酵母菌活动，达到 60%以上时由于糖的高渗透压作用，酒精发酵停止。因此生产含酒精度较高的果酒时，可采用分次加糖的方法，这样可缩短发酵时间，保证发酵的正常进行。

（5）酒精和二氧化碳　酒精和二氧化碳都是发酵产物，它们对酵母的生长和发酵都有抑制作用。酒精对酵母的抑制作用因菌株、细胞活力及温度而异，在发酵过程中对酒精的耐受性差别即是酵母菌菌群更替转化的自然手段。一般在正常发酵生产中，经过发酵产生的酒精，不会超过 15%～16%。

在发酵过程中二氧化碳的压力达到 0.8 MPa 时，能造成酵母菌的生长繁殖停止；当二氧化碳的压力达到 1.4 MPa 时，酒精发酵停止；当二氧化碳的压力达到 3 MPa 时，酵母菌死亡。

（6）二氧化硫　葡萄酒酵母菌具有较强的抗二氧化硫能力，可耐 1 g/L 的 $SO_2$。当原料果汁中游离二氧化硫含量为 10 mg/L 时，对酵母没有明显作用，而对大多数有害微生物却有抑制作用；当二氧化硫为 20～30 mg/L 时也只能延迟发酵进程 6～10 h；二氧化硫为 50 mg/L 时，延迟发酵进程 18～24 h；而其他微生物则完全被杀死。葡萄酒发酵时，根据葡萄原料的好坏及酿制酒的类型不同，二氧化硫的使用量为 30～120 mg/L。

### 13.2.3　果酒酿造工艺

以葡萄酒为例进行介绍。

**1. 葡萄酒酿造工艺流程**

工艺流程如图 13-1。

**2. 操作要点**

（1）原料的选择　干红葡萄酒要求原料色泽深、风味浓郁、果香典型、糖分含量高、酸度适中、完全成熟，糖分、色素积累到最高，而酸度适宜时采收。干白葡萄酒要求果粒充分成熟，即将要达到完全成熟，具有较高的糖分和浓郁的香气，出汁率高。

（2）破碎　破碎是将葡萄浆果压破，以利于果汁的流出。在破碎过程中，应尽量避免撕碎果皮、压破种子和碾碎果梗，降低杂质（葡萄汁中的悬浮物）的含量；在酿造白葡萄酒时，还应避免果汁与皮渣接触时间过长。

红葡萄 → 选料 → 破碎、除梗 → 葡萄浆（↓ $SO_2$）→ 成分调整 → 浸提与发酵（↓ 酒母）→ 压榨 → 后发酵 → 倒桶 → 苹果酸 → 乳酸发酵 → 贮酒 → 调配 → 过滤 → 干红葡萄酒

白葡萄 → 选料 → 破碎、除梗 → 葡萄浆（↓ $SO_2$）→ 分离取汁 → 澄清（↓ 酒母）→ 发酵 → 倒桶 → 贮酒 → 过滤 → 冷处理 → 调配 → 过滤 → 干白葡萄酒

**图 13-1　葡萄酒酿造工艺流程图**

(3) 去梗 去梗是将葡萄浆果与果梗分开并将后者除去。去梗一般在破碎后进行，且常常与破碎在同一台破碎-除梗机中进行。

(4) 压榨 经分离后的皮渣还含有30%～40%的葡萄汁，应将它们送往压榨机进行压榨。压榨时，一方面需提高出汁率，压力应足够大；另一方面所施加压力不应过大，以避免压烂果梗、果皮、种子等，故一般采用分次压榨的方法来解决。压榨的机器类型很多，如立式压榨机、卧式螺旋压榨机、双板式压榨机、气囊压榨机等，这些类型各具优缺点，目前多趋向于使用双板式压榨机和气囊式压榨机。

(5) 澄清 经分离和压榨获得的葡萄汁，因含有杂质而呈混浊状态。澄清的方法主要有：①二氧化硫处理；②果胶酶处理；③皂土；④另外还有一些其他的方法（如离心分离等）都可用于葡萄汁的澄清。

(6) 葡萄汁成分的调整 包括糖分和酸度的调整。

①糖分的调整。一般葡萄汁的含糖量为14～20 g/100 mL，只能生成8.0%～11.7%的酒精。而成品葡萄酒的酒精度多要求为12%～13%，甚至16%～18%。故需要补加糖使其生成足量的酒精。

生产上为了计算方便，可应用经验数字。如要求发酵生成12%～13%酒精，则分别用230～240减去果汁原有的糖量。果汁含糖量高时（15 g/100 mL以上）可用230，含糖量低时（15 g/100 mL以下）则用240。酵母菌在含糖20 g/100 mL以下的糖液中，其繁殖和发酵都较旺盛，若再提高糖的浓度，繁殖和发酵就会受到一定程度的抑制。因此，生产上酿制高酒精度的葡萄酒时常分次将糖加入发酵液中，以免将糖浓度一次提得太高。加糖时，先用少量果汁将糖溶解，再加到大批果汁中去。除加糖外，还可加浓缩果汁。

②酸度调整。酸在葡萄酒发酵中起重要作用，它可抑制细菌繁殖，使发酵顺利进行；使红葡萄酒得到鲜明的颜色；使酒味清爽，并使酒具有柔软感；与醇生成酯，增加酒的芳香；增加酒的贮藏性和稳定性。

果酒发酵时其酸度在0.8～1.2 g/100 mL最适宜。若酸度低于0.5 g/100 mL则需要加入适量酒石酸、柠檬酸或酸度较高的果汁进行调整，一般用酒石酸进行增酸效果较好。若酸度偏高，可采用化学降酸法，即用碳酸钙、碳酸氢钾或酒石酸钾，其中任意一种都可中和过量的有机酸，降低酸度；或者可以采用冷冻法促进酒石酸盐沉淀来降酸；还可用生物法即苹果酸-乳酸发酵、裂殖酵母将苹果酸分解成酒精和$CO_2$，来降低酸度。

另外，有些品种的葡萄单宁含量偏低，可适量加入单宁或者用单宁含量较高的葡萄进行调整，以满足果酒酿制对单宁的需要。

对于红葡萄酒，应在酒精发酵前补加酒石酸，这样利于色素的浸提。若加柠檬酸，应在苹果酸-乳酸发酵后再加。白葡萄酒加酸可在发酵前或发酵后进行。

(7) 换桶（倒桶） 酒精发酵结束后的葡萄酒，仍含有许多易引起混浊的成分，经过一段时间静置贮藏之后，这些物质就会沉淀到罐底。换桶就是将葡萄酒与其沉淀物分开的操作，也就是将葡萄酒从一个贮藏容器转到另一贮藏容器。不换桶或换桶不当都会导致葡萄酒在陈酿过程中败坏。

①换桶产生的效应：a. 澄清作用；b. 可以通气；c. 有利于二氧化碳和其他一些挥发性物质的挥发；d. 均质化；e. 调整二氧化硫处理葡萄酒；f. 利用转罐机会清洗容器。

②换桶应有适当的时间和次数。

③换桶的方式体要视情况而定。

(8) 添桶（罐） 由于各种原因，在贮藏过程中，贮藏容器中葡萄酒液面下降，从而造成空隙，因此必须定期添桶。它的目的至少是可以减少固定的酒液面与空气接触而导致的氧化或醋酸菌的危害。添桶的间隔时间取决于顶空的变化速率、温度、容器的类型及其密封性等因素。

(9) 二氧化硫处理和酒母添加 由于$SO_2$的独特作用，破碎除梗后一般根据原料的卫生状况和工艺要求加入50～100 mg/L的$SO_2$。经过$SO_2$处理后，即使不添加酒母，酒精发酵也会触发。但是，有时为了使酒精发酵提早触发，也会加入人工培养酒母或活性干酵母。

(10) 取汁　葡萄经过破碎成浆之后，应立即分离出葡萄汁，以避免浸渍作用、发酵触发和氧化现象。分离取汁的方法可分为静止分离和动力分离，静止分离就是将破碎的葡萄装入压榨容器、依靠重力的作用，使葡萄汁流出。等到容器装满后，开始压榨、取压榨汁。动力分离是为了加速葡萄汁的分离和提高自流汁的比例，对原料进行较小强度的挤压，这种方法需要分离机器。

(11) 过滤　过滤是一种常见的澄清方法，它是让酒液通过具有很细微孔的滤层来除去沉淀物质。对于较浑浊的新葡萄酒，由于含有较多的杂质，应使用筛析过滤。而对于较澄清的葡萄酒，应使用吸附过滤。过滤的时间最好选在过冬之后进行，以便于酸性酒石酸钾的凝结沉淀。而对于要求提高其生物稳定性的葡萄酒，装瓶前可用孔目直径为 1.20 μm 或 0.65 μm 的过滤膜过滤，前者可以除去酵母菌，后者可以除去乳酸菌和醋酸菌。这一种过滤叫作薄膜过滤，但不是以澄清为目的，而是以除去微生物为目的。

### 3. 低浓度酒粉

低度酒是指酒精含量少于 20%的酒。制作方法：低度酒先进行浓缩，制成浓缩酒，再加入多糖进行喷雾干燥。

(1) 浓缩　酒类的冷冻浓缩是基于产生结冰和降低冰点的原理。在进行低酒度酒类的冷冻浓缩时，为了尽量减少香味成分和呈味成分的损失，把低酒度酒类放在－60～－10℃的冷库中进行冷冻，再将结成的冰用机械法除去。其冷冻时间 10 h 以上，最好在 30～80 h。装酒的容器以 20 L 左右为好，过大时冷冻时间太长，过小时冷冻时间太短。结冰时间亦要控制适当，结冰时间短的话，结冰速度快，这样从微细冰晶出现到结冰期间会发生成分的损失。

(2) 喷雾干燥　制成酒度为 10%、15%、20%、30%、40%的葡萄酒浓缩物 100 kg，按其含水量分别加入 130%的糊精（水解率 DE 值为 13），混合溶解后进行喷雾干燥试验，结果见表 13-1。

**表 13-1　不同酒度喷雾干燥情况表**

| 序号 | 葡萄酒浓缩物成分/% | 混合溶液成分/kg | | | | 混合溶液黏度（40℃） | 喷雾干燥情况 | 所得粉末量/kg | 粉末酒精含量 | 酒精含量/% |
|---|---|---|---|---|---|---|---|---|---|---|
| | | 酒精 | 糖 | 水 | 糊精 | | | | | |
| 1 | 酒精 10<br>糖 2 | 10 | 2 | 38 | 114.4 | 195CP | 无法喷雾 | — | — | — |
| 2 | 酒精 15<br>糖 3 | 15 | 3 | 82 | 106.6 | 170CP | 不好 | 115 | 6.5 | 49.8 |
| 3 | 酒精 20<br>糖 4 | 20 | 4 | 76 | 98.8 | 150CP | 稍好 | 115 | 12.5 | 71.9 |
| 4 | 酒精 30<br>糖 6 | 30 | 6 | 64 | 83.2 | 105CP | 好 | 114 | 23.0 | 87.4 |
| 5 | 酒精 40<br>糖 8 | 40 | 8 | 52 | 67.6 | 65CP | 好 | 112 | 33.0 | 92.4 |

## 13.2.4　常见质量问题及控制

### 1. 生膜

生膜又名生花，是由酒花菌类繁殖形成的。果酒暴露在空气中，就会在表面生长一层灰白色或暗黄色、光滑而又薄的膜，随后逐渐增厚、变硬，膜面起皱纹，此膜将酒面全部盖满。振动后膜即破碎成小块（颗粒）下沉，并充满酒中，使酒混浊，产生不愉快气味。酒花菌类的种类很多，主要是膜醭酵母菌，该菌在酒度低、空气充足、24～26℃时最适宜繁殖。当温度低于 4℃或高于 34℃时停止繁殖。

防止方法：①不使酒液表面与空气过多接触，贮酒盛器需经常添满，密闭贮存。要保持周围环境及容器内外的清洁卫生。②在酒面上加一层液体石蜡隔绝空气，或经常充满一层二氧化碳或二氧化硫气体。③在酒面上经常保持一层高浓度酒精。若已发生生膜，则需用漏斗插入酒中，加入同类的酒充满盛器使酒花溢出以除之。注意不可将酒花冲散。严重时需用过滤法除去酒花再行保存。

2. 变味

(1) 酸味　果酒变酸主要是由于醋酸菌发酵引起的。醋酸菌繁殖时先在酒面上生出一层淡灰色薄膜，最初是透明的，以后逐渐变暗，有时变成一种玫瑰色薄膜，出现皱纹，并沿器壁生长而高出酒的液面。以后薄膜部分下沉，形成一种黏性的稠密的物质，称之为醋母。但有时醋酸菌的繁殖并不生膜。由于醋酸菌经常危害果酒，所以，它是果酒酿造业的大敌。醋酸菌可以使酒精氧化成醋酸，使其产生刺舌感。若醋酸含量超过 0.2%，就会感觉有明显的刺舌，不宜饮用。

引起醋酸发酵的醋酸菌种类很多，常见的是醋酸杆菌。这类菌繁殖的最适条件是：酒精度 12% 以下，有充足的空气供给，温度为 33～35℃，固形物及酸度较低。防止方法与生膜相同。对已感染上醋酸菌时，没有最好的处理办法，只能采取加热灭菌，病菌在 72～80℃保持 20 min。凡已贮存过酸变酒的容器要用碱水洗泡，刷洗干净后用硫黄杀菌。

(2) 霉味　用生过霉的盛器、清洗除霉不严、霉烂的原料未能除尽等原因都会使酒产生霉味。霉味可用活性炭处理过滤而减轻或去除。

(3) 苦味　苦味多由种子或果梗中的糖苷物质的浸出而引起。可通过加糖苷酶加以分解，或提高酸度使其结晶而过滤除之。有些病菌（如苦味杆菌）的侵染也可以产生苦味，主要发生在红葡萄酒的酿制中，白葡萄酒发生较少，老酒中发生最多。

防止办法：主要是采用二氧化硫杀菌，一旦感染了苦味菌的酒，应马上进行加热杀菌，然后采用下述方法处理：①进行下胶处理 1～2 次。②通过加入酒量 3%～5%的新鲜酒脚（酒脚洗涤后使用）并搅拌均匀，沉淀分离之后苦味即去除。③也可将一部分新鲜酒脚同酒石酸 1 kg、溶化的砂糖 10 kg 进行混合，一起放入 1 000 L 病酒中，同时接纯酵母培养发酵，发酵完毕再在隔绝空气条件下过滤。④将病酒与新鲜葡萄皮渣浸渍 1～2 d，也可获得较好的效果。

得了苦味菌的病酒在换桶时，一定注意不要与空气接触，否则会加重葡萄酒的味。

(4) 硫化氢味和乙硫醇味　硫化氢味（臭皮蛋味）和乙硫醇味（大蒜味）是酒中的固体硫被酵母菌所还原而产生硫化氢和乙硫醇而引起的。因此，硫处理时切勿将固体硫混入果汁中。利用加入过氧化氢的方法可以去除之。

(5) 其他异味　酒中的木臭味、水泥味和果梗味等可经加入精制的棉籽油、橄榄油和液体石蜡等与酒混合使之被吸附。这些油与酒互不溶合而上浮，分离之后即去除异味。

3. 变色

在果酒生产过程中如果铁制的机具与果酒或果汁相接触，使酒中的铁含量偏高（超过 8～10 mg/L）就会导致酒液变黑。铁与单宁化合生成单宁酸铁，呈蓝色或黑色（称为蓝色或黑色败坏）。铁与磷酸盐化合则会生成白色沉淀（称为白色败坏）。因此，在生产实践中需避免铁质机具与果汁和果酒接触，减少铁的来源。如果铁污染已经发生，则可以加明胶与单宁沉淀后消除。

此外，果酒生产过程中果汁或果酒与空气接触过多时，由于过氧化物酶在有氧的情况下会将酚类化合物氧化而呈褐色（称为褐色败坏）。一般用二氧化硫处理可以抑制过氧化物酶的活性，加入单宁和维生素 C 等抗氧化剂，都可有效地防止果酒的褐变。

4. 浑浊

葡萄酒的病害问题可分为微生物病害、物理化学病害和不良风味三大类。

果酒在发酵完成之后，以及澄清后分离不及时，由于酵母菌体的自溶或被腐败性细菌所分解而产生浑浊；由于下胶不适当也会引起浑浊；也有可能是由于有机酸盐的结晶析出、色素单宁物质析出以及蛋白质沉淀等均会导致酒液浑浊。这些混浊现象可采用下胶过滤法除去。如果是由于再发酵或醋酸菌等的繁殖引起混浊则需先进行巴氏杀菌后再用下胶处理。

### 13.2.5 果酒发酵设备

发酵容器一般为发酵与贮藏两用，要求不渗

漏、能密闭、不与酒液起化学作用。发酵设备要求能控温，易于洗涤、排污，通风换气良好等。发酵容器与发酵设备使用前应进行清洗，用 $SO_2$ 或甲醛熏蒸消毒处理。

1. **发酵桶**

一般用橡木（柞木）、山毛榉木、栎木或栗木制作。由于木质系多孔物质，可发生气体交换和蒸发现象，酒在桶中轻度氧化的环境中成熟，赋予柔细醇厚滋味，尤其新酒成熟快，酒质好，是酿造高档红葡萄酒和某些特产名酒的传统、典型容器。但该类容器造价较高，维修费用大，对贮酒室要求建在地下，贮存管理较麻烦。发酵桶呈圆筒形，上部小，下部大，容量 3 000～4 000 L 或 10 000～20 000 L，靠桶底 15～40 cm 的桶壁上安装阀门，用以放出酒液。桶底开一排渣阀，上口有开口式与密闭式两种（图 13-2 甲、乙），密闭式桶盖上安装发酵栓（图 13-3 甲、乙）。密闭式发酵桶也可制成卧式安放。

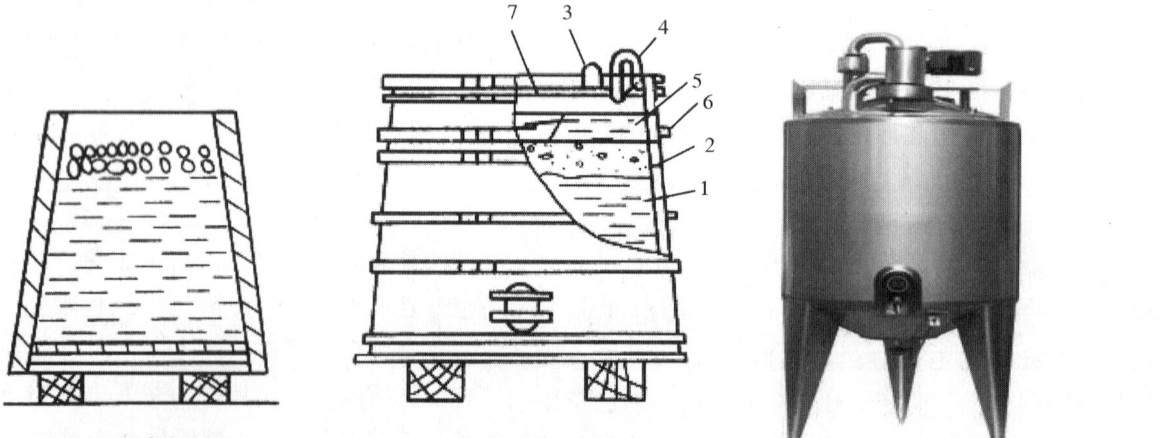


甲. 开口式发酵桶　　乙. 密闭式发酵桶

**图 13-2　发酵桶**

1. 葡萄汁；2. 葡萄皮渣；3. 桶门；4. 倒 U 管式发酵栓；5. 压葡萄皮渣的木箅子；6. 支柱；7. 桶盖

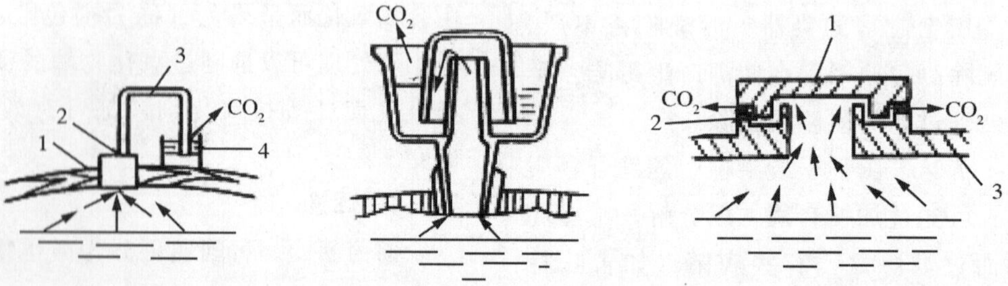


甲　　乙　　丙

**图 13-3　各种形式的发酵栓**

甲、乙适用于发酵桶的发酵栓：1. 圆孔；2. 软木塞；3. 倒 U 形玻璃管；4. 玻璃瓶；丙适用于发酵池的发酵栓：1. 池盖；2. U 形管；3. 池顶

2. **发酵池**

水泥发酵池造价低，坚固耐用，大小不受限制，能密闭，使用方便。但占地面积大，不易搬迁，池表面易腐蚀，施工不当会出现渗漏，维修费用较高，空池不易养护，不宜贮放高档葡萄酒。

通常用钢筋混凝土或石、砖砌成发酵池（图 13-4），形状有六面形或圆形，大小不受限制，能密闭，池盖略带锥度，以利气体排出而不留死角。盖上安有发酵栓（图 13-3 丙）、进料孔等。池壁及池底均需用防水材料处理，用防水粉（硅酸钠）涂布，也可镶瓷砖，以防渗漏。为了防止果酒（汁）的酸与钙起作用，影响酒的品质，需铺设瓷砖或用涂料涂敷，常见的涂料有石蜡涂料、环氧树脂涂料和酒石酸。池底稍倾斜，安有放酒阀、废水阀及排放渣汁活门等。池内安有降（升）温温控设备及自动翻汁设备。

图 13-4　发酵池

3. 专门发酵设备

目前国内外一些大型企业普遍采用金属材料制成的发酵罐，如旋转发酵罐（图 13-5）、自动连续循环发酵罐等。发酵罐常用不锈钢和碳钢板制成内层有涂料的圆锥体发酵罐。优点是占地面积小，可不建厂房，坚固耐用，易搬迁，维修费用低，密封条件好，易清洗，易保管，露天贮酒能起到人工老熟的作用。缺点是造价高。罐内设置升降温装置，罐顶端设有进料口和排气阀等，底端有出料口和排渣阀，单列或数个串联，适于大型酒厂。

图 13-5　旋转发酵罐及其示意图

1. 盖；2. 螺线刮刀；3. 浮标；4. 安全阀；5. 穿孔鼓底；6. 底；7. 电机；8. 穿孔内壁；9. 内层间隙；10. 转筒

## 13.3　发酵果醋

### 13.3.1　酿造工艺

1. 醋母制备

优良的醋酸菌种，可以从优良的醋酸或生醋（未消毒的醋）中采种繁殖。亦可用纯种培养的菌种。

（1）醋酸菌种扩大培养　步骤如下。

①固体培养。取浓度为 1.4% 的豆芽汁 100 mL、葡萄糖 3 g、酵母膏 1 g、碳酸钙 1 g、琼脂 2～2.5 g，混合，加热熔化，分装于干热灭菌的试管中，每管装量 4～5 mL，在 $9.80\times10^4$ Pa 的压力杀菌 15～20 min，取出，趁未凝固前加入 50% 的酒精 0.6 mL，制成斜面，冷后，在无菌操作下接种优良醋醅中的醋酸菌种，26～28℃恒温下培养 2～3 d 即成。

②液体扩大培养。取浓度为 1% 的豆芽汁 15 mL，食醋 25 mL，水 55 mL，酵母膏 1 g 及酒精 3.5 mL 配制而成。要求醋酸含量为 1%～1.5%，醋酸与酒精的总量不超过 5.5%。装盛于 500～1 000 mL 三角瓶中，常法消毒。酒精最好于接种前加入。接入固体培养的醋酸菌种 1 支。26～28℃恒温下培养 2～3 d 即成，在培养过程中，每日定时摇瓶一次或用摇床培养，充分供给空气及促使菌膜下沉繁殖。

（2）制备醋母　培养成熟的液体醋母，即可接入再扩大 20～25 倍的准备醋酸发酵的酒液中培养之，制成醋母供生产用。

上述各级培养基也可直接用果酒配制。

2. 果醋酿制的分类

果醋发酵工艺按其发酵状态可分为固态发酵法、液态发酵法和固-液发酵法。

（1）固态发酵法　这种方法是比较传统的发酵方式，特点是采用低温糖化和酒精发酵，应用多种有益微生物协同发酵，配用多量的辅料和填充料，以浸提法提取食醋。成品香气浓郁，口味醇厚，色深质浓，但发酵周期长，劳动强度大，出品率低。

流程：果品原料→清杂、除烂→清洗→破碎→加稻壳→接种酵母菌→拌匀→固态酒精发酵→加麸皮、稻壳→接种醋酸菌→固态醋酸发酵→淋醋→灭菌→陈酿→果醋。

（2）液态发酵法　液态发酵法即醋酸发酵时物料呈液态的一种酿醋工艺，目前生产上多采用此法。采用液态发酵工艺生产果醋可以改善生产条件，减少杂菌污染机会，提高机械化程度和劳动生产率，不用填充料，原料利用率高达65%～70%，扩大了原料的选择范围，产量高，生产周期短等。液态发酵又分为深层发酵和表面发酵，采用液态深层发酵，工艺虽先进，但主要以鲜果汁为原料，且对菌种、设备要求都很高，建厂投资也大，产销量都未形成局部气候，其影响和优越性尚未充分发挥；若采用液态表面发酵，则比深层发酵的效率低10～20倍。总之液态发酵果醋风味、色泽及品相较固态发酵工艺生产的果醋要差一些。液态发酵简易装置见图13-6。

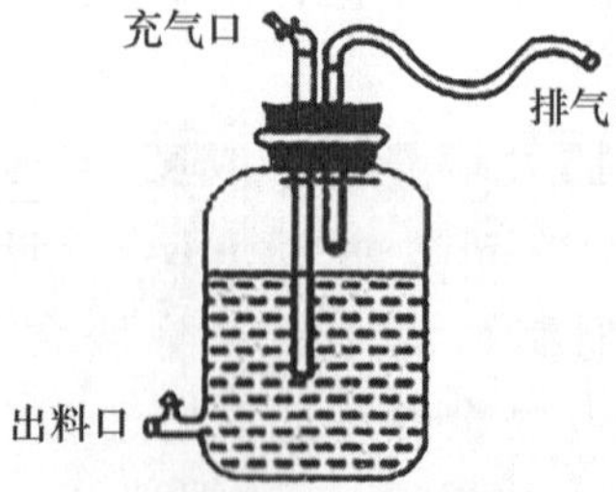


图13-6　液态发酵简易装置

流程：果品原料→清杂、除烂→清洗→破碎、榨汁→过滤除渣→粗果汁→成分调整→接种酵母→液态酒精发酵→接种醋酸菌→液态醋酸发酵→过滤→除菌→陈酿→果醋。

（3）固-液发酵法　一般为前液后固，提高了原料的利用率；提高了淀粉质利用率、糖化率，酒精发酵率；采用液态酒精发酵、固态醋酸发酵的发酵工艺；醋酸发酵池近底处设假底的池壁上开设通风洞，让空气自然进入，利用固态醋醅的疏松度使醋酸菌得到足够的氧，全部醋醅都能均匀发酵；利用假底下积存的温度较低的醋汁，定时回流喷淋在醋醅上，以降低醋醅温度调节发酵温度，保证发酵在适当的温度下进行。

流程：果品原料→切除腐烂部分→清洗→破碎、榨汁→过滤除渣→粗果汁→接种酵母→液态酒精发酵→加麸皮、稻壳→接种醋酸菌→固态醋酸发酵→淋醋→灭菌→陈酿→果醋。

3. 工艺流程

以苹果醋酿造的工艺流程为实例。

（1）工艺流程　苹果醋酿造的工艺流程见图13-7。

（2）技术要点

①酒精发酵。压榨出的苹果汁加入果胶酶进行澄清处理后，接入5%～10%的酵母培养液进行酒精发酵，主发酵时加70～80 mg/kg $SO_2$，加糖发酵使酒精含量达13%以上，主发酵结束后，分离过滤，然后进行成分调整，再经陈酿即制成苹果酒。

②醋酸发酵。酒精发酵结束后，加入苹果汁调整酒精浓度，接入10%醋酸培养液，在30℃条件下，发酵至酒精浓度低于0.2%（体积分数），醋酸4～6 g/100 mL为宜。

### 13.3.2 常见质量问题及控制

1. 水果的处理不当

水果在贮藏过程中极易腐败变质，对果醋质量构成威胁；原料的糖、酸、单宁等成分都会影响发酵过程。保证果醋质量就必须从源头保证原料的质量。选择无病虫害的水果，储藏期间妥善保管，防止微生物侵染。为了酿制优质的果醋，根据微生物繁殖及发酵的需要，对果汁成分进行调整，主要是对果汁糖分、酸度、含氮物质调整。尽量考虑水果

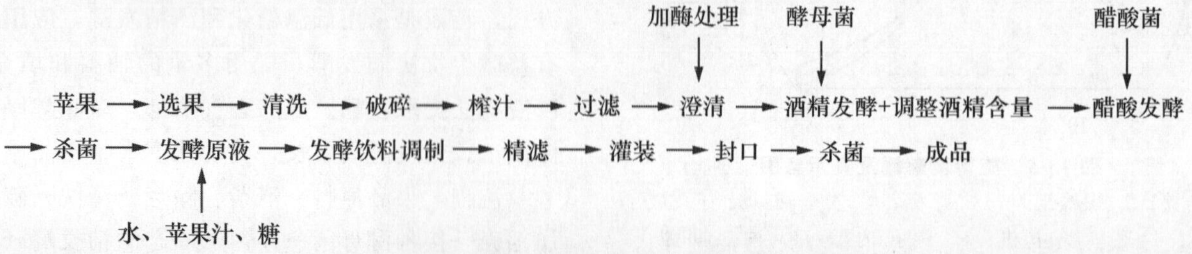


图13-7　苹果醋酿造工艺流程

香气成分的保留。有些水果的单宁含量较高，在果醋的酿制过程中容易褐变，对果醋的风味产生直接的影响，使口感、色泽变差，而且还会抑制酒精发酵。所以水果在发酵前需进行处理。

2. 果醋浑浊、沉淀现象

果醋在保存和食用过程中，常出现有悬浮膜、结块与沉淀物的浑浊现象。轻者影响外观，重者影响产品的品质。醋的浑浊是一个非常复杂的现象，可概括为非生物性浑浊和生物性浑浊 2 大类型。

（1）生物性浑浊　微生物是最主要的原因。

①发酵过程中微生物侵染引起的浑浊。由于醋的酿制大部分采用开口式的发酵方式，空气中杂菌容易侵入。发酵菌种主要来自于曲料，有霉菌（红曲霉、根霉、米曲霉）、酒精酵母、醋酸杆菌等，同时也寄生着其他微生物，如汉逊酵母、皮膜酵母、乳酸菌和放线菌等，正是这些微生物产生了醋的多种香味物质和氨基酸等，对产品是有益的，但皮膜酵母及汉逊酵母在高酸、高糖和有氧的条件下，产生酸类的同时，也繁殖了自身，大量的酵母菌体上浮形成具有黏性的白色浮膜，且多呈现乳白色至黄褐色。当各种其他杂菌也大量繁殖后，悬浮其中就造成了食醋的浑浊现象。

②成品食醋再次污染造成的浑浊。经过滤后清澈透明的醋或过滤后再加热灭菌的醋搁置一段时间后逐渐呈现均匀的浑浊，这是由嗜温、耐醋酸、耐高温、厌氧的梭菌引起的。梭菌的增殖不仅消耗醋中的各种成分，还会代谢不良物质，如产生异味的丁酸、丙酮等破坏醋的风味，而且大量菌体包括未自溶的死菌体使醋的光密度上升，透光率下降。

生物性浑浊的主要解决方法是，保证加工车间、环境卫生，操作人员的规范作业，应用先进的杀菌设备，防止杂菌污染等。

（2）非生物性浑浊　主要是由于在生产、贮存过程中，原辅料未完全降解和利用，存在着淀粉、糊精、蛋白质、多酚、纤维素、半纤维素、脂肪、果胶、木质素等大分子物质及生产中带来的金属离子。这些物质在氧气和光线作用下发生化合和凝聚等变化，形成浑浊沉淀。另外，辅料中含有部分粗脂肪，这些物质会与成品中的 $Ca^{2+}$、$Fe^{3+}$、$Mg^{2+}$ 等金属离子络合结块，而且这些物质给耐酸菌提供了再利用的条件，因此产生了浑浊。

果醋的非生物性浑浊是果汁中的一些物质引起的，因此为了防止果醋浑浊，一般在发酵之前需合理处理果汁，去除或降解其中的果胶、蛋白质等引起浑浊的物质。具体方法：①用果胶酶、纤维素酶、蛋白酶等酶制剂处理果汁，降解其中的大分子物质。②加入皂土使之与蛋白质作用产生絮状沉淀，并吸附金属离子。③加入单宁、明胶。果汁中原有的单宁量较少，不能与蛋白质形成沉淀，因此加入适量单宁，其带负电荷与带正电荷的明胶（蛋白质）产生絮凝作用而沉淀。④利用 PVPP（聚乙烯吡咯烷酮）的强大络合能力使其与聚丙烯酸、鞣酸、果胶酸、褐藻酸生成络合性沉淀。

**思考题**

1. 试述果蔬微生物发酵原理。
2. 泡菜类在腌制初期会发现从底部冒出气泡，到后期气泡又会消失，请详细解释这种现象发生的原因。
3. 简述果酒酿造工艺。
4. 简述果醋酿造工艺。

HAPTER 14

# 第14章 果蔬综合利用

**教学目标：**

1. 掌握果蔬综合利用的含义；
2. 熟悉各种果蔬综合利用的方向；
3. 掌握色素、籽油、果胶和膳食纤维的提取方法；
4. 了解目前果蔬综合利用的研究进展。

果蔬综合加工利用，就是指通过一条龙的加工体系，对果蔬的果、皮、汁、肉、种子、根茎、叶、花及加工后的残渣和落地果、野生果等的有效成分进行综合利用。减轻环境污染，从废弃的生物资源中得到生理活性物质，实现农产品原料的梯度加工增值和可持续发展，提高经济效益和生态效益。

水果的综合利用有：从山楂、酸枣、葡萄、辣椒、沙棘、柑橘的果皮等中提取色素类物质；从苹果、葡萄、山楂、香蕉、枇杷、柑橘中提取果胶物质；从苹果皮渣、梨渣、椰子渣、柑橘果皮渣中提取膳食纤维；从番茄、葡萄、柑橘中提取籽油；从柑橘、葡萄中提取柠檬酸、酒石酸等有机酸；从菠萝中提取蛋白酶等；核果类果实的核是制造活性炭的良好原料；还可以利用果蔬的下脚料做酒精、种植食用菌等。蔬菜也有一些综合利用，如利用蘑菇预煮液制成健肝片；利用食用菌提取物制成美容化妆品；从生姜渣中提取姜油树脂；从洋葱中提取黄酮；从南瓜子中提取糖蛋白和多糖等活性物质。使原料各部分所含有的有用成分都能被充分合理地利用。

## 14.1 色素的提取

### 14.1.1 概述

在果蔬中，最为常见的色素有叶绿素、类胡萝卜素、花青素及花黄素。色素按溶解度可分为脂溶性色素和水溶性色素。

**1. 果蔬色素提取工艺流程**

为了保持果蔬色素的固有优点和产品的安全性、稳定性，一般提取工艺大多采用物理方法，较少使用化学方法。目前提取色素的工艺主要有浸提法、浓缩法和先进的超临界流体萃取法等。

浸提法工艺设备简单，其关键是如何提高产品得率和纯度，其一般工艺流程为：原料→清洗→浸提→过滤→浓缩→干燥成粉或浸膏→产品。

浓缩主要用于天然果蔬汁的直接压榨、浓缩提取色素，其一般工艺流程为：原料→清洗→压榨果汁→浓缩→干燥→成品。

超临界流体萃取法是现代高新技术用于果蔬色素提取的先进方法。其一般工艺流程为：原料→清洗→萃取器萃取→分离→干燥→成品。

**2. 果蔬色素提取技术要点**

（1）原料处理　浸提法的原料处理：生产收购到的优质原料，需及时晒干或烘干，并合理贮存；有些原料还需进行粉碎等特殊的前处理，以便提高提取效率；提取不同的色素，对原料要进行不同的处理，生产前要严格试验，找出适宜的前处理方法。浓缩法的原料处理以及榨汁过程可参考果蔬汁的加工。对于超临界流体萃取法提取色素，也应将原料洗涤、沥干及适当的破碎后，提取色素。

（2）萃取　对于用浸提法提取色素，①应选用理想的萃取剂，因为优良的溶剂不会影响所提取色素的性质和质量，并且提取效率高、价格低廉以及回收或废弃时不会对环境造成污染；②萃取的温度要适宜，既要加快色素的溶解，又要防止非色素类物质的溶解增多；③大型工业化生产应采用进料与溶剂成相反梯度运动的连续作业方式，以提高效率并节省溶剂；④萃取时应随时搅拌。对于超临界流体萃取法，一般所选的溶剂为$CO_2$，在萃取时应控制好萃取压力和温度。

（3）过滤　过滤是浸提法提取果蔬色素的关键工序之一，若过滤不当，成品色素会出现浑浊或产生沉淀，尤其是一些水溶性多糖、果胶、淀粉、蛋白质等，不过滤除去，将严重影响色素溶液的透明度，还会进一步影响产品的质量和稳定性。过滤常常采用离心过滤、抽滤，目前还有超滤技术等。另外，为了提高过滤效果，往往采用一些物理化学方法，如调节pH、用等电点法除去蛋白质、用酒精沉淀提取液中的果胶等。

（4）浓缩　色素浸提过滤后，若有有机溶剂，需先回收溶剂以降低产品成本，减少溶剂损耗，大多采用真空减压浓缩先回收溶剂，然后继续浓缩成浸膏状；若无有机溶剂，为加快浓缩速度，多采用高效薄膜蒸发设备进行初步浓缩，然后再真空减压浓缩。真空减压浓缩的温度控制在60℃左右，而且也可隔绝氧气，有利于产品的质量稳定，切忌用火直接加热浓缩。

（5）干燥　为了使产品便于贮藏、包装、运输等，尽可能地把产品制成粉剂。目前常用的干燥方式有塔式喷雾干燥、离心喷雾干燥、真空减压干燥以及冷冻干燥等。多数色素产品未能找到喷雾干燥的载体，直接制成的色素粉剂易吸潮，特别是花色苷类色素，并且高温会破坏花色苷的结构，使其活性降低。目前冷冻干燥是保持原料活性的有效方式，但耗能较大，生产成本较高。

（6）包装　包装材料应选择轻便、牢固、安全、无毒的材质，对于液态产品多用不同规格的聚乙烯塑料瓶包装，粉剂产品多用薄膜包装；包装容器必须进行灭菌处理，以防污染产品。无论何种类型产品和使用何种包装材料，为了色素的质量稳定和长期贮存，一般应放在低温、干燥、通风良好的地方避光保存。

3．果蔬色素的精制纯化

（1）酶法纯化　利用酶的催化作用使得色素粗制品中的杂质通过酶的反应而被除去，达到纯化的目的。

（2）膜分离纯化技术　让色素粗制品通过一特定孔径的膜，就可阻止这些杂质成分的通过，从而达到纯化的目的。图 14-1 是果蔬色素浓缩膜提取设备。

（3）离子交换树脂纯化　利用阴阳离子交换树脂的选择吸附作用，可以进行色素的纯化精制。

（4）吸附、解吸纯化　选择特定的吸附剂，用吸附、解吸法可以有效地对色素粗制品进行精制纯化处理。

图 14-1　果蔬色素浓缩膜提取设备

### 14.1.2　山楂红色素的提取

1．工艺流程及步骤

工艺流程：山楂→挑料→清洗→破碎→浸泡（0.1%盐酸+95%乙醇）→粗滤→细滤→真空浓缩→成品。

选择成熟、无虫无腐烂果实，洗净，机械破碎，破碎度以每个果破成八瓣为宜。然后加入50℃的温水浸泡 4 h，中间不断搅拌。然后将抽提液过滤，将滤液注入真空浓缩锅中，在 40～50℃下真空浓缩，即得山楂红色素浓缩液。

2．山楂红色素的性质及提取中应注意的问题

山楂色素耐酸性强，耐碱性差，pH 大于 5 时会使色素的紫红色明显减弱，该色素耐氧化性和耐还原性都很差，应避免与氧化还原性较强的物质共存。提取山楂红色素的较优条件为提取温度 50℃，提取时间 4 h，物料配比 1∶3，溶剂配比为 95%乙醇. 金属离子如 $Na^{+}$、$Cu^{2+}$ 和 $Al^{3+}$ 少量存在时对山楂色素均无不良影响，不影响山楂色素的最大吸收波长。但大量存在时能使吸光度增加，颜色增强，其中 $Al^{3+}$ 对颜色增强作用最大。$Fe^{3+}$ 对山楂色素有严重的不良影响，使色素褐变，$Sn^{2+}$ 能使山楂色素的吸收峰值后移，并使吸收峰降低，但对色素的颜色无不良影响。维生素 C 和苯甲酸钠对山楂色素有一定程度的影响，使色泽减退，但影响程度不大。

### 14.1.3　葡萄红色素的提取

1．工艺流程

工艺流程：葡萄皮→浸提→粗滤、离心→沉淀→浓缩→干燥→成品。

2．技术要点

（1）选用含红色素较多的葡萄分离出果皮，或用除去籽的葡萄渣，干燥待用。

（2）浸提时用酸化甲醇或酸化乙醇，按等量重的原料加入，在溶剂的沸点温度下，pH 3～4 浸提 1 h 左右，得到色素提取液，然后加入维生素 C 或聚磷酸盐进行护色，速冷。

（3）粗滤后进行离心，以便去除部分蛋白质和杂质。

（4）离心后的提取液加入适量的酒精，使果胶、蛋白质等沉淀而被分离。

（5）在 45～50℃、93 kPa 真空度下，进行减压浓缩，并回收溶剂。

（6）浓缩后进行喷雾干燥或减压干燥，即可得

到葡萄皮红色素粉剂。

### 14.1.4　番茄红色素的提取

1. 工艺流程

工艺流程：番茄→破碎→浸提→过滤→浓缩→干燥→成品。

2. 技术要点

（1）选取新鲜且红色素含量高的番茄，洗涤后破碎。

（2）以氯仿作为溶剂提取番茄红色素，给破碎后的番茄中加入 90%原料重量的氯仿，用盐酸调节 pH 为 6，在 25℃下提取 15 min，然后过滤得到番茄红色素提取液。

（3）提取液在 45℃、67 kPa 真空度下进行浓缩，得到膏状产品，并回收溶剂。

（4）真空干燥后可得到番茄红色素产品。

## 14.2　果胶的提取

### 14.2.1　概述

果胶是一种耐酸的胶凝剂和天然食品添加剂，它是优良的稳定剂、增稠剂、乳化剂。

许多果蔬原料中都含有果胶物质，其中以柑橘类、苹果、山楂等含量较丰富，其他如杏、李、桃等，蔬菜中的南瓜、马铃薯、胡萝卜、甜菜、番茄等的含量也较多。果胶物质是以原果胶、果胶和果胶酸三种状态存在于果实的组织内的一类高分子多糖化合物，分子质量为 10 000～400 000。

商品果胶是从柑橘皮、苹果皮、柚皮、甜菜根中经过酸提取、酒精沉淀等工艺制备而成，商品果胶根据甲酯化程度分为高甲氧基果胶（HM 型）和低甲氧基果胶（LM 型），通常将甲酯化度为 50%以上（相当于甲氧基 7%以上）的果胶称为高甲氧基果胶，而将甲酯化度低于 50%的果胶称为低甲氧基果胶。

### 14.2.2　从柑橘果皮渣中提取果胶

柑橘果皮渣中含有 20%～30%的果胶，提取的主要方法有酸解法、离子交换法、酶解法等。

1. 工艺流程

工艺流程：橘皮→破碎→洗涤→酸浸提→过滤→减压浓缩→沉淀→滤液超滤→喷雾干燥→成品。

2. 技术要点

（1）橘皮粉碎后，用 5 倍原料重的水冲洗 2 次，再加入 2～3 倍原料重的水，用盐酸调整 pH 至 2.5 左右，85℃下加热搅拌 1 h。

（2）浸提液用滚筒式过滤机或压滤机过滤后，在 45～50℃减压浓缩，使果胶浓度达 3%。

（3）若要喷粉干燥制得果胶，需要用阻断分子质量为 8000 的超滤膜进行超滤，以精制浓缩果胶。喷粉干燥的条件为：平板旋转速度 2 000 r/min，果胶液进料量 4 L/h，热风入口温度 140℃，热气出口温度 70℃，风量 5 $m^3$/s。

（4）若不施行喷粉干燥，减压浓缩后加入酒精沉淀，酒精浓度达到 68%。果胶沉淀物用 75%和 80%的酒精各洗涤一次。

（5）在 45～50℃真空干燥 2 h，再粉碎过 60 目筛即得果胶粉。

图 14-2 为果胶膜浓缩设备。

图 14-2　果胶膜浓缩设备

### 14.2.3　从苹果皮渣中提取果胶

苹果皮渣及残次果、风落果都能用于提取果胶。苹果皮渣中果胶的含量可达 10%～15%。

1. 工艺流程

工艺流程：苹果湿渣→干燥→粉碎→酸液水解→过滤→浓缩→不同产品的制备→检验→标准化处理→成品。

2. 技术要点

（1）原料处理　苹果汁厂刚榨完汁的苹果渣含水量高达 78%，极易腐败变质，且苹果湿渣为粗渣，不易进行酸水解，故需先将苹果湿渣在 65～70℃条件下烘干，粉碎到 80 目大小。

(2) 漂洗　原料中所含的成分，如糖苷、芳香物质、色素、酸类和盐类等在提取果胶前必须漂洗干净，以免影响果胶的品质及胶凝力。

(3) 抽提　果胶是原果胶经稀酸水解萃取而得，抽提包括果胶的水解与果胶的溶出两个过程。在整个过程中要掌握好温度、时间、酸度和加水量的关系。果胶是一种高分子有机物，耐热性较差，温度过高，会引起果胶本身结构的破坏；温度过低，水解速度又会太慢，同时果胶溶液难于过滤，不易实现液渣分离。酸度高，则需时较短；酸度低，则需时较长，需多次抽取才能提净果胶。加水量太低，果胶溶液过滤困难，提取率低；加水量太大，果胶提取率虽较高，但浓缩时间却很长、能耗高、设备投资大。综合考虑认为抽提时，将绞碎的原料倒入抽提锅内，加水 8 倍，加 $H_2SO_4$ 调节 pH 至 1.8～2.7，后通入蒸汽，边搅拌边加热到 95℃，保持 45～60 min，即可抽提出大部分果胶。

(4) 抽提液的处理　将抽提物料通过压滤机过滤，滤液用高速（7 000 r/min）离心机分离杂质，并迅速冷却到 50℃左右，加入 1%～2%的淀粉酶，使抽提液中淀粉水解为糖，当酶反应终了时，加热到 77℃，破坏酶的活力。接着加入 0.3%～0.5%活性炭，在 55～60℃搅拌 20～30 min，使果胶脱色，再加入 1%～1.5%的硅藻土，搅匀，然后用压滤机压滤，获得澄清果胶液。

(5) 果胶液的浓缩　将澄清的果胶液送入真空浓缩锅中，保持真空度 88.9 kPa 以上，沸点 50℃左右，浓缩至总固形物含量达 7%～9%为止。浓缩完毕，将果胶液加热到 70℃，装入玻璃瓶中，加盖密封，后置于 70℃热水中加热杀菌 30 min，冷却后送入仓库，或将果胶液装入木桶中，加 0.2% $NaHSO_3$ 搅匀，密封，即成果胶液体产品。

### 14.2.4　从甜菜渣中提取果胶

1. 工艺流程

工艺流程：脱脂甜菜渣→预处理→酸浸提→过滤→沉析→过滤→沉淀→洗涤离心→烘干粉碎→成品。

2. 操作要点

(1) 原料磨碎后加入 pH 7.5、0.1 mol/L 磷酸盐缓冲液和适量蛋白酶，在 37℃下保温 8 h，用 20 μm 尼龙网过滤。

(2) 酸浸时调整 pH 至 1.5，在 80℃提取 4 h，并不断搅拌。

(3) 用 2 μm 尼龙网过滤后，在 60～70℃下，真空浓缩至果胶含量达 5%～10%，然后加入 4 倍体积的 95%酒精，放置 1 h 使果胶沉淀，离心处理 20 min。

(4) 用 95%酒精洗涤 2 次，沥干，在 50℃下烘干后粉碎、混合，再进行标准化处理，即得果胶成品。

(5) 若使用铝盐沉淀法，则将果胶浸提液用氨水调节 pH 至 3～5，然后加入 pH 3～5 的铝盐溶液，使果胶沉淀后，在 pH 3～10 除铝后，烘干粉碎，标准化处理，即得果胶成品。

## 14.3　膳食纤维的提取

### 14.3.1　概述

膳食纤维是指不能被人体小肠消化吸收，而在大肠中能被部分或全部发酵的可食用植物性成分、碳水化合物及其类似物的总和，包括多糖、寡糖、木质素以及相关的植物物质，具有润肠通便、调节控制血糖浓度、降血脂等一种或多种生理功能。膳食纤维主要有六大类：谷物、豆类、果蔬、微生物多糖及其他天然纤维和合成、半合成纤维。膳食纤维还具有稀释致癌物，预防癌症；防止热能摄入过多，预防肥胖。

### 14.3.2　苹果皮渣膳食纤维提取技术

苹果皮渣是苹果加工罐头、果汁、果酱和果酒等剩余的下脚料，主要由苹果皮、果芯和部分果肉组成。苹果皮渣（干基）中的膳食纤维含量可达到 30%～38%。

1. 工艺流程

工艺流程：苹果渣→干燥→粉碎→漂洗→脱色→漂洗→干燥→功能活化→粉碎→包装→成品。

2. 技术要点

(1) 原料处理　苹果汁厂刚榨完汁的苹果渣含

水量高达78%，极易腐败变质，且苹果湿渣为粗渣，不易处理，故需先将苹果湿渣在65～70℃烘干，粉碎到80目大小。

（2）漂洗 苹果渣中所含的成分，如糖苷、淀粉、芳香物质、色素、酸类和盐类等成分需漂洗干净，以免影响产品的品质。因此苹果渣首先须进行浸泡、漂洗以软化纤维，同时洗去残留在苹果渣表面的可溶性杂质，浸泡时要不断搅拌。浸泡水量调节在苹果渣含量为10%～20%，即10～20倍。温度和时间应严格控制，浸泡水温过高、时间过长会增大可溶性纤维的损失，反之则起不到作用。通常的水温最高不要超过40℃，时间1～2 h为宜，同时加入1%～2%的淀粉酶，使苹果渣中的淀粉水解为糖，便于漂洗除去。

（3）脱色 由于苹果渣富含花青素，对膳食纤维的色泽有一定的影响，故应除去。方法有酶法和化学法。酶法：加入0.3%～0.4%含有黑曲霉制备的酶（每克酶活力为40个单位），边加边搅拌，调整pH为3～5，加热至55～60℃，40 min。化学法：可使用的脱色剂（包括$H_2O_2$、$Cl_2$或漂白粉等），使用$H_2O_2$脱色的参考参数是100 mg/kg、10 h。脱色时温度应仔细调节，温度过高会引起$H_2O_2$分解而起不到脱色效果，温度过低则需延长脱色时间且效果不好。脱色结束后，漂洗过滤除去溶液即可。

（4）干燥、活化处理 经上述处理后的苹果渣通过离心或压滤处理可得浅色湿滤饼，干燥至含水6%～8%后进行功能活化处理。活化处理是制备高活性多功能膳食纤维的关键步骤，也是最难、最能体现技术水准的一步。目前国内已开发的各种膳食纤维基本均未进行活化处理，所以生理功能较差。活化处理采用了现代食品工程的高新技术，包括：膳食纤维内部组成成分的优化与重组；膳食纤维表面某些暴露基团的包埋，以避免这些基团与矿物质元素相结合而影响机体内的矿物代谢平衡。只有经过活化处理的膳食纤维，才算得上是生理活性物质，可在功能性食品中使用。常用的活化技术为螺杆挤压技术，挤压条件为入料水分191.0 g/kg，末端温度140℃，螺杆转速60 r/min。经过活化处理后的苹果膳食纤维水溶性增加，功能作用加强。

（5）粉碎、包装、成品 活化后的苹果膳食纤维再经干燥处理，最后用高速粉碎机粉碎，过200目筛，即得高活性苹果渣膳食纤维。

### 14.3.3 梨渣膳食纤维提取技术

梨渣是梨果经制汁、酿酒等加工后的下脚料，主要是梨果的胞壁组织、胞间层、微管及一定量的果核、果柄等，总量为原果质量的40%～50%。梨渣中含有丰富的膳食纤维，其中水溶性膳食纤维占干燥滤渣的18%，水不溶性膳食纤维约占干燥滤渣的56%，总膳食纤维约为干燥滤渣的75%。

#### 1. 工艺流程

工艺流程：梨渣烘干→粉碎→称量→加去离子水→调节合适pH→加α-淀粉酶→一次酶解→高温灭酶→离心分离→滤渣调节合适的pH和温度→加入蛋白酶→二次酶解→高温灭酶灭菌→脱色→醇沉→浓缩→烘箱烘干→再次粉碎→膳食纤维。

工艺流程：梨渣→漂洗→干燥→粉碎→加水提取水溶性膳食纤维→过滤→滤渣再用水提取一次→过滤→滤渣→脱色→除杂→二次滤液合并→浓缩→离心→澄清浓缩液→真空干燥→粉碎→水溶性膳食纤维→干燥→粉碎→水不溶性膳食纤维。

#### 2. 技术要点

（1）膳食纤维的提取 可分为水溶性、水不溶性膳食纤维的提取。

①水溶性膳食纤维的提取。第一次提取加6～7倍水，用食用柠檬酸调pH至2.0，缓缓加热至95℃，保温1 h左右，水溶性膳食纤维在低pH和高温下加速向水中溶解，提取1 h后过滤，水溶性膳食纤维存留于滤液中。残渣加3～4倍水在相同条件下再提取一次，过滤得第二次滤液，合并两次所得滤液。在溶液中加入稀盐酸，在搅拌状态下水解一段时间后进行固液分离，将分离液进行浓缩，立即放入冰箱冷却至室温，再加入适量95%乙醇溶液，待有沉淀产生时进行固液分离，所得沉淀物用低浓度乙醇洗涤，干燥粉碎后即为水溶性膳食纤维。

②水不溶性膳食纤维的提取。提取水溶性膳食纤维过滤所得滤渣中不仅含有大量的膳食纤维，而且还含有大量的杂质。所以滤渣必须经除杂后方能得到纯度较高的水不溶性膳食纤维。除杂操作工

艺：先在滤渣中加入7～8倍pH为12的NaOH溶液，浸泡30 min，将碱溶性杂质溶出而除去，然后漂至中性，用HCl将pH调至2.0，加热至60℃并保温1 h以除去酸溶性杂质，过滤收集滤渣，再漂洗至中性，所得滤渣即为精制水不溶性膳食纤维。

（2）脱色　提取所得滤渣为黄色至黄褐色，若直接用作食品强化剂将对食品的感官质量产生不良影响，所以首先对滤渣进行脱色处理。脱色方法为在滤渣中加入含量为6%、pH为7.0的$H_2O_2$溶液浸泡脱色1 h。

（3）干燥　采用真空干燥生产的膳食纤维质量优良，含水量低，产品工艺性能良好，若辅以真空或充氮包装则可长期保藏。

### 14.3.4　椰子渣中膳食纤维提取技术

1. 工艺流程

工艺流程：椰子渣→浸泡→澄清→过滤→水洗→酸化→沉淀分离→水洗→干燥→粉碎→包装。

2. 技术要点

（1）浸泡　将原料用强碱浸泡1 h，重复2次，澄清，过滤除去蛋白质。

（2）水洗　过滤后所得沉淀经多次水洗除去碱液。

（3）酸化　加HCl使pH为2.0，并在50℃水中浸泡2 h，使淀粉彻底水解，溶解于酸性溶液中，利用膳食纤维不溶解的性质将其与淀粉类杂质分离。如果使用酶法降解淀粉效果更好，但成本比酸法水解要高。

（4）沉淀　分离，将酸化处理的料液离心分离除去沉淀酸性水溶液，然后水洗至呈中性。

（5）干燥、粉碎、包装　中性沉淀经干燥、粉碎、过筛、包装即可。

## 14.4　籽油的提取

### 14.4.1　概述

果蔬的种子中，含有丰富的油脂和蛋白质。

### 14.4.2　番茄种籽油的提取

提取番茄籽油所用的原料主要是番茄酱厂的副产品——番茄籽，提取的方法主要有索氏抽提法、溶剂提取法、超临界流体萃取法等。其中超临界流体萃取番茄籽油的工艺如下。

1. 工艺流程

工艺流程：番茄籽原料选择→处理→萃取→分离→成品。

2. 技术要点

（1）番茄籽原料及处理　用来自番茄酱厂的番茄渣，放在水中分离出番茄籽，捞出、沥干，然后晒干或烘干，再用粉碎机粉碎成粉状，使之粒度均匀一致，待用。

（2）超临界流体萃取　用$CO_2$作为萃取剂进行提取。将粉碎后的番茄籽原料放入封闭的萃取缸中，通入液体$CO_2$。其提取条件：萃取压力15～20 MPa，萃取温度40～50℃，$CO_2$流量20 k/h，萃取时间1～2 h。

（3）分离　使提取液减压分离，得到番茄籽油。

### 14.4.3　葡萄籽油的提取

1. 葡萄籽油的提取工艺流程

葡萄籽油的提取方法，一般有压榨法和浸出法。压榨法工艺简单、设备少、投资低，适于小批量生产。其工艺流程：葡萄籽→晒干→筛选→破碎→软化→炒胚→预制饼→上榨→过滤→毛油。

浸出法是利用有机溶剂对油脂的溶解特性，将油脂提出，然后分离出籽油，此法是目前较为先进的制油方法。其工艺流程：葡萄籽→晒干→筛选→破碎→软化→贮存→浸提→过滤→贮存→蒸发→汽提→毛油。

2. 技术要点

（1）破碎　将葡萄籽用风力或人力分选，基本不含杂质后用破碎机破碎。

（2）软化　破碎后，将破碎的葡萄籽投入软化锅内进行软化。软化条件：水分12%～15%，温度65～75℃，时间30 min，必须达到全部软化。

（3）浸提　若采用浸提法，经过软化后就可以加有机溶剂进行浸提。有机溶剂有己烷、石油醚、二氯乙烷、三氯乙烯、苯、乙醇、甲醇、丙酮等。浸提液经压榨、过滤、分离即可得到毛油，其操作过程与精油的提取过程基本相似。

（4）炒胚　若采用压榨法，软化后要进行炒胚。炒胚的作用是使葡萄籽粒内部的细胞进一步破裂，蛋白质发生变性，磷脂等离析、结合，从而提高毛油的出油率和质量。一般将软化后的油料装入蒸炒锅内进行加热蒸炒，加热必须均匀。用平底锅炒胚时，料温 110℃，水分 8%～10%，出料水分 7%～9%，时间 20 min，炒熟炒透，防止焦糊。炒料后立即用压饼机压成圆形饼，操作要迅速，压力要均匀，中间厚，四周稍薄，饼温在 100℃为好。压好后趁热装入压榨机进行榨油。榨油时室温为 35℃，以免降低饼温而影响出油率。出油的油温在 80～85℃为好，再经过过滤去杂就成为毛油。

3．葡萄籽油的精炼

葡萄籽油精炼的工艺流程：毛油→过滤→水化→静置分离→脱水→碱炼→洗涤→干燥→脱色→过滤→脱臭→加抗氧化剂→精油。

与其他油脂的精炼方法类似。毛油经过滤后采用高温水化，即当油温升至 50℃时加入 0.5%～0.7%煮沸的食盐水，用量为油体积量的 15%～20%，随加随搅拌，终温为 80℃左右，直至出现胶粒均匀分散为止，约 15 min。保温静置 6～8 h，油水分离层明显时进行分离。然后使用水浴锅以油代水，使油温达 105～110℃，直至无水泡为止。

碱炼时，采用双碱法，将油温预热到 30～35℃后，首先按用碱量的 20%～25%加入 30%碳酸钠，防止溢锅，以 60 r/min 搅拌，待泡沫落下再加入 20%～22%的氢氧化钠，终温至 80℃。碱炼完毕后保温静置，当油、皂分离层清晰时分离。用 80～85℃软水雾状喷于油面，用量为油重的 10%～15%，并不断搅拌，可洗涤 1～3 次，洗净为止。干燥时采用间接加热至 90～105℃的方法，10～15 min，水分蒸发完毕为止。采用吸附法，用混合脱色剂（活性白陶土或活性炭等）在常压、80～95℃条件下充分搅拌，持续 30 min，在 70℃下过滤或自然沉降后再过滤。

在脱臭罐中进行脱臭处理。间接蒸汽加热至 100℃，喷入直接蒸汽，真空度 800～1 000 Pa，时间 4～6 h，蒸汽量为 40 kg/t 油。最后加入适量抗氧化剂即得成品精油。

### 14.4.4 柑橘籽油的提取

1．工艺流程

从柑橘籽中提取柑橘籽油的工艺流程：原料→炒籽→粉碎去壳→加水拌和→蒸料→制饼坯→压榨→沉淀澄清→过滤→粗制油→碱炼→脱色压滤→干燥脱水→真空脱臭→透明精炼油。

2．技术要点

（1）原料处理　用清水反复洗涤柑橘籽，以便去除附着在柑橘籽表面上的果肉碎屑、污物等，然后晒干或烘干，将干籽进行筛选去杂。

（2）炒籽　将选好的柑橘籽倒入炒锅中进行炒制，控制其温度，炒至柑橘籽外表面呈均匀的橙黄色为度，不得炒焦。

（3）粉碎　去壳炒制后的柑橘熟籽立即冷却，用粉碎机进行粉碎，再用粗筛（20 目）或风选机除去干壳。

（4）拌和　粉碎去壳的柑橘籽粉中加入 8%左右籽粉重的清水，用混合机混合均匀，但以籽粉不成团为度。

（5）油粗品　拌和好的籽粉加入蒸料锅，用蒸汽蒸料，蒸至籽粉用手捏成粉团为佳。蒸好的籽粉制成籽粉饼，进入压榨机进行压榨。榨出的柑橘籽油送入贮油罐自然澄清并过滤；或用板框式压滤机进行过滤；或用离心分离机进行分离。过滤后得到柑橘籽油粗品。柑橘油粗品，尚含有少量的植物胶质、游离脂肪酸、植物蛋白、苦味成分等，外观色泽较深、稠度大、有不愉快的特殊气味，因而只能作为一般工业原料应用。若要食用，还需以下的精炼处理。

（6）碱炼　测定柑橘油粗品的酸价（一般为 2.29 左右），通过计算确定浓度为 5%氢氧化钠溶液的加入量。给柑橘油粗品按计算量加入浓度为 5%的氢氧化钠溶液，充分搅拌、乳化，使原油中的杂质发生皂化作用而析出。碱炼的时间一般 40 min 左右；若碱炼的温度在 50～55℃，则可在 15～20 min 内完成。然后让其自然澄清，待析出的皂化沉淀物等杂质彻底沉降后，分离出上层澄清的碱炼油。

（7）脱色压滤　在充分搅拌下，给澄清的碱炼油中加入油量 4%～5%的粉状活性炭和少量的硅藻土，加热至 80～85℃，脱色处理 1～2 h。取样检查脱色合格后，用板框式压滤机进行过滤，以达到脱色的目的。

（8）干燥脱水　脱色后，将上述清油加热至105～110℃，维持30～40 min，以便除去清油中所含有的少量水分及低沸点杂质成分。当清油再次呈现透明清晰状态时，即达到干燥脱水终点。

（9）真空脱臭　干燥脱水的清油送入真空脱臭器进行脱臭处理。一般油温为60～65℃，真空度为0.065～0.07 MPa。脱臭处理30～35 min后，即可得到合格的柑橘籽油。

## 14.5 有机酸的提取

### 14.5.1 概述

多数果蔬中含有丰富的有机酸，其中以柠檬、梅子、柑桔、李子等最多，同一种果品又以未成熟果实含量较多；因此，常用未熟的落果及残次果作为提取果酸的原料。

### 14.5.2 柠檬酸的提取

1. 工艺流程

工艺流程：原料→捣碎→榨汁→发酵→澄清→过滤→中和→酸解、沉淀→浓缩、晶析→离心→干燥→成品。

2. 技术要点

（1）榨汁　将原料捣碎后用压榨机榨取橘汁。残渣加清水浸湿，进行第二次甚至第三次压榨，以充分榨出所含的柠檬酸。

（2）发酵　榨出的果汁因含有蛋白质、果胶、糖等，故十分浑浊，经发酵，有利于澄清、过滤，提取柠檬酸。方法：将浑浊橘汁加酵母液1%，经4～5 d发酵，使溶液变清，酌加少量的单宁物质，并搅拌均匀，加热，促使胶体物质沉淀。再过滤，得澄清液。

（3）中和　这一步是提取柠檬酸的最重要工序，直接关系到柠檬酸的产量和质量，要严格按操作规程做。柠檬酸钙在冷水中易溶解，所以要将澄清橘汁加热煮沸，中和的材料为氧化钙、氢氧化钙或碳酸钙，加15%即可。中和时，将Ca（OH）$_2$慢慢加热，不断搅拌，终点是柠檬酸钙完全沉淀后汁液呈微酸性时为准。鉴定柠檬酸钙是否完全沉淀，可以加少许碳酸钙于汁液中，如果不再起泡沫说明反应完全。将沉淀的柠檬酸钙分离出来，沉淀分离后，再将溶液煮沸，促进残余的柠檬酸钙沉淀，最后用虹吸法将上部黄褐色清液排出。余下的柠檬酸钙用沸水反复洗涤，过滤后再次洗涤。

（4）酸解及晶析　将洗涤的柠檬酸钙放在有搅拌器及蒸汽管的木桶中，加入清水，加热煮沸，不断搅拌，再缓缓加入相对密度为1.26的硫酸（以普通相对密度为1.84的浓硫酸50 kg加水至140～150 kg即成。每50 kg柠檬酸钙干品用40～43 kg相对密度为1.26的硫酸进行酸解），继续煮沸，搅拌30 min以加速分解，使之生成硫酸钙沉淀（鉴定：取试液5 mL，加入5 mL 45%氯化钙溶液，若仅有很少硫酸钙沉淀，说明加入的硫酸已够了）。然后用压滤法将硫酸钙沉淀分离，用清水洗涤沉淀，并将洗液加入到溶液中。滤清的柠檬酸溶液用真空浓缩法浓缩至相对密度为1.26，冷却。如有少量硫酸钙沉淀，再经过滤，滤液继续浓缩到相对密度为1.38～1.41。将此浓缩液倒入洁净的缸内，经3～5 d结晶即析出。

（5）离心干燥　上述柠檬酸结晶还含有一定的水分与杂质，用离心机进行清洗处理，在离心时每隔5～10 min喷入一次热蒸汽，可冲掉二部分残存的杂质，甩干水分，得到比较洁净的柠檬酸结晶，随后以75℃以下的温度进行干燥，直至含水量达到10%以下时为止。最后将成品过筛，分级，包装。

3. 需注意的问题

如果用腌制果坯后的腌渍液来提取柠檬酸的话，在中和工序之后吸出的余液中，仍含有相当的盐分，且具有一定的风味，应加以合理利用，可将其浓缩、加色做成酱油，如果用柑橘类果坯加工前及菠萝加工中所榨出的果汁来提取柠檬酸，其余液仍保留相当的糖分，可供酿酒用。

用石灰乳中和时，终点应以柠檬酸钙沉淀后提取液呈微酸性时为准，且勿使提取液偏碱性，以避免铁离子混入柠檬酸钙中，致使柠檬酸色泽变深，品质低劣。如析出的柠檬酸色泽较深，可将其溶于热水中，加热至70℃，加入1%～2%的活性炭使之脱色。

如将柠檬酸溶液浓缩至相对密度为1.45，此时应注意控制浓缩温度，以避免烧焦。

提取柠檬酸所用的工具及设备要用耐酸材料，简易的可用陶瓷、木桶等。成品贮存要注意防潮。

### 14.5.3 酒石酸的提取

利用葡萄的皮渣、酒脚、桶壁的结垢及白兰地蒸馏后的废水提取的粗酒石作原料，然后再从粗酒石提取纯酒石。

1．粗酒石的提取

（1）从葡萄皮渣中提取粗酒石　当葡萄皮渣蒸馏白兰地后放入热水，水没过皮渣。然后将蒸锅密闭，开始通入蒸汽，煮沸 15～20 min。将煮沸的水放入开口的木质结晶槽。结晶槽大小应以蒸锅的大小而定。木质槽内应悬吊许多条麻绳。当水冷却以后（24～28 h），这些粗酒石便在桶壁、桶底、绳上结晶。这种粗酒石含纯酒石酸 80%～90%。

（2）从葡萄酒酒脚提取粗酒石　葡萄酒酒脚就是葡萄酒发酵后贮藏换桶时桶底的沉淀物。这些沉淀物不能直接用来提取酒石，因为它还含有葡萄酒，应先用布袋将其中所含的酒滤出，将其蒸馏白兰地。每 100 kg 酒脚可出纯白兰地 2～3 L，水芹醚 30～40 g。酒脚的处理：将酒脚投入蒸锅中，每 100 kg 酒脚用水 200 L 稀释，然后用蒸汽直接煮沸。将煮沸过的酒脚用压滤机过滤。滤出水冷却后的沉淀即为粗酒石。每 100 kg 酒脚可得粗酒石 15～20 kg，含纯酒石 50%左右，干燥后备用。

（3）从桶壁提取粗酒石　葡萄酒在贮藏过程中，其不稳定的酒石酸盐在冷却的作用下析出、沉淀于桶壁与桶底。时间一久这些酒石酸盐结晶紧贴在桶壁上，成为粗酒石。由于葡萄品种不同，粗酒石的色泽不一样，红葡萄酒酒石为红色，白葡萄酒的为黄色，因为在贮藏过程中，这些酒石被酒的色泽所污染。它的晶体形状为三角形，在容器的上部大而多，下部小而少。倒桶以后必须用木槌将其敲下来，贴得太紧的要用铁制刀刮下来。它含纯酒石酸 70%～80%。

2．从粗酒石中提取纯酒石

纯酒石即为酒石酸氢钾。分子式为 $C_4H_4O_6HK$，相对分子质量 188。纯的酒石酸氢钾是白色透明的晶体，当含有酒石酸钙时，色泽呈现乳白色。酒石酸氢钾的溶解度随温度的升高而加大，提纯酒石酸氢钾的工艺就是根据这个特点来完成纯化的。

工艺流程见图 14-3。

母液 ↓（进入“分离酒石酸氢钾”）

粗酒石 → 溶解 → 加温 → 粗滤 → 冷却 → 结晶 → 分离酒石酸氢钾 → 洗涤晶体 → 加水溶解

→ 加温 → 冷却 → 结晶 → 分离 → 精制酒石酸氢钾 → 洗涤 → 干燥 → 成品

二次母液 ↑（进入“分离”）

图 14-3　从粗酒石中提取纯酒石的工艺流程

将粗酒石倒入珐琅瓷面盆中（小型生产）或带有蒸汽加热管的大木桶中（大型生产），按 1 kg 粗酒石加水 20 L 进行稀释，充分浸泡一定时间后便进行搅拌，去除浮于液面的杂物，然后加温至 100℃，保持 30～40 min，使粗酒石充分溶解。为了加速酒石酸氢钾的溶解，也可以按 100 L 溶液中加入 1～1.5 L 的盐酸。当粗酒石充分溶解后，再去除浮在液面的杂物（如葡萄皮渣、葡萄碎核等），用竹箩或铜丝网将其捞起，或用布袋过滤除去杂物。将粗酒石充分溶解的溶解液倒入木质大而浅的结晶槽中，溶解液放入结晶槽后很快就会出现晶体，但由于温度关系不可能很快地全部结晶。静置 24 h 以后，结晶全部完成。抽去结晶槽中上面的水，这个水叫母水，作第二次结晶时使用，再将结晶槽内的晶体取出，但应注意不要将槽底的泥渣混入。此结晶体再按前法加入蒸馏水溶解结晶一次，但不再使用盐酸，得到第二次结晶体。第二次结晶体用蒸馏水清洗一次，便得到精制的酒石酸氢钾，洗过的蒸馏水倒入母水中作再结晶用。精制的酒石酸氢钾再经过烘干就成了纯的酒石。

3. **酒石酸的提取**

酒石酸又名二羟基丁二酸，分子式是$[CH(OH)COOH]_2$，相对分子质量是150.10，是无色、无味、结晶、透明或白色的粉末。它具有强酸味，令人爽快，可溶于水及酒精，不溶于醚。有光学活动性，于旋光镜内可使光线偏旋，共有四种形态，即右旋、左旋、外消旋和内消旋。普通酒石酸均指右旋性而言。提取过程如下。

(1) 取经一次结晶的酒石酸氢钾100 kg，加入水500 L，加热到100℃，并保持30～40 min，使酒石酸氢钾彻底溶解。为使酒石酸氢钾易于溶解，可于每100 L溶液中加入盐酸1.5 L。

(2) 缓慢加入碳酸钙，或加入能通过100目的氧化钙，使溶液达到中和或微酸性，用石蕊试纸测定，pH等于7时为好。中和后静置24～30 h，这时溶液中沉淀的是酒石酸钙，溶液中含有酒石酸钾，其反应式如下：

$$2C_4H_4O_6HK+CaCO_3 \rightarrow C_4H_4O_6Ca+C_4H_4O_6K_2+CO_2+H_2O$$

$$2C_4H_4O_6HK+CaO \rightarrow C_4H_4O_6Ca+C_4H_4O_6K_2+H_2O$$

(3) 将静置于容器中24～30 h后的清液放出，下部沉淀的酒石酸钙仍放于原容器中。放出的清液加入氯化钙。其加入量是按碳酸钙或石灰加入量来计算的。加入的氯化钙必须是含2分子结晶水并且是工业纯的，其质量比是：碳酸钙∶氯化钙＝1∶1.1；氧化钙∶氯化钙＝1∶2.1。

加氯化钙的目的是使存在于溶液中的酒石酸钾成为酒石酸钙沉淀出来，其反应式如下：

$$C_4H_4O_6K_2+CaCl_2 \rightarrow C_4H_4O_6Ca+2KCl$$

加入氯化钙后搅拌15 min，静置2 h抽出上层清液。该液含有钾盐，可作肥料，浓缩后也可结晶出来。将这次沉淀的酒石酸钙与原存容器中的酒石酸钙合并。

(4) 将合并后的酒石酸钙用大于体积4倍的水加以洗涤，先搅拌10 min，然后静置20 min，待酒石酸钙沉淀后，抽出上层清液，再加大于4倍的水进行搅拌。这样反复洗涤4次，最后将酒石酸钙盛在布袋中，将残水压榨出，迅速烘干备用。

(5) 取干燥后的酒石酸钙，按1 kg酒石酸钙加入水4 L的比例加入，并在加水后进行搅拌。这时应加入硫酸，硫酸加入量应按下式计算：

应加相对密度1.8342硫酸的体积(比)＝98.10×酒石酸钙质量(g)/1.8342×188.10

应加硫酸的质量＝98.10×酒石酸钙质量(g)/188.10×硫酸浓度

硫酸加入的反应式如下：

$$C_4H_4O_6Ca+H_2SO_4 \rightarrow C_4H_4O_6H_2+CaSO_4$$

加入硫酸时应注意，加入量可按照计算量先加入4/5，其余的要慢慢地加。硫酸加入量宁可稍少一些，也不要过量，因为加入过多又要加入酒石酸钙来加以调整。溶液中加入硫酸后即生成白色的硫酸钙。静置2～3 h后即进行过滤。过滤后的沉淀用清水洗涤2～3次，并将洗过沉淀的水合并于滤液中。

(6) 在滤液中加入1%的活性炭，并使滤液保持在80℃的温度下30～60 min。然后趁热过滤，其沉淀用水洗1～2次。洗过的沉淀水与滤液合并。洗过后的活性炭可以活化再用。

(7) 浓缩滤液最好用单效真空减压蒸发器，也可在常压下直接加热浓缩，温度保持在80℃。滤液浓缩到相对密度1.71～1.94时，冷却后即可得结晶体。将其在珐琅瓷的容器中再溶解结晶3～5次便成为精制品。然后进行干燥、称量、封装，即为成品酒石酸。

在浓缩结晶过程中，发现一部分小晶体浮于液面，这是溶解在溶液中的硫酸钙，因溶液浓缩浓度增高，这些硫酸钙就被析出。在每次浓缩完成后，必须进行一次过滤，以将硫酸钙去掉。

## 思考题

1. 果蔬加工现状、存在问题、发展方向和关键领域。
2. 苹果、柑橘和葡萄等水果综合利用进展。
3. 籽油精制的方法及研究进展。

# 参考文献


安然. 2016年度饮料行业整体运行报告发布. 中国食品,2017(7):174.

安文. 气调包装对果蔬保鲜效果的影响因素. 中国果菜,2019(6):20-26.

白露露,胡文忠,刘程惠,等. 鲜切果蔬非热杀菌技术的研究与应用. 食品工业科技,2013,34(15):362-365.

蔡飞,王永刚. 果醋饮料的研究现状及市场前景展望. 中国食品工业,2017(2):58-59.

曾庆孝. 食品加工与保藏原理. 3版. 北京:化学工业出版社,2015.

车东. 鲜切果蔬产品气调包装工艺及质量评价. 无锡:江南大学,2007.

陈枫,杨燕,陈丹,等. 果蔬汁饮料的研究现状. 农产品加工,2017(22):65-67.

陈瑞娟,毕金峰,陈芹芹,等. 胡萝卜的营养功能、加工及其综合利用研究现状. 食品与发酵工业,2013,39(10):201-205.

程丽林,吴波,袁海君,等. 鲜切果蔬贮藏保鲜技术研究进展. 保鲜与加工,2019,19(1):147-152.

程双. 鲜切果蔬酶促褐变发生机理及其调控的研究. 大连:大连工业大学,2010.

戴维. 基于RFID技术的食品安全溯源系统设计与实现. 南昌:南昌大学,2016.

董成虎,高聪聪,高元惠,等. 相对湿度对西州密17号哈密瓜贮藏品质的影响. 食品研究与开发,2019,40(23):27-31.

董全,黄艾祥. 食品干燥加工技术. 北京:化学工业出版社,2007.

董全. 果蔬加工工艺学. 重庆:西南师范大学出版社,2007.

段续. 食品冷冻干燥技术与设备. 北京:化学工业出版社,2017.

樊明涛,张文学. 发酵食品工艺学. 北京:科学出版社,2014.

付西光,董英,马海乐. 食品真空冷冻干燥研究. 江苏理工大学学报(自然科学版),2001(4):19-23.

郝利平. 园艺产品贮藏加工学. 北京:中国农业出版社,2008.

何凤平,潘永贵. 鲜切果蔬变色及其控制技术研究进展. 食品安全质量检测学报,2015,6(7):2420-2426.

胡桂仙,邵圣枝,张永志,等. 杨梅稳定同位素和多元素特征在其产地溯源中的应用. 核农学报,2017,31(12):2450-2459.

胡太健,李国斌,韦万文,等. 四川泡菜生产存在问题及解决措施. 食品与发酵科技,2010,46(5):11-13.

胡文忠. 鲜切果蔬科学与技术. 北京:化学工业出版社,2009.

华景清. 园艺产品贮藏与加工. 苏州:苏州大学出版社,2009.

黄小龙,何小青,张念,等. ICP-MS法测定多种微量元素用于地理标志产品苹果的鉴定. 食品科学,2008,31(8):171-173.

纪懿芳,胡文忠,姜爱丽. 应用于鲜切果蔬中的保鲜技术研究进展. 食品安全质量检测学报,2015,6(7):2403-2408.

解淑慧,邵兴锋,王可,等. 柑橘采后腐烂主要致病菌的分离鉴定及丁香精油对其抑制作用研究. 果树学报,2013,30(1):134-139.

金昌海. 果蔬贮藏与加工. 北京:中国轻工业出版社,2016.

康三江,张海燕,张芳,等. 速冻果蔬生产加工关键工艺技术研究进展. 中国酿造,2015,34(4):1-5.

李继兰，卞倩倩，葛玉泉．鲜切果蔬加工保鲜技术及工艺研究．中国果菜，2013(12)：41-43．
李静，刘丽娜，王安建，等．果蔬微生物保鲜技术的研究进展．食品与生物技术学报，2014(4)：6-12．
李鹏霞，邵世达，冯俊涛，等．丁香精油和丁香酚对苹果贮藏期病害及果实品质的影响．农业工程学报，2006，22(6)：173-177．
李亚慧，吕恩利，陆华忠，等．鲜切果蔬包装技术研究进展．食品工业科技，2014，35(16)：344-348．
李玉萍，刘燕群，梁伟红，等．我国果蔬冷链物流发展现状与对策．安徽农业科学，2012，40(34)：16818-16821．
刘海军．微波真空膨化浆果脆片的机理研究．哈尔滨：东北农业大学，2013．
刘俊齐．医药冷链物流质量管理模式研究．武汉：武汉理工大学，2011．
刘世永．果胶酶在果蔬汁加工中的应用．食品安全导刊，2018(24)：124-125．
刘伟，宋弋，张洁，等．超声波对果蔬汁杀菌和品质影响的研究进展．现代食品科技，2018，34(5)：276-289．
刘燕．中国果蔬汁饮料的发展现状和未来展望综述．现代食品，2018(6)：25-27．
刘于林．食品生物技术．长沙：湖南省科学技术出版社，2000．
卢锡纯，园艺产品贮藏加工．北京：中国轻工业出版社，2012．
卢沿钢，董全．中、日、韩三国泡菜加工工艺的对比．食品与发酵科技，2011，47(4)：5-9．
陆秋俊．物联网技术在食品溯源中的应用研究．物联网技术，2019(11)：83-85．
罗云波，蒲彪．园艺产品贮藏加工学(加工篇)．北京：中国农业大学出版社，2014．
罗云波，生吉萍．园艺产品贮藏加工学(贮藏篇)．2 版．北京：中国农业大学出版社，2010．
马奕颜，郭波莉，魏益民，等．稳定同位素-有机成分结合判别猕猴桃的产地来源．中国食品学报，2015，15(8)：238-244．
马自强，崔玉萍，王陈强，等．我国果蔬汁加工装备现状及发展趋势．乡村科技，2018(27)：124-125．
梅桂斌．鲜切果蔬保鲜技术及研究进展．现代食品，2017(13)：75-78．
孟宪军，乔旭光．果蔬加工工艺学．北京：中国轻工业出版社，2012．
莫绍光．加工工艺条件对果蔬汁的品质影响研究．食品安全导刊，2018(35)：45．
潘静娴，园艺产品储藏加工学．北京：中国农业大学出版社，2007．
庞艳苹，刘坤，闫军颖，等．近红外光谱法快速鉴别成安草莓．现代食品科技，2013(5)：1160-1162．
庞艳苹，杨京，刘秀华，等．基于矿质元素的成安草莓产地鉴别研究．食品工业，2014，35(7)：256-258．
彭丽霞．我国冷链物流发展现状及对策研究．石家庄：河北工程大学，2011．
蒲彪，乔旭光．园艺产品加工工艺学．北京：科学出版社，2012．
钱瑾．苹果汁饮料加工工艺中澄清和褐变的处理技术．巴音郭楞职业技术学院学报，2009(4)：52-56．
乔旭光．果蔬加工工艺学．北京：中国轻工业出版社，2012．
秦文．园艺产品贮藏加工学．北京：科学出版社，2012．
邱朝坤，范露，赵晓菲，等．溶菌酶和乳酸链球菌素在草莓保鲜中的应用研究．湖北农业科学，2014，(7)：1631-1633．
曲映红，王建中．苹果渣的利用研究现状．中国果菜，2017，37(11)：11-13，19．
尚海涛，凌建刚，朱麟，等．果蔬预冷与我国冷链物流的发展．农产品加工(学刊)，2013(3)：52-56．
邵文俊，胡文忠，姜爱丽，等．鲜切果蔬次生代谢产物合成的研究进展．食品工业科技，2016，37(18)：362-366．
沈静，王敏，冀晓龙．果蔬干制技术的应用及研究进展．陕西农业科学，2019，65(3)：95-97．
石超，吕长鑫，冯叙桥，等．果蔬汁饮料现状及发展前景分析．食品安全质量检测学报，2014，5(3)：970-976．

石维善，李保国．菠萝蜜真空冷冻干燥机理及工艺研究．食品与发酵科技，2015 (3)：76-80.

史瑞雨，史瑞雪．乳酸菌发酵果蔬汁研究进展．现代食品，2019(8)：49-54.

宋佳玮，郑明媛，王宇，等．果蔬速冻技术、设备和质量控制现状分析．保鲜与加工，2019，19(3)：154-161.

宋凯，徐仰丽，郭远明，等．真空冷冻干燥技术在食品加工应用中的关键问题．食品与机械，2013，29(6)：232-235.

孙芳，江水泉．我国果蔬干燥加工技术现状及发展前景．粮油与食品工业，2016，23，(4)：11-14.

孙慧慧，余元善，吴继军，等．沙田柚的加工和综合利用研究．食品研究与开发，2018，39(6)：209-214.

孙曙光，何皎，冀利，等．金丝小枣真空冷冻干燥粉的工业化生产．食品与发酵科技，2012(04)：64-66.

谭海刚，赵群，李静，等．无花果果醋酿造工艺研究．中国调味品，2019，44(11)：94-97.

涂宝峰．食品微生物检验中罐头食品商业无菌检验探讨．科技创新与生产力，2019(7)：38-39.

汪东风．高级食品化学．北京：化学工业出版社，2009.

王春娟，谢慧琴，杨德松．阿魏精油对果蔬采后病原菌的抑制作用．湖北农业科学，2012，51(18)：4014-4016.

王浩，张明，王兆生，等．干制技术对果蔬干制品品质的影响研究进展．中国果菜，2018，38(11)：15-20.

王红云，高占峰，付才，等．河北太行山中麓大枣产地溯源初探．食品安全质量检测学报，2017，8(8)：2994-3000.

王鸿飞．果蔬贮运加工学．北京：科学出版社，2014.

王丽琼．果蔬加工技术．2版．北京：中国轻工业出版社，2020.

王涛．梨汁加工技术．农家致富，2016(16)：44.

王文生．我国果蔬贮藏保鲜现状及展望．农业工程技术(农产品加工业)，2013(10)：27-29.

王霄倩，王恒振，刘丽娜，等．葡萄皮渣的营养价值及综合利用．中国农学通报，2017，33(27)：147-151.

王艳艳，王团结，彭敏．常用干燥设备的应用及其选用原则研究．中国制药装备，2017，1(1)：1-16.

王元春，谢晓航，黄忠闯，等．杧果冷冻干燥过程中营养成分变化的研究．食品工业，2011(12)：65-68.

文连奎，冯永巍，韩安军．速冻果蔬加工制品质量及其控制．农产品加工(学刊)，2006(4)：21-23.

吴锦铸，黄苇．速冻果蔬的生产工艺及产品品质控制．冷饮与速冻食品工业，2003，9(1)：31-34.

谢红涛，余瑞婷，赵瑞娟，等．果蔬汁加工技术进展．农产品加工(学刊)，2010(1)：76-80.

杨红，关文强，杨家荣．丁香精油及其与壳聚糖复合物对水果采后病原菌的抑制作用．植物保护，2006，32(4)：70-73.

杨清香，于艳琴．果蔬加工技术．北京：化学工业出版社，2006.

杨信廷，孙传恒，钱建平，等．基于 UCC/EAN-128 条码的农产品质量追溯标签的设计与实现．包装工程，2006，27(3)：113-114.

叶春苗．番茄胡萝卜橘子复合果蔬汁加工技术．农产品加工，2017(3)：41-42，47.

叶兴乾．果品蔬菜加工工艺学．3版．北京：中国农业出版社，2011.

殷诚，黄崇杏，黄兴强，等．可食涂膜在鲜切果蔬包装上的研究进展．食品研究与开发，2018，39(14)：212-219.

尹明安．果品蔬菜加工工艺学．北京：化学工业出版社，2010.

尹修权，曹玉发，张敏，等．浅析果蔬汁饮料浑浊与沉淀产生的原因及控制方法．江苏食品与发酵，2008(2)：39-40.

于才渊．喷雾干燥技术．北京：化学工业出版社，2013.

于群，吴紫千，张存智．果醋的研究进展．现代食品，2019(21)：22-24.

袁长梅．抗坏血酸常用测定方法探讨．生命科学仪器，2009，7(7)：54-56.

岳希举，余铭，崔静，等. 速冻食品及速冻设备的发展概况及趋势. 农产品加工(学刊)，2012(12)：94-96.

岳燕霞，崔胜文，罗双群，等. 复合可食性膜在果蔬保鲜中应用研究进展. 食品研究与开发，2016(11)：195-200.

张蓓，段小明，冯叙桥，等. 果蔬复合涂膜保鲜的研究现状与发展趋势分析. 食品与发酵工业，2014，40(4)：125-132.

张俭波. 果蔬汁饮料的安全控制. 中国食品卫生杂志，2003(2)：143-149.

张遴，蔡砚. 中国富士苹果碳同位素比的含量和分布特征. 食品安全质量检测学报，2013，4(2)：501-503.

张苗青. 不同干燥方法对杏鲍菇品质特性的影响. 太原：山西农业大学，2017.

张慜，冯彦君. 果蔬生物保鲜新技术及其研究进展. 食品与生物技术学报，2017(5)：7-13.

张慜，马良. 对我国鲜切果蔬微加工行业及安全性的思考. 江南大学学报(人文社会科学版)，2016，15(5)：110-114.

张慜. 速冻生鲜食品品质调控新技术. 北京：中国纺织出版社，2010.

张鹏，韩双双，李春媛，等. 涩柿脱涩技术研究进展. 包装工程，2019，40(11)：9-16.

张鹏，朱文月，李江阔，等. 微环境气体调控在果蔬保鲜中的研究进展. 包装工程，2020，41(1)：1-10.

张茜，李洋，王磊明，等. 生物保鲜剂在果蔬保鲜中的应用研究进展. 食品工业科技，2018(6)：308-316.

张岩，吴继军，徐玉娟，等. 柑橘柚子皮渣综合利用研究进展. 农产品加工，2016(11)：57-61.

赵晨霞. 果蔬贮藏加工技术. 北京：科学出版社，2004.

赵国萍，李迎秋. 酶制剂在果蔬汁加工中的应用. 江苏调味副食品，2015(4)：15-18.

赵晋府. 食品工艺学. 2版. 北京：中国轻工业出版社，2018.

赵丽芹，张子德. 园艺产品贮藏加工学. 2版. 北京：中国轻工业出版社，2009.

赵丽芹. 果蔬加工工艺学. 北京：中国轻工业出版社，2002.

赵丽琴，彭黔荣，李剑，等. 胡萝卜中β-胡萝卜素提取方法研究进展. 中国调味品，2018，43(7)：158-164.

赵晓丹，刘夏衍，陈芳，等. 超高压和高温短时杀菌对绿色复合果蔬汁的杀菌效果与品质影响. 食品工业科技，2019，40(5)：114-123.

郑叶剑. 食品溯源系统中的追溯单元标识技术研究. 武汉：华中科技大学，2017.

钟志友，张敏，杨乐，等. 果蔬冰点与其生理生化指标关系的研究. 食品工业科技，2011，32(2)：30-32.

周春丽，曾雪芳，胡雪雁，等. 营养果蔬复合饮料的研究进展. 食品研究与开发，2016，37(12)：193-198.

周家华，常虹，赵毅，等. 中国果蔬冷链物流的发展现状及建议. 食品工业科技，2012，33(6)：8-10.

朱蓓薇. 食品工艺学. 北京：科学出版社，2018.

朱明. 果蔬干制技术与设施问答. 北京：中国农业科学技术出版社，2016.

朱文学. 食品干燥原理与技术. 北京：科学出版社，2009.

祝战斌. 果蔬加工技术. 北京：化学工业出版社，2008.

Adams D O，Yang S F. Ethylene biosynthesis：identification of 1-aminocyclopropane-1-carboxylic acid as an intermediate in the conversion of methionine to ethylene. PNAS，1979，76：170-174.

Alba R，Payton P，Fei Z，et al. Transcriptome and selected metaboliteanalyses reveal multiple points of ethylene control during tomato fruit development. Plant Cell，2005，17：2954-2965.

Ariyama K，Yasui A. The determination technique of the geographic origin of welsh onions by mineral composition and perspectives for the future. Japan Agricultural Research Quarterly，2006，40 (4)：333-339.

Barry C S，Llop-Tous M I，Grierson D. The regulation of 1-aminocyclopropane-1-carboxylic acid synthase gene expression during the transition from system-1 to system-2 ethylene synthesis in tomato. Plant Physiology,2000,123:979-986.

Belton P S, Colquhoun I J, Kemsley E K. Application of chemometrics to the 1H NMR spectra of apple juices:discrimination between apple varieties. Food Chemstry,1998,61:207-213.

Brown K M. Ethylene and abscission. Physiologia Plantarum,1997(100):567-576.

Brunner M,Katona R, Stefánka Z, et al. Determination of the geographical origin of processed spice using multi-element and isotopic pattern on the example of Szegedi paprika. European Food Research and Technology,2010,23:623-634.

Chervin C,El-Kereamy A,Roustan J P,et al. Ethylene seems required for the berry development and ripening in grape,a non-climacteric fruit. Plant Science,2004,167:1301-1305.

El Sheikha A F,Durand N,Sarter S,et al. Study of the microbial discrimination of fruits by PCR-DGGE: Application to the determination of the geographical origin of Physalis fruits from Colombia,Egypt,Uganda and Madagascar. Food control,2012,24(1):57-63.

Fu X,Ying Y,Zhou Y,et a1. Application of probabilistic neural networks in qualitative analysis of near infrared spectra:determination of producing area and variety of loquats. Analytica Chimica Acta,2007,598 (1):27-33.

Furia E,Naccarato A,Sindona G,et al. Multi element fingerprinting as a tool in origin authentication of PGI food products:Tropea red onion. J. Agriculture. Food Chemistry,2011,59:8450-8457.

Koul O,Walia S,Dhaliwal G S. Essential oils as green pesticides:potential and constraints. Biopestic International,2008,4:63-84.

Lätti A K,Riihinen K R,Kainulained P S. Analysis of anthocyanin variation in wild populations of Bilberry (Vaccinium myrtillus L.) in Finland. Journal of Agricultural and Food Chemistry,2008,56(1):190-196.

Li Q,Chen L,Ding Q,et al. The stable isotope signatures of blackcurrant (Ribes nigrum L.) in main cultivation regions of China:implications for tracing geographic origin. European Food Research and Technology,2013,237:109-116.

Longobardi F,Casiello G,Ventrella A,et al. Electronic nose and isotope ratio mass spectrometry in combination with chemometrics for the characterization of the geographical origin of Italian sweet cherries. Food Chemistry,2015,170(1):90-96.

Montanari A,Barone C,Barone M,et al. Thermal treatments of canned foods. Berlin:Springer-Verlag,2018.

Morgan P W,He C J, Drew M C. Intact leaves exhibit a climacteric-like rise in ethylene production before abscission. Plant Physiology,1992,(100):1587-1590.

Nakatsuka A,Murachi S,Okunishi H,et al. Differential expression and internal feedback regulation of l-aminocyclopropane-l-carboxylate synthase, 1-aminocyclopropane-l-carboxylate oxidase and ethylene receptor genes in tomato fruit during development and ripening. Plant Physiology,1998,118:1295-1305.

Potter N N,Hotchkiss J H. 食品科学. 5版. 王璋,钟芳,徐良增,等译. 北京:中国轻工业出版社,2001.

Ruiz Del Castillo M L,Caja M M,Blanch G P,et al. Enantiomeric distribution of chiral compounds in orange juices according to their geographical origins. Journal of Food Protection,2003,66(8):1448-1454.

Sobolev A P, Brosio E, Gianferri R, et al. Metabolic profile of lettuce leaves by high-field NMR spectra, Magnetic Resonance in Chemistry,2005,43(8):625-638.

Swoboda S, Brunner M, Boulyga S F, et al. Identification of Marchfeld asparagus using Sr isotope ratio measurements by MC-ICP-MS. Analytical and Bioanalytical Chemistry,2008,390:487-494.

Tang M, Zhang Y, Jiang S, et al. Microstructural evolution and related mechanisms in NiTiCu shape memory alloy subjected local canning compression. Intermetallics, 2020, 118: 106700.

Trincherini P R, Baffi C, Barbero P, et al. Precise determination of strontium isotope ratios by TIMS to authenticate tomato geographical origin. Food Chemistry, 2014, 145: 349-355.

Yang X, Song J, Campbell-Palmer L, et al. Effect of ethylene and 1-MCP on expression of genes involved in ethylene biosynthesis and perception during ripening of apple fruit. Postharvest Biology and Technology, 2013, 78: 55-66.

Yang X, Song J, Du L, et al. Ethylene and 1-MCP regulate major volatile biosynthetic pathways in apple fruit. Food Chemistry, 2016, 194: 325-336.

Yang Y, Zhou B, Zhang J, et al. Relationships between cuticular waxes and skin greasiness of apples during storage. Postharvest Biology and Technology, 2017, 131: 55-67.